新工科（化工）工程实践通识教育丛书

HUAGONG ANQUAN SHIGU GENYUAN YU YUFANG

化工安全事故根源与预防

任海伦 主编

天津大学出版社
TIANJIN UNIVERSITY PRESS

图书在版编目（CIP）数据

化工安全事故根源与预防 / 任海伦主编. -- 天津 ：
天津大学出版社，2024. 6. -- （新工科（化工）工程实
践通识教育丛书）. -- ISBN 978-7-5618-7736-4

Ⅰ. TQ086

中国国家版本馆CIP数据核字第2024LY1451号

出版发行	天津大学出版社	
地　　址	天津市卫津路92号天津大学内（邮编：300072）	
电　　话	发行部：022-27403647	
网　　址	www.tjupress.com.cn	
印　　刷	廊坊市瑞德印刷有限公司	
经　　销	全国各地新华书店	
开　　本	787mm×1092mm　1/16	
印　　张	22.75	
字　　数	546千	
版　　次	2024年6月第1版	
印　　次	2024年6月第1次	
定　　价	58.00元	

《化工安全事故根源与预防》编委会

主　编：任海伦

副主编：（按姓氏音序排列）

　　　　郝鹏鹏　孙澄宇　王浩然　张　骞

　　　　张旭斌

编　委：（按姓氏音序排列）

　　　　房　峰　房岩朝　房玉真　李伟宏

　　　　刘　腾　刘振学　孙　健　滕　琳

　　　　王启超　吴文雷　易先君　张建林

前　言

　　化工行业以石油、天然气、煤炭等为原料生产人们生产生活所需的各种产品,是我国国民经济的重要支柱产业之一。化工行业经济总量大,产业链条长,产品种类多,关联覆盖广,关乎产业链、供应链的安全稳定以及绿色低碳发展和民生福祉改善等重大问题。21世纪以来,我国化工行业得到了蓬勃发展,但也逐渐暴露出安全基础薄弱等问题。随着我国化工行业提质转型,生产模式与产品种类日趋多元,化工行业安全生产面临着更严峻的挑战。

　　《化工安全事故根源与预防》作为新工科(化工)工程实践通识教育丛书的开篇之作,总结、收集了大量化工安全事故案例。本书编委会根据多年一线工作实践经验,深刻分析了典型化工安全事故原因,剖析了事故发生的根源。一方面,本书可作为化工企业加强生产过程异常工况安全风险管控的高效工具书,指导企业科学稳妥应对异常情况,提高处置异常情况的意识和能力,有效预防和减少生产安全事故的发生;另一方面,本书可作为化工行业从业人员自学用书,使其了解典型化工单元安全操作规程,掌握必要的安全技能,有效降低事故发生的可能性,消除风险或避免风险扩大。此外,本书还可作为高等院校和高职院校化工相关专业教学参考用书,使学生了解化工生产中所涉及的危害性化学品的安全应对策略,掌握化工行业基本安全与防护常识,防止火灾、爆炸、中毒、化学药品灼伤、电伤害等化工行业常见危害,增强自我保护意识。

　　新工科(化工)工程实践通识教育丛书的显著特色在于理论与实践的结合,注重化工行业的技术人员、操作人员、新员工和实习学生的关注点和现实痛点,为化工装置的工艺设计、安全稳定操作提供素材和依据。根据丛书总体设计要求,本书由任海伦拟定提纲,任海伦和张旭斌共同编著绪论、第1章、第2章、第5章,郝鹏鹏和王浩然共同编著第3章、第4章、第6章,孙健、孙澄宇和李伟宏共同编著第7章、第8章,张骞和李伟宏共同编著第9章,由任海伦修改定稿。本书编委会成员房峰、房岩朝、房玉真、刘腾、刘振学、滕琳、吴文雷、王启超、易先君、张建林为本书提供了大量的案例素材,同时对稿件进行了详细的校正。

　　编者在撰写过程中参考和吸收了理论界已有成果,在此向相关作者表示诚挚的谢意。本书的出版得到了国内多所高校、山东京博控股集团和天津大学出版社的大力支持,在此深表感谢! 由于时间仓促,本书难免存在疏漏和不足之处,敬请读者批评指正!

本书编写组
2024 年 5 月

目　录

第8章

运输设备安全事故的原因与预防/277

绪论

改革开放以来,我国经济取得巨大成就,成为世界第二大经济体。其中化学工业在我国国民经济中扮演着至关重要的角色。

首先,化学工业在国民经济发展中的地位十分重要。它不仅是生产基本物质的主导部门,而且是关键技术创新和资本投资的来源。化学工业在国民经济中所占的比重较大,它的发展将推动经济增长、产业拆分,有助于国家、企业进行投资和成本优化,最终可提高整个社会的生产效率。

其次,化学工业的作用是不容忽视的。它可为国民经济提供丰富的物质资源,提供原材料、技术、设备和服务等。同时,化学工业是制造化学品的工业领域,包括石油化学工业、化学肥料工业、染料工业、涂料工业、制药工业等,化学工业对于国民经济的发展和人民生活的提高起着重要的作用。此外,化学工业还可以促进其他产业(如纺织、医药、机械制造等产业)交叉发展。化学工业与技术、经济、文化等方面的发展相辅相成,为国家经济社会发展做出了巨大贡献。

最后,现代国民经济和社会发展只有依托化学工业这一基础性产业才能发展起来。要进一步加大对化学工业的政策和资金支持,大力推广绿色工艺技术、先进技术、生物技术和设备技术等,加大研发投入,健全、优化、提升现代化的生产经营体系。同时,要加强对化学工业的监管,严格生产技术要求和安全要求,以免给国家和社会造成负面影响及人身财产损失。

总之,化学工业在国民经济发展、社会进步、人民生活水平提高等方面发挥着尤为重要的作用。因此,国家要继续加强对化学工业的引导,完善化学工业各项政策,充分发挥其在国民经济中的作用,为社会经济发展和国家繁荣昌盛做出贡献。

0.1 化工生产的特点

化工生产是指对原材料进行化学加工,最终获得有价值产品的生产过程。由于原料、产品的多样性及生产过程的复杂性,形成了数以万计的化工生产工艺。纵观繁杂多样的化工生产过程,它们都是由化学(生物)反应和若干物理操作有机组合而成的。化学(生物)反应、反应器和催化剂等是化工生产的核心,物理过程则起到为化学(生物)反应准备合适的起始反应原料、创造适宜的反应条件、将反应产物分离提纯而获得最终产品的作用。结合众多工艺和发展趋势,目前化工生产具有如下特点。

1. 化工原料、中间体和产品多为易燃易爆、有毒和腐蚀性物质

化工生产涉及物料种类多,物化性质差异大,充分了解原材料、中间体和产品的性质,对于安全生产是非常必要的。这些性质包括:所有物料的沸点、熔点或凝固点、闪点、爆炸极限及其在不同温度下的饱和蒸气压;水在液态物料中的溶解度,物料与水能否形成共沸物;化学稳定性、热稳定性、光稳定性等;物料的毒性及腐蚀性,在空气中的允许浓度等;必要的防护措施、中毒的急救措施和安全生产措施。

例如:光气($COCl_2$)遇水会剧烈分解,是非常活泼的亲电试剂,是剧烈窒息性毒气,有剧毒,甚至会引起爆炸;磺化、硝化反应常用浓硫酸、浓硝酸作为磺化剂、硝化剂,其腐蚀性和吸水性很强;可燃性物质的聚集状态不同,其燃烧的过程和形式也不同,如正己烷与沥青、石蜡的燃烧形式截然不同;可燃气体、挥发性液体最易燃烧,甚至爆炸,。因此,掌握工艺中所涉及的原料、中间体和产品的物理和化学性质,对于按照工艺规程进行安全操作是必要的。

2. 生产工艺影响因素多,工艺条件较为苛刻

化工生产涉及氧化、裂解、聚合、加成、水解和酯化等多种反应类型,不同反应类型的反应特性、工艺条件和反应器形式相差悬殊,生产工艺影响因素多且易变,工艺条件要求苛刻。有的化学反应需要在高温、高压下进行,有的化学反应需要在低温、常压下进行,有的则需要在高温、高真空等条件下进行。例如:石脑油裂解制乙烯工艺中,裂解炉出口的温度高达850~900 ℃,而裂解产物气中由于有甲烷、乙烷、乙烯、丙烯等物质存在,分离需要在-96 ℃下进行;氨(NH_3)的合成需在 20~30 MPa、300~500 ℃的条件下进行;高压釜式法制备低密度聚乙烯是在 150~300 ℃、130~300 MPa 的条件下进行的,乙烯在该条件下极不稳定,一旦分解,产生的巨大热量会使反应加剧,可能引起爆聚,严重情况下可导致反应器和分离器的爆炸。

绝大多数氧化反应是放热反应,而且氧化反应的原料、产物多是易燃易爆物质;严格控制氧化反应的原料与空气(氧气)的配比和进料速率十分重要。例如对二甲苯氧化合成对苯二甲酸、异丙苯氧化合成过氧化氢异丙苯的过程均是危险工艺,经常有火灾安全事故。

3. 化工生产装置趋于大型化、连续化、自动化和智能化

现代化工生产的规模日趋大型化。如炼油装置的产能由原来的 100 万 t/a 扩大至现在的 2 000 万 t/a,是原来的 20 倍;乙烯装置的生产能力由早期的 10 万 t/a 增至目前 120 万 t/a,是早期的 12 倍。化工装置的大型化、超大型化,带来了生产装置、设备的高度连续化和控制保障系统的自动化,如中石油某地分公司的丁二烯装置车间原有近 90 人,随着连续化和自动化的发展,现在车间只需 40 余人,大大节约了人力成本。计算机技术的应用、优异模型技术的发展使化工生产实现了远程自动化控制和操作系统智能化,更高的自动化及智能化水平可以解决重复性研发及生产工作,提升自动化决策支持,降低对技术人员、工人的经验依赖。

化工生产装置日趋大型化、连续化,一旦发生危险,其影响、损失和危害是非常巨大的。科学、安全和熟练地操作和控制现代大型化工生产装置,需要操作人员具备现代化学工艺理论知识与技能、高度的安全生产意识和责任感,以保证装置的安全稳定运行。

4. 化工生产的系统性和综合性强

将原料转化为市场所需产品的化工生产活动,其系统性和综合性不仅体现为生产系统内部原料、中间体、成品的纵向上下游的联系,还体现为公用工程水、电、蒸汽、氮气、压缩空气和燃气等能源的供给,机械设备、电器、仪表的运行、维护、维修与保障,副产品的综合利用和产业链延伸,"三废"(废气、废水和固体废弃物)处理和环境保护,产品应用和产业增链等横向的联系。任何部门和车间的运行状况,均将影响甚至制约化工工艺系统的正常运行与操作,化工生产各系统、各工序、各专业间联系密切,系统性和协作性很强。

5. 化工工艺趋于采用绿色化工技术

化工工艺是现代工业领域的重要组成部分。随着人们的环保理念和可持续发展意识的增强,绿色化工技术越来越受到关注。绿色化工技术是指利用环境友好型原料、绿色催化剂和绿色溶剂等进行化学反应,从而实现减少废弃物、减少能源消耗和减少环境污染的目标。

①绿色溶剂。与传统的有机溶剂相比,绿色溶剂具有良好的环境兼容性和安全性,可以在化学反应中代替有毒有害的有机溶剂。例如,离子液体等绿色溶剂在催化反应、有机合成反应中得到了广泛应用。另外,水作为一种环保的绿色溶剂,也常用于有机合成反应中。水可以与许多有机化合物形成氢键、离子键等,从而使有机化合物溶解在其中。同时,水的介电常数较大,使得离子在其中具有较大的溶解度。因此,在合成有机物时,使用水作为溶剂可以使反应体系更加绿色,可以减少环境污染。

②绿色催化剂。绿色催化剂将朝着更加注重催化活性、稳定性和选择性,以及可再生资源利用的方向发展。绿色催化剂的研究方向包括改进催化剂的稳定性和耐久性、发展更加高效的反应体系以及利用可再生资源,如对生物质和废弃物等进行催化转化。同时,绿色催化剂也可以与其他绿色技术有机结合,例如与生物技术、催化剂回收技术等结合,以实现更高效的绿色化工生产。未来,绿色催化剂将持续发展,成为推动绿色化工技术发展的重要力量。

0.2 安全在化工生产中的重要性

目前我国正处在工业化加速发展阶段,化学工业生产总体安全稳定、趋于好转的发展态势与形势依然严峻的现状并存。安全发展的要求与仍然薄弱的基础条件之间的矛盾突出,安全形势不容乐观。特别是危险化学品(简称危化品)泄漏、火灾、爆炸、中毒和窒息等较大事故时有发生,运输和使用环节事故发生率有上升趋势。造成以上情况的原因如下。

首先,我国化学工业起步较晚,与发达国家相比,我国化工企业的特点是小企业多、老企业多,90%以上是中小企业。在一些省份,20人以下的小化工企业约占全省化工企业总数的40%左右,有的接近50%。小化工企业技术落后,设备简陋,自动化水平不高,安全环保投入少,人员素质较低,安全管理落后。

其次,一些新建化工项目安全设施"三同时"(同时设计、同时施工、同时投入生产和使用)制度落实不到位。化工项目准入制度不完善,在工艺选择、设计、施工、安全自动化水平和人员培训等方面还没有严格的安全准入标准。许多化工园区特别是县级政府规划的化工集中区起点不高,招商准入门槛较低,大批工艺技术落后、能耗高、污染重的小化工企业在园区落户。这些小化工企业安全保障能力差,在投料试生产过程中安全事故时有发生。

最后,化工企业安全生产主体责任落实不到位,一些危化品从业单位安全管理体制机制不健全,安全管理制度不完善,执行制度不严格,安全投入没有保障,不具备安全生产基本条件。

安全生产是企业最基本的职责,保障员工的生命安全是企业的首要任务。如果企业不能保障员工的生命安全,就无法维持正常的生产经营活动。安全生产既关系到员工的生命安全,也关系到企业的财产安全。如果企业的生产设备、原材料、中间品和产品发生事故,将会造成巨大的经济损失。安全生产不仅关系到企业和员工的利益,而且关系到整个社会的稳定。如果企业在生产过程中发生事故,将会对周围的居民和环境造成严重的影响,甚至引发社会的不稳定。

安全生产也是企业形象的重要组成部分。如果企业能够保障安全生产,提高员工的安全意识和应急处置能力,将会提高企业的社会形象和声誉。

0.3 化工生产安全策略

目前,我国的化工产业进入了一个全新的发展时期,在发展的同时也面临相应的挑战。化工产品在生产技术、原材料和产品要求等方面具有一定的独特性,在生产过程中一旦出现操作不规范等问题,将会对从业人员、环境、财产造成严重危害,故需加强对化工生产技术和化工安全生产的了解,在保证化工生产安全的基础上,提高整个化工产业的健康稳定发展。我们可通过以下安全策略为化工安全生产保驾护航。

1. 采用化工工艺本质安全设计,有利于根除或减少安全隐患

在化工生产的整个过程中,化工技术贯穿始终,对生产的安全和效率都产生重要的影响。而在具体的生产过程中技术管理是实现各生产流程合理配置的关键,能够保证整个生产过程的安全合理和高效。

化工工艺本质安全设计是一个非常复杂的过程,需要考虑的因素多种多样,最终设计完成的化工工艺软件包,既要满足实际化工产品生产的需求,又要满足相关政策和安全的要求。化工生产的整个过程包括化工生产原材料处理、控制适宜的工艺条件以促进化学反应的进行、有价值化工产品的分离等。化工生产的整个过程中危险因素无处不在,很容易发生

安全事故。同时,化工工艺安全设计自身的特殊性较强,新科学、新技术的占比较大,存在诸多的物理和化学的未知参数,导致安全方面的设计存在诸多不确定因素和困难,从而导致较大的安全隐患。所以,在化工工艺本质安全设计中,往往需要考虑涉及安全性能的各种因素,以安全控制和危险识别为出发点,最大限度地降低发生安全事故的概率。

化工工艺路线比较鲜明的特点是工艺流程复杂且生产连续性较强。如果有生产设备出现问题或故障,将会直接切断整个工业生产过程。一旦处理不及时,会发生生产安全事故,给化工企业造成严重的经济损失。此外,化工企业在检修设备时,也可能出现因误操作而导致的设备故障。通常化工企业会设计多条生产工艺路线,作为设计人员,要充分了解每一条工艺路线的危险情况,尽可能少用甚至不用危险性较大的材料,尽量确保使用的原材料无毒无害且危险性较小,以最大限度地降低对于自然生态环境的污染,从本质上降低生产安全事故发生的可能性。

2. 完善化工安全生产监督机制

在化工企业生产过程中,有许多特殊的生产活动需要使用有针对性的特殊工艺和专业设备,加上化工生产的原材料多具有易燃易爆性,生产过程又常处于高温高压环境中,多种因素叠加,导致化工生产过程存在严重的安全隐患。由此可见,化工安全技术及安全控制十分重要,化工企业需要结合目前生产产品的特性、生产线的特征,制定行之有效的安全管理制度,建立完整的安全生产监督机制。

安全生产监督主要指在日常生产过程中,对生产线等进行全过程监督及指导,以确保工作人员始终保持规范化操作,严格按照标准操作步骤完成生产,避免因各类人为因素导致的安全隐患。合理有效的安全监管机制可以对生产线各个班组的工作内容、工作职责进行详细划分,确保化工企业生产的安全责任落实到每一个人身上。

此外,还需加强生产线各生产设备的操作管理,以确保工作人员按标准规范完成设备操作,加强设备的维修养护力度。首先,考虑到目前企业生产的实际需求,及时更新设备,保障生产设备的性能及各项参数符合现代化化工企业生产标准。其次,加强对相关作业人员的技术培训,保证所有生产人员正确使用设备,了解设备的应用方式。最后,结合设备的运行情况,制定周期性的维护及检测机制,确保设备稳定运行。在设备存在异常或运转不良的问题时,应及时检修,彻底排查设备的故障隐患。

目前,化工行业正处于高速发展过程中,化工企业需要充分认识到化工安全与安全管理的重要性,加强所有员工的安全意识,建立完善的安全管理制度。若化工企业自身能力不足,可聘请相关领域专家,对企业生产线开展安全风险评估,并助力化工企业建立起完整的安全风险管理体系;可组织专家开办讲座,培养生产人员的危机意识、安全生产意识,保障所有员工敏锐地察觉到生产线中潜藏的各类风险问题,利用健全的安全生产监督及管理机制,降低生产安全事故发生的概率。

3. 升级化工安全技术

化工企业的安全控制需要保障生产、运输、经营各个环节的安全性。化工企业需要充分发挥安全技术的作用和价值,并将安全技术应用于化工生产线、生产装置中。为达到这一目标,化工企业应加大信息化系统或信息技术的应用力度,使用多项安全技术,监督并采集各项生产数据与信息,利用信息技术对所有信息进行汇总、分析,再结合生产实况设立完整的安全预警机制。使用安全仿真技术对企业当前的生产流程做出模拟,并根据模拟结果编制符合标准的应急处理预案。

化工企业需要充分发挥信息技术的自动化与智能化优势,建立远程控制体系、化工生产线全过程监控体系,确保化工生产安全控制措施的有效落实,加强现代化技术手段的应用,并利用信息技术为生产设备的稳定运行提供技术保障。若化工生产设备运行时出现参数异常的问题,便可借助信息化和自动化管理系统分析此类异常,并完成故障诊断或检测,随后向工作人员发出预警,便于工作人员落实设备维护、保养、检修等多项工作。

4. 提升化工企业和从业人员的化工安全意识

若想从根本上提高化工企业的安全管理水平,必须全面提升化工企业内部所有研发人员、设计人员、生产人员、管理人员和检修人员的安全意识。化工企业员工的素质是化工企业安全生产的基础,只有员工具有较高的素质与安全生产意识,能够有序完成生产任务,落实安全生产制度,才能真正降低生产过程中可能存在的安全事故率。因此,化工企业必须加大对员工安全素养的培训力度,组织安全培训课程,尤其针对工艺原理、危险和处理方式进行培训,要求所有员工参加,积极宣传化工安全生产的重要性。

为进一步提高员工参加安全培训的积极性,化工企业还要以安全生产为核心,建立对应的奖惩机制,以激励措施给员工以动力,以惩罚措施给员工以约束。

5. 强化对化工企业员工的基础知识和专业技能培训

化工安全管理中不仅要对员工的安全意识进行培训,还要加强对员工化工专业基础知识、专业技能的培训,提高化工从业者的职业素养。因此,化工企业应安排专业水平培训课程,加强对员工的职业素养教育、专业技术能力教育;积极引入先进的技术、生产工艺、生产设备,要求员工积极学习;借助先进的技术、工艺与设备,解决落后技术中可能存在的安全故障或相关隐患,确保生产顺利、安全。

在化工生产的过程中,"安全"始终是第一要务。化工企业必须加强安全管理力度,结合化工企业生产实际情况,正确优化、使用各类生产工艺技术、化工安全技术,同时制定出完整全面的安全控制策略,保障化工企业的安全生产,真正将安全管理落到实处。

0.4　化工事故预防与控制

危险化学品(包括化工生产过程中的原料、中间品和产品等)是指那些在生产、储存、运输、使用过程中具有火灾、爆炸、中毒、腐蚀、放射性等危险性的物质。由于危险化学品物理和化学性质的特殊性,其发生事故的风险较大,一旦发生事故,将会造成严重的人员伤亡和财产损失。一些危险化学品,对皮肤、黏膜有刺激和麻醉作用,急性中毒时,会造成人体上呼吸道黏膜的损伤,使人先出现流泪、流涕、疼痛、咳嗽等症状,继而出现头晕、恶心、呕吐、乏力等症状。因此,加强危险化学品事故、化工安全事故的预防控制,是保障人民生命财产安全和环境安全的重要举措。

0.4.1　化工事故预防总体思路 ··□

化工企业生产经营的危险化学品与人体皮肤和眼睛直接接触可能造成灼伤,若发生泄漏易造成人员中毒,其蒸气与空气能够形成爆炸性混合物,达到爆炸极限后,易产生安全事故;生产和库存的原料、中间品、产品与高热源、强还原剂和强氧化剂等接触,易发生火灾、爆炸。所以,在化工企业中需坚持"安全第一、预防为主"的方针,预防化工企业发生事故,把事故伤害、损失降至最低。下面简单介绍化工事故预防的总体思路。

1. 控制与消除火源

（1）明火。

化工生产中的明火主要指生产过程中的加热炉、维修用火及其他火源。加热易燃物质时,应尽量避免采用明火而采用蒸汽或其他载热体,如导热油、熔岩等。如果必须使用明火,设备应严格密闭,燃烧室应与设备分开或妥善隔离。

在有火灾、爆炸危险的车间内,尽量避免焊接作业,进行焊接作业的地点要和易燃易爆的生产设备保持一定的安全距离;需对生产、盛装易燃物料的设备和管道进行动火作业时,应严格执行隔绝、置换、清洗、动火分析等有关规定,确保动火作业的安全。

烟囱飞火,汽车、拖拉机的排气管冒出的零散火星,均可引起易燃物的燃烧、爆炸。为防止烟囱飞火,炉膛内燃烧要充分,烟囱要有足够的高度。汽车、拖拉机的排气管上要安装火星熄灭器等。

（2）摩擦与撞击。

机器的轴承等转动部位的摩擦、铁器的相互撞击或铁制工具敲打混凝土地坪等都可能产生火花,当管道、容器破裂,物料喷出时也可因摩擦而起火。因此要采取以下措施。

①轴承要及时注油,保持良好的润滑状态,并经常清除附着的可燃污垢。

②注意易燃易爆场所内易产生撞击火花的部件,如鼓风机上的叶轮等,应采用铝铜合金、铍铜锡或铍镍合金制成,撞击工具用铍铜或镀铜的钢制成,使用特种金属制造的设备应采用惰性气体保护等。

③为了防止金属零件随物料进入设备内发生撞击起火,可在粉碎机等设备上安设磁铁分离器以清除物料中的铁器;当没有安装磁铁分离器时,危险物质（如碳化钙等）的破碎应采用惰性气体保护。

④搬运盛有可燃气体或易燃液体的容器、气瓶时要轻拿轻放,严禁抛掷,防止相互撞击;不准穿带钉子的鞋进入易燃易爆车间;在特别危险的场所内,应采用不产生火花的软质材料铺设地面。

（3）电器火花。

电器火花是引起化工企业火灾、爆炸事故的重要原因,因此要根据爆炸和火灾危险场所的区域等级及爆炸物质的性质,对车间内的电气动力设备、仪器仪表、照明装置和配线等分别采用防爆、封闭、隔离等措施。防爆电气设备的选型等要遵照有关标准执行。

（4）其他火源。

需防止静电、雷电引起的火灾；防止易燃物料与高温的设备、管道表面相接触；高温表面要有隔热保温措施。

2. 危险物品的处理

首先，应尽量改进工艺，从工艺根源入手，以火灾、爆炸危险性小的物质替代危险性大的物质。

其次，对于本身具有自燃能力的油脂、遇空气能自燃的物质和遇水能燃烧爆炸的物质，应采取隔绝空气、防水、防潮或采取通风、散热、降温等措施，以防止物质自燃和爆炸。

再次，相互接触会引起爆炸的两类物质不能混合存放，遇酸、碱有可能发生分解爆炸的物质应防止与酸、碱接触，对机械振动较为敏感的物质需轻拿轻放。

最后，根据物质的沸点、饱和蒸气压，确定适宜的容器耐压强度、贮存温度及保温降温措施。对于不稳定物质，在贮存中应添加稳定剂。例如含有水分的氰化氢长期贮存时会引起聚合，而聚合热又会使蒸气压上升导致爆炸，故通常加入浓度为 0.01~0.05% 的硫酸溶液等酸性物质做稳定剂。丙烯腈在贮存中易发生聚合，为此必须添加阻聚剂对苯二酚等。某些液体如乙醚，受到阳光作用时能生成过氧化物，因此必须存放在金属桶内或暗色的玻璃瓶内。液体具有流动性，需考虑容器破裂后液体流向的问题。

3. 工艺参数的安全控制

化工生产中，严格控制各种工艺参数，防止超温超压和物料泄漏是防止爆炸的基本措施。对可能发生反应失控的场合尤为重要。

（1）温度控制。

不同的化学反应均有各自适宜的反应温度，正确控制反应温度不仅能够保证产品质量，降低消耗，而且对防火防爆有重要意义。温度过高，可能引起冲温、剧烈反应而发生冲料或爆炸，也可能引起反应物分解着火；温度过低，有时会使反应停滞，而一旦反应恢复正常时，则往往会由于未反应物料过多而发生剧烈反应甚至爆炸。

（2）压力控制。

压力升高常常导致一些爆炸事故发生。温度升高时常伴随着压力升高，这可能是反应异常和设备故障的征兆，因此在控制适宜体系压力的同时，需及时分析造成压力波动的原因，尽快排除压力升高或降低的故障，消除事故隐患。压力升高除了系统内在的因素外，还可能由与之相连的工艺管线、维修用管线等窜气造成，应注意采取严格措施，防止高压气体窜入低压系统。

为了避免设备超压，安全装置是必不可少的，并应加强检查与管理，保证配备的安全装置动作可靠。

（3）投料控制。

①投料速度。对于放热反应过程，加料速度不能超过设备的设计能力，否则会使温度急剧升高，可能引发一系列副反应。加料速度突然变慢，会使系统温度降低，反应不完全，再度

升温后会使反应加剧,造成系统超温超压;加料速度过快,会造成物料堵塞并引发爆炸事故。

②物料配比。必须严格控制反应物料的配比,按操作规程下料。为此,要准确地分析、计量反应物的浓度、含量及流量等;对连续化程度较高的、危险性较大的生产工艺,在开车时需特别注意物料配比。

③加料顺序。按照一定的顺序加料是工艺的需要,也是出于安全的考虑。例如:氯化氢(HCl)合成时应先通入氢气再通入氯气;三氯化磷(PCl$_3$)生产中先加磷再加氯,否则可能发生爆炸。为防止误操作而使加料顺序颠倒,可将进料阀门互相联锁。

④原料纯度。化工生产中许多化学反应,往往由于反应物料中的杂质而造成副反应,导致火灾、爆炸。因此,生产原料及中间产品等均需严格的质量检验,以保证原料及中间产品等的纯度。

(4)防止跑、冒、滴、漏。

化工生产过程中物料的跑、冒、滴、漏往往导致易燃易爆物料扩散到空间,从而引起火灾、爆炸。设备内部的泄漏(如由阀门密封不良引起)可造成超压、反应失控等,也会引发火灾、爆炸事故。因此要注意防止设备内外的跑、冒、滴、漏。

阀门内漏、误操作是造成设备内部泄漏的主要原因,除了加强设备操作人员的责任心、提高操作水平之外,还可设置两个串联的阀门,提高其密封的可靠性;设备外部的泄漏包括管道之间、管道与管件之间连接处静密封的泄漏,阀门、搅拌器及机泵等动密封处的泄漏以及因操作不当、反应失控等原因引起的槽满溢料、冲料等。为防止误操作,可在各种物料管线上涂不同的颜色以便区别;采用带有开关标志的阀门,对重要阀门采取挂牌、加锁等措施。

(5)紧急情况停车处理。

当突然发生停电、停水、停汽时,装置需要紧急停车。在自动化程度不够高的情况下,紧急停车处理主要靠现场操作人员,因此要求操作人员沉着、冷静,正确判断和排除故障。应经常进行化工安全事故演习,提高应付突发事故的能力。要预先制定突然停电、停水、停汽时的应急处理方案。

4. 系统密闭与惰化

(1)系统密闭。

为了防止易燃气体、液体和可燃粉尘自装置中外泄与空气形成爆炸性混合物,应该使设备密闭。对于在负压下操作的装置,为了避免空气吸入,同样需要密闭作业。为保证良好的密闭性能,系统内应尽量减少法兰连接,尽量缩短管道长度,危险物料的输送管道应采用无缝钢管。

(2)惰化。

可燃气体或粉尘发生爆炸的三个必要条件是:可燃物、助燃物和着火源。上述三个条件中只要缺少一个,就不可能发生爆炸。用惰性气体取代空气中的氧气(助燃物),从而达到防止爆炸的目的,这个过程被称为惰化。

通入惰性气体时,要使系统中的气体充分混合均匀。在生产过程中要对惰性气体的流量、压力或浓度进行分析检测。

在负压操作的系统中,当打开阀门或进行其他操作时,要防止外界空气进入系统而形成爆炸性混合物。在打开阀门之前,采用惰性气体保护的方法,可以避免形成爆炸性混合物。

5. 通风

通风时,如空气中含有易燃易爆气体,则不应循环使用;在有可燃气体的厂房内,排风设备和送风设备应有各自独立的通风机室;排放可燃气体和粉尘时,应避免排风系统和除尘系统产生火花;通风管道不应穿过防火墙等防火分隔物,以免发生火灾时,火势顺管道通过防火分隔物而蔓延。

0.4.2　化工事故应急处理思路 ··□

化工安全事故与其他事故相比,其后果更严重,因此如何预防化学品事故的发生,以及如何将化学品事故所造成的影响和损失降至最小(即应急处理),已成为全社会关注的问题。化工安全事故的应急处理过程一般包括事故报警、紧急疏散、现场急救、泄漏处置以及火灾控制几方面。

1. 事故报警

当发生突发性危险化学品泄漏或火灾、爆炸事故时,事故单位或现场人员,除了积极组织自救外,必须及时将事故向有关部门报告。

报警内容应包括事故单位,事故发生的时间、地点,化学品名称和泄漏量,事故性质(外溢、爆炸、火灾),危险程度,有无人员伤亡,报警人姓名及联系电话。

各主管单位在接到事故报警后,应迅速组织一个应急救援专业队,救援队伍在做好自身防护的基础上,快速实施救援,控制事故发展,并将伤员救出危险区域和组织群众撤离、疏散,做好危险化学品的清除工作。

2. 紧急疏散

迅速将警戒区内与事故应急处理无关的人员向侧风或侧上风方向迅速撤离,明确专人引导和护送疏散人员到安全区,并在疏散或撤离的路线上设立哨位,指明方向。

3. 现场急救

在事故现场,化学品对人体可能造成的伤害主要有中毒、窒息、冻伤、化学灼伤、烧伤等,进行急救时,不论患者还是救援人员都需要进行适当的防护。

当现场有人受到化学品伤害时,应立即进行以下处理。

①迅速将患者带离现场至空气新鲜处。

②呼吸困难时给氧,呼吸停止时立即进行人工呼吸,心搏骤停时立即进行心肺复苏或胸外按压。

③皮肤污染时,脱去污染的衣服,用流动清水冲洗,冲洗要及时、彻底、反复多次;头面部灼伤时,要注意眼、耳、鼻、口腔的清洗。

④当人员发生冻伤时,应迅速复温。复温的方法是采用40~42 ℃恒温热水浸泡,使其温度提高至接近正常;在对冻伤的部位进行轻柔按摩时,应注意不要将伤处的皮肤擦破,以防感染。

⑤当人员发生烧伤时,应迅速将伤者衣服脱去,用水冲洗降温,用清洁布覆盖创伤面,避免伤面污染;不要任意把水疱弄破。伤者口渴时,可适量饮水或饮用含盐饮料。

⑥口服化学品者,可根据物料性质,对症处理。

⑦经现场处理后,应迅速护送至医院救治。

4. 泄漏处置

容器发生泄漏后,应采取措施修补和堵塞裂口,制止化学品的进一步泄漏,这对整个应急处理过程是非常关键的。能否成功地进行堵漏取决于几个因素:接近泄漏点的危险程度、泄漏孔的尺寸、泄漏点实际的或潜在的压力、泄漏物质的特性。

泄漏被控制后,要及时将现场泄漏物进行覆盖、收容、稀释、处理,使泄漏物得到安全可靠的处置,防止二次事故的发生。

地面上泄漏物处置主要有以下方法。

①如果化学品为液体,泄漏到地面上时会四处蔓延扩散,难以收集处理,为此需要筑堤堵截或者引流到安全地点;贮罐区发生液体泄漏时,要及时关闭雨水阀,防止物料沿明沟外流。

②对于液体泄漏,为降低物料向大气中蒸发的速度,可用泡沫或其他覆盖物品覆盖外泄的物料,在其表面形成覆盖层,抑制其蒸发;或者采用低温冷却的方法降低泄漏物的蒸发速度。

③为减少大气污染,通常采用水枪或消防水带向有害物蒸气云喷射雾状水,加速气体向高空扩散,或使其在安全地带扩散。在使用这一技术时,将产生大量的被污染水,因此应疏通污水排放系统。对于可燃物,也可以在现场释放大量水蒸气或氮气,破坏燃烧条件。

④对于大型液体泄漏,可选择用隔膜泵将泄漏出的物料抽入容器内或槽车内。当泄漏量小时,可用沙子、吸附材料、中和材料等吸收、中和;或者用固化法处理泄漏物,将收集的泄漏物运至废物处理场所处置。用消防水冲洗剩下的少量物料,冲洗水排入含油污水系统处理。

5. 火灾控制

危险化学品容易发生火灾、爆炸事故,但不同的化学品以及在不同情况下发生火灾时,其扑救方法差异很大,若处置不当,非但不能有效扑灭火灾,反而会使灾情进一步扩大。此外,由于化学品本身及其燃烧产物大多具有较强的毒害性和腐蚀性,极易造成人员中毒、灼伤。

化学品事故的特点是发生突然,扩散迅速,持续时间长,涉及面广。一旦发生化学品事故,往往会引起人们的慌乱,处理不当,又会引起二次灾害。因此,涉及使用危险化学品的单位应制订和完善化学品事故应急处理方案,同时让每一个职工都知道应急处理方案,定期进行培训教育,提高广大职工对付突发性灾害的应变能力,做到遇灾不慌、临阵不乱、正确判断、正确处理,增强职工自我保护意识,减少伤亡情况发生。

第 1 章

化工安全事故及思考

　　随着我国现代化步伐的不断加快,人民生活的日益富足,人们更加关注安全生产问题。2024 年 3 月 1 日起施行的《生产安全事故报告罚款处罚规定》(简称《规定》)中对企业安全生产诚信做了明确规定,提高了企业的违法成本,督促企业更加重视安全生产。安全生产是一个很复杂的过程,与生产生活密切相关,《规定》的颁布反映出民众对安全生产重视程度的提高,同时也是一个国家不断发展进步的重要标志。我国有许多大大小小的化工企业,化工生产中存在较多的易燃易爆物质,这些物质在运输和保存过程中发生火灾、爆炸的可能性很高,因此它们的安全生产显得尤为重要。化工企业安全生产有利于其长远发展。然而,近年来化工行业在发展过程中经常出现重大事故,严重危害人民生命安全,同时导致巨大的经济损失,其危害在多个方面都有体现。

　　2009 年 10 月 14 日,在神华宁夏煤业集团有限责任公司大峰矿羊齿采区工程 A 段施工过程中,宁夏三鑫机械化工工程公司进行爆破装填作业时出现爆炸事故,导致 11 人死亡,3 人失踪;2011 年 11 月 19 日,山东新泰联合化工有限公司发生爆燃事故,造成 15 人死亡,4 人受伤,直接经济损失 1 890 万元;2012 年 2 月 28 日,河北克尔化工有限责任公司发生重大爆炸事故,导致 25 人死亡,4 人失踪,46 人受伤;2013 年 5 月 11 日,位于四川省泸州市泸县的桃子沟煤业有限公司发生重大瓦斯爆炸事故,造成 28 人死亡,18 人受伤,直接经济损失 3 747 万元;2014 年 3 月 7 日,河北省唐山开滦(集团)化工有限责任公司乳化车间发生爆炸,导致厂房倒塌,13 人死亡;2015 年 8 月 31 日,位于山东省东营市的山东滨源化学有限公司发生重大爆炸事故,造成 13 多人死亡,25 人受伤,直接经济损失 4 326 万元;2015 年 10 月 21 日,位于山东省临沂市平邑县的山东天宝化工股份有限公司发生爆炸事故,造成 9 人死亡,2 人受伤,直接经济损失 1 900 余万元;2019 年 3 月 21 日,位于江苏省盐城市的江苏天嘉宜化工有限公司发生爆炸事故,导致 18 人死亡,76 个重伤,640 人住院治疗,直接经济损失 19.86 亿元;2019 年 8 月 31 日,福建省建瓯市金峰化工气体有限公司发生爆炸,导致 3 人死亡。从以上案例可以看出,化工事故发生频繁,不仅会对人身安全造成威胁,而且会对环境产生重大影响。化工事故的类型有很多种,对我国 2009—2019 年间发生的 917 起化工事故进行统计分析,并绘制事故类型分布图,可扫描二维码 1-1 获取。

二维码 1-1

1.1 典型化工安全事故分析

1.1.1 印度博帕尔安全事故

1. 事故背景

事故工厂隶属于联合碳化公司在印度的一家合资公司,始建于 1969 年,从 1980 年起生产杀虫剂西维因。异氰酸甲酯(MIC)是生产杀虫剂的一种中间产品,是一种有挥发性、有毒和易燃的物质,能与水发生放热反应。美国职业安全与健康管理局(OSHA)规定的 8 h 允许暴露极限浓度是 0.02 μmol/mol。考虑到 MIC 的挥发性,设计考虑冷冻储存。MIC 储罐有一套冷却系统,可以使储罐内 MIC 始终保持在 0.5 ℃左右。为保证少量泄漏出的气体能够被及时吸收,装置设计有喷淋水及洗涤器系统。MIC 储罐的工艺流程可扫描二维码 1-2。

二维码 1-2

自 1982 年起,由于干旱等原因,市场对于该工厂的产品需求减少。为降低成本,该工厂采取了一系列措施:停用 MIC 贮罐的冷冻系统;减少对工艺设备的维护与维修;聘请廉价承包商,采用便宜的建造材料;缩短员工的培训时间;减少员工数量;等等。

2. 事故经过

1984 年 12 月 2 日下午,维修人员试图用水反向冲洗工艺管道上的过滤器。按照规定,在作业前需要关闭管道上的阀门并加装盲板,同时要申请办理作业许可证。但是,在开始作业前维修人员没有申请作业许可证,没有通知操作人员,也没有加装盲板以实现隔离。由于阀门内漏,在冲洗过滤器过程中,冲洗水进入了 MIC 储罐。

水进入储罐后,与 MIC 发生放热反应,储罐内的温度和压力升高。由于维护保养不到位,相关温度、压力仪表不能正常工作,室内操作人员没有及时觉察到储罐工况的异常变化。23 时 30 分,操作工发现 MIC 和污水从储罐的下游管道流出。3 日凌晨 0 时 15 分储罐的压力升至 206.84 kPa,几分钟后达到 379.21 kPa,即最高极限。操作工走近储罐时,听到了隆隆声并且感受到储罐的热辐射。0 时 45 分,储罐超压、安全阀起跳,MIC 排入大气。

安全阀一直开了 2 h,约 25 t MIC 进入大气中,工厂下风向 8 km 内的区域都暴露在泄漏的化学品中。在短短几天内造成了 5 000 多人中毒死亡,5 万多人双目失明,20 多万人深受其害。

3. 事故原因分析

(1)直接原因。

水进入 MIC 储罐并与之发生化学反应是事故发生的直接原因。据分析,在此次事故中有 450~900 L 水进入 MIC 储罐,水与 MIC 发生放热反应使储罐内温度、压力急剧升高,致使防爆膜破裂、安全阀起跳,从而导致大量 MIC 泄漏。

（2）间接原因。

①停运冷冻系统。冷冻系统自1984年6月起就停止了运转，冷却剂氟利昂被抽出，用到工厂的其他地方。没有有效的冷却系统，就不可能控制急剧产生的大量MIC气体。储罐中的MIC实际温度为15~20 ℃，远高于设计值0.5 ℃。在较高温度下，MIC与水的反应速度加快。

②洗涤器及火炬系统失效。事故发生时，MIC的排放量大约是洗涤器设计洗涤量的200倍，而且火炬正处于维修状况，与工艺系统分开了，安全设施没能发挥应有的作用。

③喷淋水没有发挥作用。系统设置有喷淋水系统。凌晨1时左右，操作人员启动了喷淋水系统，但是喷淋水最高只能喷到离地面15 m处，而此时泄漏的MIC蒸气已经达到了离地面50 m的高度。

④低效率的应急反应。在发现泄漏2 h后才拉响警报。在此期间，居住在工厂周围的许多人因为眼睛和喉咙受到强烈刺激而从睡梦中惊醒，并很快丧失了生命。

4. 博帕尔事故对石化企业的启示

博帕尔事故的沉痛教训昭示我们必须高度重视工艺安全管理。对一个工厂而言，职业安全和工艺安全都是工厂总体安全的组成部分。职业安全事故往往是个别人受到伤害，而工艺安全事故则可能造成大量人员伤亡，甚至对周边社区环境带来灾难性的影响。目前，多数石化企业在工艺安全管理方面做了大量工作，但大多还不够全面、系统。

数十年过去了，受害的幸存者仍在痛苦中挣扎，受害者的后代则出现先天畸形、身体残缺、智力障碍，这种毒气泄漏带来的恶果将危害几代人。1999年12月，绿色和平组织对博帕尔地区地下水展开调查，发现该地区地下水含有害物质的浓度仍达到安全标准的682倍。

石化企业要对危险工艺进行系统的工艺危害分析，辨别出可能出现的偏离正常工况的情形，分析出现偏差的原因及后果，提出消除或控制危害的改进措施，从而提高系统的安全性能。特别是新工艺、新产品的研究开发，新装置、新设施的设计阶段等要充分开展危险与可操作性（HAZOP）分析，辨识出可能存在的危害，评估危害可能导致事故的频率及后果，从而采用技术措施来消除危害，或减轻危害可能导致的事故后果。

①建立并严格执行变更管理制度。装置工艺参数、设备选型、仪表控制系统等实施变更前，一定要组织有关专家进行危害识别和风险评估，落实相应的防范措施。特别是工艺系统中的安全保障设施，如仪表联锁、安全阀、爆破片等，严禁未经风险评估而随意拆除。

②切实加强承包商的安全管理。要从严格准入、落实责任、强化监管等方面入手，进一步加强承包商的安全监管。特别是承担炼化检维修任务的承包商，由于作业与装置生产运行高度交叉，安全风险很大，一定要采取强有力措施加强监管，确保万无一失。

③进一步完善应急预案并加强演练，提高企业应对各类突发事件的能力。同时要加强与地方政府及周边社区的应急联动，加强社区居民个人防护、应急疏散等方面的教育培训，确保一旦发生影响社区的事故、事件能迅速疏散，最大限度地减少人员伤害。加强应急设施的维护管理，确保始终处于应急备用状态。

④加强工艺安全事故的调查分析，尤其要加强未遂事故（事件）的调查分析，认真查找

事故原因及暴露出的管理漏洞,提出并落实相应的改进措施,防止类似事故的发生。

1.1.2 中石油吉林石化分公司"11·13"特大爆炸事故 ···□

1. 事故简介

2005 年 11 月 13 日,中国石油天然气股份有限公司(以下简称中石油股份公司)吉林石化分公司(以下简称"中石油吉林石化分公司")双苯厂硝基苯精馏塔发生爆炸,造成 8 人死亡,60 人受伤,直接经济损失 6 908 万元,并引发松花江水污染事件。国务院事故调查组认定,中石油吉林石化分公司双苯厂"11·13"爆炸事故和松花江水污染事件是一起特大生产安全责任事故和特别重大水污染责任事件。

2. 事故经过

2005 年 11 月 13 日,双苯厂苯胺二车间二班班长徐某在班,同时顶替本班休假职工刘某硝基苯和苯胺精制内操岗位操作。因硝基苯精馏塔(以下称 T102 塔)塔釜蒸发量不足、循环不畅,需排放 T102 塔塔釜残液,降低塔釜液位。集散控制系统(DCS)记录和当班硝基苯精制操作记录显示,10 时 10 分(本段所涉及的时间均为 DCS 显示时间,比北京时间慢 1 分 50 秒)硝基苯精制单元停车和排放 T102 塔塔釜残液。根据 DCS 记录分析、判断得出,操作人员在停止硝基苯初馏塔(以下称 T101 塔)进料后,没有按照操作规程及时关闭粗硝基苯进料预热器(以下称预热器)的蒸汽阀门,导致预热器内物料汽化,T101 塔进料温度超过了温度显示仪额定量程(15 min 内即超过了 150 ℃量程的上限)。11 时 35 分左右,徐某发现超温,指挥硝基苯精制外操人员关闭了预热器蒸汽阀门停止加热,T101 塔进料温度才开始下降至正常值,超温时间达 70 min。恢复正常生产开车后,13 时 21 分,操作人员违反操作规程,先打开了预热器蒸汽阀门加热,使预热器温度再次出现超温;13 时 34 分,操作人员才启动 T101 塔进料泵向预热器输送粗硝基苯,温度较低(约 26 ℃)的粗硝基苯进入超温的预热器后,突沸并发生剧烈振动,造成预热器及进料管线的法兰松动、密封失效,空气被吸入系统内,随后空气和突沸形成的汽化物被抽入负压运行的 T101 塔。13 时 34 分 10 秒,T101 塔和 T102 塔相继发生爆炸。受爆炸影响,至 14 时左右,苯胺生产区 2 台粗硝基苯储罐(容积均为 150 m³,存量合计 145 t)及附属设备、2 台硝酸储罐(容积均为 150 m³,存量合计 216 t)相继发生爆炸、燃烧。与此同时,距爆炸点 165 m 的 55# 罐区 1 台硝基苯储罐(容积为 1 500 m³,存量 480 t)和 2 台苯储罐(容积均为 2 000 m³,存量分别为 240 t 和 116 t)受到爆炸飞出残骸的打击,相继发生爆炸和燃烧。上述储罐周边的其他设备设施也受到不同程度的损坏。事故照片可扫描二维码 1-3。

二维码 1-3

爆炸事故发生后,大部分生产装置和中间贮罐及部分循环水系统遭到严重破坏,致使未发生爆炸和燃烧的部分原料、产品和循环水泄漏出来,逐渐漫延流入双苯厂清净废水排水系统,抢救事故现场所用的消防水与残余物料混合后也逐渐流入该系统。这些污水通过中石油吉林石化分公司清净废水排水系统进入东 10 号线,并与东 10 号线上游来的清净废水汇合,一并流入松花江,造成松花江水体严重污染。

松花江水污染情况:事故发生前,现场共有原料、产品约为 1 349.61 t,其中苯 358.8 t、硝基苯 697.08 t、苯胺 77.43 t、硝酸 216.3 t。事故发生后,回收的物料约为 337.6 t,其中苯 100 t、硝基苯 237.6 t。其余物料通过爆炸、燃烧、挥发、地面吸附、导入污水处理厂和进入松花江等途径损失。经专家组计算,爆炸发生后,约有 98 t 物料(其中苯 17.6 t、苯胺 14.7 t、硝基苯 65.7 t)流入松花江。吉林市环保局监测数据显示,11 月 13 日至 12 月 2 日东 10 号线监测断面持续超标。11 月 13 日 15 时 30 分第一次监测的数据即为最大值,其中硝基苯浓度为 1 703 mg/L、苯浓度为 223 mg/L、苯胺浓度为 1 410 mg/L,分别为排污标准的 851.5 倍、2 230 倍和 1 410 倍(《污水综合排放标准》(GB 8978—1996)规定,执行一级标准时,硝基苯最高允许排放浓度为 2.0 mg/L,苯最高允许排放浓度为 0.1 mg/L,苯胺最高允许排放浓度为 1.0 mg/l)。

事故发生后,现场人员启动了事故应急预案,立即向 119 报警,并向有关部门、领导报告,双苯厂迅速成立了抢险救灾指挥部。13 时 45 分,消防车赶到事故现场,实施灭火救援,由于事故现场可能存在二次爆炸的危险,消防队员迅速撤离了事故现场。吉林石化分公司、吉林市、吉林省的主要领导接到事故报告后,迅速赶到了现场,启动了应急预案。14 时左右,吉林市政府成立了事故应急救援指挥部,开始全面指挥爆炸现场紧急救援工作。在停电约 2 h 后,于 15 时 20 分恢复供电、供水,16 时恢复装置区灭火。14 日凌晨 4 时,火势得到基本控制,中午 12 时,现场明火全部扑灭。中国石油天然气集团有限公司(以下简称中石油集团公司)、中石油股份公司也派出有关负责人员于爆炸事故发生当天抵达吉林市,并参与了爆炸事故应急救援工作。

3. 事故原因分析

(1)直接原因。

爆炸事故的直接原因:硝基苯精制岗位外操人员违反操作规程,在停止粗硝基苯进料后,未关闭预热器蒸汽阀门,导致预热器内物料汽化;恢复硝基苯精制单元生产时,再次违反操作规程,先打开预热器蒸汽阀门加热,后启动粗硝基苯进料泵进料,引起进入预热器的物料突沸并发生剧烈振动,使预热器及管线的法兰松动,密封失效,空气被吸入系统,由于摩擦、静电等原因,导致 T101 塔发生爆炸,并引发其他装置、设施连续爆炸。

污染事件的直接原因:双苯厂没有在事故状态下防止受污染的"清净下水"流入松花江的措施;爆炸事故发生后,未能及时采取有效措施,防止泄漏出来的部分物料和循环水及抢救事故现场消防水与残余物料的混合物流入松花江。污染事件的主要原因:一是中石油吉林石化分公司及双苯厂没有对可能发生的事故会引发松花江水污染的问题进行深入研究,有关应急预案有重大缺失;二是吉林市事故应急救援指挥部对水污染估计不足,重视不够,未提出防控措施和要求;三是中石油集团公司和中石油股份公司对环境保护工作重视不够,对中石油吉林石化分公司环保工作中存在的问题失察,对水污染估计不足,重视不够,未能及时督促采取措施。

(2)间接原因。

①中石油吉林石化分公司双苯厂安全生产管理制度存在漏洞,安全生产管理制度执行

不严格,尤其是操作规程和停车报告制度的执行未落实。中石油吉林石化分公司双苯厂安全生产检查制度存在车间巡检方式针对性不强和巡检时间安排不合理的问题。从苯胺二车间当天巡检记录来看,事故发生前车间巡检人员虽然对各个巡检点进行了两次巡检,但未能发现硝基苯精制单元长达 205 min 的非正常工况停车。按照双苯厂有关制度的规定,如果临时停车,当班班长要向车间和厂生产调度室报告,但从调度和通信记录看,生产调度人员虽然在当天 10 时 13 分与当班班长徐某通过电话了解情况,却未发现 10 时 10 分硝基苯精制单元就已经停车。苯胺二车间 11 月 13 日当班应属正常操作,出现非正常工况临时停车后,操作人员虽在硝基苯精制操作记录上记载了停车时间,却未记载向生产调度室和苯胺二车间巡检人员报告的情况。

②中石油吉林石化分公司双苯厂及苯胺二车间的劳动组织管理存在一定缺陷。按照中石油吉林石化分公司有关操作人员定额的规定,苯胺二车间应配备 4 个化工班,即 12 名内操人员、20 名外操人员、4 名班长、4 名备员,而实际配备 12 名内操人员、4 名班长、4 名备员、42 名外操人员。外操岗位操作人员相对较多,超定员 22 人,而内操岗位操作人员却不富裕。按照中石油吉林石化分公司岗位责任制的规定,当班时内、外操作人员不能互相兼值操作岗位,只有班长可以兼值其他操作岗位。因操作人员休假时间调配不合理,当班班长经常兼值内、外操岗位。据统计,徐某从 2005 年 3 月 18 日担任班长至 11 月 13 日事故发生时,共有 35 班兼值内、外操岗位。11 月 13 日,徐某在当班的同时,兼值硝基苯和苯胺精制内操岗位,由于硝基苯精制装置出现了非正常工况,班长徐某既要组织指挥其他岗位操作人员处理问题,又要进行硝基苯和苯胺精制内操岗位的操作,致使硝基苯和苯胺精制内操岗位时常处于无人值守的状态。

③中石油吉林石化分公司对安全生产管理中暴露出的问题重视不够、整改不力。2004 年 12 月 30 日,中石油吉林石化分公司化肥厂合成车间曾发生过一起 3 死 3 伤的爆炸事故,导致事故发生的原因是在现场安全生产管理方面存在一定的漏洞。中石油吉林石分公公司虽然在 2004 年工作总结中已经指出现场管理方面存在的问题,尤其是非计划停车问题比较突出,但没有认真吸取教训,有针对性地加以整改。

4. 事故教训

①中石油集团公司和中石油股份公司及中石油吉林石化分公司应持续开展反违章指挥、违章作业和违反劳动纪律的"反三违"活动,经常认真检查安全管理制度存在的问题和漏洞,并持续改进和完善;应加强从业人员的安全培训和教育,特别是注重对操作人员实际操作技能的培训和考核,严格执行安全生产管理制度和操作规程。

②建议国家有关部门尽快组织人员认真研究并修订石油和化工企业设计规范,提出在事故状态下防止环境污染的措施和要求,尽量减少生产装置区特别是防爆区内危险化学品的储存。当前,限期落实事故状态下"清净下水"不得排放的措施,防止和减少事故状态下的环境污染。

③建议各地、各有关部门、各有关单位要按照国家有关法律、法规的规定,尽快完善事故状态下环境污染的监测、报告和信息发布的内容、程序和要求;要结合实际情况,不断改进本

地区、本部门和本单位《重大突发事件应急救援预案》中控制、消除环境污染的应急措施。

④建议建立统一的化学品危险性和安全信息国家档案和信息传递平台,为危险化学品事故预防和应急救援,为防范环境污染和应急处理提供相关信息和技术服务;尽快建立危险化学品事故应急救援体系,组建国家和地方的危险化学品事故应急救援指挥中心;加强环境监测监控力量,制定各有关部门能够协同作战的环境污染应急预案。

⑤国家应鼓励科研机构和有关企业开展化学品燃烧、爆炸机理的基础研究和本质安全技术研究;大力推广应用符合清洁发展、安全发展要求的先进技术和切实有效的措施;支持从事易燃易爆化学品生产活动的单位进行安全技术和事故状态下防止环境污染措施的持续改进。

⑥本着"四不放过"的原则,各地、各部门、各有关单位认真组织开展危险化学品事故特别是此次事故及事件经验教训的宣传和交流活动,进一步提高各级党政领导干部和企业负责人对危险化学品事故引发环境污染的认识,切实加强危险化学品的安全监督管理和环境监测监管工作,举一反三,排查治理隐患,防止类似事故和事件的再次发生。

1.2　经验教训

安全这个话题是整个社会一直在强调的,不管是人身安全,还是生产安全,事故或事件一旦发生就可能造成不可挽回的局面,因此这些案例成为大家汲取经验教训非常好的教材。学习以往案例的经验教训对于提升安全意识和素养至关重要。深入探索以往案例的技术和管理原因,总结以往案例的经验教训,发掘这些案例的潜在意义,对于提高操作人员、施工人员、设计人员、科研人员和实习学生的安全意识具有重大意义。

1.2.1　工程经验教训··□

工程经验教训涉及安全控制等级,安全控制等级可采用四种方法处理风险:本质安全、被动工程安全、主动工程安全和程序安全。以下问题将有助于理解事故的工程问题。

①危险材料的储存是否大于实际需求,忽略了本质安全设计的最小化原则?

②防爆泄压口的排放(被动工程安全装置)是否定向排放到其他装置区域?

③液位指示器/变送器(主动工程安全装置)是否出现故障?

④标准启动程序(程序安全措施)是否因为看似更快捷的路径被忽略?

假设上述问题都以肯定的形式回答,可通过工程经验得到解决方案。

1. 减少危险材料的存储

优化反应性化学品存储是减少泄漏、火灾、爆炸的最有效方法之一。在过程设计生命周期早期就应考虑该问题。

2. 确保防爆泄压不排放至装置区域

泄压排放是装置防爆的最常见方法。泄压排放是一种被动方法,启动泄压排放只是对超压的缓解控制。然而,泄压排放是一种减小风险的具体方法,需要由专业人员实施。排放位置等问题均需要专业知识。

3. 确保液位指示器/变送器正常运行

要达到预期安全的目的,主动工程措施要求有事件检测和装置驱动。主动工程措施的活动部件在使用时可能会出现故障,因此必须定期维护和测试。

4. 确保启动程序正常运行

虽然程序安全在处理化工过程危险方面效率低,但是操作和维护等任务的程序是必不可少的,通常也是监管要求。因此程序简单正确、人员操作熟练并确保程序执行至关重要。

1.2.2 管理经验教训

在和谐社会构建中,企业生产尤其强调安全。要明确安全主体责任,完善安全管理制度,规范安全生产规程,在生产中要注意安全隐患,控制危险源,防患于未然;要规范整个生产环节,使人力、机器及环境都处于和谐生产状态,达到安全生产指标,从而保证企业快速有序发展。

目前国内的工程建设管理制度不健全,落后于经济建设发展的脚步,致使各个重大关键项目在管理上存在层层转包、分包或超越资质等级承揽工程等问题,随之而来的是一次次血的教训。每一次事故或许都源于很小的疏忽,而每一次很小的疏忽背后,向来都有监管的缺位。可见,加强安全教育,坚决做到不安全不生产,规范现场管理,强化隐患排查,认真吸取事故经验教训,对安全生产管理颇为重要。

1. 采取安全措施,牢固树立"安全生产大于天"的观念

(1)树立"安全第一"观念。

树立"安全第一"的观念,坚决做到不安全不生产。深刻反思所发生的安全事故,很多都是由违规操作、违章作业造成的。长期的侥幸心理和习以为常,是造成思想麻痹和安全意识淡薄的根本原因。"安全第一"不能只作为一句口号喊在嘴上、写在纸上,更重要的是要体现在行动上。企业负责人要切实把安全工作当作员工的生命工程、幸福工程来抓,企业员工也要站在为自己生命健康、为家庭欢乐幸福负责的角度,牢固树立"安全第一"的思想,时刻绷紧安全这根弦,坚决做到先安全再生产、不安全不生产。

(2)强化企业的安全生产理念,切实把安全生产责任落到实处。

很多生产安全事故的发生,并非缺乏相关制度规定。仅粉尘爆炸事故,2018年全国就发生过多起,足见相关企业的安全意识不强,相关监管部门的工作存在疏漏,使相关规定未能得到有效的落实。

(3)落实安全生产,需要牢固树立"安全生产大于天"的理念。

企业作为市场主体,只有真正把安全生产放到重中之重的位置,才能防止"头脑松懈"带来的"行为松懈"。监管部门更要通过有效的监管手段,强化企业的安全生产理念,切实把安全生产责任落到实处。汲取血的教训,强化安全生产,是相关企业和监管部门必须正视的问题,更应以此事故的反思教育活动为契机,切实把安全生产制度落到实处,不让血的教

训重现。

（4）规范现场管理，切实落实班组安全责任。

安全工作的重点在工作面现场，安全管理的主战场在现场每个作业点，因此要把安全责任主体延伸到每个班组长。班组长既是生产一线的指挥者，也是落实各项规章制度和操作规程的监督者，更是现场管理和安全生产的责任者。班组长必须担负起监管责任，带头遵规守纪，做到班前安全教育到位、工作面现场检查指导到位、安全隐患整改到位、特殊地段和现场安全防范措施到位，努力实现"班组零违章、班组零隐患、班组零事故"的目标。

（5）强化隐患排查，认真吸取事故经验教训，把安全隐患消灭在萌芽状态。

隐患是安全生产各种矛盾和问题的综合反映，是滋生事故的土壤和温床。隐患排查必须深入细致，既要发现安全隐患，又要预见可能发生的安全危害。对发现的安全隐患要及时制定整改方案并加以排除，对可能发生的危害要制定防范措施和应急预案，必要时进行预案演练，把隐患和问题解决在第一时间，把事故消灭在萌芽状态。治理一个隐患，就可能消灭一起事故，就为安全增加了一份保险。

（6）严格操作规程。

一证多厂、分包转包、"三超一改"等违规操作极易引发严重的后果。因此，我们一定要养成遵规守纪的良好习惯，注重细节、注重过程，做到思想无懈怠、操作无违章，既不伤害自己，又不伤害别人，也不被别人伤害，树立"违规就是杀人、就是犯罪"的思想，坚决纠正"干惯了、看惯了、习惯了"的不良行为。各级政府职能部门要充分发挥职能作用，切实加大安全监管力度，加强隐患排查整改，及时研究和处理安全生产中存在的重大问题，认真开展企业安全教育和培训，提高企业员工安全素质和自我保护能力，全面提升安全管理水平。

（7）立即采取整改补强措施。

再次认真学习事故案例，汲取近期事故教训，提高安全防范意识，结合本单位实际情况，立即采取整改补强措施。无论干什么，思想上首先考虑安全可控。可控措施不到位坚决不施工，确保施工中的人身安全。

2.严格落实安全生产管理制度，深刻反省每一次事故教训

每一次安全事故的发生都不是偶然的，是安全工作不到位，对安全事故发生未深刻反省，盲目操作、忽略安全的重要性造成的必然结果。安全制度不健全、安全管理不到位、安全教育不经常、安全措施不得力、隐患排查不彻底、隐患整改不及时等是安全事故的最大隐患，是酿成事故的最大祸根。每一项制度和规程的制定都是用血的教训换来的，"聪明的人用别人的教训警诫自己，愚蠢的人用自己的教训教育自己"。

曾任美国化学品安全与危害调查委员会（CSB）主席的约翰·雷斯兰（John Resland）给出了过程安全成功实施的10大准则：

①拥有致力于过程安全的领导层，包括总裁、经理、监督人员等所有处于领导地位的人；

②通过严格的招聘程序，招聘从控制室操作员到高管的一批优秀的人员；

③通过有效的机械完整性项目确保设备可靠度；

④热衷于关注细节；

⑤使用过程安全指标仔细监控操作；

⑥以长远的眼光看待风险，需要解决问题时关停；

⑦随时准备应对过程事故的损伤和场外后果；

⑧全面调查所有事故；

⑨拒绝自满，保持失败专注；

⑩发展强大的过程安全文化。

安全生产是一个永久的话题，但不能只停留在表面，一定要把它融入工作、融入生活，紧紧抓住"安全是最大的效益"这一主题，深刻汲取事故教训，总结事故经验，杜绝安全隐患长期存在的现象，共同创建平安、和谐、美好的生产和生活环境。

本章参考文献

[1] 杜红岩. 由博帕尔事故分析石化企业工艺安全管理[J]. 安全、健康和环境，2011，11（7）:5-8.

[2]《中国石油 2003—2005 年事故案例选编》编委会. 中国石油 2003—2005 年事故案例选编 [M]. 北京:石油工业出版社,2006.

[3] 阮永锋. 化工安全设计在预防化工事故中的作用探讨[J]. 石化技术，2022，29（8）:183-185.

第 2 章

设备方面的化工安全事故

近年来,化工行业安全事故频繁发生,引起全社会对化工生产安全的关注。统计数据显示,2020 年 1—10 月化工行业接连发生 79 起事故,造成 360 人死亡,7 748 人受伤。汲取化工安全事故的经验和教训,做好化工安全管理工作的梳理,明确安全管理薄弱点,提出强化安全管理的措施,对保障生产安全有着重要意义。

化工生产过程需要多种化工机械设备(如输送设备、混合设备、反应设备、分离设备等)的配合协作。优秀的化工机械设备能够高效、稳定地完成各种化工生产工艺,从而提高生产效率。优秀的化工机械设备能够确保化工生产过程中危险物质的流动和处理,有效保障操作人员的生命安全。比如,选择高品质的输送设备能够有效减少物料泄漏和处理不当所造成的环境污染和安全事故。由于化工行业的特殊性,生产工艺十分复杂,且操作难度比较大,涉及有毒有害化学品的反应、混合、分离等工艺,所以其对机械设备的稳定性、可靠性和安全性有比较高的要求。化工机械设备的稳定性、可靠性和安全性与化学反应、分离等工序密切相关。如果机械设备的安全性能不高,或者发生安全问题,可能直接影响化工生产全过程的完成情况以及最终的质量结果,甚至会给企业造成严重的损失,所以在化工企业正常运行的过程中,选择安全性和可靠性比较高的机械设备,加强平时对化工机械设备的管理维修保障是十分重要的,可预防部分安全事故。

2.1 储罐事故

随着我国工业化、城市化进程的加快,能源需求缺口不断增大,提升石化行业产能成为必然要求。石化行业是国民经济重要物质生产部门,对满足交通能源发展需求具有重要影响。石化行业是高温高压、易燃易爆、工艺流程复杂、连续化大生产的高风险行业,石化项目严苛的工艺要求、技术密集型的产业特点,对安全管理提出了更高的要求。随着我国石油工业的发展,油品储运罐区、化工装置罐区、缓冲罐等管理方面的工作日益繁重,部分早期建设的油品、化工品储运罐区、中间缓冲罐等受限于当时的建设条件面临诸多问题,罐区管理者要采用合理的风险分析法评价罐区运行安全,制定合理的管理措施以消除安全隐患。要求相关部门做好油品储运安全管理防范工作,建立完善的安全评估体系,保证油品储运安全。

2.1.1　过量灌装 ···

液化石油气(LPG)容器、油品储罐、化工品储罐和中间缓冲罐等(无论是大容积的储罐还是小容积的钢瓶)都不应完全灌满,一般容积灌装率不大于0.8。容积灌装率与灌装时的温度、所装介质的组成和灌装后可能的温升等有关,如按规定的容积灌装率灌装可保证容器在环境温度变化时的安全。一旦过量灌装,易发生容积灌装率达到100%的状况。如LPG的体胀系数很大(在10~20 ℃时为水的17倍),完全充满LPG的容器,在环境温度升高的情况下,膨胀的LPG会使容器壳体发生很大的应变,导致应力急剧增大。当应力超过容器材料的强度极限时,即引起容器破裂。

大多数溢流情况是由于不注意、阀门设置错误、液位指示器错误等原因造成的。因此,许多公司在储罐上安装了高液位警报器。然而,由于警报器没有定期测试或警报失效,仍然会发生灌装过量。

是否需要高液位警报器取决于灌装速率和转移到接收罐中的量的大小。如果灌装速率、转移量够大,足以导致灌装过量,则需要高液位警报器。

2009年,波多黎各的加勒比石油公司(CAPECO)储罐码头发生多次爆炸导致火灾,48个石油储罐中的17个发生重大损坏,并造成重大场外财产损失。事故现场图可扫描二维码2-1。

二维码2-1

(1)与事件引发和传播有关的因素。

①在灌装操作期间记录了不准确的液位;

②缺乏独立的质量优异的警报器;

③缺乏自动防溢系统;

④储罐灌装程序不充分;

⑤阀门系统设计使阀门状态(打开或关闭)不易确定;

⑥罐区照明不足。

(2)可能引起过量灌装的因素。

①警报和跳闸。在装置操作中,操作人员都会在一个储罐里装满足够第二天使用的原材料。在操作过程中,操作员观察液位,在储罐装满后,关闭灌装泵和入口阀。几年后,不可避免的是,某一天操作人员注意力不集中,储罐溢出。然后,技术人员安装了一个高液位跳闸装置,可以自动关闭灌装泵。

一年后,出乎所有人意料的是,储罐物料再次溢出。所有员工均认为操作人员会继续观察液位,并且在操作人员偶尔未能巡检、观察的情况下,跳闸装置会直接启动。然而,因为有了跳闸装置,操作人员便不再观察液位,经理也知道他没有观察液位,但他认为跳闸装置给了操作人员更多的时间履行其他职责。跳闸装置这类设备的正常故障率,大约两年一次,因此两年后再次发生泄漏是不可避免的。于是,一个可靠的操作员被一个不太可靠的跳闸装置所取代。

②用途变更。由于储罐内的液体被密度较小的液体所取代（如设备利旧），储罐发生溢流。例如，在一家工厂，一个原来装汽油（相对密度为 0.81）的储罐被用来储存戊烷（相对密度为 0.69），当液位指示器显示储罐只有 85% 满时，储罐溢出。操作人员没有意识到液位指示器是一个压差传感器，用于测量质量，而不是体积。

③重力。当液体从一个高位储罐流到一个低位储罐时，就易发生溢流。当液体从一个储罐转移到几百米外同一高度的另一储罐时，也易发生溢流。此外地面上轻微倾斜也可导致低位储罐溢流。

2.1.2 超压事故

大型储油罐在使用过程中，存在两种主要安全隐患：一是储存的原油或石油产品挥发，产生大量的可燃气体，与空气形成易燃易爆混合气体，容易在闪电或油液振荡摩擦等条件下意外闪燃，导致储罐内部压力瞬间升高、超压，引发储罐爆炸；二是在储罐放油的过程中，由于油品泄放速度过快以及储罐内部的封闭环境，在储罐内部形成瞬时负压，导致罐体被压瘪。常规泄压装置用于处理这两种情况时，如果不能及时地将罐内压力恢复到正常值，不仅会导致储罐结构破坏，还有可能在整个罐区引发多米诺骨牌效应，造成人员伤亡和重大财产损失。

1. 液体超压

假设一个储罐被设计为以 x 的速率进料，许多储罐，特别是早期建设的储罐，都有一条足够大的放空管线，可以通过速率为 x 的空气，但不能通过速率为 x 的液体。如果储罐灌装过量，输送泵的压力会大到足以导致储罐出现故障的程度。如果储罐放空管线尺寸不够大，则储罐应安装铰链式人孔盖或类似的溢流装置，或提供专有设备。

这个溢流装置应该安装在靠近罐顶的罐壁上。如果安装在靠近罐顶中心的位置，则罐壁顶部上方的液体高度可能超过 8 英寸（1 英寸 ≈ 25.4 mm，下同），并且储罐可能超压，如图 2-1(a)所示。

如果放空管线设计用于通过液体，则应安装在罐顶边缘附近，其顶部应不超过罐顶上方 8 英寸。如果通风管太长，储罐压力也会过大，如图 2-1(b)所示。

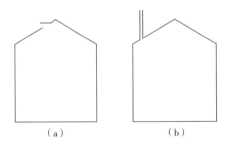

图 2-1 导致储罐超压的两种情况

（a）溢流装置安装在罐顶中心的位置 （b）通风管太长

2006 年 6 月 5 日，在位于美国密西西比州的帕特里奇-罗利（Partridge-Raleigh）油田，承包商公司的几名工作人员正在安装一条用于连接两个原油储罐的新增管线。事故发生时，其中一个储罐内的可燃油气从储罐顶部放空口溢出，被焊接作业产生的火花点燃，施工储罐和邻近的一个储罐都发生了爆炸，导致站在储罐顶部的 3 名作业人员死亡，另 1 名作业人员严重受伤，事故现场图可扫描二维码 2-2。

二维码 2-2

作业人员在动火作业开始前和作业过程中，没有进行可燃气体监测，仅仅使用一个火把检查了其中一个储罐是否存在可燃气体，这是不安全、不可靠的做法。在开始动火作业前，作业人员没有倒空或有效隔离装有原油的那个储罐。承包商公司和 Partridge-Raleigh 油田都没有要求签发书面的动火作业许可，承包商公司也没有为其员工提供动火作业安全培训。另外，Partridge-Raleigh 油田没有制定关于油田承包商人员的安全要求。

2. 气体或蒸汽超压

相关人员（如操作人员、施工人员等）没有意识到储罐无法承受空气压缩增加的压力，或者放空管线太小而无法排出入口气体，以下述事故举例。

①一个小储罐的出口管出现堵塞，为了清除堵塞，操作人员将一根压缩空气软管靠在液位玻璃顶部的开口端，施压，试图清除堵塞。压缩空气的表压为 100 psi（7 bar 或 689 kPa），罐顶爆裂，如图 2-2 所示。

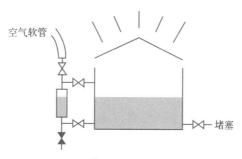

图 2-2　罐顶因压缩空气爆裂

②1 名施工工人决定对一个用作低压利旧的储罐进行压力测试，并将该储罐安装在一个新位置。工人由于找不到与容器软管连接相匹配的水管，决定使用压缩空气，最终导致储罐破裂。

③储罐破裂是因为液位控制器（例如高压蒸馏塔上的液位控制器）故障，导致气流通过底部输送管线进入常压储罐。相关图片可扫描二维码 2-3。

二维码 2-3

④一个用于冷藏丁烷的储罐在维护后重新投入使用，采用二氧化碳（CO_2）吹扫储罐排出空气，然后加入低温的丁烷。随着储罐冷却，部分丁烷汽化，为避免压力上升，操作人员打开了直径为 2 英寸（约 50 mm）的放空管线。由于放空管线过小无法阻止系统压力上升，操作人员又打开了直径为 6 英寸（约 150 mm）的放空管线，压力继续上升。储罐上的两个卸压阀均设置在过高的压力下工作，丁烷的加料速率过高。储罐底板变

得凸起,底座周围的压紧配件被拽出,幸运的是储罐没有泄漏。卸压阀的压力应设置为不高于 1.0 psi(0.07 bar 或 6.89 kPa)的表压,储罐中的压力可能达到 1.5~2 psi(0.10~0.14 bar 或 10.34~13.78 kPa)。

⑤一个储罐正在通过消防栓的软管蓄水,1 名工人爬到安装在罐壁顶部的操作平台上,检查是否有空气从罐顶部的放空阀中排出。这名工人刚从梯子上下到地面,储罐顶部就破裂了,落在第二个储罐旁边。分析其原因是放空阀无法以足够快的速度排出罐内残余空气或放空阀堵塞。

3. 储罐抽瘪

许多事故的发生是因为操作人员没有意识到储罐非常脆弱,它们不仅容易超压,更容易被压瘪。尽管大多数储罐被设计成能够承受 8 英寸水(0.3 psi 或 2 kPa)的表压,但实际上只能承受 2.5 英寸水(0.1 psi 或 0.6 kPa)的真空度,这是一杯茶底部的静压强。一些事故的发生是因为操作人员不了解真空是如何作用在储罐上的。

压瘪是最常见的储罐损坏方式。压瘪方式多种多样,下文中列出了一些方式。

①三条放空管线安装了阻火器,但未进行清洁。阻火器按计划应定期清洁(每 6 个月一次),但由于工作压力,这一点被忽视了。两年后,阻火器堵塞了。如果储罐上有阻火器,确定它们是必要的吗? 如果有必要,确定它们是否由合适的材料制成,并定期检查和维护。

②放空管线顶部放了一块未固定的插板,防止烟雾从通道附近冒出。

③清洗完储罐后,在放空管线上绑了一个塑料袋,防止污垢进入,天气炎热,一场突如其来的阵雨使储罐冷却,储罐被抽瘪。

④一个储罐里装了一些水,由于储罐材质选择有问题,铁锈的形成耗尽了空气中的部分氧气。

⑤储罐正在进行蒸汽蒸煮时,一场突如其来的雷雨使储罐系统迅速冷却,导致空气无法足够快地吸入储罐。在对储罐进行蒸汽蒸煮时,应打开人孔,通风区域粗略估计直径应在 10 英寸(约 250 mm)到 20 英寸(约 500 mm)之间。在其他情况下,蒸汽停止后,通风管线被过早隔离,蒸汽加热过的储罐可能需要几个小时才能冷却。

⑥将冷液体添加到含有热液体的罐中。

⑦压力阀/真空阀(保护放空管线)装配不正确,如压力托盘和真空托盘互换。阀门的设计应确保不会发生这种情况。

⑧储罐内物质腐蚀了呼吸阀或呼吸阀失灵。

⑨操作人员失误,导致气柜被抽瘪。

⑩一个更大的泵连接到储罐上,储罐排空的速度比空气通过放空管线进入储罐的速度还要快。

⑪ 一个储罐安装了溢流口,溢流口接近地面。没有其他放空管线。储罐装满时,里面的物质因虹吸作用被抽出来,如图 2-3 所示。储罐的顶部应该安装放空管线和液体溢流口。

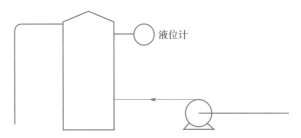

图 2-3 若没有其他放空管线,溢流到地面可能会导致储罐坍塌

⑫ 放空管线被聚合物近乎堵死,如图 2-4 所示。罐中的易聚合介质,需加入阻聚剂,防止聚合,但在顶部介质冷凝的蒸汽未被阻止,需防止相变聚合。虽然定期检查了放空管线,但未发现聚合物。现在,用一根木棍(棍子的另一端应该加大,这样它就不会掉进储罐里)通过放空管线,检查它是否畅通。

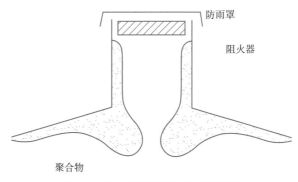

图 2-4 放空管线被聚合物近乎堵死

⑬ 在某些情况下,放空管线无效或放空管线过小,也会造成储罐被压瘪。

2.1.3 储罐爆炸事故 ···□

当前,化工园区已成为全球石油与化工行业在转型升级和创新发展中的重要方向和典型标志,世界主要石化产业大国在产业结构调整和竞争优势培育的过程中大力推动化工园区的发展。《国务院安委会办公室关于进一步加强危险化学品安全生产工作的指导意见》(安委办〔2008〕26 号)规定:从 2010 年起,新的化工建设项目必须进入产业集中区或化工园区,逐步推动现有化工企业进区入园。随着新型城镇化的发展与"退城入园"政策的推行,化工企业不断向化工园区集中,化工园区已经成为我国化工行业发展的主要载体,并逐渐朝着大型化与超大型化发展。截至 2020 年底,全国重点化工园区和以石油与化工为主导产业的工业园区共有 616 家。到 2025 年,化工园区产值要达到行业总产值 70%以上。

化工园区集中化的发展模式在带来产业规模效益的同时,也使石油化工企业与大型化工装置、储罐分布日益密集,重大危险源高度集中。爆炸事故瞬间破坏强度大,影响范围广,产生的爆炸冲击波极易对邻近装置造成破坏,进而引发多米诺骨牌效应。近年来我国化工园区重特大爆炸事故时有发生,充分说明爆炸冲击波多米诺骨牌效应事故发生的可能性与危险性较高。如 2017 年山东省临沂市金誉石化有限公司"6·5"罐车泄漏重大爆炸事故及 2023 年 2 月 24 日重庆市长寿区化工北路一化工厂发生的罐体爆炸事故(现场图可扫描二维码 2-4)。

二维码 2-4

如果储罐中的液体电导率较低,会导致静电积聚在液体上,因此装置、储罐内不允许形成爆炸性混合物,以免引发爆炸。坚持储存闪点以上碳氢化合物的拱顶储罐应使用氮气保护。非碳氢化合物通常比碳氢化合物具有更高的电导率(但具有对称分子的非碳氢化合物如乙醚和二硫化碳的电导率较低),静电电荷可以迅速排放到接地网,引发火灾的风险要低得多。因此,部分企业可将这些物质储存在拱顶储罐中,而不需要氮气保护。

外部火源,如闪电或开式放空管线附近的焊接,也可能引发储罐爆炸;取样孔、浸渍孔和其他开口应保持关闭或使用阻火器进行保护,这些阀门容易发生堵塞,需要定期检查。

1. 典型的储罐爆炸事故

2022 年 8 月 5 日下午,古巴马坦萨斯省一处石油储备基地的原油储罐被闪电击中引发大火。此后,大火导致周边另一储油罐发生 4 次爆炸。事故造成 1 人死亡,121 人受伤,17 名消防员失联,1 900 多人被疏散。

8 月 5 日下午,第一个起火的原油储罐当时的储油量大约有 2.6 万 m^3,占总容积的 50%。6 日凌晨,第二个原油储罐发生了 4 次爆炸。此次大火导致古巴 40% 的燃油储备被烧毁,还造成大面积停电。事故现场图片可扫描二维码 2-5。事故发生后,墨西哥和委内瑞拉政府向古巴派出 20 余架救援飞机。此外,多个外国组织向灾区捐赠食品、防护品等救援物资。中国红十字会也向古巴提供了援助,帮助其开展救援和重建工作。

二维码 2-5

此次古巴储油基地原油储罐雷击火灾、爆炸事故原因可能是油罐穹顶上安装的避雷针无法对雷电进行有效防护,雷电直接击中了穹顶,甚至可能击穿了穹顶后引燃储罐内可燃油气;也可能是避雷针虽然有接闪防护,但泄放雷电流时在某些间隙产生火花放电,从而引燃储罐内可燃油气,发生火灾并引发爆炸事故。

通过对静电导致的爆炸事件进行广泛深入的调查可知,有几种方法可以防止类似的爆炸事故。

①使用氮气保护或浮顶储罐。

②使用抗静电添加剂,增加液体的导电性,这样电荷可以迅速排到接地网。但是,该操作需确保添加剂不会沉积在催化剂上或干扰其他单元操作。

③保持较低的泵输送速率(纯液体小于 3 m/s,但如果有水,则小于 1 m/s)并避免飞溅输送,以最大限度地减少静电的形成。

方法③不易实现,因此,建议采用方法①和②。

2. 储罐爆炸事故原因

对我国 2009—2019 年发生的化工爆炸事故按其发生爆炸的环节进行分类,分类结果见表 2-1。

表 2-1 我国 2009—2019 年化工爆炸事故爆炸环节统计表

环节	化工生产	交通运输	储存	石油炼制	油气开采
事故起数	59	155	224	3	1

由表 2-1 可以看出,2009—2019 年发生事故最多的环节为储存,其他环节按事故从多到少的顺序依次为储存、交通运输、化工生产、石油炼制、油气开采,这五个环节发生的事故起数分别为 224、155、59、3、1,分别占化工爆炸事故总量的 50.68%、35.07%、13.35%、0.68%、0.23%。由此可以看出,化工爆炸事故主要发生在储存环节,因此应重点对化工的储存环节进行监督,预防事故的发生,明确导致事故的原因。

（1）储罐安全附件可靠性低。

内浮盘的本质安全水平与自身的密封性、稳定性、耐火性和可维修性密切相关。浮盘应具备良好的稳定性和耐火性,以免储罐闪爆之后,浮盘失稳或失效引发全面积火灾。如2007 年"6·29"镇海炼化雷击石脑油储罐闪爆事故,储罐初次闪爆之后,浮筒式浮盘发生倾覆引发全面积火灾。

为满足政府关于减少油品损耗、排放达标的要求,对呼吸阀和浮盘的密封性要求很高。但是大部分企业当前氮封系统压力控制范围狭窄,压力控制阀(呼吸阀、单呼阀、氮封阀)的控制压力相互之间易产生交集,容易导致氮封系统失效。另一方面,由于氮封储罐罐内油气质量浓度普遍较高,而呼吸阀动作压力值设置较低,当罐内压力因为气温变化等因素而发生波动时,也会导致部分呼吸阀密闭性不达标,呼吸阀口油气排放质量浓度超标,在遇到雷电或其他外部能量时易产生闪爆。

（2）缺乏有效的储罐安全附件检测和评估手段。

目前,我国在立式钢结构储罐主体的设计、建造及验收等环节有着严格的技术标准和管理流程,但在储罐安全附件要求方面存在空缺,认证、检验程序不规范,储罐安全附件多作为单一产品进行管理。企业在采购、使用和日常维护过程中,缺乏对产品有效的检测和评估手段,无法对其性能得出严谨的使用报告,基本多凭借自身的经验和厂家的宣传,使用单位往往把自身的安全需求寄托于厂家自身的品质保证上。

（3）储罐安全附件设计的技术规范过时。

储罐气相连通支线管道和罐顶中央通气孔上设置的阻火器性能达标,是确保储罐安全运行的重要保障。对于投用时间较长的储罐,旧有设计规范中并未明确提出设置阻火器的要求。如果储罐罐顶中央通气孔未设阻火器或阻火器失效,在雷击情况下会引燃罐内的可燃气,造成闪爆事故。如 2014 年"6·9"扬子石化酸性水罐爆炸事故,事故储罐的连通管线上未设阻火器,导致罐区发生群罐火灾事故。

（4）施工作业安全制度落实不到位。

很多时候虽然储罐检修作业办理了作业许可证,但储罐所在单位和施工单位双方人员并未按规定认真对作业风险进行详细交底,未到现场对识别出的风险因素和安全防范措施进行落实确认。如 2020 年 6 月 9 日齐鲁石化储罐检修爆燃事故,各级签票人员在未到现场确认罐内有无介质、用火区域气体化验是否合格、施工作业所用电气设备是否达到防爆要求的情况下签发了作业票酿成事故。

（5）施工过程管控不到位。

由于储罐检修作业往往施工周期比较长，双方人员容易对施工安全管控产生麻痹心理，加之缺乏专业的施工队伍，临时作业人员流动性较大，在安全教育培训缺失、安全双交底落实不到位、安全监管力度不足的情况下，为事故发生埋下了隐患。

3. 事故预防及应对措施

（1）加强源头设计管控，提高储罐本质安全水平。

对甲 B 和乙 A 类等易挥发的介质储罐采用"微内压储罐 + 隔热措施"技术，可以减小外界温度变化引起的罐内压力的大幅度波动，在大幅减少储罐"呼吸"造成的油气损耗的同时，可以扩大氮封系统压力控制区间，使储罐压力控制系统更加可靠，氮封系统更加高效。

对非强制要求做油气密闭处理的新建储罐，可采用"高效内浮盘 + 高效密封 + 铝网壳"技术。该技术在国外的常压储罐上已经广泛应用，其技术优势在于免维护，罐顶材质耐腐蚀，可降低罐顶腐蚀泄漏风险，在提升储罐本质安全水平的基础上，可实现罐顶挥发性有机物（ VOCs ）排放值不超标的目标，同时也可有效地将储罐内油气浓度控在爆炸下限以下，防止储罐罐顶遭直击雷烧穿发生闪爆。

对强制要求做油气密闭处理的在役储罐，由于氮封储罐具有密闭性，因此不论采用何种内浮盘技术，受浮盘泄漏以及罐壁挂油的影响，罐内气相空间油气质量浓度超标情况客观存在。此类储罐应重点关注氮封系统的密闭性、罐内氧含量的控制和群罐火灾的防控，可采用低超压 10% 呼吸阀和阻爆轰型阻火器，有助于防止连通的罐区发生群罐火灾事故。

浮盘密封、罐顶呼吸阀、观察孔、检尺孔、紧急泄压孔、补氮阀等附件直接与罐顶气相空间连通，各附件静密封处密封效果直接影响储罐的保压能力。如果附件静密封泄漏量较大或泄漏点较多，会造成储罐氮封性能降低或失效，同时也会导致罐顶 VOCs 排放超标，存在雷击闪爆风险。因此，在储罐投用前一定要根据介质性质选择合适的密封材质。

（2）加强储罐运行过程中安全附件的维护管理。

要确保氮封系统有效工作，并严格落实《石油化工企业储运罐区罐顶油气连通安全技术要求（试行）》，做好运行期间储罐的罐内氧含量和油气质量浓度监测，并根据监测结果判断氮封系统运行的有效性。

定期对储罐的呼吸阀口、静密封等泄漏点开展检测，对泄漏状况进行分析和评估，并根据评估结果对罐顶 VOCs 排放不合格的附件进行治理。

定期对氮封阀、呼吸阀、紧急泄压阀等安全附件进行校验，确保其完好、有效、可靠。

定期对罐区内防静电设施进行可靠性检查，在雷雨季节前检测罐区接地网和各储罐接地支线的绝缘值，对于不符合要求的接地要及时整改。

（3）加强储罐检修直接作业环节管控。

储罐检修作业往往同时涉及进入受限空间作业、用火作业、高处作业等高风险作业。因此，施工单位要组织各专业技术人员编制详细的储罐检修方案，生产单位要组织设备、安全、生产等专业技术人员审核储罐检修方案。储罐检修方案要能充分识别风险,并有针对性地制定安全防护措施,审批后的储罐检修方案才能作为后续安全施工的指导性文件。

严格做好储罐检修承包商管理,强制要求有资质的专业队伍进行施工,涉及在罐区或罐内焊接、用电等用火作业时一定要持证上岗。

做好生产单位项目负责人与施工单位项目负责人之间、施工单位项目负责人与施工人员之间的安全双交底,尤其要重视现场流动施工人员的安全教育培训和安全交底。另外,坚持在每天施工前进行安全喊话,坚持主管领导带班,对储罐用火作业技术人员进行监护。

在罐区内可能存在易燃易爆油气泄漏的区域进行非动火施工作业时,应强化作业前的工作安全分析(JSA)和安全措施落实确认。在作业过程中要连续监测施工区域可燃气体,作业人员要穿戴防静电劳动保护用品,使用防爆工器具。

严禁在存有危险化学品的储罐中、罐顶空间及与储罐直接相连的部件、管路上进行用火作业。

储罐检修前,应进行水洗、蒸罐、置换等处理,对有硫化亚铁自燃风险的内浮顶储罐,应进行钝化处理。

2.1.4　利旧储罐事故

2009 年 11 月 12 日,湖北省武汉市银珍机械厂发生一起利旧压力容器爆炸事故,1# 空气储罐爆炸,将罐体解体成三大部分。压缩空气释放后其体积急剧膨胀形成的冲击波将 3 名操作工击倒,厂房一面墙壁被击穿,石棉瓦房顶损坏,造成 3 人受伤,直接经济损失 3 500 元。

(1)事故直接原因。

擅自改装安全阀,利旧空气储罐超压使用,造成罐体结构破裂失效。在阀内私自加装垫高滚珠轴承,使密封面无法开启,失去起跳降压功能。空气压缩机上的安全阀长期未作保养、校验,已锈死,无法开启。

(2)事故间接原因。

发生爆炸的 1# 空气储罐,无铭牌、图纸等任何技术资料,制造时间不明,工作参数不明,且不能确定其制造单位是否具备相应的制造资格。未办理特种设备使用登记,使用中的压力容器未按规定进行定期检验;压力表失效,空气压缩机上的压力表长期没有进行计量检定或校准,且指针已损坏不动,表盘玻璃已破碎;该企业无安全生产管理制度,无压力容器操作规程、压缩机操作规程及空气锤操作规程,制度上无法保证安全作业;压力容器操作人员未取得特种设备作业操作证,且不具备压力容器安全操作的基本知识。

(3)预防同类事故的措施。

①严禁非法设计、制造、安装、使用、利旧压力容器。

②加强干部、职工的安全生产和安全生产责任主体教育,提高安全防范意识,遵守安全操作规程和相关法律法规,落实安全生产责任制,建立健全安全生产规章制度,并有效执行。

③加强特种设备的监管,严禁无证生产、无证使用、无证操作等违法违规行为。

2.1.5 浮顶储罐事故 ···□

随着中国经济快速发展,原油消耗量不断增长。为保障原油的供给,我国政府与很多石油公司建设了大量国家战略原油储备库以及商业原油储备库。目前最大的浮顶储罐容积已经达到了 15 万 m^3,并且有上百座超过 10 万 m^3 的大型浮顶储罐。虽然我国对大型浮顶储罐的储运安全性给予了高度重视,但在多起大型浮顶储罐密封圈起火事故发生之后,为了进一步保障安全储运,要对大型浮顶储罐主要安全事故的类型以及原因进行深入剖析,以便对安全事故进行强化预防。

1. 火灾事故

(1)密封圈火灾。

密封圈发生火灾,具体来说就是在其内部一定范围中存在油气混合物,遇到了可以使其爆炸和燃烧的点火源,于是发生了爆炸。如发生这一情况,相应的密封板和呼吸阀会因为爆炸被炸起、掀飞。火焰穿过裂口,由裂口冒出,并发生燃烧,伴有爆炸。如果情况严重,会点燃整个密封圈。

密封圈发生火灾的主要原因:密封圈处的油气出现了泄漏,在有明火、雷击或者静电发生时,发生了火灾。

浮顶油气发生泄漏的关键部位便是浮顶储罐的密封圈。消除内部存在的点火源,降低密封装置中的油气含量,或者全部消除存在的油气空间,便可避免火灾。

此外,很多密封圈发生火灾是因为雷电。在出现火灾时,一般会有恶劣天气,如暴雨和大风。大风会使喷出的灭火泡沫四处飘散,而雨水会将灭火泡沫冲稀,这样泡沫产生的灭火性能便会降低,非常不利于对火灾的扑救。因此,制定大型浮顶储罐火灾扑灭方案,以及配置相关消防设备,要充分考虑和分析恶劣天气对火灾产生的影响。

(2)浮顶池火和防火堤池火。

浮顶池火和防火堤池火分别指在浮顶内部燃烧和在防火堤内燃烧,如果情况严重,会使整个面积发生火灾,后果非常可怕。浮顶以及防火堤内出现溢流后,如果遇到点火源,便会导致池火发生。油品发生溢流,或者有泄漏情况发生,主要原因是油品发生沸溢、浮顶有破裂现象或者罐体有破裂现象。

出现防火堤池火之后,对其进行扑救相对简单一些。在对浮顶池火进行扑救时,不能使用过多的消防水,以免压沉浮盘,进而发展成全面积的火灾。

(3)全面积火灾。

如果浮盘有比较严重的倾斜问题,或者沉没,那么罐体内部的油面就会直接暴露在大气环境中,导致油气的挥发量急剧增加,在与空气接触之后,会生成大量爆炸性油气。这时,一旦有点火源,罐顶便会发生火灾,严重时会引发全面积的火灾。如果发生全面积火灾,热辐射对管壁产生的影响会非常大,只需要非常短的时间,便能降低管壁原有的强度,以致罐体发生变形,油料发生沸溢喷溅以及罐体发生坍塌。如果没有及时、稳定地控制火情,便会出现储罐的立体火灾。尽管出现全面积火灾的概率并不高,但依然要给予高度重视。结合全世界范围内已经发生的全面积火灾情况来看,一旦有全面积火灾发生,后果十分严重,因此切不可掉以轻心。

（4）群罐火灾。

导致群罐火灾的几个原因如下:

①油品沸溢,在喷溅时,引发储罐火灾;

②大型罐区会对很多储罐进行集中排列,一旦发生火灾便会引发群罐火灾;

③没有合理地控制好地面池火,以致四周储罐发生火灾。

其中,导致原油沸溢的关键因素便是热辐射。

2. 罐体机械故障

（1）浮舱发生渗漏。

浮舱的封闭性非常好,一旦油品渗漏,油品就会溢到浮舱中。于是,浮舱内部便会慢慢积聚起可燃气,并且浓度非常高。如果条件合适,便会发生爆炸,以致浮盘发生整体倾斜或者沉没。

导致浮舱发生渗漏的原因:有一些水掺杂在油中,溶解了 H_2S、CO_2、Cl_2 等腐蚀介质,这些物质腐蚀浮舱,使其穿孔。此外,如果施工存在缺陷,也会导致浮舱发生渗漏。

（2）罐体破裂。

当罐体发生破裂时,大量油品便会外泄。这时,一旦有火灾发生,发生防火堤池火面积会非常大,造成的污染也会非常严重。

导致罐体破裂的关键原因:大型浮顶罐的直径一般为 60~100 m,如果罐体基础出现不均匀沉降的情况,罐体无法承受非常大的应力,就会发生破裂,泄出油品;地震等灾害,也会导致罐体破裂。

（3）罐体强度降低。

如果罐体腐蚀程度比较严重,局部便会发生穿孔,进而出现油品渗漏情况。如果没有及时控制好腐蚀问题,罐体自身的强度便会下降,进而出现变形、失稳或者破裂问题。

导致罐体腐蚀的关键因素:油品脱水之后,水会沉积于罐底,油品中的无机盐、硫化物会溶解在水中,形成电解质溶液。因此,如果罐体使用的时间比较长,罐底板防腐层在电解质环境中会发生电化学腐蚀反应导致损坏。

导致罐壁腐蚀的主要原因:空气湿度大于钢材的临界湿度,影响到了防腐层,使其发生破损,进而在水膜环境中发生电化学腐蚀。此外,单个储罐有非常大的容积,在增加储量的过程中,含有的腐蚀性成分不断增加,如果油品进出储罐的流量有所加大,那么无论是管壁或者罐底内的设施都会承受很大的冲刷力,因此对储罐的腐蚀性会有所加剧。

3. 操作不当引发事故

（1）进油带气引起浮顶沉没。

在储罐进油的过程中,一旦气体组分在油品中存在,进入罐体后,气体组分就会在浮顶自动通气阀以及密封处排出,排出时会带出一些油品。此外,气体组分排出会导致浮顶出现抖动、变形、摇晃甚至倾斜等情况,油品会流入浮顶。当浮顶上的油品堆积的量比较大,或者浮顶出现变形、卡阻情况时,浮顶便会发生沉没。

（2）其他操作管理不当引发的事故。

储罐进油有着相应的安全高度,如果高于安全高度,最常产生的问题便是顶住或者卡阻,然后再进油会出现浮顶沉没,或者泄漏油品的情况。如果在夏季,雨水比较多,会堵塞住中央排水管,因此产生排水不畅的问题。如果没有将雨水排水阀及时开启,会产生非常严重的浮顶积水。此外,如果关闭浮顶盖不及时,雨水会在浮舱积聚,一旦超重严重,就会发生浮顶沉没。

2.1.6　玻璃钢储罐事故 ··□

二维码 2-6

玻璃钢储罐是玻璃钢制品中的一种,其示意图片可扫描二维码 2-6。玻璃钢储罐主要以玻璃纤维为增强剂、树脂为黏合剂,通过微电脑控制机器缠绕制造而成的新型复合材料。玻璃钢储罐不仅具有抗腐蚀、强度高、质量轻、寿命长的优势,还具有可设计性灵活、工艺性强的特点,可以运用在化工、环保、食品、制药等不同行业,正在逐步代替碳钢、不锈钢的部分市场领域。用玻璃钢制造的储罐在化学工业中被广泛使用,但也发生了许多故障,如英国在 1973—1980 年间就发生了 30 起灾难性故障。

（1）已经发生的灾难性故障导致的典型事故。

①一个 50 m³（13 200 加仑）玻璃钢储罐出现安全事故,该事故是由于固定钢筋的螺栓应力过大,储罐内的液体黏土腐蚀了围栏流到了街上。

②由于应力腐蚀开裂,储罐发生故障,导致 90 m³（23 800 加仑）硫酸泄漏。储罐所在单位没有定期对储罐进行检查,也没有意识到酸会腐蚀玻璃钢储罐,这次故障十分突然,部分堤防墙被硫酸冲垮。

③一个储存高温酸性液体的储罐由于加热到设计温度以上出现故障,在清理残留物时被损坏。同样,储罐所在单位没有定期对其进行检查,也未意识到酸腐蚀的影响。

④盛装 45 m³（11 900 加仑）的 10% 苛性钠溶液从水平圆柱形罐中溢出。该储罐的聚丙烯内衬发生泄漏,烧碱腐蚀了玻璃钢。

⑤一家啤酒厂的玻璃钢储罐发生故障,导致 350 m³（92 400 加仑）的热水溢出并撞破了罐壁。所用的玻璃钢等级不合适,而且在使用的三年里从未对储罐进行过检查。

⑥内衬由于弯曲应力而失效,酸性物质侵蚀了玻璃钢,储罐上的裂缝已经被发现并修复,但没有人调查产生裂缝的原因,最终里面的介质腐蚀了罐壁,玻璃钢储罐发生了灾难性事故。

⑦一个玻璃钢储罐在使用仅 18 个月就在通道附近发生了泄漏,究其原因是罐壁不够厚、焊接不合格。在检查过程中没有发现这种不良结构,储罐在首次灌装至 85% 容量时出现故障,这表明安装后从未进行过正确的测试、试压。

（2）玻璃钢储罐损坏的原因。

①要谨防玻璃钢储罐超压;周向应力破坏的典型形式,在路管中是纵向开裂,在立式贮

罐中则是垂直开裂。

②塑料层压物的开裂和漏泄是由于超过了设计条件,例如超压、超过真空限度、振动,特别是来自蒸汽喷射加热器的振动。

③层压物的化学侵蚀可以有许多形式,例如溶剂作用和脱水等。

④管口的损坏可能是由于不正确的设计或不适合的支撑;对玻璃钢储罐的管口不要马虎,即使只用于重载荷,也应规定并使用表压至少为 689.5 kPa(100 磅/平方英寸)的短接管,而且用角撑板加固。

⑤所有玻璃钢储罐和容器在发货装运后,应该检查有无裂缝,如果罐体没有支撑好,这种情况是可能发生的;由于不适合的搬运方式,曾经发生过罐体与罐头之间出现大裂缝的事故。

⑥要防止在罐内发生严重放热反应,这可以造成玻璃钢罐的严重损坏,许多用于发生这种反应的系统都设计了倾斜或冷却装置以抵御大量放热。

⑦接地不良的玻璃钢储罐会引起严重的破坏,甚至会把盘形罐顶破坏,盘形罐顶是任何玻璃钢储罐的薄弱环节,这可以从主观设计公式的理论上证明,并且已被实践证实,不管贮罐是玻璃钢储罐还是金属储罐都一样。

(3)玻璃钢储罐安全使用需要重点关注的问题。

①玻璃钢储罐在使用的时候,不可将重物加在玻璃钢的顶部,特别是那些常压储罐只可在常压情况下使用,切不可将其置于负压的环境中,否则会造成玻璃钢储罐的开裂和泄漏。

②要注意不可在玻璃钢储罐内发生放热反应,否则会导致玻璃钢储罐损坏。若放热反应是无可避免的,解决办法是安装冷却装置用以降温,抵消储罐内的放热。因此,在使用的过程中,也要避免靠近火和热源。

③在运输玻璃钢储罐时,一定要注意运输方式,在运输完成后应对罐体进行检查,看是否有裂缝,因为玻璃钢储罐的罐体若有裂缝,在后续的使用过程中会发生事故。

④使用时,对于压力玻璃钢储罐来说,其工作压力的最大值不应超过设计时的设定值,除非其在设计时经过特殊处理,否则其振动源、冷热管都应该和罐体进行隔离支撑。

⑤在使用常压玻璃钢储罐时,要注意其设计的特点是与大气相连通的静液压管,所以应保持玻璃钢储罐与大气之间的畅通,尤其是立式平底储罐,不能因为放空或者进料给储罐内部带来压力。

⑥使用时应注意其设计的各项指标,无论是温度、介质浓度,抑或是压力都不应超过设计的指标。

2.1.5 储罐其他类型事故

1. 地下储罐渗漏

地下储罐系统包含储罐以及连接到储罐上且至少有 10% 的部分是在地下的管道。从环境角度来看,一般情况下地下储罐及其管道承载的都是石油或者有害物质,所以地下储罐系统的气体排放、泄漏都会导致严重的环境问题。美国国家环保局地下储罐办公室 1990 年的统计数字表明,全美国有近 100 万个地下储罐有明显的渗漏现象。北美地区在地下水污染治理过程中的一大发现是:渗漏于地下的非水相流体数量之多远远超出人们的预料。

地下储罐系统主要会带来两类环境问题:对大气的污染和对地下水的污染。这两类污染都和人类的切身利益息息相关,是绝不能忽视的。随着社会逐步认识到地下储罐系统对生态环境的危害,越来越多的人开始投入解决该难题的研究工作中。我们可以通过以下措施预防地下储罐事故。

(1)设施防腐。

各种石油产品对储罐和管道的腐蚀是相当严重的,因此采取积极的防腐措施,对储罐和管道进行定期检查和维护是尽量减少油品泄漏的有效办法。如果能杜绝油品泄漏的发生,地下储罐系统对环境的威胁就大大减少了。但是在具体实施过程中,如何选取适用的涂料以达到最好的防腐效果,需要考虑系统所处的地理环境、油品种类、储罐及管道材质等各方面因素。所以要达到完全防腐的目的是有一定技术难度的。

(2)控制大呼吸损耗。

在收发油作业时都会产生大呼吸损耗,为了尽量减少此过程对环境造成的危害,应从控制油蒸气的逸出着手。如果结合以下两种措施,可以显著地减少油蒸气的蒸发损耗,减少对环境的污染。一是采用密闭收发油技术,将储罐、管路及油罐车视作一个整体,将油蒸汽密封起来,尽量减少油蒸气的逸出。实践证实,该方案在减少损耗方面是有一定效果的。二是使用油气回收装置,收发油时,在油罐的呼吸管路上安装油气回收装置。使油蒸气通过油气回收系统,将有害的油品气体回收后再排到外界大气中。对油气回收装置的研究目前在迅猛发展中,当技术成熟并完全投入应用后必能在节能减排的事业中大显身手。

(3)加强地下储罐的管理和修复。

地下储罐系统最大的危害对象是土壤及地下水,人们开始从系统本身入手防范这种危害。国家、地方政府也要求地下储罐的施工质量必须提高,并提出了具体的防护标准,加强地下储罐、管道的管理和修复。在结构上,建议使用双层罐壁的储罐。对于地下储罐系统的危害,日常管理是问题的关键,必须长期坚持严格的有效管理,才能取得较好的成果。

(4)进行地下储罐泄漏监控。

经过一系列改造后,地下储罐系统对大气的污染应该得到一定程度的控制,但是发生泄漏事故的隐患在短期内仍然是无法消除的。处理地下储罐的泄漏非常困难,但发现地下储罐的泄漏更为困难。所以,要对地下储罐系统进行实时监控,并准备一系列预案,以及时应对突发事故。西方各国在建立地下储罐的监控系统方面都进行了重点研究。

一般的监控措施有插入地下储罐泄漏探测系统、安装超量填充控制、定期监视有无漏洞等,这些措施都能将泄漏的风险降到最小。

由于泄漏监测的有效性问题(包括精确性、敏感性、可靠性和稳健性等)是研发一个具有实用监测性能的地下储罐监测系统的核心,因此从不同角度进行地下储罐泄漏检测与监测定位方法和技术的研究非常必要。大多数情况下设备老化和环境影响导致管线腐蚀穿孔造成持续的、小规模的泄漏,因此持续的、小规模泄漏的发现与定位是当前国际上地下储罐泄漏检测与监测技术的难题。

2.储罐地基事故

在进行大型原油储罐设计的过程中,首先需要对地基以及基础进行全面的设计,两者的可靠性会对储罐整体的安全性产生重要影响。在进行地基和基础设计之前,工作人员需要进行全面的地质勘查,对储罐建设区域内地表的运动情况进行分析,对影响地基和基础的因素进行研究。事实上,地基的处理属于一项基础性的工作,地基的处理一旦出现问题,将会使整个项目建设施工的难度提升。针对地基和基础设计过程中可能会出现的众多问题,设计人员必须对现场进行详细的调研和勘查,根据调研和勘查的结果,对原油储罐进行有针对性的设计。为了防止储罐在使用的过程中遭受地质灾害,工作人员需要进行地质灾害评价,对储罐的抗灾能力进行校核,采取一系列措施,全面保障地基和基础设计的合理性。

1996年11月中旬,河南省平顶山尼龙66盐有限责任公司罐区工程之一的原料罐区在罐体试压过程中,意外发生了罐体底部基础回填土大量下沉事故,造成10个储罐不能正常投入使用。最终对厂内其他罐基回填土地基进行了全面返工,合计返工回填土方5 800 m³,给工程造成了较大损失,教训非常深刻。事故原因分析如下。

(1)回填土的质量问题。

施工时由于现场缺土,所有回填土均为外购土方。对于作为持力层的回填土,土方的质量显然是十分关键的。原则上应实行定点取土的方案。取土前应对被取土方进行采样试验,当满足施工要求后方可进行施工。然而,建设单位通过各种渠道联系购买了其他施工单位拉来的弃土,具体来源及土质均不清楚。尽管组织者对土方的质量大体上也有要求,但没有具体的物理指标,对土方也没有进行采样试验,只是靠目测检查。施工中由于车辆多,管理人员少,就连目测检查验收也全部失控。在回填时发现,购进的土方中含有一定数量的杂填土、种植土及少量的膨胀土。这些问题并没有引起现场管理人员的高度重视,从根本上给夯填土的工程质量埋下了事故隐患。

(2)防雨措施问题。

本工程圆形罐基础内部与储水池类似,内部雨水只能下渗,不能外排。在露天条件下施工,应采取有效的防雨措施。施工中现场管理人员却忽视了这一重要环节,按一般回填土的要求进行施工,没有采取任何覆盖措施。雨天过后,往往下层土含水量还很大,上层土又急于回填,遂将下层土打成了橡皮土。回填结束后,由于种种原因,回填土又在露天条件下经受了整整一年的暴晒、冰冻和雨水浸泡,含水率长期饱和,从而大大增大了回填土的压缩性,降低了强度,诱发了事故。实践证明重要的填土工程必须采取防雨措施。

2.2　典型反应器类型事故

化学工业产品种类繁多,生产流程更是千差万别,但是化工厂的生产有着共同之处。任何化学生产过程概括地说都是由三个部分组成的,即原料的预处理、原料经化学反应而生成产品、产品的分离和提纯。第一步为依据化学反应的要求对原料进行处理,多为物理过程,如破碎、筛分、加热、提纯、混合等。由于化学反应的不完全以及某些反应物的过量,又因为副反应的存在,化学生产过程的反应产物实际为未反应原料、副产品、产品的混合物。要得到符合要求的产品,就需要对产物进行分离与提纯。化学反应过程是整个生产过程的核心,原料的预处理和产品的分离与提纯均从属于化学反应过程。工业上,化学反应过程是在反应器中进行的,因此反应器的研究具有举足轻重的作用。而对反应器危险性的研究也是其中重要的一部分,对不同类型反应器的事故进行总结、研究,可避免类似事故发生,同时大大提高工艺、装置的安全性。

2.2.1 固定床反应器事故 ·· □

2009年1月1日,山东省德州合力科润化工有限公司(以下简称合力公司)乙腈装置的熔盐系统在试运行过程中,当温度升至260 ℃左右时, 2台管壳式固定床反应器在不到2 h内相继发生爆炸事故,导致5人死亡,9人受伤,其中1人伤势严重,造成了巨大的经济损失和恶劣的社会影响。发生爆炸的反应器为常压容器,却产生了如此剧烈的爆炸。

发生事故的反应器为管壳式固定床反应器,共2台,与各反应器前置串联的还有1台同结构管壳式预热器,然后再把它们并联起来,筒体内径为1 400 mm,实际壁厚为12 mm,长度为3 000 mm,材料为Q235B。内部列管规格为ϕ38 mm × 3 mm,总共689根,材料为316L。4台设备均为利旧设备,原用于生产甲基异丙基酮装置,壳程热媒为350号导热油,使用压力为常压,使用温度为300 ℃,累计使用时间约1年。

合力公司拟将该设备改成乙腈生产装置中的反应器和预热器。由于导热油不能加热至乙腈的生产温度,故厂家将热媒改为熔盐。熔盐由7%的硝酸钠($NaNO_3$)、40%的亚硝酸钠($NaNO_2$)和53%的硝酸钾(KNO_3)组成。在设备到位后,合力公司对壳程先后使用了清洗剂、碱液和清水进行清洗,合力公司认为壳程洗干净的依据就是用清水清洗时,流出的水是洁净的。清洗使用的碱液浓度为5%~10%,温度为80~90 ℃,清洗时间为5 h。在合力公司认为壳程清洗干净后,用热风吹扫3天,将内部烘干。反应器管程填装催化剂Al_2O_3。

该熔盐热载体供热系统由熔盐炉、熔盐循环泵和熔盐槽构成。首先在熔盐槽内用水蒸气缓慢升温,熔盐槽中的化盐用水自两个敞开的排气孔中挥发,当熔盐完全熔化且没有水蒸气挥发时开始将熔盐泵入熔盐炉进行循环升温;升温至约180 ℃时,开始向固定床反应器、原料预热器泵入熔盐循环升温。发生爆炸的是拟用作反应器的2台设备。熔盐从反应器、预热器底部壳程进入,从顶部壳程排出后再进入熔盐槽,完成一个循环。上述过程不断循环,构成了熔盐加热系统。

爆炸后的现场状况图可扫描二维码2-7。倒在地上的反应器即是第一次发生爆炸的容器(以下称为甲反应器)。甲反应器壳体沿中部撕开,筒体内部和管束外部表面呈黑色。现场发现了筒体上的两块碎片,其中一块重约200 kg的膨胀节碎片向南稍偏东飞出约6 m远的距离,另外一块重约

300 kg 的筒体碎片向南飞出约 9.5 m 的距离,碎片内表面有油污,表面呈黑色。平台上的一段梯子和两块保温皮向南飞出约 21 m 的距离。管束在中间向四周膨胀散开,边缘有断管,断口较整齐。

发生爆炸的反应器内熔盐是比较稳定的无机类化工产品。熔盐本身并不可燃,但是该熔盐为氧化剂,容易分解放出氧气,当与易燃物或有机物还原剂接触时就能引起燃烧和爆炸。该设备以前用于生产甲基异丙基酮,壳程热媒为 350 号导热油。导热油在使用过程中,受热超温时会分解聚合而沉淀形成残炭,残炭会附着在管束外面和壳体内壁上,形成炭积层。在设备试运行之前,尽管对壳程进行清洗,但是常规的化学清洗(清洗剂、碱液及清水清洗)方法难以将壳程结存的油垢和积炭洗净。2 台反应器爆炸事故现场证明了设备内壁和列管外表面存在大量的油垢和积炭。

前面已经提及熔盐的成分和组成。其中 KNO_3、$NaNO_3$ 为强氧化剂,$NaNO_2$ 为还原剂。硝酸盐受热分解生成亚硝酸盐和氧气,但是亚硝酸盐又和氧气生成硝酸盐,即亚硝酸盐的存在抑制了硝酸盐的分解,反应方程式如下:

$$2NO_3^- \longrightarrow 2NO_2^- + O_2 \uparrow$$

$$2NO_2^- + O_2 \longrightarrow 2NO_3^-$$

但是由于积炭及油污的存在,生成的氧气先和碳反应,生成一氧化碳(CO)或者二氧化碳(CO_2),反应方程式如下:

$$2C + O_2 \longrightarrow 2CO + 126.4 \text{ kJ}$$

$$C + O_2 \longrightarrow CO_2 + 393.5 \text{ kJ}$$

该反应是放热反应。由于生成的氧气被碳消耗掉,亚硝酸盐抑制硝酸盐分解的作用消失,而且放出的热量使内部温度升高,进一步加剧了硝酸盐的分解,引起恶性循环,致使反应速度加快,最终导致爆炸的发生。在爆炸发生前,反应器的温度显示为 280 ℃,而熔盐炉出口温度为 260 ℃,这也充分说明反应器内部发生了化学反应。

根据事故现场人员的介绍,在甲反应器爆炸前和乙反应器爆炸之后都发生了先冒黄烟后冒灰烟的现象,这是由于硝酸钾按照另外一种模式分解,生成了黄色的二氧化氮(NO_2),反应方程式如下:

$$4KNO_3 \xrightarrow{\text{加热}} 2K_2O + 4NO_2 \uparrow + O_2 \uparrow$$

经调查分析,事故发生的原因如下。

①设备选择的失误是造成这次事故的重要原因之一。合力公司乙腈装置使用的固定床反应器是不符合技术要求(一是由于导热油与熔盐作为热媒对温度的要求差别极大,所以选用的钢材材质明显不同;二是熔盐在高温条件下严禁接触有机物)的设备。合力公司没有针对这两点要求对该设备进行科学的分析和严格的技术鉴定。

②安全管理不到位也是导致这次事故发生的重要原因之一。合力公司将熔盐输送至固定床反应器的熔盐加热系统,12 月 31 日,升温至 220~230℃时起火,按照常规熔盐作为热媒自身不会起火,但事故苗头出现后,该公司没有给予高度重视,更没有停止运行、迅速撤人,没有认真分析起火原因,继续调试,丧失了防止爆炸事故发生的重要时机。另该公司在安监

部门未做出审查意见前,已违规自行安装乙腈生产项目;试生产前,没有制定试生产方案,更没有履行备案手续,擅自违规试车;没有建立健全本单位安全生产责任制;安全管理人员无证上岗;没有对新上乙腈生产项目的作业人员进行专门的安全培训。

③施工管理不到位是导致这次事故发生的原因之一。乙腈生产项目的安装施工队伍是德州市顺华电气焊安装队,该安装队没有任何施工资质,安装的设备、管道、支撑等质量低劣。

④现场管理混乱是这次事故造成较多人员伤亡的原因之一。事故发生前,乙腈生产装置安装作业尚未结束,合力公司违规对导热系统进行调试,违规调试和安装同步进行,造成现场共有 20 人(包括企业和项目负责人、操作工、电工、安装人员)在狭小的二层平台上进行多工种混合交叉作业。

⑤政府有关部门监督管理责任履行不到位,也是导致事故发生的原因之一。合力公司新建的乙腈生产项目,在办理立项审批、施工许可、环境影响评价、特种设备验收、试生产备案手续未达到规定要求的情况下,擅自开工建设,并对固定床反应器的熔盐加热系统违规进行调试,有关部门履行职责不到位,未能及时发现、制止。

通过现场的勘查、能量的估算和爆炸发生时的种种迹象,得出发生爆炸的固定床反应器壳程有有机物残余,致使熔盐分解,最终导致发生化学爆炸。反应器壳程有机物的残留,是由于所用热媒导热油的高温分解聚合而致,而积炭用常规清洗的方法难以除去,应坚决杜绝通过简单的化学清洗方法,将用导热油等有机物作为热媒质的设备直接改为熔盐加热设备。

2.2.2　反应釜事故

反应釜广泛用于石油、化工、医药、食品工业的烃化、聚合等工艺过程, 材质一般有碳锰钢、不锈钢、锆镍基合金及其他复合材料。反应釜亦称为搅拌反应器,其结构图如图 2-5 所示,为最常使用的反应器形式,约占反应设备总数的 90%。时至今日,反应釜在世界范围内的使用量仍以每年 3%~5% 的速度递增。

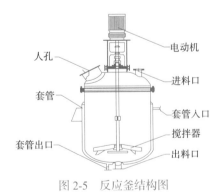

图 2-5　反应釜结构图

反应釜中化学反应一旦开始,往往伴随着放热或吸热,并产生有毒产物或易燃易爆气体,且化学反应过程很难临时终止,因此反应釜生产安全事故时有发生。20 世纪 80 年代,日本中央劳动灾害防止协会调查研究部对间歇釜式反应器化工过程的事故统计分析结果为：反应占 22.9%，贮存占 12.5%，输送占 10.1%，蒸馏占 6.7%，混合占 5.8%。西巴-盖吉（Ciba Geigy）公司 1971—1980 年工厂事故统计显示，56% 的事故是由反应失控或近于失控造成的。反应失控是精细化工发生事故的主要原因，而反应失控的主要原因是热累积。精细化工的大多数反应是放热反应，在反应温度过高、散热不良甚至冷却失效的情况下，反应釜内物料处于类似于绝热的环境，这部分热量无法散失到界外，只能不断给物料加热，加速反应热的生成，形成恶性循环。

国内某油田 2020—2022 年有关反应釜事故事件共发生 10 起，相关统计情况如表 2-2 所示。

表 2-2 国内某油田公司 2020—2022 年反应釜事故统计

序号	事故年份	事故类型	装置类型	事故概况	事故原因	损失情况
1	2020	火灾	氢化装置	氢化反应投料顺序错误，反应剧烈	违章操作	轻伤 2 人
2	2020	中毒	烃化装置	有毒气体发生泄漏	联锁失效	轻伤 2 人
3	2020	爆炸	氢化装置	未充氮气，打开人孔发生闪爆	违章操作	重伤 2 人
4	2021	机械伤害	烃化装置	搅拌器旋转部位缺少防护罩	违章操作	轻伤 1 人
5	2021	爆炸	硝化装置	硝酸过量，反应热无法移除	联锁失效	重伤 1 人
6	2021	触电	聚合装置	搅拌器维修未断电	违章操作	轻伤 1 人
7	2022	火灾	硝化装置	放热反应，夹层磨损，导致导热油泄漏	腐蚀泄漏	轻伤 3 人
8	2022	中毒	聚合装置	中间产物 CO 泄漏	违章操作	重 1 伤 3 人
9	2022	灼烫	聚合装置	吸热反应，釜体脆化破裂	选型错误	轻伤 1 人
10	2022	火灾	聚合装置	法兰端面腐蚀泄漏，引发火灾	腐蚀泄漏	轻伤 2 人

该油田 2020—2022 年发生的有关反应釜的 10 起事故事件，按照事故类型划分：火灾 3 起，占比 30%；爆炸 2 起，占比 20%；中毒 2 起，占比 20%；其他事故包括机械伤害、触电、灼烫各 1 起，共占比 30%。事故成因主要包括：违章操作 5 起，占比 50%；联锁失效 2 起，占比 20%；腐蚀泄漏 2 起，占比 20%；选型错误 1 起，占比 10%。2020—2022 年反应釜事故分类可扫描二维码 2-8。

二维码 2-8

针对国内外反应釜事故，可总结出以下应对措施。

1. 工艺方面事故预防措施

（1）进料控制。

如果投料顺序颠倒，投料速度过快，有可能造成反应温度异常升高，引起火灾或爆炸事故；在设计时，可通过流量计和调节阀控制进料流量，并设计为自动按比例控制进料，进料流量设置报警和联锁。必要时，可设置顺控程序来实现自动投料，防止人为失误而引起投料顺序颠倒、投料速度过快等事故。某典型的反应器进料比例控制示意如图 2-6 所示。

（2）电机使用应急电源供电。

反应系统的搅拌、冷却外循环泵等用电设备的用电可靠性对于反应安全也至关重要。停止搅拌或搅拌失效可能造成热累积，是非常危险的。一旦搅拌再次开动，可能突然引发局部激烈反应，瞬间释放大量的热量，引起爆炸事故；冷却外循环泵停止，可能引起移热不及时，造成反应超温超压，从而发生安全事故。因此，反应部分的关键用电设备应设置应急电源供电，保证供电的可靠性，减小事故发生的可能性。

（3）事故紧急切断。

当反应失控或反应器超温超压时，应设置紧急切断。根据具体情况，应自动切断可能导致情况恶化的进料，以保证系统没有过多的热量输入，防止事态进一步恶化。

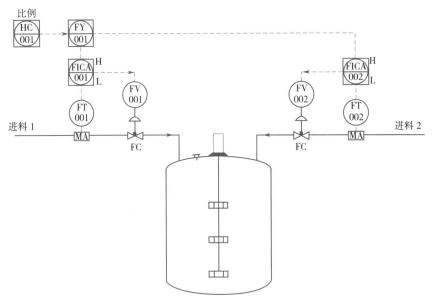

图 2-6 反应器进料比例控制示意图

（4）反应釜温度和压力报警联锁。

反应釜的温度和压力是最敏感和直接的参数，应设置温度和压力检测报警和联锁。联锁可以切断进料和热源，必要时打开紧急泄放阀。可设置多个温度计和压力表，比如对反应釜不同位置进行多点温度测量。反应器温度和压力报警联锁示意如图 2-7 所示。

（5）安全泄压装置。

安全泄压通常使用安全阀、爆破片等。在非正常条件下，当控制措施失效时，可通过安全阀和爆破片来泄压或降温，避免压力设备本体发生爆炸，保证设备和管道正常工作，防止发生意外。根据实际介质特性和工况，可单独使用安全阀或爆破片，也可将爆破片与安全阀组合使用，通常有三种组合方式：爆破片串联在安全阀入口侧、爆破片串联在安全阀出口侧、爆破片和安全阀并联（图 2-8）。

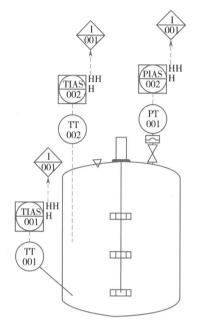

图 2-7 反应器温度和压力报警联锁示意图

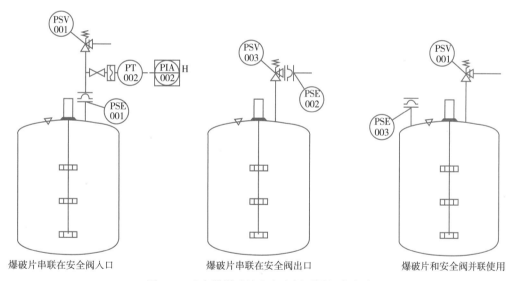

爆破片串联在安全阀入口 爆破片串联在安全阀出口 爆破片和安全阀并联使用

图 2-8 反应器爆破片和安全阀不同组合方式

（6）紧急冷却。

在发生失控时,使用紧急冷却代替正常冷却。一般需设置一个独立的冷却系统,通过反应器的夹套或盘管引入冷却介质。需要注意:不得使紧急冷却后的反应物料温度低于其凝固点,还要保证反应器的良好搅拌,否则会降低传热效率,造成严重后果。若搅拌器失效,则应考虑在反应器底部通入氮气,帮助物料混合。

（7）抑制减缓。

通过喷嘴或用氮气向反应物料喷射少量抑制剂,减缓或终止失控的反应。为了使抑制剂快速分散、均匀分布,必须确保有效的搅拌。抑制剂的选择与反应过程有关。例如:自由基聚合反应选用自由基清除剂(阻聚剂);催化反应选用催化剂失效剂;对于氯或酸性混合物体系,可以用碱性物质中和。

（8）淬灭或浇灌。

用大量惰性的和冷的淬灭剂浇灌反应物料,可以起到骤冷和稀释作用,通过降低温度和浓度来减缓或终止失控反应。水便宜、易得,比热高,而且使用安全,是常用的淬灭剂。在高寒地区室外使用时,水中应加入防冻液,不宜用电伴热带防冻。对于与水会发生放热反应的情况,如磺化反应,应使用冷硫酸作为淬灭剂。对于热效应很大的情况,可使用液氮或干冰。淬灭液槽应设置在反应器上方,一旦开启阀门,淬灭剂借重力流入反应器,浇灌反应物料。采用抑制和淬灭措施,反应器设计时必须留出空余容积。

（9）倾泻。

倾泻是指在反应失控时将反应物料全部转移到盛有淬灭剂或/和抑制剂的倾泻槽,可保护反应器。倾泻槽安装在反应器下方,反应物料利用重力通过反应器底部阀门排出。

（10）控制减压。

这项措施不同于紧急泄放,是在不采用外部冷却的情况下,利用控制减压使物料蒸发冷却,降低反应温度。

2. 减少腐蚀及磨损

腐蚀是危害反应釜安全的重要因素。酸性介质对反应釜内壁的腐蚀作用较强,但不同酸性成分腐蚀强度略有差别,仅有硫酸根离子的酸性溶液腐蚀性相对较小,加硝酸根离子后溶液的腐蚀性有所强化,而加了氯化钠的酸性溶液的腐蚀性明显增强;碱性介质对釜体内壁的腐蚀作用相对较弱,但碱浓度高于 5% 时,可能发生反应釜的碱脆破裂。

反应釜内壁防腐是保证安全性的极其重要的措施。在反应釜工作时,旋转的叶轮将反应溶液搅起并使其流动,冲击反应釜内壁产生磨损作用,搅拌强度越大和溶液颗粒越大,磨损作用越强。磨损一般分布不均,反应溶液直接冲击的部位磨损最大。

腐蚀和磨损的联合作用将大大加快釜体内壁的侵蚀破坏。因此,要在反应釜设计初期根据反应釜反应类型,做好反应釜及附属管道内衬的防腐工作,定期检修测算防腐效果,防腐材料脱落或失效时要及时维护,同时不得随意更换反应釜作业类型,避免将反应釜用作不同化学反应容器,以防止防腐材料失效。

3. 注重材质选型

反应釜釜体破裂与制造材料的选择有关。反应釜釜体外壳的破裂即为外壳材料断裂破坏,根据断裂的发生形式可分为延性断裂、脆性断裂、疲劳断裂、蠕变断裂等。延性断裂的发生机理是由于材料受到高应力作用(超过材料的屈服强度),产生塑性变形,在塑性变形严重处,形成脆性集聚裂纹,最后导致断裂破坏。设计计算错误、材料选择不当、操作不当等均可导致延性断裂。脆性断裂是由材料的低温脆性和制造裂纹引起,多发生于水压试验阶段。

材料的韧性不足、结构设计不当和制造缺陷等可导致脆性断裂。疲劳断裂是材料在长期交变负荷下,没有明显塑性变形而突然发生的断裂。疲劳断裂一般从应力集中处开始。设计或结构原因造成的应力集中和操作运行条件不稳定、频繁启停机均可能造成疲劳断裂。蠕变断裂是材料在高于一定的温度下,受到小于屈服强度的应力作用,随时间的推移,产生塑性变形,最后导致断裂破坏。从不同断裂形式可以看出,材质选择不当,是导致釜体破裂的重要因素,因此,在反应釜材质选择方面,要综合吸热放热反应类型、参与化学反应物质种类、催化剂种类、中间产物种类等因素选择反应釜材料。

　　反应釜应根据实际工艺特点进行材质选定和设计选型,同时有针对性地安装超温超压、卸料泄压等安全联锁装置。在日常操作过程中,应严格控制关键参数,依据反应特点编制操作规程和异常情况的应急救援措施,严禁违规操作。反应釜的安全运行包括设计、使用、维护、保养全生命周期的管理过程,通过规范设计和工艺操作等行之有效的措施,可避免反应釜事故发生,提高反应釜安全运行的可靠性。

2.2.3　管式反应器事故

　　管式反应器是一种经常用于化工生产的设备,其形式可扫描二维码2-9。管式反应器在使用过程中,也会出现一些故障。下面就让我们了解一下管式反应器可能会出现哪些常见故障。

二维码 2-9

　1. 催化剂积聚

　　催化剂填充在管式反应器内,起催化反应的作用。如果在反应过程中,管道内的催化剂不流动或者较难流动,就会形成积聚。这样会导致反应温度升高,反应速率降低,最终导致反应器失效。造成催化剂积聚的原因主要有流量不足、管道堵塞、催化剂失活等。

　2. 温度控制问题

　　管式反应器在进行催化反应时,需要对反应温度进行控制,否则会导致反应速率不稳定,甚至催化剂失活。可是,由于管式反应器长度大、形状复杂,所以温度传感器的安装位置、数量、精度等多方面因素都会影响温度的控制。

　3. 压力控制问题

　　管式反应器在进行化学反应时,通常需要对反应压力进行控制。压力过高和过低都会影响反应速率、产物质量等。管式反应器内部流动较为复杂,反应速率不同,所以对于不同位置的压力需要进行逐一监测和控制。如果压力控制不好,就会导致反应效果不佳,甚至出现危险情况。

　4. 腐蚀问题

　　管式反应器在反应过程中,通常需要使用强酸、强碱等易腐蚀的物质。而这些物质会对管道、催化剂、反应器内壁等产生腐蚀。如果不及时处理,就会使管道破裂,发生物料泄漏等,严重危害生产安全。

　5. 设计缺陷

　　管式反应器在设计阶段就需要充分考虑各种因素,比如反应温度、反应压力、反应介质等,否则可能导致设计缺陷。如管道夹角过小、管道过长、管壁过厚或过薄等问题都会导致反应器失效。

乙烯环氧化反应器是环氧乙烷/乙二醇装置中生产环氧乙烷的重要设备,同时也是容易发生重大事故的生产设备之一。该反应器是一种用于进行气-固相催化反应的固定床反应器,内部由成千上万根反应单管组成,在发生反应时,乙烯和氧气在高温、高压、银催化剂的作用下生成环氧乙烷。环氧乙烷主要靠乙烯环氧化法制备。我国大多数环氧乙烷装置都是与乙二醇装置联产。

环氧乙烷(EO)在常温下为带有醚类刺激性气味的无色气体,是一种易燃易爆的有毒致癌物,但其在石油化学相关产业中起到相当重要的作用。环氧乙烷近年来市场规模不断攀升,是仅次于聚乙烯和聚氯乙烯的乙烯衍生物。由乙烯环氧化过程风险以及环氧乙烷物质特性风险可知,在工艺生产过程中,乙烯环氧化反应器有发生事故的可能,其中最主要的风险是飞温和泄漏。2000—2015 年国内环氧乙烷装置安全事故统计如表 2-3 所示。

表 2-3　2000—2015 年国内环氧乙烷装置安全事故统计

时间	事故单位	事故原因及经过
2000 年 4 月 11 日	广东鸿运电镀技术有限公司	环氧乙烷进料速度过快,来不及与丙炔醇反应而在釜内聚集,致使釜内压力迅速上升,高压气体泄漏,与空气摩擦产生静电,引起爆炸
2011 年 11 月 2 日	燕山石化	物料配比不正确,反应过程发生异常,从而造成反应器床层温度急剧上升,导致反应器内催化剂烧毁,造成积炭
2015 年 4 月 21 日	中石化扬子石化	T-430 塔内环氧乙烷发生水解、聚合等反应,大量放热,导致塔内发生化学爆炸。同时,再沸器燃烧对 T-430 爆炸起了促进作用
2015 年 6 月 13 日	南京化工园区德纳化工厂	厂区内原料有环氧乙烷的乙二醇装置的罐区发生爆炸燃烧事故,导致邻近的罐区也发生着火爆炸事故

2022 年 6 月 18 日 4 时 24 分,上海石油化工股份有限公司化工部 1#乙二醇装置环氧乙烷精制塔区域发生爆炸事故,造成 1 人死亡,1 人受伤,直接经济损失约 971.48 万元。

上海石油化工股份有限公司“6·18”1#乙二醇装置爆炸事故调查报告》(以下简称《事故调查报告》)给出的直接原因是管道焊缝腐蚀导致壁厚严重减薄,最终管道应力超过金属材料的承受极限后,管道发生整体断裂。断口呈明显的脆性断裂特征,基本符合管道焊缝严重腐蚀减薄后断裂的力学机理。

不锈钢管道整体断裂到底是如何造成的? 不到 10 年的管道,为什么会腐蚀得如此严重? 连续 4 个焊缝发生泄漏,为什么只有③号焊缝发生了整体断裂呢?

先来讨论第一个问题,即事故管线的不锈钢管道为什么腐蚀这么严重?

《事故调查报告》披露,事故管线的不锈钢牌号为 TP304。由化学成分表和力学性能可知, TP304 材质大致相当于我国的不锈钢牌号 06Cr19Ni10,属于典型的奥氏体不锈钢,该系列的不锈钢总体来说,具有较好的耐腐蚀效果,同时具备良好的力学性能,在石油化工行业中得到广泛应用。

那么不锈钢管道是不是可以应用于一切场景呢？答案是否定的。不锈钢管道在石油化工行业中应用主要受到如下限制：

①电熔焊的奥氏体不锈钢不得应用于 GC1 级压力管道；

②电熔焊的奥氏体不锈钢不得用于剧烈循环工况；

③不锈钢在接触湿的氯化物时，有应力腐蚀开裂和点蚀的可能，所以应避免接触湿的氯化物，或者控制物料和环境中的氯离子浓度不超过 25×10^{-6}（25 ppm）；

在这里，重点说一下③，即不锈钢材质的氯离子腐蚀问题，这是导致本次事故的一个直接和关键的原因。不锈钢的氯离子腐蚀机理比较复杂，目前材料学界比较权威的解释理论有两种——成相膜理论和吸附理论，下面用通俗的语言进行介绍。

不锈钢之所以具有防腐蚀的作用，是因为它含有有两种关键元素镍（Ni）和铬（Cr）。其中 Ni 元素是奥氏体不锈钢（304 类型的大家庭）的主加元素，Ni 本身就具有一定的耐腐蚀能力；Cr 元素是形成奥氏体组织的关键架构元素，只有当 Cr 含量达到一定值时，钢材才具有耐蚀性。常见的材料中，不锈钢 Cr 含量一般在 10.5% 以上。Cr 元素与空气中的氧能形成一层极薄而坚固稳定的 Cr_2O_3 钝化膜，该钝化膜能防止氧原子继续渗入氧化内层金属，从而达到防锈蚀的能力。

但是当 Cr_2O_3 钝化膜遇到卤素离子时，情况就会变得非常糟糕。我们以常见的氯离子（Cl^-）为例，Cl^- 半径小，穿透能力强，容易穿透 Cr_2O_3 钝化膜内极小的孔隙，到达金属表面，并与金属相互作用形成可溶性化合物，使氧化膜的结构发生变化。除此之外，Cl^- 还有一个特性，就是与金属有极强的亲和力，也就是说 Cl^- 和氧原子相比，能优先被金属吸附，并从金属表面把氧挤掉。由于 Cl^- 与金属相互作用，会形成不稳定的可溶性物质，这些物质会慢慢溶解到工艺介质中，从而加快腐蚀速度。腐蚀示意图可扫描二维码 2-10。

二维码 2-10

这里还有一个被我们忽视的细节，即该石化公司在对泄漏的焊缝进行卡具堵漏后，卡具本身对焊缝的影响。这种影响有两个方面：第一，卡具本身的厚度远远大于不锈钢管道的壁厚，这个从事故报告的照片中可以明显地看出来，在卡具厚度大于钢管厚度的情况下，对卡具进行高压注胶，很容易对壁厚相对较小的钢管造成不规则的塑性变形，导致其承压能力大大降低；第二，如果卡具是碳钢材质的话（报告中未明确），一旦碳钢和不锈钢直接接触，会产生电化学腐蚀，这个腐蚀速率远远大于内壁氯离子的腐蚀速率。事故局部照片可扫描二维码 2-11。

二维码 2-11

接着讨论第二个问题，即在该事故管段的 4 条焊缝中，为什么③号焊缝发生了整体断裂呢？我们先来分析一下 4 条焊缝的相互位置和泄漏时间。根据《事故调查报告》披露出来的信息，4 条焊缝的位置和泄漏时间示意图可扫描二维码 2-12。

从泄漏时间看，4 条焊缝的泄漏时间相差无几。同样都是焊缝的腐蚀，为什么偏偏断裂发生在③号焊缝呢？针对这个问题，需确定一下介质的流

二维码 2-12

向和管道支架的位置,由此可得出答案,主要原因就是③号焊缝所在的位置恰好是一个应力集中最为明显的部位,其事故焊缝应力分布示意图可扫描二维码2-12。

可以看出,虽然 4 条焊缝均面临腐蚀问题,但是③号焊缝所承受的应力是最集中的,那么根据木桶效应的短板理论,③号焊缝最先发生断裂是符合材料力学原理的。

从以上事故可以吸取哪些教训,采取哪些措施预防事故发生呢?

①从源头把控,做好本质安全化设计。不锈钢管道的应用场景一定要慎之又慎,国家标准中对于不锈钢材质管道的应用有着特殊的规定,诸如介质中氯离子的含量限制,高温使用条件下的碳含量的控制要求,以及用于复杂混合介质中的 Ni 元素含量的最低要求,这些都是从设计环节来对不锈钢材质的应用提出的特别要求。

②对压力管道及其重点部位进行定期检测。压力管道一定要按照国家标准和企业内部检修维护规定进行定期的检测。可以借助专业的无损检测器材来进行更准确的检测。在对压力管道进行检测管理时,要特别关注并加强三通、弯头、大小头等重点易腐蚀部位的检测,必要时可以提高检测频率。

③明确压力管道带压堵漏的注意事项。首先,一旦某段压力管道出现第一次泄漏,在对其进行临时带压堵漏处理后,必须尽快制订更换计划,在此期间要加强对带压堵漏处运行状态的实时监测。其次,如果同一根管线出现两个不同的泄漏点,必须立即进行更换,因为这种情况基本上表明这根管线已经达到了腐蚀极限。

④改进管理上存在的问题。归根结底,这起事故的关键原因还是设备完整性管理出现了疏忽和漏洞,所以做好现场的设备完整性管理,加强设备运行状态和性能的监视,从源头上做好设备管理,那么后期管理起来就会得心顺手。如果源头没控制好,那么后续我们只能付出加倍的心血来不断弥补这个窟窿。在补窟窿的过程中,一旦稍微不慎,出现任何闪失,就会导致这个窟窿越来越大,直至失去控制,最终酿成事故。

2.3　精馏塔类型事故

化学工业是国民经济的支柱产业,分离技术则为化工生产过程中的原料净化、产品提纯和废物处理等提供技术保证。随着化学工程技术的发展,分离技术逐渐向着多元化发展。常规的化工分离技术包括精馏、吸收、萃取、结晶、吸附、膜分离等。精馏仍是应用最广泛、技术最成熟的分离方法之一,在工业生产中占有相当大的比重。在化工操作中,精馏塔分为板式塔和填料塔,两者各有优缺点,呈现出并行发展的趋势。板式塔具有结构简单、适应性强、造价较低、易于放大等特点;填料塔具有效率高、通量高、压降低、持液低等优势。随着精馏塔的广泛应用,人们对精馏塔的认识越来越深刻,但由于塔内部流体流动及传质过程的复杂性,精馏塔的设计仍依靠大量的经验和半经验的数据。根据操作方式精馏塔可分为加压塔、常压塔和负压塔,其安全事故原因不尽相同,下面就这三种塔发生的典型事故进行分析。

2.3.1 加压精馏塔 ···□

2002 年 9 月 17 日,某化工厂烷基化装置在停车检修过程中,发生了一起脱烷烃精馏塔折断倒塌事故,造成直接经济损失近 10 万元。脱烷烃精馏塔已建成投用 20 多年, 1993 年经扩容改造,将原来的浮阀塔盘改为填料,当时塔内装有约 360 m³ 的规整和散堆金属填料,已有 2 年多未进行清洗和检修,本次检修需对塔内件和金属填料进行更换。

该厂计划从 9 月 3 日起对该装置进行为期 60 天的停工检修,按开停车方案,对脱烷烃精馏塔完成退料后,13—16 日进行蒸汽连续吹扫。16 日夜间,因工厂附近居民反映噪声大,停止吹扫。17 日 8—15 时,恢复吹扫;15 时 30 分—17 时,自上而下打开人孔通风,待精馏塔冷却后交付检修;22 时 40 分左右,晚班值班人员巡检时发现 T-405 塔体中部发红,随即向装置领导报告,相关领导和技术人员赶到现场,确认塔内着火,立即报警;22 时 51 分,该厂消防队接警后,赶到现场扑救;23 时,塔体中部 20~21 m 处断裂,塔上部倒在西南方向的装置区空地上,断裂塔体继续燃烧。9 月 18 日 4 时 40 分,火被扑灭。

硫化亚铁(FeS)自燃是导致塔体折断的直接原因。按停车工艺处理方案,只需对该精馏塔进行 48 h 的蒸汽吹扫。本次检修已经过 80 h 蒸汽吹扫,但沉积在规整填料上的残留物主要成分是硫化亚铁,仍未被蒸汽吹扫干净。当打开塔的人孔后,硫化亚铁(FeS)遇到空气发生自燃,放出热量,并引燃塔内残留物及填料。硫化亚铁燃烧反应式如下:

$$4FeS + 5O_2 \longrightarrow 2Fe_2O_3 + 4SO_2$$

因未及时发现,致使塔体中部局部过热,塔壁烧得发红,温度升高导致碳钢材质的塔壁强度降低,塔壁发软,最终导致塔体在中部折断。

安全管理不到位,对 FeS 的危险性认识不足是事故的重要原因。脱烷烃精馏塔进料中硫含量≤10⁻⁶,工厂生产、安全等部门未认识到进料中微量的硫化物可在规整填料表面不断聚集,故没有在该塔的操作规程和停车工艺处理方案中制定针对 FeS 的处理对策和应急防范措施。吹扫完成打开人孔后,认为工艺处理结束,未安排人员监控塔内的温度变化。在安排晚间值班时,对 T-405 塔的巡检内容没有做专门要求,值班人员也没有按时巡检,导致出现异常情况未能及时发现。

那么该如何预防和防范类似事故的发生呢?可从以下方面着手。

①采取蒸汽吹扫、水洗和药剂清洗操作。脱烷烃精馏塔进料中的微量硫化物会在填料表面大量积聚,采用蒸汽长时间吹扫也不能吹扫干净。停车检修过程中,对此类设备的工艺处理,仅仅采用蒸汽吹扫是不够的,还要采取水洗和药剂清洗等处理措施。

②严密监控设备温度。对含有低聚物、FeS 等遇空气自燃的沉积物的填料塔及其他触硫设备,打开设备人孔后,要对温度等参数进行严密监控,及时发现和处理事故。

③做好危害识别和风险预测评价。要对停车检修作业进行危害识别和风险预评价,对可能出现的事故隐患和问题,制定并落实防范措施。

④强化安全责任制。石油化工装置在检修作业过程中,必须强化安全责任制的落实。停车的工艺处理,包括退料、隔离、清洗、吹扫、置换、通风和冷却等各环节,必须在安全监控

下进行。

2019 年 11 月 27 日,位于得克萨斯州内奇斯港的某化工厂由于工艺装置中高度易燃的丁二烯发生泄漏,导致一系列爆炸和火灾,震感在 30 英里(约 48 km)外都能感觉到。丁二烯装置及部分设施被摧毁,厂房大面积损坏,居住在工厂 4 英里(约 6 km)范围内的居民被强制撤离,多名工人和市民受伤。火灾持续燃烧 1 个月。这次事件造成了 4.5 亿美元的现场财产损失和 1.53 亿美元的场外财产损失。该化工厂不得不申请破产保护。其事故发生工序示意图可扫描二维码 2-13。

二维码 2-13

2019 年,该化工厂多次发现多次装置中出现爆米花状聚合物的问题。8 月 4 日这一天,一名工人在丁二烯装置中执行一项常规作业,即根据操作规程临时运行最终分馏器 A/B 备用泵。

在备用泵运行过程中,这名工人关闭了最终分馏器 A/B 的主泵。当他试图重新启动主泵时,该泵却无法运行。他提交了主泵维修服务申请后,该化工厂将主泵送往第三方服务商进行维修。直到事件发生之日,该泵仍处于停用状态,时间长达 114 天。在此期间,最终分馏器 A 和主泵上游手动隔离阀之间的工艺管道形成了一段直径为 16 英寸(约 0.4 m),长约 35 英尺(约 10.7 m)的盲管段。

美国化学品安全与危害调查委员会(CSB)发现,在这 114 天期间该化工厂没有任何人意识到主泵无法运行时可能产生爆米花聚合物以及盲管段有破裂的危险。2019 年 11 月 26 日夜班期间,该装置运行正常。监控视频显示,27 日 0 点 54 分,最终分馏器 A 和离线主泵上游手动隔离阀之间的盲管段突然破裂。由于管道破裂,最终分馏器 A 的液位从运行液面迅速下降,从而发生了泄漏事故。

据 CSB 计算,液位最初下降时最终分馏器 A 的液位显示约为 6 000 加仑(约 23 m³)。从工艺数据可以看到,在不到 1 min 的时间内,以丁二烯为主的液体从最终分馏器 A 中完全排空。液体释放后蒸发,形成蒸气云。管道破裂时,有 3 名工人在场,其中 2 名刚好正对着最终分馏器 A。这 2 名工人在事发后告诉 CSB,他们目睹了管道破裂过程。其中 1 名工人确认泄漏点位于最终分馏器 A 和主泵之间的吸气管道。27 日深夜 12 点 56 分,丁二烯蒸气云点燃,导致爆炸,产生的压力波导致设施严重损坏,并对现场外的建筑物包括房屋造成破坏。该化工厂提供的热成像显示爆炸后发生了多次火灾。

二维码 2-14

在最初的爆炸发生之后,至少又发生了两次爆炸。28 日凌晨 2 点 40 分,手机拍摄的视频又捕捉到另一次爆炸。当天 13 点 48 分,另一次爆炸将该设施的一个工艺塔炸飞,随后坠落在装置内,另外四个工艺塔由于爆炸和/或火灾倒塌。事故现场图可扫描二维码 2-14。

事故发生后,工人们试图手动隔离事故区域。在最初的火灾被控制后,隔离区内的火灾至少燃烧了一个多月。2020 年 1 月 4 日 10 时 9 分,该化工厂事故指挥中心确认所有火都被扑灭。

CSB 认定,事故的主要原因是该化工厂未能发现丁二烯装置内的泵停用导致形成了危险的临时盲管段,从而使爆米花状聚合物在管道中形成并发生指数级膨胀,直至管道破裂。管道破裂导致高度易燃的丁二烯释放到装置中,丁二烯被点燃并引发爆炸,随后又发生了多次爆炸。导致此次事故的间接原因是该化工厂在其工艺装置中对爆米花状聚合物的预防和控制不足,且未充分执行 2016 年过程危险控制(PHA)行动措施;丁二烯工艺装置内未安装远程操作紧急隔离阀是造成事故失控的重要原因。

通过分析丁二烯装置生产特点及其危害性,我们不难看出,引起恶性事故,对装置的安全构成严重威胁的主要有以下不利因素。

①丁二烯装置原料混合碳四中富含炔烃,如乙烯基乙炔、乙基乙炔、丙炔。这些炔烃都非常危险,超过一定浓度时极易发生分解爆炸。

②丁二烯与氧气接触易形成过氧化物,丁二烯过氧化物极易自燃。锦州丁二烯装置2001 年发生的混合碳四球罐着火爆炸事故就是由丁二烯过氧化物自燃引起的。

③丁二烯性质非常活泼,在管线和设备死角易形成端基聚合物。端基聚合物的过量生成将导致管线胀破、设备损坏,管线、设备内的大量丁二烯会突然从胀破口冲出,造成火灾、爆炸事故。

④在塔盘发生聚合物堵塞时,塔内的聚合物在较高的温度下可能发生燃烧,对设备构成威胁。如某顺丁橡胶装置在丁二烯回收塔处理过程中,在塔经蒸汽蒸煮后尚未降至常温时,通入空气,引起了聚合物的燃烧,几乎将该塔烧断。

熟悉了危险组分物性,可以得出丁二烯装置主要防火、防爆措施如下。

①碳四炔烃危险性的预防。碳四炔烃包括乙烯基乙炔和乙基乙炔,尤其乙烯基乙炔最危险。研究表明:当乙烯基乙炔浓度达到 80%时,放热反应在 140 ℃开始,温度达到 165 ℃时就会爆炸,因此在生产中应严格控制乙烯基乙炔的浓度。丁二烯装置中碳四炔烃浓度最高的地方是洗炔塔塔顶,碳四炔烃由此排至火炬系统,必须严格控制好此处的碳四炔烃尤其是乙烯基乙炔的浓度,以保证装置安全。

②保持脱气塔侧线采出温度稳定在 125~130 ℃,以保证洗炔塔采出组成的相对稳定。

③保证炔烃在线分析的准确性。在线分析可以及时准确地反映采出物流中碳四炔烃的浓度,因此在线分析的准确性非常重要。一方面可以保证炔烃的安全;另一方面还可以减少排放损失,根据炔烃浓度调整排放量。

④调整好抽余液稀释物流的量。由脱气塔侧线采出的物流中大部分是水,当经洗炔塔顶冷凝器冷却后,水冷凝成液体,这时碳四炔烃浓度会急剧升高。炔烃物流在进入冷凝器前先用抽余液进行稀释,这样可以保证经冷却器后的炔烃物流中炔烃浓度不超标,因此必须保证抽余液稀释物流的流量。当原料中炔烃浓度升高时,应适当提高稀释抽余液量。

⑤严格控制丙炔的浓度。丙炔也是一种高度危险的炔烃,丙炔浓度越高,越容易爆炸。当丙炔浓度为 40%时,在 100 ℃会发生爆炸;当丙炔浓度达到 80%时,在 25 ℃时就会发生爆炸。因此,在生产中应严格控制系统中丙炔的浓度。

2.3.2　常压精馏塔 ·· □

二维码 2-15

1991 年 6 月 26 日,日本某表面活性剂工厂的甲醇精馏塔发生爆炸事故,塔的上部被摧毁。该塔的塔盘数为 65 层,事故调查证实,爆炸发生在自上数第 5 层至第 26 层之间,小段的 4 层塔盘滚落至地下,第 5 层至第 26 层的塔盘散落成碎片,分布在半径为 1.3 km 的区域之内。这次事故造成 2 人死亡,13 人受伤,事故现场图可扫描二维码 2-15。

α-磺基脂肪酸酯生产设备于 1991 年 1 月完成,2 月进入正常运行。6 月 19 日 21 时 35 分,磺化反应装置启动;20 日 2 时 46 分,回收甲醇开始供给甲醇精馏塔。26 日 8 时 9 分,磺化反应装置停车;9 时 6 分,停止向精馏塔供给回收甲醇,同时减小再沸器的蒸气量,将精制甲醇的馏出量从正常的 350 kg/h 降至 150 kg/h,之后保持"待机状态"(回流比为 12);9 时 55 分,为了使甲醇和水更好地分离,停止精制甲醇的馏出,浓缩甲醇全部返回塔内进行全回流操作;10 时 5 分左右,停止向塔内回流,并增大再沸器的蒸气量,精馏塔内的甲醇残液全部从塔顶推出进入焚烧操作;10 时 15 分左右,爆炸发生(事故发生前 0.2 s,工艺温度和压力没有异常)。爆炸发生在精馏塔的上部(从第 5 层至第 26 层,约 7 m),塔顶至第 4 层落至地下,塔壁碎片最远飞出 1 300 m,大部分散落在半径为 900 m 的范围内,第 27 层以下的塔壁碎片残留在原地。据推算,爆炸当量相当于 10~50 kg TNT(即三硝基甲苯)。

爆炸造成 2 人死亡,1 人重伤,1 人中度受伤,11 人轻伤。精馏塔被完全破坏,塔周围 50 m 内的窗户玻璃全部被损坏,爆炸碎片和冲击波使工厂内 319 个场所遭到破坏。

精馏塔事故爆炸原因如下。

①在漂白过程中,残留的无水硫酸和添加的甲醇发生副反应生成甲基硫酸,甲基硫酸只有在酸性条件下,才会与过氧化氢反应生成甲基过氧化物。而甲基过氧化物在弱酸性水溶液中较稳定,几乎不分解,但在中性和碱性溶液中不稳定,随着温度的升高而加速分解。根据分析,爆炸是由于供给精馏塔的甲醇中含有有机过氧化物(过氧甲醇),其在精馏塔的局部浓缩,从而形成热爆炸。正常工作时,塔内积蓄 10~20 kg 过氧甲醇。事故当天,由于中和工段的 pH 检测仪出现故障,有段时间中和料浆的 pH 值比正常情况要低,因此过氧甲醇没有被分解就被送到精馏塔内,当时精馏塔积蓄 30~40 kg 的过氧甲醇。

②在装置停工过程中要进行精馏塔全回流操作,通常均匀分布在精馏塔内的过氧甲醇这时大多会积聚在塔的中央部位。在正常运行时(回流比为 5),甲基过氧化物最大浓度不超百分之几,在全回流操作完成以后,某段液相的过氧甲醇浓度高达 20%。抽出甲醇以后会使过氧甲醇的浓度进一步升高,可达 30%~40%,同时高浓度液相段会由塔中央的 28 层移向爆炸激烈的 15 层。为了测试过氧甲醇的危险性,用加速量热仪(ARC)装置进行评价分析,其结果是当过氧甲醇浓度达到 20% 时,发热速度为 1 000 ℃/min,压力上升速度为 127.4 Mpa/s。另外,从压力容器的实验结果来看,当过氧甲醇的浓度达到 40% 以上时,极可能发生爆轰现象。

③在焚烧操作过程中,液相中甲基过氧化物的浓度比全回流操作时还大。另外,伴随着

塔顶回流停止,也没有向塔内回流冷却甲醇液,结果导致发热速度大于散热速度,精馏塔处于温度急速升高的状态;再加上焚烧操作过程中局部的加热和塔内可动部分之间的摩擦及碰撞,甲基过氧化物分解放热反应失控,最终导致爆炸事故发生。

从以上事故中,我们可以分析一下如何预防类似化工事故发生。

①可利用还原剂完全除去供给给精馏塔的回收甲醇中所含有的过氧化物。

②回收甲醇中的过氧化物,应确认其被还原剂完全还原后,再供给精馏塔。

③避免精馏塔的焚烧操作,可采用蒸煮代替。

④在漂白工程中,应抑制甲基过氧化物的生成,且在中和工程中设置双重 pH 计。

预测爆炸事故通常非常困难,但是这起事故是由回收甲醇的前期处理方法、中和工程的 pH 计故障、精馏塔的焚烧操作等设备和操作上的原因引起的,如果供给精馏塔的回收甲醇中的过氧化物完全还原,将不会再发生这样的事故。

2.3.3 负压精馏塔

化工装置设计中常会遇到真空条件下的精馏分离系统,该系统与常压或正压精馏系统不同,由于系统为真空操作,无法避免大气中的空气泄漏进真空系统。当真空系统内的工艺介质中含有可燃性介质时,就会与泄漏进真空系统的空气发生混合,当混合物浓度在可燃介质爆炸上下限浓度范围内,即真空系统内形成爆炸性混合物时,一旦遇到点火源,便有产生爆炸的危险。同时,真空精馏系统与常压或正压精馏系统又有相同之处,同样存在各种事故工况。

2019 年 7 月 24 日 10 时 55 分,辽宁省葫芦岛天启晟业化工有限公司(以下简称天启晟业)二车间提纯装置精馏塔再沸器发生闪爆引发火灾,造成 2 人死亡,1 人重伤,直接经济损失 340 万元。

天启晟业成立于 2010 年,是一家危险化学品生产企业,位于葫芦岛市北港工业区船舶产业园区 B 区。事故车间实行三班二倒工作制,每班 12 人,另配有主任 1 人,主要生产 2,5-二氯苯胺。车间共有间歇硝化装置 2 套,2,5-二氯硝基苯提纯装置 1 套,间歇加氢装置 4 套,间歇 2,5-二氯苯胺精馏装置 3 套。事故发生在 2,5-二氯硝基苯提纯装置,该装置精馏塔再沸器发生闪爆引发火灾。

提纯装置工艺流程:对二氯苯经混酸硝化,反应完毕后,静置分层,废酸回收利用,油层经水洗、碱洗得粗品 2,5-二氯硝基苯。粗品经脱水、脱烃进入精馏塔中部,再通过再沸器(管程压力为 0.03 MPa,容器内径为 1 200 mm,容器高 5 080 mm)加热汽化后进入精馏塔,经塔顶采出高纯液态 2,5-二氯硝基苯,进入加氢工序。提纯工艺流程示意如图 2-9。

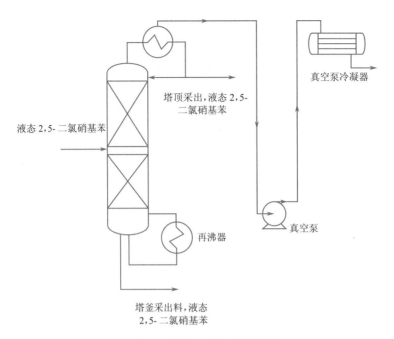

图 2-9　提纯工艺流程示意图

7 月 23 日 21 时左右,夜班 A 班组在生产作业期间发现,位于三楼的精馏塔真空泵循环水冷凝器发生内漏,工作人员随即报告车间主任 B。24 日 0 时左右,B 到达车间,查看内漏情况并向主管副总 C 汇报,确定提纯装置临时停车,待 24 日白班检修精馏塔真空泵循环水冷凝器。随后车间制定检修方案,自 24 日 1 时开始并对提纯装置做降温处理:关闭精馏塔再沸器导热油进出口阀门,精馏塔真空系统保持正常,塔顶继续采出,待塔顶温度下降后关闭真空阀门及真空泵。24 日 7 时 50 分交接班后,车间按照公司副总 X 批准后的检修方案办理了动火和盲板作业手续。8 时 40 分左右,经 B 及巡检工 G 确认精馏塔釜及塔顶温度均已降至安全温度以下后,关闭了精馏塔真空阀及真空泵,并在精馏塔真空阀后打开盲板,开始检修作业。

事故车间视频监控显示:7 月 24 日 10 时 53 分 11 秒,巡检工 A 对二楼精馏塔再沸器(DN500)进行了巡查,未发现异常;10 时 54 分 9 秒,再沸器方向有气体泄漏;54 分 29 秒,A 发现再沸器与精馏塔连接处有白色气体向上急速喷出,随即跑到泄漏位置查看,然后边往外跑边用手持对讲机报告;54 分 53 秒再沸器发生第一次轻微闪爆,引发大量物料泄漏;55 分 3 秒发生第二次燃炸,并伴有火光。经问询可知:大约在 10 时 50 分至 11 时之间,正在三楼进行检修作业的 B 听到"吱吱"的漏气声音,接着就听到一声巨响,感觉出事故了;B 判断事故方向在身后,边喊边带领检修作业人员往消防通道方向跑,随后又听到一声巨响,接着看到黑烟和明火窜到了三楼;作业人员通过安全门跑到楼外空地,清点人员后,确认 3 人失联。

事故调查组经过勘查现场、查阅资料、问询调查、试验测试,以及对残液、工艺操作记录、精馏系统设备进行分析,得到如下结论:此次事故起因是精馏塔再沸器 DN500 上升管法兰垫片破损;在系统停止生产后,长时间运转真空泵,系统进入大量的空气,与原有的 2,5-二氯硝基苯气体混合,达到物料爆炸极限;物料分解放热,加之导热油余热存在,混合的气体急剧膨胀,从法兰泄漏处喷出,经摩擦产生静电火花,引燃硝基苯气体,形成爆炸并引发火灾;同时爆炸使再沸器封头崩出,撞断再沸器导热油进口管线,导致导热油大量泄出,促使火势增大。综上,事故调查组认为:精馏塔再沸器 DN500 上升管法兰垫片破损、空气进入真空系统、导热油余温的存在,是导致爆炸、引发火灾的直接原因。

真空精馏塔操作时,空气易进入系统中,可能会引起以下后果。

①爆炸。当精馏塔内区域压力迅速回升时,可能会发生爆炸,造成严重的人员伤亡和设备损坏。

②火灾。当破真空发生后,可能会引发潜在的火灾隐患,从而造成物质损失、设备毁坏以及人员伤亡。

③化学反应。精馏塔中的化学品在高温和高压的情况下易于与其他物质进行反应,从而导致危险的化学反应,进而发生火灾、爆炸。

为避免空气进入真空精馏塔中,可采取以下预防措施。

①负责任地操作。仔细阅读使用手册和操作规程,并确保所有操作人员都有相关的专业培训和操作经验。

②定期检查。定期对精馏塔和相应的设备进行检查和维护,确保管道、阀门等处不出现泄漏情况,并且维持准确的操作压力;注意再沸器情况等。

③降低真空度。使用自动调节补液装置或实施其他控制措施,适当降低精馏塔的真空度,确保真空精馏塔操作在设计范围内。

④充分通风。确保精馏塔周围的空气流通和排风通畅,以减少压力积累和温度升高的可能。

⑤安全防护。使用安全阀、双重阀门和防护罩等设备,防止爆炸和其他意外事故发生。

2.4 管道类型事故

我国化工装置设计越来越复杂,对工业管道的要求越来越高,但工业管道的监管一直落后于其他特种设备,存在非常严重的危机。1996 年,江苏省扬州市一幢公寓煤气泄漏发生爆炸,造成 19 人死亡,事故轰动全国。在这起事故之后,为保障人民生命财产安全,国务院进一步提高压力管道检查的标准,同年当时的劳动部印发了《压力管道安全管理与监察规定》(劳部发〔1996〕140 号)。2003 年,中华人民共和国国务院令第 373 号公布《特种设备安全监察条例》,明确了对压力管道设计、制造、安装、改造、维修、使用和检验的有关要求。但是 2003 年之前的老旧管道数量多,且这部分老旧管道和支承件采用的材料并不统一,品质不过关,存在安全问题;相关技术资料不全或者缺失;再加上机理损坏、材料无实际作用等诸多难题,让定期检验工作难以正常运转。

达文波特(Davenport)列出了 60 多起易燃介质重大泄漏事故(其中大多数导致了严重

火灾或蒸气云爆炸），按泄漏源对泄漏进行了分类，其统计情况如表 2-4 所示。从表中可以看出，如果不包括运输集装箱事故，管道故障占这些事故的一半以上。因此，了解管道故障发生的原因很重要，有助于采取有效预防措施，避免大量化工安全事故的发生。

表 2-4　蒸气云爆炸事故统计

序号	泄漏源	事故数量	备注
1	运输集装箱	10	包括 1 架飞艇
2	管道（包括阀门、法兰、观察镜和 2 根软管）	34	—
3	泵	2	—
4	容器（包括 1 个内部爆炸、1 个发泡器和 1 个过热故障）	5	—
5	释放阀或通风孔	8	—
6	排水阀	4	—
7	维护过程出现错误	2	—
8	未知	2	—
9	合计	67	—

到目前为止，总结的这些故障和其他故障表明，发生管道故障的最大原因是施工团队未能遵守指示或未按设计进行操作。因此减少管道故障的较有效的方法可参考以下几点。

①合理选材、设计和加工。选材通常要考虑运输物质的物理性能、所受压力及其温度等多种情况，最好不使用替代材料，严禁使用有质量问题的管材。要使用不燃材料来做可燃液体架空管道的管架。为了不让液体在发生事故后从管道内流出来，把管道建在地沟内并由不燃材料防护，同时使其通风良好，就可以避免可燃气体聚在一起。要根据工艺要求进行高标准的设计，合理选择管道的直径，弯头和变径的地方要缓和，其数量也应该尽量少。管子的内壁要尽量光滑平整，不可以有不平整的地方，不能安装不符合要求的管道附件。焊接的质量要符合规范要求，对焊缝要做严格的检验。要正确地连接管道。管道在穿过建筑物的时候要安装防护构件。不能让管道和管件在没有任何防护的情况下直接敷设在管架上。

②安装合理。仔细检查施工情况，确保按照设计施工，未规定的施工细节可根据工艺、设备要求，在与施工方讨论和交流后再进行施工。

下面较详细地讨论各种管道类型事故的根源与预防。

2.4.1　管道死角 ···□

2001 年 2 月，美国印第安纳州切斯特顿的一家钢铁厂发生了一起火灾事故。这起事故的起因源于 1992 年，当时该厂切断了一个以焦炉煤气为燃料的熔炉。曾经为熔炉供气的一段 25 英尺（约 7.6 m）长的管线被闲置在原地，其底部有一个关闭的直径为 10 英寸（约 25 厘米）阀门，形成了一个死角（盲管段），可燃液体泄漏示意如图 2-10，事故现场图可扫描二维码 2-16。

二维码 2-16

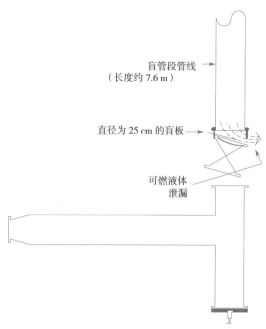

图 2-10 可燃液体泄漏示意图

2001 年冬天,盲管段内积水结冰,导致阀门冻裂。该厂作业人员尝试从闲置的焦炉煤气管线上拆除盲板和破裂的阀门时,可燃液体(气体冷凝液)泄漏并被点燃。火灾造成 2 名工人死亡,4 名工人受伤。阀门破裂可能是阀门上部盲管段内积聚的水被冻结凝固并膨胀引起的,当冰融化后,发生了泄漏。

另一个严重的事故发生是由于死角里的水骤然被加热、蒸发。在装有蒸汽盘管的储罐中将重油加热至 120°C 以上进行干燥。油在被干燥的同时被循环吸入管线伸入储罐的锥形底座,形成一个死角,如图 2-11 所示。

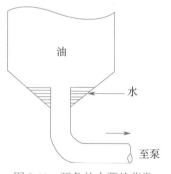

图 2-11 死角的水骤然蒸发

只要循环泵运转,水就不会在死角沉积下来。操作人员知道管道内的物料必须保持泵运转,但他离开该公司时,未做好交接工作,于是泵只在排空储罐时运转。这样运行一段时间毫无问题,直到一些水聚集在死角,随着油的加热而逐渐升温。当温度达到 100°C 以上时,水被加热、爆炸性蒸发,设备因此爆裂。溢出的石油起火,造成 5 人死亡,油罐最终降落在隔壁装置。

这一事故说明水骤然蒸发时产生的压力多么危险。它还表明，相关人员离职前交接工作是非常必要的。即使新操作人员被告知要一直运行泵，或者说明书上已经写明，但这样的操作可能会被忘记，物料的循环可能会因为工艺需要或停电而停止。

2007 年 2 月，美国得克萨斯州杜马斯镇附近一家大型炼油厂发生了一场大火，这场大火造成 3 名工人严重受伤，该炼油厂被迫关停 2 个月，导致数百英里范围内出现汽油短缺。事故现场图可扫描二维码 2-17。

二维码 2-17

火灾发生在一个使用了大量高压液态丙烷的装置中。几年前这家炼油厂对该装置进行重新改装后，形成了一个死角（盲管段）盲管段特别容易受到冰冻的危害。

当时这个盲管段被另外一侧一个阀门堵住了（在后续进行事故调查时发现这个阀门处于泄漏状态）。日复一日，液态丙烷中所含的少量的水穿过泄漏的阀门，积聚在下部的管道内。

2017 年 2 月 15 日，室外气温降至-14.4 ℃。这些水结冰膨胀，导致管道冻裂。第二天随着天气转暖，冰融化了，丙烷开始从破裂的管道中喷射而出并被引燃，大火吞噬了整个区域，经济损失超 5 000 万美元。

2.4.2　管道水锤

在炼油、化工装置的压力管线中，阀门关闭、泵的启停、流速不同的流体突然相遇、管内流体流速骤然改变等，造成瞬时压力显著、反复、迅速变化的现象，称为水锤（也称水击）。由水锤产生的瞬时压力可达管线中正常工作压力的几十倍甚至数百倍。水锤事故有极大的破坏性，在所有水锤事故中，由蒸汽或可凝气体冷凝引发的水锤事故最为严重，轻则造成管系损伤，重则造成管系焊口撕裂、爆管，甚至造成人员伤亡。

某厂新扩建的甲醇工段所需蒸汽从 0.8 MPa 蒸汽总管的末端引入甲醇工段边界处，这段甲醇工段专用蒸汽管线（以下简称 M 管线）全长约 100 m。在 1991 年 9 月大修时，M 管线与 0.8 MPa 蒸汽总管连接处未加切断阀，由于甲醇工段未竣工投产，故一直未投用蒸汽，仅将蒸汽引到甲醇工段边界处并在末端用切断阀关闭。在全厂正常生产时，M 管内就有冷凝水形成和集结，但该管线未安装疏水阀，只在两处设有放凝阀，需要不定期手动排放冷凝水。1991 年 11 月 14 日 9 时，因电力问题全厂紧急停车，也停止向此蒸汽总管送汽，11 时恢复供电，开始向蒸汽总管送汽。因 M 管线内的冷凝水在送汽前未及时排出，当蒸汽进入 M 管线后可听到水击声，而且可看到管线的轻微振动，故操作人员立即打开放凝阀，欲将冷凝水排出，以消除管线内水击和管线振动，但所起作用正好相反，水击更加剧烈，并产生刺耳的声音，而且管线猛烈振动，不久就将 M 管线位于甲醇工段边界处的切断阀击毁，切断阀法兰垫片几处被刺穿。

上述水锤事故产生的后果较严重，并且类似事故经常发生，需引起相关设计和操作人员的高度重视。下面对上述事故产生原因做进一步探讨。

①引入甲醇工段的蒸汽因散热产生冷凝水,由于未安装疏水阀,冷凝水在 M 管线的低点处积聚,并越积越多。

②停电后,锅炉停止向蒸汽总管送汽,管内存留的蒸汽也开始冷凝,蒸汽总管压力下降。未停电时已存在于 M 管线的冷凝水进一步过冷,过冷度很容易达到 25 ℃以上。

③2 h 后,锅炉开启,经总管来的蒸汽进入 M 管线并窜入冷凝水上部,形成较高压力的蒸汽和冷凝水的混合流动。蒸汽因向周围的冷凝水和管壁散热而冷凝,新鲜蒸汽就会取代被冷凝的蒸汽。蒸汽在快速流动过程中推动冷凝水向前流动,造成管线内水位逐渐升高,在管线内掀起波浪,波浪顶点处的蒸汽流通面积缩小,蒸汽流速变大,推动波浪逐渐变大,直至充满整个管线的横截面,这时前面流动的蒸汽就会被冷凝水包围,形成空穴或气泡。当打开冷凝水放凝阀时,管线内被放掉的冷凝水的位置被蒸汽迅速占据,加剧了管线内气液两相的混合流动,有助于空穴或气泡的形成。蒸汽冷凝引发水锤示意可扫描二维码 2-18。

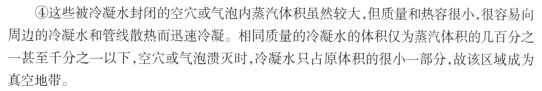

二维码 2-18

④这些被冷凝水封闭的空穴或气泡内蒸汽体积虽然较大,但质量和热容很小,很容易向周边的冷凝水和管线散热而迅速冷凝。相同质量的冷凝水的体积仅为蒸汽体积的几百分之一甚至千分之一以下,空穴或气泡溃灭时,冷凝水只占原体积的很小一部分,故该区域成为真空地带。

⑤周边的冷凝水在蒸汽操作压力与低压区域产生的压差的作用下,迅速流向真空区域,发生剧烈撞击产生高压。产生的最大压强见下式:

$$p_{max} = \rho cv$$

式中:p_{max} 为过冷冷凝水撞击产生的最大压强,Pa;ρ 为过冷冷凝水的密度,kg/m³;c 为声音在水中传播的速度,m/s;v 为在蒸汽推动下冷凝水流向溃灭的空穴或气泡处的流速,m/s。

假定在当时的情况下冷凝水密度为 986 kg/m³,冷凝水流向溃灭的空穴或气泡处的流速约为 12 m/s,声音在水中传播的速度一般为 1 310 m/s,则根据上式,过冷冷凝水撞击产生的最大强力为 986 kg/m³ × 1 310 m/s × 12 m/s = 1.55 × 10⁷ Pa = 15.5 MPa。15.5 MPa 高压在冷凝水中以声波速度向周边传播,撞击附近的管线和管件。因 M 管切断阀和法兰承受不住如此高的压力,导致切断阀被击毁,法兰垫片几处被刺穿。

水锤通常在两种情况下发生:当管道中的液体流动突然停止(例如快速关闭阀门)时;当气体管道中的液体结块,发生气体运动或蒸汽冷凝移动时。冷凝水积聚在蒸汽总管发生的水锤事故较为常见,事故原因多为疏水阀太少、失灵或位置错误。以下案例是水锤造成的高压总管破裂事件。

在 40 bar(4 MPa)的表压下运行的直径为 250 mm 的蒸汽总管突然破裂,导致多名工人受伤。主管道经大修重新投入使用后不久,就发生了这起事故。由于主管达到了压力,但管内没有流动,疏水器发生泄漏,已被隔离,操作人员试图通过旁路阀门排出冷凝水,如图 2-12 所示,蒸汽进入冷凝水回收总管,总管被隔离,冷凝水随后积聚在蒸汽总管中。

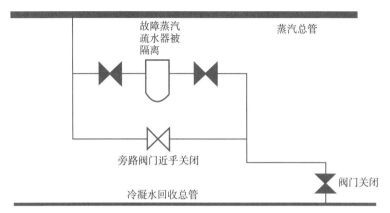

图 2-12 被水锤破坏的蒸汽总管上的阀门设置

打开通向工艺装置的旁路阀门后,冷凝水沿着蒸汽总管开始流动,冷凝水的移动最终造成蒸汽总管破裂。

针对这种情况,该如何预防水锤事故发生呢?

①水锤事故往往发生在系统开始运行阶段,其中一个主要原因是蒸汽管线内存水没有清理干净,因此在启动蒸汽管线前,应先将积聚在管线内的水排净。

②当排净蒸汽管线内的存水后,应对蒸汽管线进行暖管。暖管速度应控制在合适的范围内。暖管速度过快,单位时间蒸汽冷凝量过大,蒸汽会在管线的某区域产生冷凝水,很容易产生水锤现象;暖管速度过慢,如果进入管线的蒸汽流量小于因散热而冷凝的流量,会在管线内部形成真空,造成冷凝水反向流动撞击管线和阀门,发生水锤现象。

③对于蒸汽管线,应按规定设置疏水阀,以便及时有效地排除其中的冷凝水,避免汽水共存。一般而言,对于过热蒸汽管线,同一坡向的管段,顺坡情况下每隔 400~500 m、逆坡情况下每隔 200~300 m 设疏水阀。但对于过热度在 100 ℃以内的管线,两相邻疏水阀之间的间距可适当缩短为 100~200 m。对于饱和蒸汽管线,每隔 30~50 m 设置疏水阀。

④当蒸汽管线发生水锤现象时,不应首先开启放凝阀,否则只会加速管线内气液两相的混合流动,加快空穴或气泡的形成,造成管线内水锤现象越来越严重。正确的做法是首先关闭蒸汽进料阀,再开大疏水阀并打开放凝阀,待冷凝水放净后再进行暖管供汽。

⑤当蒸汽管线长时间不投用时,应在该管线与蒸汽总管连接处的根部设切断阀,这样蒸汽就不会流入该管线中,也就不会产生大量的冷凝水,从而避免了水锤事故的发生。

2.4.3 管道支架不稳 ···□

2022 年,某炼铁厂 6# 高炉槽下除尘改造项目安装工程施工时除尘管道发生坍塌,造成 2 人死亡,1 人重伤。

事发当日 9 时许,某公司施工人员付某雪带领 5 人到达作业现场开始 A 段原始管道加固工作,由雇佣的一台 25 t 吊车配合作业,在 B 段加装管道垂直段上焊接角钢作为施工操作平台支承梁,在地面预制工件。12 时许,施

二维码 2-19

工人员吃完午饭后到现场继续作业。吊车司机赵某军使用吊篮将王某光、师某涛送至 A 段原始管道下方（距地高度约 20 m，具体位置图可扫描二维码 2-19），在 B 段加装管道垂直段上已焊接完成的角铁上铺设木板，为后续将要进行的 A、B 段管道接口处裂缝焊接作业搭设操作平台，王某光、师某涛到达位置后开始相关作业。12 时 36 分除尘管道突然坍塌，管道坍塌时砸中吊车的吊篮，导致王某光和师某涛坠落，付某雪被坍塌物砸伤。

管道支架安装后有松动现象，特别是管道输入介质后，由于重量增加或其他作用力的影响，支架变形或松脱，影响管道的使用。这种情况下可采用以下预防措施。

①支架横梁应牢固地固定在墙、柱子或其他结构物上，横梁长度方向应水平，顶面应与管子中心线平行，不允许上翘、下垂或扭斜。

②无热位移的管道吊架的吊杆应垂直于管道，吊杆的长度要能调节。有热位移的管道，吊杆应在位移相反方向，按位移值的二分之一倾斜安装。

③固定支架应使管子平稳地放在支架上，不能有悬空现象。管卡应紧卡在管道上。由于固定支架承受着管道内介质压力的反力及补偿器的反力，因此固定支架必须严格安装在设计规定的位置上。

④活动支架不应妨碍管道由于热膨胀所引起的移动。其安装位置应从支承面中心向位移的反向偏移，偏移应为位移的一半。同时管道的保温层不得妨碍热位移。

⑤当管道投入使用后，发现支架不符合规定或松动时，应重新安装加固。

2.4.4 法兰泄漏

石油化工装置中，工艺管道就像人身体中的血管一样，错综复杂，而且介质大多是有毒有害的，保证管道施工质量就成了工程质量控制的重点。提到管道施工质量，人们可能最先想到的就是管道焊接质量，然而，在石油化工装置中压力管道除了采用焊接连接方式外，还大量采用了法兰连接方式。法兰螺栓数量庞大且工况复杂，近些年由法兰接口引发的泄漏事故不断增多，在所有泄漏事故中约有 18% 的泄漏事故是由法兰接口泄漏引起的，因此控制法兰安装质量，加强法兰管理尤为重要，可预防部分法兰泄漏事故，避免人身伤亡。

2022 年 11 月 3 日 22 时 27 分许，位于滁州市来安县的安徽金禾实业股份有限公司溶剂回收车间发生一起爆燃事故，造成 1 人死亡。据初步调查，该公司溶剂回收车间乙酸乙酯分层槽进料管道一法兰处发生物料泄漏，1 名值班维修工人现场处置时发生爆燃，事故现场图可扫描二维码 2-20。

二维码 2-20

引起法兰泄漏的原因较多，主要原因有以下几个方面：

①法兰、垫片等密封面遭到破坏；

②垫片或者螺栓等材料用错，不能满足管道运行的操作条件；

③法兰偏斜引起泄漏；

④紧固不规范造成垫片损坏；

⑤紧固载荷不够，不能使垫片达到密封性能；

⑥紧固载荷过大，造成垫片溃烂。

针对以上法兰泄漏的原因,可以采用相应的应对措施,预防可能发生的安全事故。

1. 螺栓紧固载荷计算

选择合适的紧固载荷是法兰管理的重点。目前国内规范及文献资料中没有一个统一的、标准的计算方法,给出的大多是一个固定的紧固力矩值,然而紧固力矩不应该是一个固定值而应该是一个区间值,一是要保证法兰连接口达到密封性能,二是要保证垫片不被破坏及螺栓不被拉断或失效;另外,螺栓紧固力矩也不是很精确的数值,从力矩计算公式 $T = KFd$ 来看,式中 T 为力矩, K 为扭矩系数(一般取 0.1~0.2), F 为预紧力, d 为螺栓公称直径。扭矩系数 K 是个变化值,它和螺纹结合面的光滑度、螺母与法兰端面的光滑度以及是否采用润滑都相关,扭矩系数的变化对力矩值的影响很大,因此为了减小误差应保证预紧力的计算准确。

2. 严控法兰质量及安装过程

①安装前检查。重点检查管内是否光洁,法兰面、垫片是否有损伤,并检查螺栓与垫片材质、规格是否与设计图纸一致。对于锈蚀的法兰密封面,可采用手动钢丝刷或其他手动工具除锈,且用清洗剂去除污渍,检查其密封面的状况,严重损伤的法兰密封面不予使用。在日常检修时,应在法兰拆卸后检查法兰密封面情况,如有损坏要进行更换。

②法兰螺栓紧固后质量检查。法兰螺栓紧固完成后,项目质检人员应按照报检记录对螺栓力矩、法兰平行度进行抽查,合格后才能签字确认。

③试压校验。管道试压是检验法兰密封性能的一个重要手段,在试压过程中要着重检查每对法兰的密封性能,确保法兰无泄漏。试压过程的法兰密封性能检验要做到以下几点:若发现法兰有泄漏,严禁带压紧固,检查好泄漏点,做好标记,泄压后进行处理;泄压后,复核法兰平行度和螺栓紧固力矩,如若平行度不符,松开张口端对面的螺栓,重新调整法兰平行度,并按照螺栓紧固步骤重新进行紧固;如若只是螺栓力矩不满足要求,可以直接按照目标力矩进行紧固;法兰调整后,再重新进行试压检验,再次试验以不泄漏为合格,并重新对法兰螺栓进行标记;若还有泄漏,必须泄压后打开法兰,检查法兰密封面及垫片,更换新的垫片,若法兰密封面有损坏,进行更换或者在线修复,缺陷消除后,再次试压检验,直到校验合格后,对法兰螺栓进行标记。

3. 做好材料管理

材料管理包括法兰、紧固件及垫片的管理。所有材料要做好到货验收工作,确保材料本质合格。材料的验收和管理要求如下。

①所有材料要有质量证明文件,文件内容符合设计及规范要求。

②法兰到货后,应逐件检查法兰密封面,密封面应完整,不得有锈蚀和径向划痕等缺陷;法兰的外缘应有规定的标识,且与质量证明文件相符。检查合格后的法兰,应放在室内进行保管,并做好防锈蚀处理;检修工程中,法兰打开后,应仔细检查法兰密封面状况,清理影响密封的杂质。

③紧固件到货后应确保紧固件的螺纹完整,无划痕、毛刺、锈蚀等缺陷;如果螺纹不完整,严禁使用;紧固件检查合格后,螺纹表面需要涂抹螺纹保护剂,且螺纹部位要涂抹均匀。

④做好缠绕式垫片到货验收，不得有松散、翘曲现象，其表面不得有影响密封性能的缺陷。

⑤在检修工程中，法兰拆卸后需要利用的螺栓，应采取先集中清洗、后检查再利用的原则；清洗时要检查螺纹有无损伤，螺母能否顺利旋合到螺柱的任意位置，不合格的螺栓禁止采用。

4. 选用合适设备

螺栓规格不同，使用不同的拧紧设备，主要采用手动力矩扳手、电动力矩扳手和液压扳手。力矩≤1 000 N·m 的螺栓可采用手动力矩扳手进行紧固；力矩大于 1 000 N·m 的螺栓推荐使用电动力矩扳手或者液压扳手进行紧固，可配套冲击扳手进行初紧，以提高初紧效率。

5. 法兰安装前检查

法兰安装前，要对法兰密封面及垫片进行检查，确保没有影响密封性能的缺陷，且要清除法兰密封面的保护油脂；连接法兰的螺栓应能自由穿入；法兰螺栓安装方向、外露长度应一致；用手拧紧螺母，确保螺母能在螺柱上转动顺畅；法兰安装不能偏斜，法兰密封面的平行度要满足规范要求。

6. 螺栓紧固

法兰连接螺栓应按对称顺序拧紧，紧固力矩值需要分级进行增加，直到获得最终要求的扭矩。用记号笔沿着螺柱/螺母的端面画上十字交叉线，如有条件可在法兰上系挂标识牌，标识牌上标注管线号、法兰编号、目标力矩值、操作人及操作时间等。

7. 人员培训及管理

所有参与法兰管理的人员必须经过培训后持证上岗作业，严禁无证操作。培训分为理论培训和实操培训。理论培训由专业工程师负责向操作人员授课，讲授法兰管理的理论知识。实操培训主要是在现场对专职操作人员进行系统的实际操作培训，包括整体的质量控制流程、设备使用技巧。

管道法兰管理、施工和使用是一个系统性工程，涉及影响法兰密封效果的相关因素，包括法兰组对、密封面状况、密封垫片质量、螺栓正确使用与扭矩值控制、工艺操作条件变化等。只有进行严格过程管控，加强材料管理并且严格控制紧固载荷，才能有效地避免法兰可能出现的泄漏风险，避免出现安全事故。

2.4.5 波纹管

波纹管是一种常用的柔性管道连接器，由内、外波纹管两部分组成。通常用于连接管道、容器、设备等，在机械、汽车、化工、医疗、电力等领域得到广泛应用。波纹管的特点是柔性好、连接简单、性能可靠。波纹管失效主要有以下几种原因。

①疲劳断裂。波纹管在长期交替载荷下易产生疲劳断裂，尤其是接头处和褶皱半径处更容易出现断裂。

②腐蚀。波纹管在受到化学介质、海水等的腐蚀作用后，会出现腐蚀和穿孔现象。

③过度伸拉。过度伸拉也是波纹管失效的原因之一,会导致波纹管的变形和疲劳龟裂。

④温度变化。波纹管在高温、低温环境下受热胀冷缩作用,容易导致波纹管变形、龟裂。

由于波纹管失效发生的安全事故也比较常见。2017 年 8 月 17 日,中石油大连石化公司 140 万 t/a 重油催化裂化装置原料泵发生泄漏着火,事故造成原料泵上部管廊及空冷器等部分设备损坏。事故的直接原因:生产过程中原料油泵驱动端轴承异常损坏,导致原料油泵剧烈振动,造成密封波纹管断裂,泵出口预热线断裂,引起油料泄漏着火。事故现场图可扫描二维码 2-21。

二维码 2-21

针对波纹管安全事故,可以从以下几个方面着手预防与处理波纹管失效:

①选择合适的波纹管材料,如不锈钢、铜、铝等材料,能够更好地抵抗腐蚀和疲劳断裂;

②注意波纹管的安装和使用规范,避免过度伸拉、温度变化等因素对波纹管的影响;

③定期检查和保养波纹管,及时发现并处理波纹管的故障和缺陷;

④对于失效的波纹管,需要及时更换或修理,以确保生产设备的正常运行。

2.5 换热器类型事故

换热器是工艺过程中完成介质冷却或加热过程的关键设备,在石油化工、动力、冶金、食品等工业部门有着广泛的应用。据统计,换热器在化工行业中通常占工艺设备总投资的 10%~20%,在炼油行业中通常占到 35%~40%。这些换热器中以管壳式换热器为主,紧凑型换热器次之。虽然管壳式换热器在结构紧凑、传热强度和单位传热面的金属消耗量等方面无法与板式换热器等紧凑型换热器相比,但因其具有选材范围广、制造成本低、清洗方便、处理量大、工作可靠、能适应高温高压条件、容易找到可靠的设计及制造标准的特点,目前已成为运用最广的一类换热器。大多数换热设备的操作条件苛刻,通常是高温高压,而且工作流体多为易燃、易爆、有毒、具有腐蚀性的物质,这些都给化工生产的正常运行带来了一定困难,稍有不慎就会发生事故。因此,加强换热设备的维护管理、预防换热设备发生事故十分必要。

2.5.1 热应力过大引起泄漏 ···□

2000 年 9 月,某化肥厂变换工段正处于停车检修后的开车阶段。变换炉正常接气后,系统逐渐加量,调整工艺指标。在此过程中,变换系统传来一阵闷响,变换系统压力迅速下降。工艺操作人员立即进行紧急停车处理。处理完毕后发现,变换气换热器下部膨胀节裂开一道长约 20 cm 的口子。

事故原因分析:变换系统停车时间较长,变换气换热器管壳程存在温差。在开车接气过程中,因变换炉内高温气体带入变换气换热器内,造成短时间内管壳程温差迅速上升,热应力过大,引起设备材料变化,超过设备的承受能力,造成设备爆炸事故。变换气换热器制造存在缺陷,膨胀节没起到相应作用。

针对该过程可采取以下措施进行预防：

①系统长时间停车后应开启变换升温系统,或先接入少量水煤气预热设备,在变换炉前放空,消除变换气换热器温差后,再逐渐加量;

②严格控制操作步骤,接气开车时控制好温度、压力,生产负荷加减应缓和,不可大开大关,避免因工艺指标波动而引起设备事故;

③加强业务学习,掌握设备的结构、原理,掌握其操作技能、要点。

换热器结构复杂,焊缝接头部位多,列管式换热器在操作时,由于冷、热流体温度相差较大,壳体和管壁因温度不同产生热膨胀,当两者温差较大时,会将管子从管板上拉松,或者将管子扭弯,甚至会毁坏整个换热器。因此,为了消除热膨胀的影响,从结构设计上应采用各种热补偿的方法。

2.5.2 管板变形引起泄漏 ···□

管板变形的原因主要表现在两个方面。一是筒体与管板焊接的横向收缩变形在厚度方向上分布不均匀。管板与筒体的焊缝一般为单面单边 V 形坡口,焊接时焊缝的背面和正面的熔敷金属的填充量不一致,造成了构件平面的偏转,所以这种变形在客观上是绝对存在的。二是管板与筒体焊接角变形。这类变形主要由两种变形组成,即筒体与管板角度变化和管板本身的角变形,前者相当于两个工件对接焊接引起的角变形;后者相当于在管板上堆焊时引起的角变形,而焊接变形的大小主要取决于管板的刚性、焊接线能量、坡口角度、焊缝截面形状、熔敷金属填充量、焊接操作等因素。根据管板变形的原因及影响因素,考虑到管板焊接不能实现双面焊,焊接时电流过大会引起烧穿,伤及换热管,所以管板与壳体的焊接应减少管板受热和提高管板刚性以减少变形。

①管板和筒体的焊接次序。在对筒体和管板进行焊接时,要先从焊接管板 0°、90°、180°、270° 四个位置进行定位焊接,焊接长度不得少于 200 mm。定位焊接完,实行对称焊接,焊接完一定长度后,转 180° 进行另外位置焊接,依次进行。

②防变形工装的使用。在对压力容器管板进行焊接的过程中,为了防止变形,常用的辅助方法是使用一个刚性比较高的零件进行固定,比如根据管板规格加装一个与管板厚度相当的防变形板进行刚性固定,使管板在焊接过程中难以进行收缩变形。

③坡口角度。坡口角度及施焊截面形状对焊接工作量影响很大,坡口角度越大,焊接填充金属使用越多,焊接量越大,这样引起的管板局部变形差别越大。因此,在保证焊接质量及性能的前提下,坡口角度应尽量小。

④焊接规范。通过选用合理的焊接线能量,在不用任何防变形工装或夹具的情况下同样可以克服焊接变形。在进行管板焊接时,应尽量采用较小的焊接参数施焊,控制层间温度,在层间温度降到 100 ℃ 以下再进行后一层焊道的焊接,避免局部过热引起热变形。一般在焊接管板与筒体时,在用熔化极气体保护焊打底时采用小电流焊接,可以有效控制焊接热输入,待打底焊完成后,可以采用较大的焊接电流,由 2 名焊工进行对称焊接,直至焊完。这样既可以控制焊接变形量,又能提高管板与筒体之间的焊接效率。

⑤焊接顺序。采用对称施焊,如有色金属板对接焊接,应采用直线运枪的方法,不得横向摆动;管板与筒体的焊接,在保证筒体坡口侧焊透的情况下,采用打底后水平压道焊,即电弧直指壳体,在壳体上一层一道进行水平压道完成管板角焊缝的焊接,不得直接对管板与壳体进行45°斜角焊;每层焊缝应分段对称进行,每层焊缝应错开180°,两端各焊一层,交替操作,直至焊完。

⑥焊缝尺寸。在保证接头承载能力的条件下,设计应该尽量采用较小的焊缝尺寸,尽量减小焊角高度。《压力容器》(GB 150)规定,管板与筒体属于C类焊缝。对于该类焊缝,焊接后在全焊透的前提下只需保证焊脚高度尺寸不低于筒体与管板的较小值,一般情况下,筒体厚度不会超过管板厚度,焊脚尺寸大于筒体厚度。

⑦压力容器管板的焊接层数。在对压力容器管板进行焊接的过程中,角变形情况和焊接的层数有密切的关系,焊接层数越多,变形就越大。所以在焊接压力容器管板的过程中,要控制好焊接的层数,尽可能减少焊接层数,可采用立向上焊的焊接位置。

2.5.3　管子腐蚀引起泄漏 ···□

换热器多用碳钢制造,冷却水中溶解的氧所致的氧极化腐蚀极为严重,管束寿命往往只有几个月或一两年,加之工作介质又多具有腐蚀性,如小氮肥的碳化塔冷却水箱,在高浓度碳化氨水腐蚀和碳酸氢铵结晶腐蚀的双重作用下,碳钢冷却水箱有时仅使用2~3个月就会发生泄漏。管子与管板的接头是管束上的易损区,许多管束的失效都是由于接头处的局部腐蚀所致。

我国换热器的接头多采用焊接形式,管子与管板孔之间存在间隙,壳程介质进入到间隙死角之中,就会引起缝隙腐蚀。对于采用胀接形式的接头,由于胀接过程中存在残余应力,在已胀和未胀管段间的过渡区上,管子内、外壁都存在拉应力区,对应力腐蚀非常敏感。一旦具备发生应力腐蚀的温度、介质条件,换热器就很快由于应力腐蚀而破坏。许多合金钢和不锈钢换热器管束,往往是由于局部腐蚀和应力腐蚀而迅速开裂的。对其断口进行分析发现,断口形态呈敏化不锈钢应力腐蚀的典型特征:裂纹在起始处为晶间型,裂纹深入到金属内部时转化为穿晶型。

2010年,美国华盛顿州的一家炼油厂发生了一起猛烈的爆炸事故,事故中一台换热器的外壳发生灾难性的故障,导致7人死亡,事故现场图可扫描二维码2-22。当时这台换热器已经使用了将近38年,由于长期连续暴露在高温高压的氢的作用下,换热器的碳钢外壳已经出现了裂纹。在该炼油厂建设之初,人们对高温氢腐蚀的故障机理并没有很深刻的理解,而且在12年前的一次检查中,并没有检测到换热器的裂纹,此后再未进行过检查。

二维码2-22

由于换热器的工作介质为强腐蚀性介质,伴随着一定的高温高压,化工设备的换热器面临较大的腐蚀威胁,从而影响设备的正常运行。换热器内换热管的表面腐蚀容易导致换热器泄漏,引发生产安全事故。

化工设备换热器(包括再沸器、冷却器、加热器和冷凝器等)主要有以下几种常见的腐蚀类别。

（1）换热器表面物理磨损腐蚀。

在实际的化工生产过程中,化工设备的换热器部件几乎全部由金属制成。金属具有高硬度、高刚性和高行进速度,很容易碰撞金属零件,导致零件表面出现划痕、磨痕等,这种腐蚀被称为换热器表面物理磨损腐蚀。气体、固体颗粒、液体等都是能引起物理磨损和腐蚀的流体,但简单地说,换热器表面会受到高速运动的流体在换热器上的不断摩擦和金属零件暴露在腐蚀环境中的共同影响,换热器第一层保护介质磨损后,第二层保护介质容易受到更多因素的影响,导致设备进一步腐蚀。由于表面物理腐蚀太普遍了,我国各行各业逐渐意识到了问题的严重性,在设计换热器部件时,会采取一定的措施防止流体进入换热器。

（2）应力腐蚀。

外加应力和残余应力引起的腐蚀现象被称为应力腐蚀。应力腐蚀容易引起换热器材料的断裂而导致换热器生产故障。目前常见的应力腐蚀主要包括阳极溶解应力腐蚀及氢致开裂应力腐蚀两种。在腐蚀介质与应力的共同作用之下,换热器表面的氧化膜会被破坏,破坏之后的材料与未破坏的材料分别形成阳极与阴极,导致阳极金属腐蚀和损耗速度进一步加快,逐渐变成离子溶解到液体之中,产生原电池,电流流向阴极,破坏材料表面强度,影响设备的正常使用。

（3）换热器电化学腐蚀。

换热器高速工作时,内部流动的液体分子会不断运动,防止流体沉降。但长期工作后,有些分子还是会沉降,随着分子在不断运动,工作量更少的地方将产生更多的定居点。受换热器内部工作原理的影响,经常使用的部位沉淀物少,工作量低的地方沉淀物多,这种沉淀物分布不均会形成一些缝隙,造成含氧量不同。由于换热器内部的空气循环,缝隙间会发生电化学腐蚀。不仅如此,空间附近的电化学反应速率也不同,因此腐蚀面积进一步扩大。

针对以上换热器腐蚀原因,可制定出以下有效的预防措施。

（1）严格控制产品质量。

绝大多数化工机械设备由相应的生产企业制造加工。这些化工机械设备生产企业生产的化工机械设备的质量参差不齐。在化工机械设备的加工过程中,无论是工艺问题还是技术问题,最终都会影响化工机械设备的正常使用。因此,化工企业在采购化工机械设备的过程中,要充分注意这些产品的质量。采购化工机械设备前,应对产品供应商的生产资质和技术能力进行全面审查,确保产品供应商具备生产资质。采购的化工设备和机器到达生产车间后,应聘请专业技术人员对这些化工设备和机器进行全面的质量检验,技术人员确认所有检验项目合格后,方可投入生产。在此过程中,如果任何质量检验项目出现不合格,就应拒收货物,并要求供应商立即处理。

（2）严格筛选材料,加强质量管理。

①科学选材。结合特定的腐蚀环境科学选择材料,是减轻或规避化工机械设备腐蚀的有效途径。先要明确设备所处的介质环境、温度和压力情况。如选择造价低、加工工艺相对简单的碳钢制造的化工机械设备应用于化工生产环境中,并不会受到严重的腐蚀,但若应用

于强腐蚀性环境,则会产生不同程度的腐蚀,这主要与碳钢的抗腐蚀性较差有关。如化工机械设备及其零件的表面防腐层产生裂痕或表层脱落,则会受到电化学反应的影响加剧腐蚀,破坏化工机械设备的使用性能。在高浓度腐蚀性介质环境中,应选择抗腐蚀性优势明显的材料生产制造化工机械设备。尽管初期投资较高,但是用耐腐蚀的材料生产的化工机械设备耐久性更强,使用寿命更长,且无须在管理和保养中消耗大量的人力资源。

②严格控制材料质量。为应对管线腐蚀问题,必须严格控制材料质量,使其全方位满足材料的使用标准。另外,应严格检查管线防腐层的性能,避免管线接缝处出现裂缝。管线材料质量满足规范要求,这是维护管线防腐性能的重要基础。

(3)严格遵照操作规范的操作要求。

化工机械设备在化工企业的生产过程中使用时,相关操作人员必须严格遵照操作规范的要求进行操作,如果相关操作人员没有按照操作规范进行操作,在生产过程中就会有很大概率发生安全事故。因此,在化工生产过程中,只有具备操作资格的工作人员才能操作化工机械设备,并且必须进行规范化的操作。另外,化工企业还要保证电能供应的稳定性,这也是造成化工机械设备安全事故的一个重要因素。

(4)定期维修。

在设备正常运行过程中,工作人员应根据实际情况进行定期清洗,这样可以有效防止换热器沉积物和微生物滋生造成的腐蚀,保证机器正常运行,减小设备磨损和腐蚀的可能性,并延长设备寿命。要制定切实可行的日常维护保养制度,合理安排防腐检查工作和换热器维护保养工作,开展安全生产培训,提高员工安全生产意识,建立明确的激励和处罚机制,提高员工防腐工作的积极性,贯彻换热器防腐新理念,使工作与时俱进,保证防腐效果。

2.5.4　设备材质、工艺不良引起泄漏 ·······································□

2011 年 7 月 16 日,辽宁省大连石化公司生产新区蒸馏装置 E-1007D 换热器管箱发生法兰密封泄漏着火事故,造成直接经济损失 187.8 万元,事故造成装置部分钢框架、换热器、管线、阀门等过火,无人员伤亡,对周边海域未造成污染。

当日,大连石化公司生产新区 1 000 万 t/a 常减压蒸馏装置生产平稳,各项操作参数正常。14 时左右,当班班长史某、设备员唐某对该装置进行例行巡检,巡检至轻烃装置与换热器之间的消防通道时发现其西侧换热器区域的三层部位冒烟,两人相继快速来到三层平台查看,在距离换热器 E-1007D 约 5 m 处,发现其东侧管箱法兰密封下部有油品滴漏,约 10 cm 宽。两人正准备下去安排抢修车间进行紧固时,该泄漏部位突然发出"呲"的一声响,随即该部位油品呈喷射状冒出,两人快速跑下楼梯,分别跑向渣油、原油泵和控制室,欲关闭渣油、原油泵和通知内操。班长史某跑到常减压北侧时(约 30 s),听到换热器区域发出"轰"的一声响,换热器区域火苗窜起。

事故调查组经过现场勘查、资料查阅、人员询问,以及对设备设施的材料、油品进行检测鉴定,确认了事故的原因是垫片材质不符合相关技术标准,垫片厚度没有达到 4.5 mm 的设计要求,再加上安装时垫片偏移、螺栓紧固不均匀,导致垫片破损,原油喷出,泄漏的原油流淌到泄漏点下方的换热器高温表面(二层换热器介质温度在 350 ℃左右)被引燃。

如果管子本身壁厚不均匀,设备材料质量不好,管子在组装前有缺陷,胀管时使管子胀口处过胀,管子外侧被拉损造成材料的伤痕,加之垫片质量存在缺陷,垫片厚度不符合设计要求以及垫片制作不符合规范要求等,都会在换热器遇到异常工况时,导致换热器的泄漏。

2.5.5 违章操作或失误引起事故

2008 年 6 月 10 日,为了更换安全阀底部的防爆膜,固特异(Good Year)轮胎公司的操作人员关闭了换热器壳程侧安全阀入口的隔离阀,这个安全阀的设计用途是保护换热器避免超压。但是在那天维修人员更换完防爆膜后,直到事故发生时安全阀入口的隔离阀也没有被打开,安全阀没有起到超压保护作用。

6 月 11 日早上,一名操作员关上了和换热器壳程侧相连的液氨管道上的压力控制阀下游的切断阀。接着这名操作人员就将蒸汽连通到工艺管道上以清理疏通换热器管程侧的管道。蒸汽流入换热器的管程,对换热器壳程的液相氨进行加热,壳程的压力也随之上升。两道关闭的阀门(安全阀入口的隔离阀和压力控制阀下游的切断阀),使不断升高的换热器壳程侧的压力不能安全地通过压力控制阀和安全阀及防爆膜进行泄放。换热器壳程的压力持续升高,

二维码 2-23

直到 7 时 30 分换热器壳程侧发生了灾难性的爆炸事故。换热器突然爆炸的碎片击中了一名路过的员工,致其遇难。爆炸释放的有毒的氨气,造成附近 6 名工作人员受伤。事故现场图可扫描二维码 2-23。

从固特异轮胎公司这次换热器事故可得到以下深刻的经验教训。

(1)工作人员人数需清点。

在事故的当天上午,固特异轮胎公司错误地宣布应急时间结束。第二天在爆炸的碎片中发现了遇难者的尸体。这是因为没有相应的工作人员人头数清点的演练,事故疏散撤离的过程中遇难人员没有出现在集合点,这一点没有被考虑到,因此没有对失踪的遇难人员进行搜索营救。公司应当进行人员清点的演习,并启动相应的应急响应计划。公司的应急响应程序必须考虑到在电脑自动清点系统发生故障的情况,采用人工清点的方式,使各级人员在紧急情况下都能被清点到。

(2)维修工作结束、交接。

虽然维修人员已经在 6 月 10 日 16 时 30 分完成了防爆膜的更换工作,但是换热器主要的超压保护装置——安全阀的入口阀仍处于关闭隔离状态。操作人员和维修人员关于设备状态的沟通对工艺装置的安全运行至关重要。一个有效的实践做法是:在准备维修工作时,在工艺上应有一个正式的书面的交接文档;在维修工作完成后,也应有一个正式的书面交接文档。

(3)压力容器的隔离。

固特异轮胎公司公司员工在完全隔离了氨换热器的超压保护系统的情况下,却向换热器内通入蒸汽加热;而且在维修工作完成后,压力泄放管线长时间处于隔离状态。根据美国

机械工程师(ASME)锅炉和压力容器的规定,如果容器有任何超压的可能,不论是外部的机械应力,还是外部的加热、化学反应以及液体汽化蒸发等,都要持续地保证不超压固特异轮胎公司操作人员应该在更换防爆膜的过程中持续监控泄压隔离系统,并在维修工作结束后立即打开隔离的泄压系统。

2.6　其他类型事故

2.6.1　离心泵类事故的预防

离心泵是石油化工企业生产线的重要组成部分。大部分介质在管道和设备中的流通需要通过离心泵加压来实现,离心泵的平稳运转与否直接影响石油化工企业的生产效率和经济收益。本节分析不同类别机泵的故障类型和故障产生的原因,并提出有针对性的预防措施,以更好地保障机泵的完整性和可靠性,延长机泵的连续运转时长,预防潜在安全事故,更好地提升装置的平稳周期。

2001年6月20日,河南省某化肥厂供汽车间2号给水泵在更换泵头后的试车过程中,泵头突然开裂,热水喷出,造成2名操作工烫伤的事故,其中1人重伤。

事故经过:6月18日,该厂供汽车间2号给水泵泵头运行时外漏,急需检修更换;6月19日,3名检修工开始对泵体进行检修,因6号给水泵也在检修,工作量较大;6月20日上午上班后又对2号给水泵做收尾工作,9时5分,检修完毕,开始试泵。操作工李某(女)按照正常操作程序,先开入口阀预热1 h后,试启动电动机6 min,未发现任何异常情况,准备停泵。10时10分左右,她先将入口阀关至1/2处,再去按动停泵电机按钮,手还未接触按钮,泵头突然开裂,热水呈扇状喷出,将李某冲倒在地,李某身体多处受到严重烫伤,现场检修工张某也被局部烫伤。开裂泵头表面近1/2周长有裂纹,裂纹最宽处达3 mm。

经调查,事故发生前给水泵房设备运行正常。1号、3号和4号给水泵运行,6号给水泵备用,2号给水泵工作压力为33.9 MPa,水温为105 ℃,无工艺超温超压现象。从供汽车间检修记录了解到,从2000年9月1日至2001年6月20日,先后4次因给水泵泵头裂纹外漏进行检修更换。这种型号的泵头运行周期较短,检修更换比较频繁,每次检修都是因为泵头存在裂纹、沙孔而引起外漏。经调查分析认为:这是由于离心泵泵头质量不好而引起的设备事故以及人身伤害事故,离心泵泵头质量不合格是事故发生的主要原因。

离心泵的故障问题是导致石油化工生产存在安全隐患的一个主要因素,石油化工离心泵主要有以下几种故障原因。

(1)由于机器密封性导致的故障问题。

离心泵在实际应用中,主要通过快速转动的叶轮,让液体在叶轮转动产生的离心力和惯性作用下获得能量,从而提高压强。离心泵内的水被抛出之后,在叶轮中心形成真空状态。在这个过程中,机器密封性会对离心泵的运转情况产生较大的影响。影响机器密封性的因素主要包括密封圈、弹性元件以及动静环三个主要部件。

①密封圈失效主要是指离心泵在运转一段时间后,密封圈会出现老化和嵌入沟槽的情况;同时密封圈材质容易受到高温介质的影响,离心泵运转中密封圈会因为体积膨胀而产生更多的摩擦热,进而加速材料的老化过程。如果在这个持续生热的过程中遇冷,密封圈会暂时呈现硬化状态,尽管这种硬化状态会随着温度的变化而恢复,但也会加大断裂的概率。因而对于密封圈材料的选择,一般以同时具有耐热性和耐寒性的材料为主。由于密封圈本身在使用过程中很容易破损,对于密封圈的保存需要尽可能避免高温或潮湿的环境。

②弹性元件失效一般包括断裂和失弹两种情况。断裂情况主要是指由于离心泵在实际运转中长期处于不稳定的状态,离心泵存在较多的抽空和装置大幅度振动的情况,而其中的弹性元件长期处于这种状况,会由于交变荷载的作用而陷于疲劳状态,导致自身发生断裂。一般对于这种故障问题,需要在更换弹性元件之后,查找离心泵在运转中发生抽空和振动现象的原因,从而避免离心泵在后续运转中再次出现这一问题。失弹则主要是指在高温介质中,元件间隙存在的结垢导致弹性元件的应用效果不明显。弹性元件本身材质和焊接工艺等因素也会导致失弹。针对这种故障问题,可以选择耐高温、耐腐蚀的合金材料作为弹性元件,减小发生失弹情况的概率。

③动静环失效主要包括两方面的原因:一方面是密封圈在离心泵运转形成的高温介质环境中发生松动和脱落的现象,影响到动静环的功能发挥;另一方面则是动静环本身在高速的离心泵转动下产生应力裂纹,使得离心泵在运转过程中发生泄漏。如果在这个过程中离心泵本身处于不稳定的状态或振动幅度较大,动静环会因为石墨环脱离而破碎,进而导致整个离心泵的轴封都发生故障。

(2)由于电机运转导致的故障问题。

电机是能够驱动离心泵维持高速运转的主要动力装置。由于电机与离心泵的运转是联系在一起的,当电机在运转过程中产生故障,会直接影响离心泵的运行状态。电机在运转过程中发生的故障,主要包括偏心转子故障和转子类不平衡故障两种情况。

①偏心转子故障主要是指在离心泵运转过程中出现的定子和转子偏离中心的情况。如果离心泵存在偏心转子故障,通常会引发振动频率和流体失衡的问题。叶轮在离心泵的驱动下,会出现倍频振动现象,也会提升激振力和负荷压力。由于这种故障问题与离心泵转速之间没有直接的联系,因而对于这种故障现象通常需要经过对比测试之后,对电机的负荷进行调整,并结合故障发生的实际情况对电机进行有针对性的故障处理和维修。

②转子类不平衡故障主要是指在离心泵运转过程中转子部件本身的质量问题和零件缺失导致的故障问题。在一些旋转类的机械离心泵运转过程中,转子部件的轮盘是产生质量偏心的主要部分,当两个或两个以上的轮盘都存在质量偏心问题时,会因为质量偏心合成的矢量而影响转子部件整体的平衡状态,进而造成离心泵的故障问题。

(3)由于机械和水力导致的故障问题。

由于机械和水力导致的故障问题,主要表现在离心泵转动过程中的声音过大。离心泵在运转中出现的声音异常问题,主要都是由于离心泵的振动幅度过大导致的。而离心泵之所以会出现振动幅度较大的问题,主要是因为受到机械和水力两方面的影响。

①从离心泵的机械部件角度来看,如果在运行前就存在叶轮不平衡、泵轴和电动机轴不同心、离心泵运转的基础支架不牢固、电机转子转动不平衡等方面的问题,就会导致离心泵在运转过程中产生较大的振动幅度。

②从离心泵运转过程中的水力作用情况来看,在离心泵运转的状态下,当吸程过大时,处于转动状态下的叶轮进口会发生汽蚀,而水流在经过叶轮的过程中会在低压区产生气泡,这种气泡在进入高压区之后就会溃灭,在撞击的作用下会导致离心泵整体发生振动。针对这种原因导致的故障问题,通常需要对离心泵的安装高度进行调整,避免出现气泡影响离心泵的正常运转。还有一种情况是,离心泵在运转过程中的流量变化较大,导致泵整体的压力也处于一个变化幅度较大的过程,而如果离心泵在运转中不慎吸入异物,也会导致离心泵整体的振动幅度加大。

除此之外,在石油化工生产中,如果离心泵与进油管路之间的通道不畅通、进油管路的设计不合理,在几台水泵同时并联运行的情况下,很容易出现漩涡而影响离心泵的吸入条件,由几台水泵的共振引发离心泵的振动。对于这种故障问题,一般需要在明确离心泵的故障原因之后,通过停机清理或调整转子固有频率等方式来解决。

离心泵在石油化工生产中发挥着重要作用,针对当前石油化工生产中离心泵运转面临的主要故障问题,需要加强对离心泵的故障维护,保障离心泵的运转安全,才能够让离心泵为石油化工生产创造更大的价值。可以从以下几个方面来入手,加强石油化工离心泵故障预防和维护。

(1)做好日常的设备预防和维护。

做好日常的设备预防和维护,能够从源头上控制一定的故障问题。结合当前石油化工生产中离心泵运转容易存在的几种故障问题,对于设备的日常预防和维护,主要可以从两个方面展开工作。一方面,在离心泵的运转过程中,需要确保机器在运行中能够始终得到润滑,减少因润滑不良而导致的设备运行摩擦加大,进而损坏离心泵零部件的故障。在保持离心泵各个部件之间正常工作间隙的基础上,通过定期对机器进行润滑,保证机器设备的精密性,降低机器在运行中的磨损程度,在减少故障问题发生的同时,也能够适当延长机器的使用寿命。另一方面,需要对现有的石油化工生产管理和检查制度进行健全和完善,并对从事石油化工生产的员工进行有关专业技能的岗位培训,以制度和培训相配合的方式,对包括离心泵在内的石油化工生产各个装置的操作进行规范。例如,在启动与离心泵相关的机器之前,需要对机器的冷却液、机油量等关系到机器运行状态的内容进行检查。在启动机器后,由于机器需要经过一段低速预热的过程,需要等到机器内的机油和冷却液都达到规定温度之后,再开展实际的生产加工工作。在员工严格按照相关的规定来操作机器的情况下,还需要定期对离心泵的过滤器进行清洗,保证离心泵能够在正常的状态下运行。

(2)提高检修维护的及时性。

当发现离心泵存在运行故障时,需要及时对故障类型和故障发生的具体原因进行判断,在得到准确的故障检测结果之后,则需要及时对发生故障的设备进行维修。在对离心泵及设备的故障问题进行维修时,为了尽量不影响正常的石油化工生产过程,通常应用机器加工、研磨、焊接以及替代修理和更换零件的方法对发生故障的机器进行快速维修。而对设备进行检修维护,需要以设备整体能够保持良好的运行状态为主要目标。在对设备进行故障维护的过程中,也可以通过优化设备生产能力的方式,在总结以往设备运行状态和故障原因的基础上,对设备的运行结构进行优化调整和创新。

为了尽可能地缩短对设备运行故障进行检查的时间,防止因设备运行故障问题而影响石油化工生产的效率,可以在日常的设备维修中依据设备的运行信息明确设备在设计方面的缺陷问题,在对设备故障原因进行检查时优先考虑设计缺陷方面的问题。同时,为了尽可能避免在对设备故障问题进行维修后再次发生这样的问题,可以通过对现有离心泵及设备的缺陷进行改进或重新设计离心泵及设备结构的方式,从根本上解决离心泵在运转中容易出现的各种故障问题,在一定程度上保障离心泵的运转安全。

(3)加强对离心泵运行状态的监控。

为了及时维护和管理运行中的离心泵,需要对整个石油化工生产过程中的离心泵运行状态进行监控。引入更先进的信息管理方式和监控系统,在系统中输入既定的、正常状态下的离心泵和各种设备的运行参数之后,通过对整个生产过程的监控,将设备实际运行的参数与标准状态下的参数进行对比,以便及时发现设备运行中存在的异常情况。将信息监控与管理系统和预警系统结合起来,能够在及时发现异常情况之后,通过预警机制将发现的异常数据情况传送到生产管理的平台系统,生产管理人员在掌握相应的情况之后,就可以结合系统监控的情况来制定针对各种故障问题的预防措施。

由于监控系统发现的设备运行异常情况并不一定会直接导致故障问题,因而通常可以将这种监控系统与设备的预防性维护措施联系起来。考虑到离心泵和各种设备容易发生的故障问题,在对它们进行预防性检查和维护的过程中,通常需要为检修人员提供可以更换和维修设备零配件的操作空间。

除此之外,应用现代化的信息监控方式和管理系统,也能够让对离心泵及设备的维护和故障维修不影响正常的石油化工生产过程。在得到关于离心泵和各种设备的监控信息之后,还可以通过信息系统来对后续的石油化工生产中可能存在的安全隐患和设备故障问题进行预测,从而对一些容易出现故障问题的部位在日常维修检查中加以重点关注。

离心泵故障是石油化工生产中一种较为典型的机械故障问题,在明确离心泵故障问题的发生位置之后,需要结合实际情况,对故障发生的原因进行详细分析,然后才能够采取更有针对性的措施来解决相应的故障问题。要加强对离心泵的故障维护,不仅需要做好故障检修维护的整个过程,还需要以预防性检查和维护从源头上减少故障问题。

2.6.2　离心机类事故的预防

离心机作为一种高效的固液分离设备,广泛应用于化工、制药和制糖等行业。近年来各地都曾发生过离心机高速分离易燃易爆的物料引发爆燃,造成人身伤害和财产损失的事故。因此,为了安全生产,有必要对离心机燃爆原因及安全防范问题进行探讨。

2008 年 3 月 5 日中午,某制药企业发生一起离心机爆燃事故,造成 1 人死亡,火灾引燃了周边的成品、原料,进而引发大火,导致设备厂房全部烧毁。该企业卡马西平回收车间离心分离岗位主要通过离心甩干甲苯完成精制卡马西平的操作,主要工序步骤为:先进行氮气保护,再向离心机内通入料液,最后开启离心机进行分离作业。操作工在未开启氮气保护的情况下,直接向离心机内通入料液进行分离作业,导致离心机房发生爆炸,引发大火。据分析,事故原因为甲苯直接进入高速旋转的离心机,大量挥发后与空气形成爆炸性混合气体,料液在高速旋转的离心机内大量积聚静电产生火花,点燃爆炸性混合气体引发事故。

就上述事故而言,燃烧形成的三要素均具备:可燃物,卡马西平料液中的溶剂甲苯;氧化剂,空气中的氧气;点火源,由料液高速运转积聚的静电产生的火花。在满足温度、压力等条件下,有限空间内可燃混合气体剧烈燃烧,形成了燃爆。

那么该如何预防离心机燃爆事故发生呢? 可通过源头控制、过程控制和应急控制等几个方面着手预防。

(1)源头控制。

①防止可燃可爆系统的形成。离心含有易燃易爆物质的料液时,应确保离心机的密闭防爆,必要时设置相应的配套设施,如在线氧浓度检测系统、紧急联锁切断装置。当离心机进液时,对浮液和洗液都必须以氮气保护,防止空气在进液结束时随液体的漩涡雾沫一起进入离心机。要求选用常闭式电磁阀,以保证氮气管线阀门在停电或事故状态时段始终处于开启状态,氮气吹扫工作能正常进行,防止可燃可爆系统的形成,提高整体安全性。

②消除、控制引火源。引起工业生产中火灾、爆炸事故的点火源主要有明火、电气火花、静电火花、雷击等。在选型时针对离心机的配置应提出更精确的防爆电机、按钮、电磁阀、开关等配件配置,按实际工艺、作业环境等保证车间的整体防爆性,作业场所应按《建筑物防雷设计规范》(GB 50057—2010)进行设计和施工。在设计离心机安全系统时,对于运动件应确保有足够的安全空间,以消除静电产生的可能性,同时系统必须有消除静电的措施。对于制动、传动装置,不得采用机械摩擦式制动装置,可采用电器能耗制动的形式,以消除或减小静电产生的可能性,并应定期进行防雷、防静电检测,从而确保安全。

(2)过程控制。

离心机进料传统上采用真空抽料的方法。此工艺不易控制流速,容易产生静电,同时将空气带入系统,可燃气体容易达到爆炸极限,遇到明火就有爆炸的风险。考虑到这种风险,可改用气动隔膜泵抽料的方式,配合氮气保护,降低离心机系统氧气含量。抽料管应采用导静电的金属软管,泵出口接地,解决静电释放问题,这样就大大提高了安全可靠性。真空抽料进料时,原料桶长时间敞口操作,会挥发出浓度较高的可燃、有毒气体,员工的劳动环境较差。如果在抽料时配套使用排风装置,将极大地降低操作间内有害气体的浓度,有效保障员工的职业健康。

(3)应急控制。

前面提到的事故之所以扩大,是因为发生爆炸后,车间超量存放的易燃易爆物料被引燃了,蔓延到整个车间,导致厂房设备全部坍塌被毁。同类型企业应该设置独立的离心间,按照《石油化工可燃气体和有毒气体检测报警设计标准》(GB/T 50493—2019)的要求,设置可燃气体和有毒气体检测报警装置,并与强制通风设施进行联锁。离心机一旦发生泄漏,检测报警仪就会在设定的安全浓度范围内发出警报,做到早发现、早排除、早控制,防止事故发生和蔓延扩大。严格按照操作规程控制现场操作人员人数和危险化学品的存放量,物料存放区、离心生产作业区域、其他生产区域之间应采用防火实墙进行分隔,且有足够的泄压面积,加强区域通风,做到隔离阻断,防止事故蔓延。现场按照规范要求配备消防、应急救援器材,有助于第一时间把事故控制在萌芽状态。

2.6.3 真空泵类事故的预防

真空泵是指利用机械、物理、化学或物理化学的方法对被抽容器进行抽气而获得真空的器件或设备,在各行各业都有广泛的应用。随着国民经济的蓬勃发展,与真空有关的行业拥有广阔的发展前景。真空泵包括循环水真空泵、螺杆真空泵、旋片式真空泵、罗茨真空泵以及其他一些真空泵。真空泵可以抽取酸性气体,也可以抽取易燃的爆炸性气体,如氧气、氢气和甲烷,广泛用于石油化工、制药、食品加工、能源以及冶金制造等行业,以及用于蒸发、精馏、过滤和真空干燥等领域。在食品加工行业中,真空泵也可以用于升华、干燥、脱水等。同时,真空泵在真空蒸发、真空干燥、真空保存等方面也有广泛应用。

一般情况下,爆炸事故在真空系统中是很少见的。真空系统爆炸事故的发生,主要原因是工况涉及易燃易爆气体。

在不少工业领域,如化工、电子半导体工业等,真空系统会抽除大量化学性质活泼、具有腐蚀性和/或磨蚀性气体。预防真空泵爆炸事故的方法如下。

①在被抽气体进入真空泵前使气体完全降温,如通过热交换器等冷却装置进行降温;对于 H_2 等气体除了降温外,还可以通过掺入惰性气体来降低 H_2 浓度,使其远离爆炸极限危险浓度。

②很多真空系统本身都配有水冷却系统,需要保证真空系统中的水冷却系统正常工作(压力、流量正常),而且不产生泄漏;所有的冷却回路必须能承受正常的工作水压所产生的压力;系统内所有装置的冷却回路的冷却剂入口和出口需要保证畅通,无阻塞现象。

③系统中的所有玻璃部位,包括玻璃观察窗,必须保护其不受撞击;若玻璃发生破碎,应确保工作人员不会受到玻璃飞片的伤害;对于可能发生这种意外情况的部位,普遍的做法是采用粗网格钟罩式的防爆屏障。

④除了气体压缩易爆的情况外,真空装置泄漏也是爆炸事故的主要因素之一。为预防真空装置泄漏,真空泵应该采取可靠密封的技术手段,增加紧急停泵措施,安装可燃气体报警仪等。特殊工况下,一定要科学安装消防设施,每天检查维护设备,要按照正确的规程进行操作。

另外,更换防爆型真空泵也是必不可少的。如今部分真空技术供应商已经研发了防爆系列产品,专门针对潜在爆炸性环境中的工艺过程或爆炸性气体的排空。

2.6.4　压缩机类事故的预防 ··□

压缩机是一种将低压气体提升为高压气体的从动的流体机械,是制冷系统的心脏。它从吸气管吸入低温低压的制冷剂气体,通过电机运转带动活塞对其进行压缩后,向排气管排出高温高压的制冷剂气体,为制冷循环提供动力,从而实现压缩→冷凝(放热)→膨胀→蒸发(吸热)的制冷循环。压缩机分为往复式压缩机、螺杆压缩机、离心压缩机和直线压缩机等,其中最常见的为往复式压缩机和离心式压缩机。

(1)往复式压缩机。

往复式压缩机是炼油化工装置中的重要升压设备,其传统的活塞运动产生的气流脉冲,是产生压缩机管道振动的根源,所以在满足管道工艺要求的同时,还应保证管道布置的抗振效果,使管道处于合理的振幅范围内。同时,管道的布置方式也与振幅的大小有着必然的联系。振动严重的压缩机管道不仅会产生噪声污染,给我们的生活、工作以及学习带来负面影响,还会使管道焊缝发生疲劳损伤,产生裂纹及破口,导致可燃、有毒气体泄漏,进而造成火灾和伤亡事故。

2003年9月13日白班,华东某制桶厂为生产线提供压缩空气的压缩机运行正常,小夜班接班后的操作工在事故发生前也未发现任何事故征兆和异常现象,但于当日20时35分突然听到响声后,便在10 s内完成了紧急停车,操作工又与其他员工配合在5 min内完成了灭火工作。事故调查分析小组现场检查,未发现各级压力表有超压顶翻现象,各级气缸气体未带液排出,电气、仪表、联锁装置等测试结果均未见异常,电流保护过流继电器动作正常,工艺联锁模拟试验动作正常。但检查发现曲轴断裂,引起高压油雾着火,使事态扩大、蔓延。曲轴断裂后,又造成了机身粉碎性断裂,其中一段中体、机身、基础和连杆螺栓相继发生断裂,连杆弯曲,造成直接经济损失35万元。事故发生后,为彻底查清事故的原因,请来原制造厂人员介绍该压缩机的设计、制造情况,回顾了该压缩机的运行史和历年设备事故排除及维修情况,又将断裂的曲轴、连杆螺栓送某钢铁研究所进行化学成分、金相分析和硬度试验。

该类型压缩机是我国于20世纪80年代自行设计、制造的产品,在国内制桶企业运行的共计50台左右。据不完全统计,自1998年到2003年9月,这种同类机型的压缩机发生曲轴断裂事故6起,曲轴断裂部位多发生在曲轴颈与主轴颈相连的曲柄臂、曲柄颈和主轴颈上。此次某制桶厂的压缩机在运行中发生曲轴断裂事故,断裂部位在曲轴颈与电机侧主轴颈之间相连接的曲柄臂中部。该压缩机机为大型对称平衡式往复活塞式压缩机,它有四列六级气缸,呈H形对称排列。

压缩机主轴曲柄臂断裂事故属于疲劳断裂事故,导致疲劳断裂的原因有以下几点:

①设计上存在着高转速、大振动等不利因素,加之主轴曲柄臂处长期承受周期性交变的扭矩、弯矩、剪切力的联合作用;

②压缩机运行中与生产系统中的循环压缩机生产力不匹配,使该压缩机机超压运行;

③曲柄臂材料和制造质量存在缺陷,使该曲柄臂在几何形状突变处产生高度应力集中,从而导致过早疲劳断裂,即高应力疲劳断裂事故。

我们可以通过以下措施减小压缩机振动。

①增加限流孔板。可在压缩机出入口缓冲罐管口处设置适当尺寸的孔板,将该管道内压力驻波变成行波,使管道尾端不再出现反射条件,降低压力不均匀度,从而减小管道的振动幅度。

②减少激振源。从上述论述可知,管道产生的激振会使管道振动,所以在管道设计时应提前规划管道的走向,尽量减少弯头、分支、变径等管道元件,从而减少激振的产生。管道布置时,在满足管道静载荷的情况下,应在管道气流压力不均匀度较高的地方尽量减少弯头,如果不可避免需采用弯头,则应尽可能采用长半径弯头或者45°弯头,并且在弯头处应进行固定。控制阀应选用不易产生涡流的型号,阀的前后应减少异径管,以避免管径突然变化。

③增设管道支架。首先,压缩机工艺管道上的支架严禁设置在与厂房有钢结构连接的平台上,避免因管道振动带动钢结构平台及厂房共振。其次,管道支架应采用不等距方式布置,即相邻两个管道支架的间距不相等,其距离差可在100~300 mm,间距最大不超过3.5 m。在管道上布置防振管卡是最有效、成本最低的方法,但此种方法不是解决振动的根本方法。

④加强无损探伤检测。在今后每次大、中、小修中和利用一切可利用的机会,对压缩机的零部件特别是曲轴进行无损探伤检查,以便及时发现内部裂纹或缺陷;对于形状复杂的零部件及无损探伤易发生漏检的部位,要在超声、磁粉探伤的基础上辅以着色探伤。

⑤通过探伤和在运行中发现缺陷后,要高度重视,及时查清原因,采取相应的防范措施。未经处理和安全评定不得继续使用,并向操作人员讲明情况,以防事故扩大。

⑥竭力避免操作失误。绝不可使压缩机在超温、超压、超负荷、油温高、油质差、断油、气缸内带油水等情况下运行。同时要加强其电气、仪表系统、联锁保安设施的巡回检查和定期测试校验,使其始终处于灵敏、可靠的运行状态。

(2)离心式压缩机。

离心式压缩机广泛应用在重工业领域,且大多为高速旋转机械。离心式压缩机机组一旦出现故障,不仅会对整个生产线产生影响,而且会造成重大的经济损失,乃至机毁人亡的重大事故。为了避免大型事故的发生,提高大型机组的安全性与可靠性是十分必要的。因此,离心式压缩机机组一旦出现振动问题,要及时、迅速地做出正确的诊断,采取处理措施,并做好压缩机事故的预防。

离心式压缩机振动原因较多,可总结如下。

①基础刚度不够引起的振动。基础灌浆不良、地脚螺栓松动、垫片松动、机座连接不牢固、计数器连接不稳定等,都将引起严重的共振现象。其特征是:地脚螺栓在轴承的振动中径向分量最大;振动频率为转速的1、3、5、7奇数倍频率组合;零部件搭配不合理,使转子发生动态非线性响应,产生许多振动谐波分量,增加了振动振幅。

②驱动机引起的振动。电机或汽轮机是压缩机的主要驱动设备,驱动设备通过联轴器连接机组,如果驱动设备产生了振动,通过联轴器的传递,也会引起机组振动。这种驱动设备引起的振动和驱动器的振动特征基本上是相同的。

③转子系统的振动。转子系统的振动是由压缩机和电动机转子轴和轴承倾斜或迁移

所引起的。轴中心线偏差可以使整个设备在操作时产生振动、轴承温度升高、轴承磨损，甚至引起严重的振动。正式运行后，温度上升的热位移，可以引发更大的偏差，导致转子系统的振动加剧。

④油膜涡动和油膜振荡。滑动轴承的自激振动特性是引起油膜涡动和油膜振荡的主要原因。轴承的过度磨损、轴承设计得不合理、润滑油参数的变化等也常会引起油膜涡动。当运行速度为 2 倍临界转速时，将会产生油膜振荡，引发严重的事故。

⑤喘振。喘振是离心式压缩机的固有特性，会使系统在某一最小流量点开始性能变得不稳定，系统进入不稳定的区域。压缩机的流量和压力开始大规模地周期性波动，引起叶片强烈的振动，大大增加叶轮的压力、噪声，引发整个系统强烈的振动，并可能破坏轴承，造成严重的事故，甚至引起爆炸。

⑥气流激振。工作介质是气体将会引起气流激振，属于自激振动的范畴。气流激振经常发生在参数高、多系列、高速高压的转子上，且机组轴系的稳定性较差。气流激振的最显著特点是振动幅度较大，激振力的频率接近转子的一阶固有频率。

针对以上离心压缩机事故产生的原因，我们可以从以下几个方面采取措施进行预防。

①振动问题。首先在零件初级生产过程中，一定要保证每个零件的精密度和准确度以及高效特征。振动的发生主要归因于频率问题，其次归因于零件内部的连接问题，因此一定要按照标准图纸的要求连接各个零件。在连接之前应做好相应的频率计算，找好零件重心，保证机器与其传动线一致，防止由于频率过低、振幅过大引发强烈振动，从而导致机器损伤和人员伤害。另外，要定期检查机组，清理转子，检查轴瓦、联轴器等部件，检查驱动机及耦合器等。机组开车时要正确操作各个阀门，防止喘振等现象的发生。

②动平衡问题。首先要校验动平衡，保证转轴与叶轮等其他零件之间的连接合理、有规律。在投入使用之前就应该通过模拟使用进行检测。转子在使用前必须进行动平衡试验，并取得相应的合格试验数据说明。其次要保证运输、安装过程的科学性、合理性。操作人员应严格按透平机操作规程执行，在变工况运行时要预防负荷突变。在变速运行时要将转速限制在允许速度内。转速太高会使转子过载，叶片、围带损坏；转速过低会使叶片陷入共振。当汽轮机内部发出碰击声或振动加剧时，应立即停机检查。在机组大检修时，应对通流部分进行全面细致的检查，检查主要内容为：叶片拉筋附近及叶片出口边缘；叶片表面冲蚀、腐蚀或损伤情况。在清洗叶片前，要检查结垢情况，并对其进行化学分析。对清洗后的转子应进一步对其叶片做探伤检查，必要时应做动平衡检查。

③摩擦以及散热问题。在机器作业过程中一定要做好润滑管理工作及换热器管理工作。要经常检查，经常监督，加强管理，提高工作人员的工作责任心。

④润滑问题。为了保证润滑油的质量，在更换、添加油时应严格遵守三级过滤制度，并且对新油进行抽样化验。油箱中的油应定期进行化学分析，一般是半个月一次。油品劣化时，应增加化验次数。当发现油品严重劣化时，应立即停机更换润滑油。

⑤其他方面。做好压缩机进口前的空气过滤器日常管理工作，做好产品质量把关工作，确保购买的过滤器材质合格。必须定期检查压缩机进口前的空气过滤器，根据外界环境的

加工空气质量,定期对压缩机进口前的空气过滤器进行更换,防止杂质灰尘进入空压机内部污染机体、磨损叶轮、堵塞加工空气通路、减小有效换热面积、影响压缩机效率的现象。

压缩机广泛应用于重工业的多个领域,其振动原因是多方面的。在日常维护中,应及时准确地找出引起机组振动的原因,减少停车事故,提高大型离心式压缩机组运行的安全性与可靠性,提高机组的运行效率,为国家、社会和企业创造更大的价值。

2.6.5 空冷器类事故的预防 ···□

空气冷却器简称空冷器,其以空气为冷却剂,可用作冷却器,也可用作冷凝器。空冷器主要由管束、支架和风机组成。空冷器的热流体在管内流动,空气在管束外吹过。由于换热所需的通风量很大,而风压不高,故多采用轴流式通风机。管束的形式和材质对空冷器的性能影响很大,由于空气侧的传热分系数很小,故常在管外加翅片,以增加传热面积和流体湍动,减小热阻。空冷器大都采用径向翅片。高压空冷器是炼油和化工装置中的重要设备,空冷器发生失效事故会造成相关工艺流程的全线停工。

2011 年 8 月和 10 月加氢处理装置的高压空冷器先后两次发生管束泄漏事故,装置被迫停工,造成很大的经济损失,事故现场图可扫描二维码2-24。

泄漏发生后,采用远场高频涡流技术对空冷器管束进行了详细的检测。根据泄漏部位有选择地在现场检测了 25 根管子,共发现 14 根存在局部腐蚀减薄情况,并对其进行了堵管处理。该设备在正常运行 2 个月后再次发生泄漏事故,故维修单位将空冷器整体拆卸,对空冷管束进行了 100%检测,共发现 132 根管子存在严重缺陷,占到管子总数的35%。为了使装置能够尽快投产,维修单位根据涡流检测情况,对存在问题的管子进行了堵管处理,在 2012 年大检修期间对空冷器的材质进行了更换并改进了工艺流程。

二维码 2-24

宏观检测发现大量的铵盐堵塞管束,铵盐对管束的长期局部腐蚀可能是造成泄漏的主要原因。油品在加氢作用下脱除的硫、氮、氧生成各种铵盐,这些铵盐的水溶液显酸性。当油品的流速发生变化时这些铵盐就容易沉积在管道设备内,在铵盐与设备之间形成酸性腐蚀环境,导致管束局部腐蚀。这些铵盐易溶于水,加氢处理工艺在空冷器入口管道上注水,目的是将这些铵盐溶解,如果存在偏流或线速不高,则这些铵盐可能在空冷器管束中沉积,具体原因如下。

①管束材质级别低。空冷器管束材质为 10 号碳钢,级别较低,对酸性介质完全没有防腐能力,除非介质为中性,否则其使用寿命有限。当介质要求苛刻时,建议使用有较强抗蚀性的 Incoloy800(镍铬铁合金)、S31803(双相钢)、321 不锈钢及 Monel400(蒙乃尔合金)等材质。

②管束中介质偏流。空冷器排管设计不合理,造成管束偏流是局部腐蚀泄漏的主要原因。该空冷器为双管程设计,共五排管束。第一管程由三排管束组成,第二管程由两排管束组成。两管程管束数量不均,介质流速不等,第一管程三排管流速为 1.71 m/s,第二管程两排管流速为 2.57 m/s,第一管程流速偏低,容易造成介质中铵盐沉积,局部管束酸性水浓度

增高,使腐蚀加速。从管束检测结果可以看出,腐蚀和结盐、结垢较严重的部位均发生在第一管程。

③管路设计不合理。两片空冷器进出口管路存在设计不合理之处。现场两片空冷器,第一片上进下出,第二片下进上出。空冷器注水后洗下的铵盐等酸性水组分在第二片空冷器下进上出的流程中不易排出,局部酸性水浓度高也是空冷器易腐蚀的原因之一。合理的流程布置应避免酸性水在管束内积聚,因此建议两台空冷器管排选择均匀布置形式,串联运行,将2号空冷器改为上进下出,示意图可扫描二维码2-25。

二维码 2-25

④注水效果差。空冷器入口介质温度高,造成注水效果差,这也是管束局部腐蚀泄漏的原因之一。因为空冷器入口介质温度180 ℃左右,注水点距离空冷器不足0.6 m,存在注水汽化、分布不均的问题,影响铵盐的正常溶解和冲洗。流速较低的管束逐步结盐,导致偏流,并形成局部酸性腐蚀。建议更改注水位置,并在注水点增加静态混合器,改善混合效果。

⑤水泵排量偏低。加氢处理装置加工的是含氮量最高的减四线油,理论注水量1.14 t/h,考虑注水汽化影响,水泵理论排量至少大于1.5 t/h,注水泵无法满足使用要求。建议更换注水泵,提高注水量。

为保证装置长周期安全运行,采取了以下腐蚀防护、预防措施。

①更换了同型号的空冷器。管束材质升级为具有较高防腐能力的Incoloy825,该材质具有很高含量的合金成分和稳定成分,可有效防止点蚀和裂痕腐蚀。

②对注水流程进行了改造。将2号空冷器介质流向改为上进下出,将高分进料线高点下移,减少铵盐在管束中的沉积。

③加大注水量,更换注水泵。新水泵的额定流量为3 t/h,完全可以满足工艺要求。

④改变注水位置。注水点提高至距离空冷器入口大约100 m的位置,并在注水点增加静态混合器,极大地提高了注水效果。

2.6.6　止回阀类事故的预防

止回阀在石油化工行业中应用非常广泛,一些高风险装置的关键部位,如加氢装置高压离心泵出口、氢气压缩机出口、高压系统和低压系统界区都安装了止回阀。一些企业由于在设计、选材、使用、检验、维修等环节管理不到位,导致止回阀失效,物料倒流,高压系统物料向低压系统反窜,引起低压设备损坏,或发生物料泄漏,引发火灾、爆炸事故。

止回阀也被称作止回阀、逆止阀、回流阀和背压阀等,属于一种自动阀门。止回阀主要依靠介质的流动来开启、关闭阀瓣,用于防止介质倒流。

2018年3月12日,某炼油厂柴油加氢装置加氢进料泵联锁停泵后,因泵出口两道止回阀失效,导致系统内高压介质(柴油、氢气,5.07 MPa)从泵出口经泵体反窜入原料罐(设计压力0.38 MPa),致使原料罐罐体撕裂,引起爆炸、起火。调查发现,该装置自2002年以来,一直没有对加氢进料泵出口止回阀进行过检修,企业管理制度中也没有对止回阀进行定期检修的要求。

事故暴露出的止回阀操作、管理等问题，在其他石化企业也普遍存在。因此，有必要对止回阀失效引起的事故进行专项分析，提出有针对性的措施，预防类似事故再次发生。在历史上，国内外石化企业都曾多次发生由于止回阀失效导致的事故，具体情况如表2-5所示。

表 2-5　止回阀失效事故统计

序号	事故名称	事故原因
1	1992 年 B 化工厂催化裂化装置非净化风罐罐体爆裂事故	T-603、T-602 止回阀受碱液腐蚀失效，液化气脱硫醇系统的液化气窜入非净化风系统，并进入再生器，与高温催化剂接触，引起非净化风罐罐体爆裂
2	1993 年 C 化肥厂水汽车间水处理窜碱事故	系统憋压，碱稀释水线两道止回阀失效，碱液窜入混床入口
3	1997 年 D 化学公司烯烃装置爆炸事故	工艺气压缩机止回阀主动轴定位销损坏，轴从阀中吹出，气体泄漏，发生爆炸。止回阀失效原因：①设计不合理，阀门短轴缺少二级轴固定；②轴定位销承受了较大的应力载荷；③轴定位销发生氢脆
4	2004 年 E 化肥厂 2 号水洗塔爆炸事故	紧急停车后，由于 2 号水洗塔与系统相连的阀门没有关闭，1 号水洗塔中的合成气（CO、H₂）通过止逆阀 2 号水洗塔内，塔内 O₂、CO、H₂ 的浓度达到爆炸极限，发生爆炸
5	2006 年 F 公司加氢装置柴油罐爆炸事故	由于装置检修时工艺止回阀没有检查，阀 14 严重内漏，802 号柴油罐在收集焦化和裂解柴油时，反应系统中含氢气体经不合格柴油线窜入 802 号罐，致使罐顶撕裂，引起闪爆
6	2008 年 G 工厂合成气压缩机止回阀失效事故	①阀门设计存在缺陷，旋启式单瓣止回阀在装置开停车过程中，阀门发生启闭动作对阀芯及附件的冲击力大，水锤现象比较明显；②工况不稳，阀芯附件受到介质的冲刷；③高浓度氢气产生腐蚀作用
7	国外 H 工厂环氧乙烷储罐爆炸事故	因止回阀失效，氨水通过止回阀、泵体、安全阀，回流到环氧乙烷储罐，氨与环氧乙烷反应，发生爆炸
8	国外 I 工厂丁二烯爆炸事故	由于乳化剂管线止回阀堵塞，丁二烯从反应器经乳化剂管线回流到乳化剂储罐，自储罐放空管线排出，发生爆炸

石油化工行业常用的止回阀按结构可分为升降式、旋启式、蝶式等形式，通过表2-5中的事故可分析出止回阀失效事故的深层次原因。

①不合理的工艺设计和止回阀设计存在缺陷或不合理的情况。首先，工艺设计存在缺陷，对于物料倒流会产生危险的设备管道，没有在设置止回阀的同时设置紧急切断阀。发生爆炸火灾事故的 A 炼油厂柴油加氢装置，止回阀后虽然设置了快速切断阀，但气动头需现场关闭，没有参与联锁，没有进 DCS。该装置设计年代较早（1990 年），虽然符合当时的标准要求，但历经 2002 年、2010 年两次改造，均未按规范要求进行改造。其次，止回阀结构设计存在缺陷，选材不当，不能满足工艺要求，在使用过程中发生损坏。1997 年，D 化学公司烯烃装置发生爆炸事故，事故直接原因为：工艺气压缩机第 5 级吸气侧止回阀存在设计缺陷，阀门短轴缺少二级轴固定，轴定位销承受较大的应力载荷，其材质为渗碳钢，发生氢脆，在正常生产过程中轴从阀中吹出。

②止回阀选型不合理。设备选型时没有考虑压差、直径等问题，不能满足工艺要求，导

致阀门泄漏甚至失效。

③没有止回阀检验、维修管理制度。标准止回阀是存在运动部件的设备,存在损坏可能,必须对止回阀定期进行检验和修理,才能确保其可靠性。一些关键部位的止回阀的重要性不低于安全阀。目前国家标准、企业的管理制度中对安全阀的检查和校验都有明确要求,但是没有对止回阀进行定期检验、维修的制度、规定、标准。止回阀不在国家强制检验范围之内,只是列入一般阀门管理。由于缺乏相关制度,企业对止回阀的检验、维修工作做得不到位,形成管理真空。目前企业在用止回阀的可靠性很低,一些企业的止回阀在装置建成后很少检修,为装置埋下大量安全隐患。

④止回阀检验和维修困难。装置正常运行时,物料都是正向流动,只有装置处于异常状态、发生物料倒流时止回阀才动作,所以止回阀内漏很难发现。普通的在线阀门内漏检测仪检测的是正向流动,而止回阀的内漏是反向的,难以在线检测。一些止回阀安装在主要的工艺管线上,没有副线,不停工无法切出检查,有些甚至直接焊接在管线上,很难检查和检修。

⑤缺乏止回阀失效数据。由于缺少止回阀的失效概率数据,设备可靠性管理、量化风险评估缺少数据支持。如在保护层分析(LOPA)方法中,止回阀不能作为独立保护层使用。

⑥止回阀制造质量不高。目前国产止回阀的制造质量与国外同类产品相比,仍存在差距,企业生产装置的部分关键部位仍使用进口止回阀。

⑦危险与可操作性(HAZOP)分析未能有效识别出止回阀失效的风险。一些企业在进行 HAZOP 分析时,没有对止回阀失效的风险(特别是逆流的风险)进行分析。

那么该如何预防止回阀类的事故呢?可以采取以下措施。

①建立止回阀失效风险分级管控机制。生产装置不同场合使用的止回阀的工艺条件、失效概率不同,失效后导致的风险也不同,因此止回阀的管理不能"一刀切"。建议根据止回阀使用场合的工艺介质、公称直径、窜压压差、压比、工艺波动情况、转动设备启闭频率、历史事故或事件情况、介质逆流 HAZOP 分析结果等,制定《止回阀风险识别和分级方法》和《止回阀分级管理制度》,指导企业对装置中的各类止回阀进行窜压风险排查,确定止回阀的风险等级,进行分级管理;对高、中、低风险的止回阀确定不同的检验、维修策略,根据生产运行情况,安排检验、维修、更换,确保装置运行安全。

②建立止回阀失效数据库。加强止回阀失效数据的收集工作,制定止回阀失效数据搜集管理制度,由企业设备管理部门逐级填报止回阀检验、维修情况,积累失效数据,建立止回阀失效数据库,为量化风险评估、设备完整性管理提供基础数据。

③制定《止回阀选购指导意见》。目前市场上止回阀品种和型号多,质量差异大,由于对止回阀失效的风险认识不到位,企业在采购过程中缺少科学指导,导致一些质量不符合要求的止回阀安装到关键装置的关键部位。可依据最新的国家和行业标准,按照"就高不就低"的原则,确定止回阀检验、试验项目和指标,根据止回阀风险等级确定止回阀的泄漏等级,进行设备选型。制定《止回阀选购指导意见》,指导企业止回阀的选购、选型、检验、监造,通过加强设备选型、强化入厂检验、入厂监造、到货抽检环节的管理,确保采购质量。

④制定止回阀定期检验、维修的制度和标准。要将风险等级高的止回阀列入企业强制

检验范围之内,纳入特种设备管理,规定原则上每年至少校验一次,并参照有关国家标准,制定检验、维护的具体要求。在工艺条件允许的情况下,增设副线,便于止回阀切出检验、检修。对无法切出的风险等级高的止回阀,要制定妥善的工艺和安全措施,加强监控,在各类检修时安排校验。

⑤开展高可靠性止回阀研发。可组织有关科研单位,开展高可靠性止回阀研发,有效降低失效概率和内漏量,实现本质安全。

⑥建议按有关设计标准要求和规定,对存在类似风险的装置进行工艺改造。在加氢进料泵出口、氢气压缩机出口、高压系统和低压系统界区等存在类似风险的位置安装止回阀后,设置联锁紧急切断阀。

2.6.7 加热炉类事故的预防 ···□

随着石油资源需求量的不断加大,对油田开采、化工加热等提出了更高的要求,相应地加热炉设备的使用量也在不断增加。加热炉是一种专业的加热设备,其运行同样伴随着一定的安全风险。由于加热炉中储存的热能较高,一旦发生安全事故,将会在瞬间向外界释放大量的热能,造成严重的后果,甚至引发人员的伤亡。因此,针对加热炉设备的安全管理与事故预防对于油田企业至关重要。

2020年7月2日4时0分左右,位于南非开普敦市的某炼油厂在检修后开车期间发生火灾、爆炸事故。据报道,事故造成2人死亡(1男1女),7人受伤。从事故照片初步判断,事故发生在加热炉,爆炸导致加热炉倒塌。居住在该炼油厂附近约500 m之外的居民,能听到巨大的爆炸声,并感觉到震动。事故发生后,工厂暂停了所有作业。事故可能对当地燃油供应产生一定影响。事故现场图可扫描二维码2-26。

二维码2-26

该事故发生在加热炉,可能是开工过程中加热炉发生闪爆、炸膛,造成人员伤亡。加热炉如此重要,那么应该如何预防加热炉事故发生呢?

(1)炉膛爆炸事故的预防对策。

炉膛爆炸是加热炉运行中的常见事故,引起炉膛爆炸的主要原因是加热炉炉膛内的可燃性气体。在点燃加热炉时炉膛内部会进入一定数量的空气,当外界空气与炉膛内的可燃气体发生混合达到爆炸极限后就会引起炉膛爆炸。炉膛爆炸会引发加热炉变形、撕裂。针对炉膛爆炸事故,需要在每次点火前对加热炉的炉膛进行严密的检查,吹扫炉膛内的可燃气体后再进行操作。设备管理人员还需要定期对加热炉及其安全附件进行检查,及时发现炉膛内的安全隐患,定期对炉膛进行排气,从而减小炉膛爆炸事故的发生概率。

(2)火管及烟管塌瘪事故的预防对策。

加热炉的火管及烟管出现塌瘪的主要原因就是加热炉设备内缺水,造成火管和烟管的火焰温度和烟气温度过高。针对火管和烟管塌瘪的事故,需要明确火管和烟管材料对温度的承受能力,避免超过材料的温度承受范围。还需要确保加热炉设备内存有足量的水,并且在设备运行过程中尽可能控制火管和烟管所承受的外部压力。

（3）前烟箱与炉门之间火筒烧穿事故的预防对策。

在加热炉运行过程中,前烟箱与炉门之间的火筒很容易发生烧损及烧穿的情况,主要原因是加热炉炉口的火口裂缝松散,使加热炉运行中容易发生窜火的问题,从而将火筒烧坏或烧穿。为了减少这类事故的发生,最重要的是在炉口火筒材料的选择上使用耐高温性能较好的材料,减小火筒烧穿的可能性。同时在炉口的设计和搭建工艺方面进行优化,提高炉口的完整性,改善窜火的问题。此外,设备管理人员还需要定期对炉口进行检查,及时更换损坏部件,以免引发更为严重的后果。

加热炉是加热的必要设备,加热炉运行带有一定的危险性,针对加热炉常见事故需要加强防范,加大安全管理力度,减小加热炉运行中的安全风险,保障油田生产的有序开展。

2.6.8　安全阀类事故的预防

安全阀是石油化工行业中承压类特种设备的重要安全附件之一,能在设备压力达到预设值时自动启动,将超压的流体释放出去,保持设备内部压力在安全范围内,从而避免设备的破裂、泄漏和爆炸,保护设备和人员的安全。安全阀能否正常运行已成为评价系统运行质量和安全防护的重要指标。根据安全阀相关技术规范及标准的要求,石化企业必须定期校验、维修和更换安全阀,以保障设备和人员的安全。在日常校验和维修的过程中,人们发现石化企业的安全阀经常出现几种典型的失效部位和失效特征,如果企业不能及时发现、维修或更换这些失效部件,缺乏对安全阀常见失效特征的认识与了解,将导致企业的安全生产过程出现隐患,可能引发安全事故。

2018 年 12 月 8 日 20 时 30 分左右,河南能源化工集团洛阳永龙能化有限公司(以下简称洛阳永龙能化)发生一起中毒事故,造成 3 人死亡,1 人受伤,直接经济损失约 280 万元。

2018 年 12 月 8 日 18 时 20 分,乙二醇厂化工三班亚钠岗位现场操作人员杨某通知亚硝酸钠溶解釜需要上料,外包劳务工负责人韩某某接到通知后安排上料;19 时亚硝酸钠外包劳务工韩某某、杜某某、赖某某、周某某相继到厂;19 时 12 分开始备料,19 时 30 分完成第一釜备料;19 时 40 分溶解釜开始投甲醇,19 时 45 分补甲醇结束,19 时 47 分停溶解釜搅拌;19 时 48 分启动 P805 泵将溶解釜料打入反应釜 R801B,20 时反应釜进料完成,溶解釜留存液位 491 mm;20 时 3 分溶解釜再次注水开始第二釜备料,20 时 7 分注水结束,20 时 10 分启动溶解釜搅拌,此时液位 1 075 mm,达到上料条件;20 时 15 分外包劳务工 4 人又相继到场,开始第二釜投料。

20 时 17 分左右,乙二醇厂亚硝酸甲酯制备装置安全阀、爆破片出现泄漏,有毒气体通过亚硝酸钠配料间西侧风机孔洞、南侧穿墙管线孔隙进入加料平台溶解釜配料作业人员处;20 时 31 分 8 秒,外包劳务工周某某中毒晕倒,另外 3 名外包劳务工随即上去进行施救;20 时 32 分 29 秒,另一名外包劳务工杜某某中毒晕倒;20 时 39 分 7 秒,在施救过程中另外 2 名外包劳务工赖某某、韩某某相继中毒晕倒。

20 时 42 分 1 秒,中控人员齐某某发现溶解釜无人员上料,通知现场操作人员杨某查看情况;20 时 45 分 19 秒,杨某到达现场,发现外包劳务工韩某某、杜某某、赖某某、周某某均倒地,立即呼救、进行施救;20 时 46 分 8 秒董某某赶到现场,20 时 46 分 50 秒 2 人一起将倒地 4 人转移至配料间风机口处,同时通知中控人员、公司值班领导;20 时 51 分,当班班长张某某与杨某、生产副厂长胡某、董某某、齐某某配备空气呼吸器,将 4 名外包劳务工全部由配料间转移至现场开阔处进行紧急现场救援,胡某、值班技术员王某某、班长张某某随即相继拨打急救电话 120、调度室电话请求支援;21 时 4 分,4 名外包劳务工被送至孟津县公疗医院,并告知医院进行有针对性的抢救;21 时 31 分韩某某经救治送入 ICU 监护室,翌日 6 时 21 分送往洛阳市中心医院进行治疗;杜某某、赖某某、周某某 3 人经全力抢救无效,于 12 月 8 日 22 时 54 分死亡。

(1)事故的直接原因。

通过查看 DCS 数据资料、调取监控视频、现场勘查、询问有关人员、对反应釜进行气密性试验等,认定事故的直接原因为乙二醇厂亚硝酸甲酯制备装置安全阀、爆破片出现泄漏,有毒气体亚硝酸甲酯泄漏后由亚硝酸甲酯制备装置三层平台(层高 11.5 m)下沉,通过亚硝酸钠配料间西侧风机孔洞(二层平台层高 4.7 m)、南侧穿墙管线等孔隙进入亚硝酸钠加料平台溶解釜配料作业人员处,导致 4 人亚硝酸甲酯中毒。

(2)事故的间接原因。

①特种设备(安全阀)校验机构未尽责。《安全阀安全技术监察规程》(TSG ZF001—2006)附录 E2.2 规定:安全阀的检验项目包括整定压力和密封性能。但企业提供的反应釜安全阀检测报告显示:8 月 11 日在线检测方式下,涉事企业安全阀仅进行了整定压力校验,未进行密封性能试验。

②企业设备管理制度落实不严格。《爆破片装置安全技术监察规程》(TSG ZF003—2011)B6.1、B6.3 规定:使用单位应当经常检查爆破片装置是否有介质渗漏现象;一般情况下爆破片装置更换周期为 2~3 年;对于腐蚀性、毒性介质以及苛刻条件下使用的爆破片装置应当缩短更换周期;设备长时间停工后(超时 6 个月),再次投入使用时应当立即更换爆破片装置。经事故调查发现,2015 年 4 月企业停车进行技术改造升级至 2017 年 10 月重新开工前,未对反应釜所有的爆破片装置进行全面检查、检测和更换。

③工艺管理存在缺陷。现场查看亚硝酸钠配料间西侧排风机未安装且留有孔洞,南侧穿墙管线没有进行有效封堵,三层平台(层高 11.5 m)反应釜安全阀泄漏后有毒气体亚硝酸甲酯比空气重,通过孔隙进入亚硝酸钠加料平台(二层平台层高 4.7 m)溶解釜配料作业人员处。企业没有按照《工作场所防止职业中毒卫生工程规范》(GBZ/T 194—2007)第 6.1.2 条规定,将散发有毒有害物质的工艺过程与其他无毒无害的工艺过程隔开。

安全阀是保护化工设备、压力容器的最后一道防线,管理人员和操作人员必须了解与安全阀相关的一些知识。

1. 安全阀常见失效部位和失效特征

在石化企业中,根据不同的使用场合和要求,安全阀的类型也有所不同。从总体上看,弹簧式安全阀因结构简单、可靠性高、灵敏度好、安装维护方便、性价比较高等特点在石化企业各种类型的安全阀应用中占比最大,也最具代表性。弹簧式安全阀的主要部件包含阀体、阀芯、阀座、弹簧、波纹管、其他调节部件(调节圈、调节螺杆和锁紧螺母等)和其他保护部件(阀帽、阀盖和手柄等)。根据对石化企业安全阀日常校验和维修的经验,我们总结出以下几种典型的安全阀失效部位和失效特征,主要包括密封面失效、弹簧失效、波纹管失效、阀体失效、其他调节部件失效和其他保护部件失效等。

(1)密封面失效。

密封面失效主要指安全阀的阀芯或阀座的密封面受到损伤,无法有效地保持密封状态,其特征主要表现为阀芯或阀座的密封面损坏或磨损。密封面失效特征图可扫描二维码 2-27。安全阀的密封面失效会导致安全阀不能有效控制介质流动和压力释放,具体表现为介质会从阀芯和阀座之间的缝隙中泄漏出来,系统压力无法得到有效控制,影响系统的工作效率,严重时可能会造成安全事故。

二维码 2-27

(2)弹簧失效。

弹簧失效主要指安全阀弹簧的弹性不能满足使用要求,无法正常地控制安全阀的开启和关闭。弹簧失效的特征主要表现为弹簧断裂和弹簧刚性不足。弹簧失效特征图可扫描二维码 2-28。安全阀的弹簧是控制安全阀开启和关闭的关键部件,也是调整安全阀整定压力的主要调节部件。弹簧失效后,安全阀就失去了正常的控制能力,可能导致安全阀无法准确开启以释放系统过高的压力;也可能导致无法及时关闭排放口,使介质持续泄漏;还有可能无法保持设定的压力值,存在对设备和人员造成危害的安全隐患。

二维码 2-28

(3)波纹管失效。

波纹管失效主要指安全阀中的波纹管出现损坏或老化等情况,影响到整个安全阀的正常运行和控制效果,使安全阀无法正常工作。波纹管失效的特征主要表现为波纹管破损和波纹管裂纹。波纹管失效特征图可扫描二维码 2-29。波纹管是安全阀中非常重要的一个部件,其工作性能直接关系到安全阀的安全性和稳定性。波纹管不仅可以感知系统内部的压力变化,

二维码 2-29

消除背压波动对阀门性能的影响,而且能起到密封保护作用,保护弹簧和其他内部件免受介质的腐蚀。波纹管失效会直接降低安全阀的密封保护性能,且无法及时感知系统内部的压力变化,当系统压力超过额定值时,无法及时打开安全阀释放过高的压力,从而导致系统的压力过高,存在爆炸或泄漏等安全隐患。

(4)阀体失效。

安全阀的阀体包括安全阀的壳体和连接部件,通常由金属材料制成。阀体失效指的是安全阀的阀体部分因过度使用、磨损、腐蚀、材料老化或制造缺陷等原因造成结构受损而使安全阀无法正常工作的现象。阀体失效常见的表现特征为阀体破损和阀体腐蚀。阀体失效特征图可扫描二维码 2-30。安全阀的阀体是确保安全阀正常工作并保护系统安全的重要组成部分。它提供了安全阀的结构支撑和压力密封,同时提供了压力释放通道,以确保系统在超出

二维码 2-30

安全范围时能够安全释放压力,维持系统中的压力稳定并保持其完整性和密封性。一般来说,企业发现安全阀的阀体失效后,应立即停止使用该安全阀并将其从系统中移除,以免引起进一步的安全风险和损坏,同时请专业技术人员对安全阀进行详细检查和评估,根据评估的结果采取安全阀阀体维修或更换等措施,确保安全阀能够可靠地控制系统压力,保障设备和人员的安全。

(5)安全阀其他调节部件失效。

安全阀其他调节部件主要包括安全阀的调节圈、调节螺杆和锁紧螺母等部件,这些部件的失效主要指它们无法正确地进行调节或固定,导致安全阀的整定压力无法准确地调整或保持。安全阀其他调节部件失效主要表现特征为断裂、锈蚀、变形等。安全阀调节部件失效特征图可扫描二维码2-31。如果这些部件中的任何一个失效,都可能导致安全阀的整定压力无法按照要求进行调节或无法保持稳定的状态。这就可能造成安全阀在系统压力超过或低于预设值时无法正常工作,从而影响系统和设备的稳定性和安全性。

二维码 2-31

(6)安全阀其他保护部件失效。

安全阀其他保护部件失效主要指阀帽、阀盖和手柄等部件的失效,其主要特征一般表现为断裂。安全阀其他保护部件失效特征可扫描二维码2-32。安全阀的阀帽可以保护弹簧和调节圈不受外部环境的影响,同时也可以防止外部物质进入阀体内部,影响安全阀的正常工作;阀盖和手柄等部件可以保证安全阀的安装和维护更加方便和可靠,同时也可以在紧急情况下迅速响应和处理,提高系统的安全性和稳定性。这些部件的失效特征相对容易观察,一旦出现失效现象,企业应立即发现并采取有效的处理措施,以避免潜在的安全风险和生产事故的发生。

二维码 2-32

2. 安全阀失效模式

根据上述对石化企业安全阀常见失效部位和失效特征的总结,可以进一步分析归纳出石化企业安全阀典型的失效模式,主要分为以下几种:安全阀泄漏、安全阀不开启、安全阀开启压力过高或过低、安全阀无法关闭等。

(1)安全阀泄漏。

安全阀泄漏主要指当系统中的压力达到或超过安全阀的额定压力时,安全阀不能完全关闭或存在泄漏,导致系统中的压力无法得到有效控制和释放的现象。这种泄漏可能会对系统的安全性和稳定性造成严重影响,因为泄漏过多可能会导致系统压力下降,影响系统的正常工作;同时,如果泄漏导致压力过高,可能会对系统和工作人员造成安全威胁。安全阀泄漏的原因可能是高温环境、安全阀的阀芯或阀座出现磨损或损坏、密封面或密封材料老化或损坏导致密封面失效、调节部件失灵或损坏、安全阀的安装位置或连接管道不合理等。

(2)安全阀不开启。

安全阀不开启主要指在工作时,当系统内压力超过安全阀的设定压力时,安全阀无法自动打开释放压力,而保持关闭状态的现象。安全阀不开启的原因可能是阀芯和阀座卡死或损坏、弹簧失效、阀门安装不当或管道堵塞、调节部件失灵或损坏等。

（3）安全阀开启压力过高或过低。

安全阀开启压力过高或过低主要指在安全阀的工作过程中，安全阀的开启压力超出或低于其设计规定的范围，无法起到预期的安全保护作用。安全阀的开启压力过高可能会导致安全阀门失效，系统压力过高，从而对设备和人员造成危险。相反，安全阀开启压力过低可能会导致安全阀在正常工作时频繁开启，对系统造成影响，也可能导致系统中的压力不稳定。安全阀开启压力过高或过低的原因可能是阀芯和阀座磨损、弹簧失效、调节部件失灵、清理不彻底、管道堵塞等。

（4）安全阀无法关闭。

主要指在设备或系统中压力已经降低到安全阀的关闭压力以下，但是安全阀仍然无法紧密关闭。这意味着安全阀不能起到保护设备和系统的作用。安全阀无法关闭的原因可能是阀门或阀座磨损卡死或损坏、弹簧在安全阀起跳后断裂、密封面污垢或颗粒物堵塞、阀门安装不当或管道堵塞等。

3. 安全阀类事故的预防和处理措施

针对以上石化企业安全阀典型失效模式和失效原因，企业可采取的风险预防和处理措施包括合理选择安全阀、定期校验和维修、适当地控制压力、定期进行阀门和管道维护、定期检查泄漏、加强工作人员培训等。

（1）合理选择安全阀。

根据工艺系统的实际工作情况、介质特性、压力范围及安全阀可能出现的失效模式等因素，选择合适的安全阀类型和规格，确保其符合相关标准和规范，并检查安全阀的材料是否适合工作环境。

（2）定期校验和维修。

企业应加强安全阀校验和维修方面的管理，定期校验和维修安全阀，避免使用部件失效或损坏的安全阀。特别是要检查阀体、阀芯、阀座、弹簧、波纹管、其他调节部件（调节圈、调节螺杆和锁紧螺母等）和其他保护部件（阀帽、阀盖和手柄等）是否动作灵活可靠，检查各部件的磨损、腐蚀或疲劳状况，确保安全阀正常工作。发现失效现象应及时进行清洗，更换或修复失效部件。

（3）适当地控制压力。

对于不同的设备和管道，应合理设定和控制工艺系统的操作压力，并进行实时监测，避免工作压力超过安全阀的额定压力范围，同时也要避免压力过高或过低，对安全阀造成不必要的负荷而导致安全阀失效。

（4）定期进行阀门和管道维护。

定期检查和维护设备或工艺系统的阀门和管道，包括定期清洁、润滑、防腐、紧固螺栓等，确保它们正常运行。

（5）定期检查泄漏。

定期检查工艺系统中的泄漏情况，包括安全阀和管道接头等位置。应及时发现并解决泄漏问题,确保安全阀与设备管道之间密封性良好,保障工艺系统的完整性和安全性。

（6）加强工作人员培训。

对安全阀拆装和运输人员进行必要的培训,以避免因安装运输不当、脏物混入或外力导致部件变形等原因引起安全阀失效,确保安全阀正常工作。增强工作人员的安全意识,使他们能够及时发现异常情况并采取适当的措施。

本章参考文献

[1] 吕晓辉. 某油田反应釜事故分析及风险防控措施探讨[J]. 化工安全与环境, 2023, 7: 89-91.

[2] 唐建业, 张旭, 杨龙, 等. 精细化工反应的工艺安全设计措施探讨[J]. 化工设计, 2022, 32（5）:3-6.

[3] 金永秀. 蒸汽管线产生水击的机理与防治[J]. 化工设备与管道, 2013,50（6）:75-78.

[4] 马博. 蒸汽输送管线的水击及其防范[J]. 化工设备与管道, 2016,53（1）:78-83.

[5] 张德全, 王延平, 卢均臣, 等. 止回阀失效事故分析与对策研究[J]. 石油炼制与化工, 2019,50（2）:77-82.

[6] 杨丽. 加氢处理装置高压空气冷却器腐蚀泄漏与防护[J]. 石油化工腐蚀与防护, 2013,30（4）:33-35.

[7] 曲中直. 加热炉的安全管理及事故预防对策分析[J]. 全面腐蚀控制, 2022, 36（2）: 100-102.

[8] 彭志勇, 丘垂育, 王天龙. 石化企业安全阀失效分析及预防措施[J]. 广东化工, 2023, 50（20）:80-82.

第 3 章

设备维护和作业方面安全事故与预防

在现代化的工业生产过程中,化工企业发挥着不可估量的重要作用。化工企业要维持企业的正常运转以及提升相关产品的质量,离不开化工设备的支持。现阶段,随着智能化技术的发展和广泛应用,许多化工设备也朝着更智能化、精细化的方向发展,提高了生产精度,保证了产品质量,并节约了人工成本。由于化工产品的特殊性,其生产过程中的风险很大,对设备要求很高。化工设备一旦发生故障,不仅会造成巨大的经济损失,而且会对人员的人身安全构成严重威胁,因此在化工设备维护和生产作业过程中,需要对化工设备的质量、性能进行严格检查和管理,以确保化工设备正常运转,减少安全事故的发生。

3.1 化工设备维护过程中的事故与预防

化工设备对化工企业的生产和经营起着决定性作用,也是我国化工工业发展的基础。在化工企业的生产过程中,化工设备需要长时间持续运行,而长期处于运行状态极易导致设备内部结构受损。除此之外,化工设备所处的生产环境较为恶劣,通常为高温高压环境,并且所使用的生产材料通常带有较强的腐蚀性与易燃易爆等特性,这些都会对生产设备的完整度造成一定的影响。为了保证安全稳定的生产状态,有必要加强设备的维护和检修。在进行化工设备的日常维修与保养工作时,要细化每个维护步骤,不断提升维护工艺和技术,通过合理有效的管理手段和人才培养制度提升员工的责任感和安全意识,从而保障设备的稳定运行,使化工企业的生产质量得到保障。如果不重视维护过程,维护程序不合理或未遵循维护程序,容易发生安全事故。

3.1.1 隔离作业不当引发的事故 ···□

化工生产的工艺比较复杂,牵涉到很多设备以及管道,含有繁杂的危险介质。化工厂生产厂区比较大,工作人员通过隔离化工危险能量区域,可以进一步管控化工生产作业的危险源,避免其在化工设备安装、维护检修或项目改良期间突然释放化工危险能量,造成机械设备损坏,引发工作人员触电事故,以及发生火灾、爆炸情况。在化工生产过程中使用隔离危险源的方式,不但可以避免出现安全事故,而且能够提高化工企业的安全生产管理水平。化工厂通过创建安全生产管理制度,能够使管理人员在进行安全管理的过程中有据可依,提升管理效率。

在化工设备和管道检修的隔离作业中,最可靠的措施是将部分零件拆下后进行隔离,如设备相连的管道、管道上的阀门、伸缩接头等都应相互隔离,保持一定距离,并在管路侧的法兰上装设盲板。对于无法拆卸或不能拆卸的部分,应在与检修设备相连的管道法兰连接处插入盲板。检修时,如果隔离措施采取不当,会导致运行系统内的有毒、易燃、腐蚀、窒息性或高温介质进入检修设备,造成重大火灾事故。在进行设备维护之前,必须做好隔离作业,避免影响其他设备,这同时也是对从事维护工作人员的一种保护。

1. 不重视隔离作业引发的事故

不重视维修前的隔离作业容易导致安全事故。

事故案例一:2010 年 8 月 5 日,北京某石化公司准备检修聚乙烯球罐时发生事故。2名检修工人开人孔时坠落罐内,罐内留存的氮气等气体致 2 人窒息,后被人救出送医院抢救。其中 1 人死亡,另 1 人重伤。

事故发生的直接原因:对含有氮气等有害物质的设备未采取盲板隔断措施。因为检修期间以整个装置作为隔断目标,只在界区加盲板,且在装置检修结束验收合格后,才能拆除盲板。因此,如确属工艺需要,引进氮气或者瓦斯等有害或者有毒物质,必须对作业区间进行局部隔断。

事故案例二:2013 年 8 月 7 日 8 时许,宁波某化工公司员工发现杭州某检测公司 3 名射线检测人员倒在顺酐车间 3 号反应器内管板平台上,经送医院抢救无效死亡,事故造成直接经济损失 351 万元。

事故发生的直接原因:与反应器连接的氮气管道未安全隔绝,气相侧操作人员误开氮气管道阀门,将氮气通入 3 号反应器中。与此同时, 3 名射线检测人员无证上岗,违章进入顺酐反应器进行焊缝探伤作业,因缺氧窒息死亡。

事故案例三:2016 年 8 月 18 日,太原某新材料公司苯加工分厂罐区装置的 5 000 m³ 粗苯储罐(V181011)发生爆燃事故。事故造成该储罐损毁,相邻储罐部分设施损坏,部分防火隔堤和管道、电缆损毁,爆炸冲击波造成四周部分建筑物玻璃破损,事故未造成人员伤亡,直接经济损失 175.331 7 万元。

事故发生的直接原因:苯加工分厂 V181011 储罐进料后,粗苯液位长期低于浮盘落底位置,储罐内形成爆炸性混合气体,并窜入与储罐相通的开口的氮气管线。在未采取盲板隔断措施、未进行可燃气体分析和现场确认等的情况下,违章指挥动火作业切割氮气管线,引发粗苯储罐爆燃。

2. 隔离措施不到位引发的事故

前面介绍的是没有重视设备维护前的隔离作业引发的事故,还有一些是因为隔离措施不到位导致的事故。

事故案例:2011 年 4 月 21 日 8 时 23 分左右,山东晋煤同辉化工有限公司供气车间检修施工现场因为旋风除尘器与气柜之间未做有效隔绝,气柜进口水封排水阀打开,水封水位下降后,气柜内的惰性气体通过进口水封倒流进入旋风除尘器,从而导致一起中毒窒息死亡事故,造成 1 人死亡,2 人受伤,16 人出现轻微中毒症状。

此前,18 日早晨 6 时系统制惰结束前,企业将置换的惰性气体送入气柜至 8 400 m³ 后,气柜进口水封用水封住,以便下一步进行气柜防腐作业;7 时系统处理完毕,全厂开始停车检修。18 日开始,该公司基建科科长等 7 人为利旧的旋风除尘器内部进行防火水泥浇筑作业,计划工期 4 天,已经施工了 3 天。19 日,设备处安排人员对旋风除尘器进出口管道实施了连接点焊;为便于人员继续在除尘器内部作业,在旋风除尘器顶部出口管道北侧割临时人孔。此时旋风除尘器已经并入工艺系统,即顶部出口管已通过下游的废热锅炉、洗气塔及煤气总管与气柜相连,前面已与南造气车间 5 台造气炉相连。21 日,施工作业进入第三天,早晨 6 时 30 分基建科科长等 7 人进入供气车间该旋风除尘器内部继续进行防火水泥浇筑作业,这是最后一天的工作,当天就可以按原计划完工。约 8 时左右,在设备顶部作业的工人发现一名设备内部作业人员趴在用于作业而临时扎制的架子上,呼唤没有反应,便立即汇报,在等待救援的过程中,另 2 名人员也出现中毒症状。基建科科长接到汇报后,向厂领导进行了汇报,并拨打了 120 急救电话,随后厂领导等人也赶到现场展开事故救援。

(1)事故发生的直接原因。

旋风除尘器与造气炉之间未采取可靠的隔绝措施,旋风除尘器与气柜之间则通过气柜进口水封进行隔绝,气柜进口水封排水导致气柜内的惰性气体倒流进入旋风除尘器,从而导致作业人员中毒窒息。在施救过程中,由于救援措施不当,又有救援人员发生轻微中毒现象。

(2)事故发生的间接原因。

公司检修维护停车开车方案执行不到位、监督落实不到位,气柜空气置换没有得到落实;检修组织混乱、职责不明、权限不清,旋风除尘器并入系统后未与气柜之间采取有效隔绝方式;应急救援器材和防护器材配备不到位就开始施工;作业现场管理混乱,安全通道不畅,施工作业安全措施未落实;主要负责人对安全工作不够重视,未落实本单位安全生产责任制、安全管理制度和操作规程,未及时督促检查本单位的安全生产工作,停车安全处理不彻底,留下事故隐患;对员工的安全教育培训不到位,员工安全意识淡薄,自我防护能力、现场应急处置能力差;旋风除尘器事故作业工作程序错误,应先完成除尘器内部作业,最后连接除尘器进口和出口管道,使得除尘器内部作业整个过程均处于安全隔绝状态。

3. 未完全消除危险引发的事故

进行维修前的隔离,要求每个辖区的管理人员对整个流程的设备和仪器进行清点,设备中残留的化学物品进行清理和安全转移;熟悉每一种物料和化学品的物理和化学性质,确保在清理过程中进行规范的清洗和排淋;所制订的清理计划中必须有一个完整、精确的操作程序,残留的化学物品清理后必须进行检测,确保达到所要求的标准。如果工艺中所用到的化学物品是易燃易爆或者有毒有害的,要制订详细的清理计划,在清理好之后,通过检测仪器对残留物进行检测,确保残留物浓度达到最低限度,处于安全的范围之内。如果没有这个操作程序,相当于没有消除危险,盲目作业则会引发事故。

事故案例:2022年5月11日9时45分许,安徽昊源化工集团有限公司气化车间渣锁斗B检修作业中发生一起中毒和窒息事故,造成3人死亡。事故项目所在地区位图可扫描二维码3-1。

二维码3-1

5月11日8时许,该公司气化车间副主任召开班前会,按照检维修方案对车间人员当天的工作任务进行分工,其间安排车间专职安全员张某负责渣锁斗内搭设平台工作。张某接受工作任务后便前往气化车间二楼的渣锁斗采集内部气体样品,之后交由汤某送往分析室分析。9时许,修建科专职安全员常某带领修建人员张某金和闫某华来到气化车间二楼,此时受限空间作业许可证审批尚未办理完成,张某金和闫某华便在现场等候,常某向张某了解当天工作任务后,告知张某金、闫某华二人待受限空间作业许可证审批完成后再进入渣锁斗作业,之后便离开现场。9时10分许,张某通过对讲机安排检修操作班班长李某负责现场监护。张某查看汤某带回的渣锁斗内气体样品检测结果后在作业许可证上的"属地安全员"处签名,9时20分许,田某到达作业现场并在"作业负责人确认签名处"和"属地单位负责人审核处"签名,李某随后在"监护人员签名处"签名,9时21分许,安全科副科长王某在作业现场查看后在"安全科批准"处签名,之后田某和王某离开作业现场。9时25分许,作业区域当班操作班班长姚某在"岗位班长确认签字"处签名。9时40分许,闫某华和张某两人将长管式空气呼吸器放置在渣锁斗外,在未系安全绳的情况下通过人孔沿软梯进入渣锁斗内部,随后张某金在未佩戴长管式空气呼吸器的情况下进入渣锁斗,李某在渣锁斗外负责现场监护。9时45分许,监护人员李某听见渣锁斗内张某呼救,随即看见张某从人孔处爬出。张某爬出后告知李某,张某金和闫某华二人在渣锁斗内晕倒,李某便向四周进行呼救。此时正在附近的田某听到呼救后立即赶到现场,在了解情况后便安排李某到五楼拿长管式空气呼吸器,自己到一楼拿空气呼吸器。田某在去一楼的路上遇到航天炉综合办主任朱某,并向其汇报了渣锁斗内事故情况,朱某了解情况后立即赶到事故现场,戴上长管式呼吸器后进入渣锁斗内进行施救,施救过程中其佩戴的长管式呼吸器

二维码3-2

脱落,导致其窒息死亡。事故渣锁斗现场图及渣锁斗内部示意图可扫描二维码3-2。

(1)事故发生的直接原因。

①采样人员未按照有关要求取样,未能检测出渣锁斗底部CO_2气体浓度超标。

②渣锁斗内通风不彻底,导致渣锁斗内存在有害气体CO_2。

③气化炉系统在停车置换合格后与其他系统采用盲板进行了隔离,事故渣锁斗B的排渣阀在事故发生前一直处于关闭状态,排除了其他系统、捞渣池内有害气体进入渣锁斗B内的可能。经分析,由于气化炉内气体处于相对不流动状态,在10余小时的时间里,气化炉内积灰中解析出的CO_2在重力作用下向渣锁斗底部沉积,导致渣锁斗底部CO_2不断积聚。

(2)事故发生的间接原因。

①系统空气置换期间,事故渣锁斗排渣阀关闭后至事故发生时一直未打开,导致事故渣锁斗内气体置换不彻底,渣锁斗存在窒息性气体CO_2。

②未能有效组织员工开展安全培训教育,从业人员的安全意识淡薄,受限空间应急救援知识和技能缺乏,施救人员未做好安全防护的情况先进入施救,导致伤亡扩大。

4. 隔离阀门性能不足引起的事故

在实施隔离工作时,需要根据工作区域和工作内容编写隔离计划,明确隔离工作的内容和流程,对隔离点精确把握,确保隔离计划和隔离盲板图的可实施性。隔离点可以是工艺管线上的阀门,按照要求,阀门会打开或关闭。工艺管道中的化学残留物清理后,电源开关会在马达控制中心的控制下断开,确保实现对电源的管理。而阀门经常会有化学物料经过,并且使用中会有磨损,所以在检修时用阀门做隔离时,需要仔细检查其性能如何,能不能承受检修时出现的意外情况。

事故案例一:流体催化裂化(fluid catalytic cracking,FCC)装置空气侧的膨胀机在空转模式下运行,由于振动问题需要进行维护。

维护之前需要采用双隔断双排放方法,将盲板插入膨胀机外侧法兰进行设备隔离。但是外侧法兰管道的设计无法进行双隔断双排放隔离,因此在使用盲板(活动盲板)之前进行单隔断单排放隔离(符合公司政策)。该方法依靠两个控制阀——废催化剂滑阀(spent catalyst slide valve,SCSV)和再生催化剂滑阀(RCSV)——作为隔断阀。

工人们试图打开膨胀器插入法兰(活动盲板)时,发现了一个潜在的安全问题:溢出流。于是他们迅速决定降低 FCC 中的总蒸汽流量以降低蒸汽离开出口法兰的速率。这个操作意外地导致了烃泄漏,泄漏的烃侵蚀了 SCSV,进入 FCC 的空气侧,与锅炉风机的空气混合形成可燃混合物并发生燃烧,导致人员轻伤和设备严重损坏。

事故案例二: 2009 年得克萨斯州一家炼油厂碳氢化合物和氢氟酸(HF)排放事件发生后,CSB 发布了一份 3 页的紧急建议,该建议提供了有关 HF 危害更为详细的信息。尽管事故是突发事件且与维护活动无关,但同样是由控制阀失控引起的。这份建议还提供了关于水缓解系统作用的有效信息,这些水缓解系统为防止 HF 释放到周围社区提供了最后的防御措施。

通过以上案例可以看到,在维护之前不能确认所有隔离阀性能是否正常时,都应使用活动盲板加固,至少加固含有可能固化并会熔化的材料的管线;不要用控制阀作为隔断阀,因为流体流经部分打开的控制阀时可能会损坏阀门,从而限制其完全密封的性能。

5. 因隔离盲板引发的事故

化工领域所需用到的化学品通常属于易燃易爆、有毒性的化学物质,在化工生产流程中,通过阀门开关以及电器开关并不能完全实现对这些危险化学品的隔离,因为在开关的同时这些化学品依然会有残留,甚至存在泄漏的风险,给工作区域内的作业人员带来人身伤害,给企业造成财产损失。因此在进行隔离作业时就需要用盲板。盲板也是一种隔离的设置,是用螺母和螺栓在管道内进行隔离,能够彻底隔绝管道的通道,让化学品无法渗透到作业区内。作业人员可以根据项目的工作内容来评估、检查隔离方法的有效性,检测作业区内的隔离点所采取的隔离方法是否有效。《危险化学品企业特殊作业安全规范》(GB 30871—2022)对盲板的抽堵作业以及对盲板的制作有明确的要求,企业应严格执行规范要求,避免事故的发生。

事故案例一：2016年7月9日8时左右，某连续重整装置氮气置换完毕，将进行盲板隔离和抽空置换作业。8时40分左右，车间班长罗某在施工现场安排韩某、周某等人分别带领承包商施工人员去确认盲板位置，承包商施工负责人邓某负责分配施工人员。9时左右，邓某要求路过施工现场的工艺主管杨某开盲板抽堵作业票，杨某未开。9时15分左右，邓某安排施工人员刘某、程某去分离罐D8201放空管线进行8字盲板掉向作业。9时20分左右，刘某、程某爬上分离罐D8201顶层平台，开始作业。当盲板法兰上部螺栓卸下后，程某站在脚手架上用撬棍撬法兰，刘某站在阀门上提8字盲板。9时41分，8字盲板被拆除，此时盲板法兰处有气体逸出。刘某、程某急忙解开安全带，撤离脚手架，程某撤离到平台直梯口处晕倒，刘某撤离到地面不久也晕倒。9时45分左右，刘某被现场人员送往医院抢救。9时50左右，韩某佩戴空气呼吸器爬到D8201顶层平台，发现程某无明显脉搏和心跳，随即就地对其进行心肺复苏。9时54分左右，罗某佩戴空气呼吸器上到平台，发现8字盲板法兰处泄漏，随后关闭了盲板下游阀门，盲板法兰泄漏停止后，协助韩某继续进行心肺复苏。10时10分，消防队和现场人员将程某从平台上救下，接着程某被120救护车送往医院抢救。13时40分，程某经医院抢救无效后死亡。刘某经抢救后脱离危险。该事故发生位置图可扫描二维码3-3。

二维码3-3

（1）事故发生的直接原因。

承包商刘某、程某违章在连续重整装置重整产物分离罐D8201顶部放空线上进行8字盲板掉向作业，高含量H_2S低压瓦斯反窜，从盲板法兰处泄漏。两名作业人员吸入后中毒，造成程某死亡、刘某重伤。

（2）事故发生的间接原因。

①违章指挥，违章作业。未办理盲板抽堵作业许可证，承包商负责人违章指挥施工人员进行盲板掉向作业。

②施工人员未按规定要求佩戴空气呼吸器和便携式H_2S气体报警仪，违章进行盲板作业。

③风险识别、作业条件管控存在严重漏洞，车间和承包商均未识别出分离罐D8201放空线盲板作业有硫化氢反窜风险，作业前未关闭盲板上下游阀门。

④未对盲板作业进行全过程、不间断视频监控。施工方案、检修健康安全环境（HSE）措施存在漏洞。施工方案中无盲板作业前安全确认程序。

⑤检修HSE措施中，未涉及盲板作业，缺乏对盲板作业风险的认知。承包商管理存在漏洞。车间未及时发现和纠正承包商违章作业行为。

⑥安全教育不到位，在厂级及车间级安全试卷中，均未涉及盲板抽堵相关内容。应急装备配备不足，应急处置不当。车间和承包商没有针对D8201放空线盲板作业制定专项应急预案。

⑦救援人员施救不当，到达事故现场后没有先关阀，而是在硫化氢泄漏环境下对中毒人

员进行心肺复苏。

下面的案例同样是因为盲板抽堵作业不按规范要求操作,引发了重大事故。

事故案例二:2021年5月29日8时24分,中石化上海石油化工股份有限公司(以下简称上海石化)烯烃部2号烯烃联合装置(老区)7号裂解炉区域发生一起爆燃事故,造成1人死亡,5人重伤,8人轻伤。

2021年3月2日,上海石化与宁波工程公司签订《2021年炼化三部装置大修静设备管道检修合同》。同年3月26日,宁波工程公司与天津海盛公司签订《上海石化2021年上海石化炼化三部装置大修静设备管道检修一标段二施工分包合同》。

5月28日,操作主任技师李某安排2号烯烃联合装置乙烯操作主管技师俞某发起7号裂解炉盲板抽堵作业许可证审批,俞某在未到现场对轻石脑油进料管线45号盲板上、下游阀门状态进行确认,未发现该盲板前后阀门处于开启状态的情况下,于7号裂解炉盲板抽堵作业许可证"盲板图编制人"一栏和"关闭盲板抽堵作业点上下游阀门"等安全措施栏上签字确认。随后将盲板抽堵作业许可证交给李某。李某在签字后交给2号烯烃联合装置裂解班长唐某。经询问,基层单位签发人2号烯烃联合装置副主任沈某未在盲板抽堵作业许可证上签字。此次作业使用的盲板抽堵作业许可证未按《上海石化盲板抽堵作业安全管理细则》完成审批手续,属于无效作业许可证。

5月29日6时左右,李某通知当班裂解班长唐某带领操作工徐某,安排天津海盛公司18名作业人员开始对裂解炉区域的盲板(包括7号裂解炉轻石脑油进料管线45号盲板)进行抽取作业。8时20分左右,韩某按照李某的安排,打开轻石脑油进料界区阀门开始进料(开度约2圈),将轻石脑油引至7号裂解炉前45号盲板的上游阀门前。在前往7号裂解炉区域途中的唐某等人发现7号裂解炉轻石脑油进料管线45号盲板处呈喷泉状泄漏。8时24分15秒,7号裂解炉区域发生爆燃。韩某听见爆炸声音后迅速关闭了轻石脑油进料界区阀门。事故现场图可扫描二维码3-4。

二维码3-4

(1)事故发生的直接原因。

①上海石化烯烃部2号乙烯装置(老区)在停车检修期间,完成管线氮气吹扫置换后,未关闭7号裂解炉进料管线45号盲板上、下游阀门。

②相关人员在未完成盲板抽堵作业许可证签发流程,未对7号裂解炉进料管线45号盲板上、下游阀门状态进行现场确认的情况下,即开展抽盲板作业。

(2)事故发生的间接原因。

在上述情况下,作业人员打开了轻石脑油进料界区阀门,造成轻石脑油自45号盲板未封闭的法兰处高速泄漏,汽化后发生爆燃。

盲板是用来隔离危险的,但如果盲板自身存在缺陷,屏障就会被击穿,"救命"措施就会变成"夺命"措施。而盲板的材质、设计、制造、加工等,以及选型、装配、使用等各个环节,尤其是使用环境(温度、压力)、介质腐蚀性、尺寸适配性等,都存在管控失效的风险。尤其是部分企业自己加工盲板,存在的风险更大。

事故案例三：2014年4月26日，某煤焦化公司在对回炉煤气管道进行检修过程中，安装的盲板尺寸和位置不符合安全要求，以致煤气通过盲板和法兰之间的缝隙进入煤气主管，并从拆除的1#炉流量计接口处泄漏。泄漏的煤气通过门窗进入值班室、交换机室、焦炉中间通廊，遇火源发生爆炸，造成4人死亡，31人受伤。

2015年11月28日，某化工公司进行液氨充装作业时，因备用液氨进料管线法兰盲板处泄漏，导致2名操作工和1名槽车司机死亡，4人受伤。

抽盲板时，管线内的状况与堵盲板时可能会发生较大的变化。如在运行中的装置管线上加盲板隔离检修时，如果盲板上游的阀门存在内漏，工艺介质漏至管线，抽盲板时则会存在风险。又如检修作业与抽盲板配合不当，以致提前抽出盲板，则会导致事故发生。即便是在系统性检修置换合格的装置管线上抽盲板，也存在上游已投料开车，下游仍在开展抽盲板作业的风险。另外，在有多条管线的设备上抽盲板时，如果缺少清晰的盲板图，可能存在抽错盲板的风险。

当相关联的检修作业结束，或工艺需要抽盲板时，一定要按盲板图抽盲板，切勿漏抽盲板，造成系统憋压。要防止装置边开工投料，边实施盲板抽堵的行为。抽盲板时，在严格办理安全作业票证的前提下，要核实现场是否还有未完工的作业，核实是否具备抽盲板的安全条件。

2006年6月16日，某公司在中间体车间丙烯腈计量槽旁进行动火作业，改装车间的自来水和蒸汽管道。进行动火作业前，在计量槽放空管和溢流管线上分别插装了盲板。改装作业结束后，却没有将插装在放空管和溢流管上的盲板抽掉。当天下午，向计量槽进丙烯腈物料时，憋压致槽内压力不断升高，计量槽顶盖被槽内高压顶裂成两片。

预防盲板事故可以采取以下措施。

①管道无论是堵盲板，还是抽盲板，都必须办理作业票证。《危险化学品企业特殊作业安全规范》(GB 30871—2022)明确要求，同一盲板的抽、堵作业，应分别办理盲板抽、堵安全作业票，一张安全作业票只能进行一块盲板的一项作业。尤其是在反应釜、塔器等进出管线较多，且与尾气管线、放料管线共存的复杂环境下抽、堵盲板，更要依据管道仪表流程图（又称带控制点的工艺流程，用 PID 表示）识别出每一条管线，仔细辨识每一条管线涉及的介质与流向、温度、压力等，评估每一条管线打开时可能存在的危害，针对不同的危害制定对应的风险管控措施。严禁在同一管道上同时进行两处或两处以上的盲板抽堵作业。

②管道交出前，应降低系统管道压力至常压，按照《化工企业能量隔离实施指南》(T/CCSAS 013—2022)的要求，落实能量隔离措施。对于堵盲板作业，涉及管线打开的，应按照《化工企业设备及管线打开作业实施指南》(T/CCSAS 024—2023)，开展作业安全分析(JSA)，针对分析结果制定并落实相关安全措施。当管线打开涉及危险介质时，应制定安全工作方案，采用泄压、倒空、隔绝、清洗、置换等方式对设备及管线进行处理，降低管线压力至常压，并确保管线内介质的毒性、腐蚀性、易燃性等危险已降低到可接受的水平。如在置换、清洗、吹扫过程出现排放阀堵塞、管线未彻底排空或容器底部沉积物料的情况，应重新评估风险，编制安全工作方案，进一步完善、落实安全措施，直至满足作业安全条件。

6. 电气隔离不当引起的事故

在设备隔离措施做好以后,周围环境也需要做有效的隔离,尤其是电气设备,更应该做好断电隔离。

事故案例:2000 年 11 月 4 日,安徽省某化肥厂发生了一起维修人员被电弧灼伤的事故。11 月 4 日上午,磷化工段的氨水泵房 1 号碳化泵电机烧坏。工段维修工按照工段长安排,通知值班电工到工段切断电源,拆除电线,并把电机抬下基础运到电机维修班抢修。16 时 30 分,电机修好运回泵房。维修组长林某找来铁锤、扳手、垫铁,准备磨平基础,安放电机。当他正要在基础前蹲下作业时,一道弧光将他击倒。同伴见状,急忙将他拖出现场,送往医院治疗。这次事故使林某左手臂、左大腿部皮肤被电弧烧伤,深及Ⅱ度。

(1)事故发生的直接原因。

电工断电拆线不彻底是本次事故的直接原因。电工断电后没有严格执行操作规程,未将保险丝拔出,线头未包扎,也未挂牌示警。碳化工段当班操作工在开停碳化泵时,误将开关按钮按开,使线端带电,是本次事故的诱发因素。

(2)事故发生的间接原因。

电气车间管理混乱,对电气作业人员落实规程缺乏检查,电工作业不规范,险些酿成大祸。这是事故发生的间接原因。

在进行维修时,隔离作业十分重要,需要注意以下几点。

①隔离次序。在制订隔离计划时,应充分考虑隔离作业中可能存在的风险,通过合理的次序来避免人员暴露在危险中。在进行隔离时,应严格依照合理的隔离计划依次执行。

②隔离可靠性。隔离作业实施过程中,应正确设置隔离设备,例如检查盲封螺检是否上紧、隔离手阀是否完全关闭等。隔离完成后,应进行检查确认。

③隔离告知。在完成隔离作业后,需及时告知相关人员所隔离的工艺区段,如需在隔离作业区段进行其他作业,需分析可行性和可能存在的风险。若有必要,在现场实施上锁或挂牌管理。

④隔离移除。在完成维修作业,需要拆除隔离时,应依据隔离计划中的隔离次序逆向拆除隔离,确保隔离移除或设备回装作业时的安全。

3.1.2　设备维护时标识不清或错误引发的事故 ·····················□

化工设备标识是化工行业中非常重要的一环,合理清晰的文字标识和视觉标识可以方便维护准备工作和执行实际维护任务,保障生产安全。在设备维修操作前,要根据设备标识或者安全标识做好维修准备和安全防护,如果标识不清则会发生事故。

1. 由于标识不清,错开人孔导致的事故

事故案例:2006 年 4 月 19 日 13 时 20 分,邢钢炼钢厂 2# 转炉停炉检修。维修车间接到停炉通知后,班长指派机械维检工张某、刘某、郭某 3 人到炼钢厂厂房顶部清理 2# 转炉除尘管道积灰。13 时 26 分刘某到动力煤气回收风机房确认 2# 炉风机处于手动低速位后,挂上 "禁止操作" 牌。14 时 30 分 3 人一同上到炼钢厂厂房顶部准备检查 2# 转炉除尘管道,约

在 14 时 50 分将 2# 转炉除尘管道东侧人孔打开检查后,刘某让张某、郭某去打开 2# 炉西侧除尘管道人孔,张、郭 2 人却将 3# 炉除尘管道西侧人孔打开。张某让郭某去通知刘某 2# 炉除尘管道西侧人孔已经打开了。刘某接到通知后,从 2# 炉除尘管道东侧人孔进入管道,检查管道内积灰情况。当刘某走到西侧人孔处时,却发现除尘管道西侧人孔并没有打开,其用扳手在人孔处敲了两下没有反应,就又返回到东侧人孔处。14 时 59 分郭某又到 2# 炉除尘管道东侧人孔处找到刘某,告诉刘某说:"风机提速了。"刘某感觉情况不对,便和郭某一同又到厂房西侧去确认,快走到时,刘某见打开的不是 2# 炉除尘管道人孔,赶紧告诉张某说:"打错了。"张某听到后转身便去盖 3# 炉除尘管道人孔盖板,刘某赶紧冲张某喊:"别关。"喊话的同时,张某已被吸在人孔处。刘、郭 2 人迅速跑上去将张某的腿抱住,并打电话通知炼钢调度让风机降速,风机降速后把张某从人孔处救出,随即送往市第三医院,可惜张某经抢救无效死亡。

事故调查组经调查分析认为,导致本次事故发生的原因主要有以下四个方面。

①机械维检工张某在 2# 炉除尘管道清理积灰作业时,本应打开 2# 炉除尘管道西侧人孔,因没有对管道进行确认,误将 3# 炉除尘管道人孔打开。发现开错后,张某在管道负压过大的情况下违章去盖人孔盖扳,被吸在人孔处,这是导致其煤气中毒死亡的直接原因。

②炼钢厂现场管理不到位。厂房顶部共有 4 条除尘管道,包括管道上的人孔在内,没有明显的安全标识,使作业人员在现场不能对除尘管道进行明显辨识,这是导致本次事故的重要原因。

③检修作业前安全预案内容不完善,没有根据除尘管道检修作业程序制定出有针对性的预防措施,这是导致本次事故的间接原因。

④炼钢厂检修作业应急预案不完善。若发现除尘管道人孔打错后,需重新将人孔盖板复位时,必须在风机转入低速运行的状态时方可盖人孔盖板。炼钢厂未针对此种情况做出明确的安全规定或发布有关作业指导性文件,以致张某错开人孔后盲目去关闭人孔盖板,这也是导致本次事故的间接原因。

2. 在设备检修过程中,既无"检修"标识,也无"断电"标识引发的事故

事故案例:某日,安徽某化工厂员工在放料过程中发现釜内残存一些物料,遂通知班长。班长赶到现场,经过观察发现是因釜底阀堵塞导致。随后班长关闭搅拌开关,系好安全绳并佩戴好长管式呼吸器进入釜内。

在疏通釜底阀过程中,该厂电工王某在车间巡检时发现该釜搅拌开关呈关闭状态,也未悬挂"禁止合闸"标志。王某误认为开关是因跳闸异常关闭,在没有核实的情况下,私自给该釜搅拌器重新通电。釜内正在疏通釜底阀的班长发现搅拌器突然转动,还未做出反应,就被搅拌翅打晕在釜内。电工王某听到叫声后立即关闭了釜内搅拌电源。事故导致该班班长昏迷,身体多处骨折。

这是一起由于未彻底切断电源并悬挂警示标志造成的安全事故。该班班长进入受限空间过程前虽然已系好安全绳并戴好长管式呼吸器,但未通知安全部办理受限空间作业票证,在进入前未彻底切断电源,只是关闭电源开关,也未在开关上悬挂"禁止合闸"等安全警示标志。在没有经过安全辨析、没有彻底切断电源、没有悬挂警示标志的情况下私自进入受限空间是这次事故的主要原因。电工王某在闭合开关时并未仔细观察核实情况也是造成该事故的原因之一。

3. 由于标识不清,对错误的管道或设备进行操作引起的其他类似事故

事故案例一:一家工厂的维修工作结束后,相关标识没有取走。一名机械师没有检查标识号码,打开了先前标识的一个接头,造成事故。所以,工作结束后,必须移除标识。

事故案例二:管桥上的一条管线的接头处滴水,工人们搭建好脚手架以便对管线进行维修。但是负责人没有爬上脚手架就直接往上指出了泄漏的接头,并要求维修人员修理其所指的水管中的接头。由于没有做标识确认,维修人员与负责人所认为的管线不是同一个。因此,维修人员在断开接头后受伤了,并且由于通道不畅,好不容易才获救。如果在管线接头贴上标识,维修人员就会发现问题从而避免事故。

事故案例三:有人从楼上指挥维修人员把蒸汽阀的阀盖拆下来,而没有走到相应位置详细告诉维修人员。维修人员走下一段楼梯,从侧面接近阀门,取下压缩空气阀的阀盖。可是阀盖飞出,擦伤了维修人员的脸。

3.1.3　检修前没有完全消除危险引发的事故 ·······································□

通常,为保证检修动火和罐内作业的安全,检修前设备内的易燃、有毒物料应进行抽井、排空、吹扫、置换,如果未进行置换或者置换不彻底,在检修过程中就极易发生火灾、爆炸事故。许多事故的发生是因为设备虽然已正确隔离,但没有完全清除有害物质,或者设备内部的压力没有完全释放,维修人员也没有意识到这一点,在还存在危险因素的情况下进行了检修,从而引发事故。

1. 设备存有积液引起的事故

事故案例:2018 年 5 月 12 日,在上海赛科石油化工有限责任公司(以下简称赛科公司)公用工程罐区位置,上海埃金科工程建设服务有限公司(以下简称埃金科公司)的作业人员对苯罐进行检修作业。13 时 15 分,埃金科公司 8 名作业人员继续开展浮箱拆除工作,其中 6 名作业人员进入 0201 苯罐内,1 名作业人员在罐外传递拆下的浮箱,1 名作业人员在罐外进行作业监护。现场另有 1 名赛科公司外操人员在罐外对作业实施监护。该名外操人员同时负责定时进行测氧测爆工作。作业至 15 时 25 分左右,现场突然发生闪爆,造成在该苯罐内进行浮盘拆除作业的 6 名作业人员当场死亡。事故现场图可扫描二维码 3-5。

二维码 3-5

事故发生的直接原因:0201 内浮顶储罐的浮盘铝合金浮箱组件有内漏积液(苯),在拆除浮箱过程中,浮箱内的苯外泄在储罐底板上且未被及时清理。由于苯易挥发且储罐内因环境封闭无有效通风,易燃的苯蒸气与空气混合形成爆炸环境,局部浓度达到爆炸极限。罐内作业人员拆除浮箱过程中,使用的非防爆工具及作业过程可能产生的点火能量,遇混合气体发生爆燃,燃烧产生的高温又将其他铝合金浮箱熔融,使浮箱内积存的苯外泄造成短时间持续燃烧。

2. 需检修设备未进行相关退料等操作引发的事故

事故案例：2021 年 4 月 21 日,黑龙江省绥化市安达市黑龙江凯伦达科技有限公司(以下简称凯伦达公司)在三车间制气釜停工检修过程中发生中毒窒息事故,造成 4 死 9 伤。事故现场图可扫描二维码 3-6。

二维码 3-6

事故原因为在停产期间,制气釜内气态物料未进行退料、隔离和置换,釜底部聚集了高浓度的氧硫化碳与硫化氢混合气体。维修人员在没有采取任何防护措施的情况下,进入制气釜底部作业,吸入有毒气体造成窒息。救援人员盲目施救,致使现场 9 人不同程度中毒受伤。

事故主要教训如下。

①涉事企业法律意识缺失、安全意识淡薄。凯伦达公司未落实安全生产主体责任,违规组织受限空间作业,作业前作业人员未申请受限空间作业票。

②安全风险辨识和隐患排查治理不到位。凯伦达公司未按规定要求开展自检自查,未辨识出三车间制气釜检修存在氧硫化碳和硫化氢混合气体中毒窒息风险,未制定可靠的防范措施。

③安全管理混乱。凯伦达公司未按规定设置分管安全生产负责人,安全管理制度不完善,未建立安全风险管控制度。

④涉事企业对作业人员岗位培训不到位,应急处置能力严重不足。凯伦达公司未组织开展应急预案培训及演练,作业现场未配备足够的应急救援物资和个人防护用品。

⑤地方党委政府未统筹好发展和安全的关系。主要表现在安全发展理念不牢、红线意识不强、化工项目准入门槛低且把关不严,在安全基础薄弱、安全风险管控能力不足的情况下,盲目承接异地转移的高风险化工项目。

3. 未排查周围环境安全隐患引发的事故

事故案例：1993 年 4 月 14 日上午,林源炼油二催化车间准备对碱罐的排碱管线进行重新配制。车间安全员按照规定,申请在正常开工的二催化装置内进行一级用火。13 时 30 分,车间主任、工艺技术员、安全员、检修班长一起到现场,同厂安全处人员一起,对现场进行了动火安全措施的落实检查,签发了火票,维修工开始动火。14 时 20 分,在开始动火 30 min 后,当维修工用气焊修整对接焊口时,碱罐下方通入碱液泵房内的管沟发生瓦斯爆炸。泵房内外各有 8 m 长的水泥盖板被崩起,崩起的盖板将动火现场的 4 名维修人员砸伤,其中重伤 2 人,轻伤 2 人,事故中设备未受损坏,生产未受影响。

事故原因是在离动火现场 9 m 处,管沟内有一个 Dg100 的地漏与装置区排污下水井相通。管沟盖板上面虽然用水泥沙浆抹平,但日久天长产生了裂缝,下水井内的瓦斯气体通过地漏窜入管沟内,并从裂缝处窜出,遇见明火发生爆炸。

3.1.4 未遵循操作规程引发的事故

化工企业在进行设备及仪器的检修时,需要严格遵循相关规章制度并进行正确操作,严格把控工艺指标以及流程,确保整个检修工作的安全。应按照规定要求开停车,并在此过程中把握好温度的升高与降低,根据操作要求依次进行投料与排料检测。如果相关数值超过了规定范围,必须及时采取相应措施,根据检修计划要求的时间与线路进行检修工作,从而有效保障检修养护工作的顺利开展,避免安全隐患的产生。

1. 违反重要作业管理规定引发的事故

事故案例一:2004 年 10 月 27 日,大庆石化总厂工程公司第一安装公司四分公司,在大庆石化分公司炼油厂硫黄回收车间 64 万 t/a 酸性水汽提装置 V402 原料水罐施工作业时,发生了重大爆炸事故,死亡 7 人,造成经济损失 192 万元。现将大庆石化"10·27"事故回顾如下。

2004 年 10 月 20 日,64 万 t/a 酸性水汽提装置 V403 原料水罐发生撕裂事故,造成该装置停产。为尽快修复破损设备、恢复生产,大庆石化分公司炼油厂机动处根据大庆石化关联交易合同,将抢修作业委托给大庆石化总厂工程公司第一安装公司。该公司接到大庆石化分公司炼油厂硫黄回收车间 V403 原料水罐维修计划书后,安排下属的四分公司承担该次修复施工作业任务。修复过程中,为了加入盲板,需要将 V406 与 V407 两个水封罐,以及原料水罐 V402 与 V403 的连接平台吊下。

10 月 27 日 8 时,四分公司施工员带领 16 名施工人员到达现场。8 时 20 分,施工员带领两名管工开始在 V402 罐顶安装第 17 块盲板。8 时 25 分,吊车起吊 V406 罐和 V402 罐连接管线,管工将盲板放入法兰内,并准备吹扫。8 时 45 分,吹扫完毕后,管工将法兰螺栓紧固。9 时 20 分左右,施工员到硫黄回收车间安全员处取回火票,并将火票送给 V402 罐顶气焊工,同时硫黄回收车间设备主任、设备员、监火员和操作工也到达 V402 罐顶。9 时 40 分左右,在生产单位的指导配合下,气焊工开始在 V402 罐顶排气线 0.8 m 处动火切割。9 时 44 分,管线切割约一半时,V402 罐发生爆炸着火。10 时 45 分,火被彻底扑灭。爆炸导致 2 人当场死亡, 5 人失踪。10 月 29 日 13 时许, 5 名失踪人员的遗体全部找到。死亡的 7 人中,3 人为大庆石化总厂临时用工,4 人为大庆石化分公司员工。

事故的直接原因是 V402 原料水罐内的爆炸性混合气体,从与 V402 罐相连接的 DN200 管线根部焊缝,或 V402 罐壁与罐顶板连接焊缝开裂处泄漏,遇到在 V402 罐上气割 DN200 管线作业的明火或飞溅的熔渣,引起爆炸。

"10·27"事故是一起典型的由于"三违"造成的重大安全生产责任事故。通过对事故的调查和分析,大庆石化总厂主要存在以下四个方面的问题。

①违反火票办理程序,执行用火制度不严格。动火人未在火票相应栏目中签字确认,而由施工员代签。在动火点未做有毒有害及易燃易爆气体采样分析、动火作业措施还没有落实的情况下,就进行动火作业,没有履行相互监督的责任,违反了《动火作业管理制度》。

②违反起重吊装作业安全管理规定,吊装作业违章操作。吊车在施工现场起吊 DN200 管线时,该管线一端与 V406 罐相连,另一端通过法兰与 V402 罐相连,在这种情况下起吊,违反了《起重吊装作业安全规定》。

③违反特种作业人员管理规定,气焊工无证上岗。在 V402 罐顶动火切割 DN200 管线的气焊工,没有金属焊接切割作业操作证,安全意识低下,自我保护意识差。

④不重视风险评估,对现场危害因素识别不够。施工人员对 V402 酸性水罐存在的风险不清楚,对现场危害认识不足,没有采取有效的防控措施。

要杜绝此类事故,必须做到以下几点。

①必须从思想深处牢固树立"以人为本、安全第一"的思想,真正把安全放在首要位置。违章指挥就是害人,违章作业就是害人害己。无论是谁,都必须深刻认识"安全就是生命、安全就是效益、安全就是和谐"的深刻内涵,切实增强安全意识和自我保护意识,以保证人的生命安全和身体健康为根本,真正把安全工作当作头等大事,做到以人为本,在任何时候、任何情况下,都绷紧安全生产这根弦,绝不能放松,绝不能麻痹。

②必须以严格管理贯穿全过程、落实到全方位,保证安全监督管理执行有效。事故虽然发生在基层,但是根源在领导,责任在领导。作为领导干部,在安全工作上只能加强,不能疏忽;一定要认真落实企业制定的"安全思想要严肃、安全管理要严格、安全制度要严谨、安全组织要严密、安全纪律要严明"的"五严"要求,真正把安全工作做严、做实、做细、做好。

③必须在细节上夯实"三基"(即基本理论、基本知识、基本技能)工作,为本质安全打下坚实的基础。必须强化基本素质培训,解决不知不会、无知无畏的问题;必须在基层的细节和小事上严格监督管理,解决心存侥幸、习惯违章的问题;必须严格规范工艺技术规程和操作规程,解决粗心大意、操作失误的问题。

④必须把具体安全措施落实到每一个环节,实现安全工作的全过程受控。

违反操作规程导致事故的案例还有很多。

事故案例二:2003 年 7 月 14 日,辽宁葫芦岛某化工厂发生一起因入罐作业违反操作规程导致 2 人窒息昏迷的事故。事故经过如下。

当日 9 时 30 分,该厂碱工段在清理 D103 碱罐的过程中,维修工 Q 和 L 在入罐作业时窒息昏迷,后经多方抢救,2 人脱离危险。经调查:D103 碱罐高 1.4 m,直径为 2 m;该罐正常运行时将氮气通入罐内,使测量该罐液的仪表正常工作;检查作业时没能将氮气阀门关闭。事故发生后,经分析 D103 罐内含氧量仅为 1%,罐内基本充满氮气,从而证明 Q 和 L 在罐内窒息昏迷是缺氧所致。

事故原因是车间领导和作业人员均没执行入罐作业安全操作规程。《化工企业厂区设备内作业安全规程》明确规定:入罐作业必须办理作业安全票,作业前必须对系统进行隔离、清洗、置换、分析、通风,并要求氧含量达到 18%~21%。而该车间领导和作业人员均没有按照安全操作规程执行这些必要的程序,违章指挥、违章作业是造成这起事故的主要原因;作业人员安全意识淡薄、执行操作规程自觉性差、自我保护意识差、主观蛮干是造成事故的直接原因;车间领导在安排此项检修工作时没能认真布置安全工作,是典型的"重生产、轻安全"思想的表现,车间领导负有不可推卸的责任。这种违规入罐操作(不分析、不办证、不检查、无措施)已经多次发生。

此类事故的预防措施如下。

①在入罐作业时,必须严格执行作业安全规程,严格分析、办证、监管,严格落实安全措施。

②根据事故处理"四不放过"原则,对事故责任人进行处罚,以达到吸取教训、提高安全意识的目的,杜绝类似事故的再次发生。

③努力提高领导干部的安全管理能力,使之牢记"安全责任重于泰山",坚决树立"安全第一、预防为主"的安全管理理念。

④加强企业的安全知识和安全技能培训,加强安全教育,提高广大干部职工的安全意识、安全技能。

2. 非专业人员进行维修引发的事故

事故案例:2008年5月21日12时30分左右,淄博市周村鲁顺运输服务有限公司一辆运输过粗苯的危险化学品槽罐车在周村恒通维修部进行清罐处理过程中,2人因中毒死亡。11时50分左右,该槽罐车开至周村恒通维修部,拟对车辆进行残留物清罐处理,驾驶员和押运员告诉该维修部员工该车拉过粗苯,需要清罐,随后2人便去该维修部西边饭店吃午饭。该维修部员工即上车做罐内机械引风准备工作,12时30分左右,在罐体前部人孔盖已打开,后部人孔盖尚未全部打开,引风机尚未安装的情况下,该维修部员工便佩戴防毒面具进入罐内进行清洗工作,当场在罐内中毒晕倒。随后,该维修部负责人未穿戴防护用品,即上车进入罐内进行救助,也在罐内中毒晕倒。此后将2人从罐内救出并送往医院抢救,确认2人均已死亡。

(1)事故发生的直接原因。

①该维修部员工在未对危险化学品槽罐采取强制通风置换措施、未对罐内气体进行分析检测等的情况下,佩戴不符合要求的防护用品,进入罐内进行清罐。

②该维修部负责人未穿戴防护用品进罐救助。

(2)事故发生的间接原因。

①周村恒通维修部不具备危险化学品槽罐车清罐条件,却超范围经营危险化学品槽罐车清罐业务。

②该维修部负责人安排不具备相关安全知识和能力的人员对危险化学品槽罐车进行清罐。

③淄博市周村鲁顺交通运输服务有限公司安全管理制度不健全,对从业人员安全教育培训不够,未建立相应的安全操作规程,对危险化学品槽罐车清罐工作和清罐地点规定不明确。

④车主对驾驶员、押运员管理不到位,致使驾驶员和押运员将危险化学品槽罐车擅自交由无危险化学品清罐条件的周村恒通维修部进行清罐,并且未将清罐存在的危险有害因素和安全措施告知清罐人员,未尽到运输全过程的监管职责。

(3)事故预防措施。

①深入开展作业过程的风险分析工作,加强现场安全管理。

②制定完善的安全生产责任制、安全生产管理制度、安全操作规程,并严格落实和执行。

③加强员工的安全教育培训,全面提高员工的安全意识和技术水平。

④制定事故应急救援预案,并定期培训和演练。

⑤作业现场配备必要的检测仪器和救援防护设备,对有危害的场所要进行检测,查明真相,正确选择、带好个人防护用具并加强监护。

3. 维修人员未经过对应工艺相关培训引发的事故

维修人员需要经专业培训并经考核合格后,才能安排相关维修工作。企业也应根据当前生产车间阶段完成目标以及任务情况,定期对维修人员进行有针对性的培训。未经过培训的维修人员,不能直接进行检修操作。

事故案例:2009 年 11 月 12 日,山东省淄博市某化工厂中脱砷反应器操作人员工作时,发现仪表阀门无法调整反应器压力,便通知仪表维修工到现场检修。仪表维修工贾某到现场后,没有询问技术人员管道压力以及内部物料性质,直接开排污阀检查,见无介质流出,怀疑是阀门堵塞,导致仪表失灵。于是贾某关闭了两侧导淋阀门,登上罐顶试图打开阀门法兰检查处理堵塞故障。法兰刚一打开便喷出大量氢气,发生爆燃,贾某被这一突发状况惊吓,从罐顶坠落摔成重伤。

这是一起由违章操作引发的生产安全事故。事故发生的直接原因是仪表维修工贾某在没有与技术人员沟通分析和确认故障的情况下,在不熟悉工艺流程、没有通知技术总工或车间主任的情况下,根据自己的经验,贸然擅自打开带压阀门法兰,导致管内氢气外泄,遇热发生爆燃,导致事故发生。另外,在登高作业中没有按照规定佩戴安全带也是导致本次事故的又一重要原因。

设备或仪表维护人员,在维修设备、仪表过程中,对于自己不懂的工艺管道、设备、仪表一定要报告负责人,不能凭"自己的感觉、以往的经验"贸然行事;在打开法兰或设备阀门、容器盖之前,必须确认管道内物料是什么、有没有压力,自己不能确定的要通知安全部进行确认,不能像案例中的贾某那样贸然打开法兰,导致物料喷溅给自己造成伤害。另外,在高度大于 2 m 的高处作业时,作业人员应佩戴安全带,并按照"高挂低用"的规范悬挂。

3.1.5 化工设备维护过程中事故的预防····················□

为了确保化工设备安全合理运行,有必要加强化工设备维护与检修。在化工设备的维护过程中,对事故的预防要围绕化工设备安全管理展开,包含制定检修方案、检修前准备、检修安全措施准备、检修过程中安全管理、检修后安全管理等。

1. 制定检修方案

由检修方案制定人员向施工人员进行现场施工技术交底,内容包括检修内容、检修步骤、检修方法、检修目标的质量标准、检修人员分工、检修中的注意事项、存在的危险因素及应采取的安全技术措施等。

在交底的基础上组织所有施工人员到检修现场熟悉工作环境,核实安全措施的合理性和可行性;结合本次检修施工的实际,对施工人员进行现场安全教育,必要时,对关键部位或特殊技术,要求施工人员进行专门的安全教育和考核后才可上岗操作。

正式开工检修前,应由检修指挥部统一组织再进行一次停车前的准备检查验收工作,对施工中的工具设施安全完好情况进行专门的检查,并将检查结果登记签字存档备查。

2. 检修前准备

充分的准备工作是实现安全检修的前提,检修前要做好以下工作。

①停车确认。严格按照审批后的停工方案停工,停工过程的每一个关键步骤都有专人负责确认。

②回收危险物料。易燃、易爆、有毒、腐蚀性、污染性物料要按规定回收或通过火炬燃烧排放。

③置换彻底。按停工规程将工艺管道、塔、容器、加热炉、机泵、换热器等设备内部介质全部退净,并按规程要求完成相应的吹扫、热水蒸煮、水顶线、酸碱中和、化学清洗、氮气置换、空气置换等处理,管道设备吹扫置换要干净。

④有效隔离。必须按隔离方案完成交检装置与公共系统及其他装置彻底隔离;隔离方案中盲板表与现场一致,加盲板部位必须设有"盲板禁动"标识,指定专人负责盲板管理、盲板装拆、编号登记,并在现场做好明显标识。

⑤采样分析。对残留在罐、反应釜等设备内的有毒、有害、易燃等物质,按规定时间通风后进行采样分析并达到合格要求。

⑥对下水系统进行有效封堵。下水井及地漏系统用石棉布、细土封堵,或用水泥封死;无存油的地沟要灌清水;对于 Y 形地漏,不能把放空管线和漏斗封闭在一起。

⑦安全警戒。对检修现场的坑、井、洼、沟、陡坡等应填平或铺设与地面平齐的盖板,也可设置围栏和警告标志,并设夜间警示红灯。检修现场的爬梯、栏杆、平台、铁笆子、盖板等要安全可靠。

⑧断电告知及标识。机泵等用电设备全部断电并告知生产车间,未断电的设备要做好标识和防护。

3. 检修安全措施准备

①对检修作业各环节进行危险、有害因素识别。检修责任单位应组织安全、设备、电气仪表等专业部门人员,对检修作业各环节通过作业活动安全风险分析等方法进行危险、有害因素识别,并制定相关的安全措施。

②编制检修方案。根据检修内容,检修责任部门应制定包括检修现状、范围、标准、要求等内容的检修方案。

③办理交付手续。检修人员在检修前,应与生产车间办理检修设备设施、工艺等交付手续,双方签字确认后,方可进行检修作业。

④做好安全培训。检修责任部门、安全管理部门应对参加检修人员进行检修危险环节、有害因素、安全措施、应急处置等方面的安全培训教育,考核合格后,方可进行作业。

⑤现场确认。检修前,对检修作业活动安全控制措施安排专人(监护人)进行现场确认;夜间检修的作业场所,确保现场有足够亮度的照明装置;对检修所需的材料、起重设备、焊接设备、电动工具、索具、吊具等工器具进行检修前的安全检查。

⑥现场应急物资完好备用。灭火器,空气呼吸器,防毒、防烫、防尘物品等各类应急物资齐全完好,蒸汽胶管、水带摆放整齐并随时可以投用。

4. 检修过程中安全管理要点

①电气焊等特种作业人员必须持证上岗。监护人必须经过培训合格后,方可进行现场监护。

②劳动保护(以下简称劳保)着装规范。所有参检人员必须按照相关规定佩戴安全帽、防护眼镜、防护手套、穿工作服、劳保鞋,电焊工必须穿戴绝缘手套、绝缘劳保鞋等。

③安全培训及现场交底。动火人和监护人等从事作业的人员必须了解现场情况,清楚检修作业活动存在的潜在风险,作业前必须进行安全教育,现场情况要进行安全交底,确认后方可开始检修作业。

④规范作业票证管理。动火证应实行"一处、一周期、一证";安全作业证实行一个作业点、一个作业周期内、同一作业内容一张安全作业证的管理方式;动火部位与动火作业许可证必须相符(当发现动火部位与动火作业许可证不相符合,或者动火安全措施不落实时,动火监护人有权制止动火);检修作业票证制定的安全措施必须经过专人落实。

⑤作业现场分析。检修涉及的动火作业、受限空间作业等,应进行动火分析,可燃气体浓度、有毒有害气体浓度及氧含量经检测合格后方可作业。

⑥严格落实"三不动火"等措施。"三不动火"是指没有经过批准的动火作业许可证不动火,动火监护人不在现场不动火,防火措施不落实不动火。高空进行动火作业,其下部地面如有可燃物、空洞、窨井、地沟、水封等,应检查分析,并采取措施,以防火花溅落引起火灾、爆炸事故。用火点周围要清除易燃物,下水井、地漏、地沟、电缆沟等处采取覆盖、铺砂、水封等手段进行隔离。用火点 30 m 以内严禁排放各类可燃气体;15 m 范围内严禁排放各类可燃液体,也不可进行装卸作业;在动火点 10 m 范围内及动火点下方不应同时进行可燃溶剂清洗或喷漆等作业;五级风以上(含五级风)天气,禁止露天动火作业。因生产需要确需动火作业时,动火作业应升级管理。

⑦受限空间作业应引起足够重视。做好作业前的准备,受限空间作业须指派至少 1 名接受过专业培训的监护人,明确其监护和救援职责。进入受限空间前,每个作业人员必须将其出入证交给监护人,并存放于显著位置;作业前,应组织人员对作业各环节进行风险辨识、制定防范措施,并逐一进行落实;作业前,应采取打开人孔、手孔、料孔等与大气相通的设施进行自然通风等,保持受限空间内空气流通良好,作业前受限空间氧气浓度应在 19.5% ~23.5% 这个范围,易燃易爆气体浓度应小于爆炸下限(LEL)的 10%,有毒有害气体浓度应满足《危险化学品企业特殊作业安全规范》(GB 30871—2022)的有关规定;在有易燃易爆物质存在的受限空间,作业过程中应使用防爆型设备和工具;受限空间内阻碍人员移动、对作业人员造成危害、影响救援的设备(如搅拌器),应采取固定措施,必要时应移出;受限空间内必须有充足的照明,金属容器或潮湿环境须采用电压不超过 24 V 的安全行灯,变压器不得放入容器和接触到容器;停止作业期间,应在受限空间入口处增设警示标志,并采取防止人员误入的措施;作业结束后,应将工器具带出受限空间。

⑧工器具规范使用。动火作业前,应检查电气焊工具,保证安全可靠,不准带病使用;溶解乙炔气钢瓶不应卧放,必须直立摆放,并有防倾倒措施;氧气瓶与乙炔气瓶间距不小于

5 m,二者与动火作业地点不小于 10 m;电焊回路接线应正确,电焊回路线接在焊件上,不得穿过下水井或与其他设备搭接;电焊机二次侧及外壳应进行接地或接零保护,保持接地良好,接地电阻不大于 4 Ω。

5. 检修后安全管理要点

①检修作业完毕后,恢复现场临时拆除的安全设施。

②恢复作业时拆移的盖板、箅子板、扶手、栏杆、防护罩等安全设施的安全使用功能,将作业用的电焊机、氧气乙炔瓶、脚手架、临时电源、临时照明设备等工器具及时撤离现场。

③将废料、杂物、垃圾、油污等清理干净。

④办理交付手续。检修人员应与生产车间办理检修的设备设施交付手续,双方签字确认后,方可离开检修作业现场。

3.2 作业中操作不当引起的事故与预防

化工企业的某些生产环节有非常高的风险性,在整个生产过程中,由于产品和设备的特殊性,必须严格按照标准来进行工作,以降低安全事故的发生率。化工企业进行生产时,一些产品需要进行化学反应,工作人员需要操作相关的仪器设备,所以负责生产和施工的人员不仅要有较强的理论知识作为基础,而且要有专业能力作为保障。此外,生产和施工人员还必须有很强的安全意识,严格遵守生产管理制度以及设备操作规程,因为其中任何一项步骤出现问题都会导致安全事故。

人为操作不当是引发事故的主要原因,未能根据国家和行业相关规范进行操作,过于依赖自身经验,容易出现操作失误的情况。尤其是现在,企业人员流动性比较大,缺乏对人员的有效约束和管理,在开展操作前未能做好严格的培训工作,导致工作人员因疏忽大意而引发事故。很多新技术、新工艺和新设备在应用时没有对工作人员进行全面讲解,工作人员对于生产工艺特点的掌握程度不足,不了解相关注意事项,从而引发重大安全事故。

3.2.1 带压操作引起的事故 ··□

压力容器作为化工生产中较常用的设备,在长期高负荷运行的背景下,经常会出现明显的隐患问题,对化工生产的安全性和稳定性产生直接的影响,所以对压力容器设备的设计、操作、运行都有相应的标准和规范。作业人员必须按照要求进行各项作业,不能出现带压操作的情况,否则容易发生各种事故。

事故案例一:2013 年 10 月 18 日 4 时 26 分许,山东省东营市广饶县润恒化工有限公司的医药中间体生产车间发生有毒物料泄漏事故,造成 3 人中毒,经抢救无效死亡,直接经济损失约 270.6 万元。事故车间现场图可扫描二维码 3-7。

二维码 3-7

事故车间于 2008 年 3 月开工建设,2008 年 8 月建成后,一直没有正常生产。2013 年 3 月至 10 月对部分设备进行了改造,其间断续进行过生产。10 月 13 日投料生产。10 月 18 日 4 时 22 分,氟化岗位操作工发现与氟化釜连接的截止阀出现轻微渗漏现象,于是通知维修工前来维修。10 月 18 日 4 时 25 分开始维修,维修工用脚踩踏工具,整个人站在工具上面加力;4 时 26 分,维修工又使用管钳对已关闭到位的截止阀进行压紧阀盖作业。此时,截止阀阀芯突然弹出,氟化釜内有毒物料瞬间从截止阀接口处大量喷出,造成 3 名操作工人中毒,经抢救无效死亡。

（1）事故发生的直接原因。

氟化岗位操作工违章操作,未佩戴劳动防护用品;在氟化釜处于带压状态下,使用管钳对已关闭到位的截止阀进行压紧阀盖作业,致使截止阀连接螺纹受力过大引起结构失稳（滑丝）,反应釜含有氟化氢的有毒物料喷出,导致中毒事故发生。

（2）事故发生的间接原因。

①企业未依法履行安全、环保、消防等手续,属于非法生产危险化学品、非法购买剧毒品、非法使用未经登记注册的压力容器等。

②企业不具备基本的安全生产条件,安全生产管理制度缺失,安全操作规程不完善,安全教育培训不到位,从业人员安全素质差,设备管理不到位,未设置有毒气体检测报警仪,等等。

事故案例二:2017 年 11 月 30 日 12 时 20 分左右,中石油乌鲁木齐石化公司炼油厂在换热器检修作业中发生事故,造成 5 人死亡, 16 人受伤（其中 3 人重伤）。事故现场图可扫描二维码 3-8。

二维码 3-8

事故发生在该厂 150 万 t/a 重油催化裂化装置油浆蒸汽发生器（E-2208/2）,该油浆蒸汽发生器为管壳式换热器,管程介质为油浆,最高工作压力为 1.44 MPa,进出口温度分别为 350 ℃ 和 265 ℃;壳程介质为饱和蒸汽和除氧水,最高工作压力为 4.58 MPa,工作温度为 260 ℃。

2017 年 11 月 28 日,该装置因油浆系统固含量偏高计划停车,进行检修。11 月 30 日 9 时 45 分,在白班交接班会上,夜班班长通报油浆系统泄压完毕,盲板安装完毕。11 月 30 日 11 时 6 分,白班班长和属地监护人在作业许可票上进行签字,随后票证下发至设备安装公司现场负责人处开始施工,现场作业 8 人对 E2208/2 管箱螺栓进行拆除。施工至 12 时 20 分左右,该换热器管束与封头突然飞出,冲进约 25 m 外的仓库内,换热器壳体在反向作用力下,向后移动约 8 m。

事故原因初步分析:E2208/2 检修前壳程蒸汽压力未泄放,检修时壳体压力为 2.2 MPa。换热器管箱螺栓拆除剩余至 5 根时,螺栓失效断裂,管箱及管束在蒸汽压力作用下,从壳体飞出,造成施工现场及周边人员伤亡。

3.2.2　未使用专用化学品包装引发的事故

危险化学品由于具有易燃、易爆、毒性、腐蚀性等危险特性,在储存、运输、包装过程中,若处理不当,极易造成事故,轻则影响生产,重则造成人员伤亡,严重污染环境。所以,在危险化学品使用过程中必须遵守《危险化学品安全管理条例》。

事故案例：2013 年 12 月 29 日 13 时 50 分许，山东省临沂市兰山区九州化工厂过氧化甲乙酮生产装置南侧空地上，从一辆过氧化氢槽罐车卸料至多个过氧化氢包装桶的过程中，一装满过氧化氢的包装桶突然爆炸，造成 3 人死亡，直接经济损失 200 余万元。事故现场图可扫描二维码 3-9。

二维码 3-9

事故企业的 3 000 t/a 过氧化甲乙酮项目于 12 月 25 日停产，27 日联系购买过氧化氢准备恢复生产。 12 月 29 日 7 时 30 分，一辆过氧化氢运输槽罐车到达企业厂区内过氧化甲乙酮车间南侧，企业 2 名职工开始进行卸车作业，直至中午休息。13 时 10 分左右继续卸车作业。13 时 50 分，1 个已装满过氧化氢的包装桶（200 L）突然爆炸，造成现场操作人员和押运员共 3 人死亡，周围 10 余个过氧化氢桶被炸飞，距爆炸点北侧 3 m 处厂房外墙倒塌，车辆受损，约 100 m 范围内建筑物门窗玻璃不同程度受损。

（1）事故直接原因。

违章使用无排气孔的非专用过氧化氢包装桶，在装入过氧化氢后，桶内残存的 Fe^{3+} 及其他金属杂质引起过氧化氢急剧分解，产生的水蒸气和氧气不能及时有效排放导致超压爆炸。

（2）事故间接原因。

①未按规定标准使用过氧化氢专用包装桶，包装桶重复使用前未进行安全检查，违规使用废盐酸桶盛装过氧化氢。

②企业负责人安全生产责任履行不到位，安全生产规章制度及安全操作规程不健全、不落实，没有建立过氧化氢等危险化学品卸车管理制度和安全操作规程。

③企业安全培训工作流于形式，致使职工对过氧化氢遇碱、金属粉末会发生剧烈化学反应甚至爆炸等危险特性不了解，职工的安全防范意识和事故处置能力不强。

④企业安全生产管理混乱，使用的危险化学品包装桶没有显著标识，堆放杂乱，导致包装桶混用现象的发生。

上述事故向人们提出警告，对危险化学品的危险特性不了解，对生产、储存的安全措施不掌握，又不执行相关安全标准规范的要求，就不能从事危险化学品的生产、储存。

3.2.3　私自改变生产操作引发的事故···□

化工生产具有高危险性，在生产过程中，必须按照工艺设计进行投料、温度控制等操作，假如把握不当，则会发生有毒有害物质跑漏等情况，极有可能危及生产人员的生命安全。

事故案例：2017 年 1 月 3 日，浙江华邦医药化工有限公司（以下简称华邦公司）发生"1·3"较大爆燃事故。由于上一班工人 24 h 上班，身体疲劳，在岗位上瞌睡，错过了投料时间，本应在晚上 11 时左右投料（平时都是晚上 11 时左右投料），却在 3 日凌晨 4 时左右投料，冷却至 20~25 ℃时滴加浓硫酸，保温 2 h 后，交接给下一班（白班）。

二维码 3-10

下一班工人未进行升温至 60~68 ℃并保温 5 h 的操作，就直接开始减压蒸馏，蒸了 20 多分钟，发现没有甲苯蒸出，于是继续加大蒸汽量（使用蒸汽旁路通道,主通道自动切断装置失去作用),约半小时后(即 8 时 50 分左右),发生爆燃,造成 3 人死亡。事故现场图可扫描二维码 3-10。

(1)事故发生的直接原因。

开始减压蒸馏时甲苯未蒸出,当班工人擅自加大蒸汽开量且违规使用蒸汽旁路通道,致使主通道气动阀门自动切断装置失去作用。蒸汽开量过大,外加未反应原料继续反应放热,釜内温度不断上升,并超过反应产物(含乳清酸)的分解温度 105 ℃。反应产物(含乳清酸)急剧分解放热,体系压力、温度迅速上升,最终导致反应釜超压发生物理爆炸。

(2)事故发生的间接原因。

①设计院在设计华邦公司 DDH(潘生丁二氯物)技改项目环合反应加热方式时,未对所设计项目进行必要的安全认证,也未开展项目风险研究或要求提供第三方风险研究结论,设计采用蒸汽加热方式,导致项目设计存在本质安全隐患。

②华邦公司对蒸汽旁通阀管控不到位,既未采取加锁等杜绝使用措施,也未在旁通阀上设置警示标志,在作业工人违规使用蒸汽旁路通道时,未能发现并纠正,致使反应釜温度和蒸汽联锁切断装置失去作用。

③华邦公司未对 DDH 生产工艺进行风险论证,未掌握环合反应产物温度达到 105 ℃会剧烈分解的化学特性,导致反应釜内压力急剧上升;对生产工艺关键节点控制不到位,批准使用的环合反应安全操作规程未能细化浓缩蒸馏操作,未规定操作复合程序,且操作规程部分内容与设计工艺实际操作内容不相符,编写存在错误,规程操作性差。

④华邦公司未有效落实安全生产责任制、岗位责任制和领导干部带班(值班)制度,对生产工艺流程缺乏有效监管,对夜班工人睡岗现象失察失管,致使错过投料时间;对从业人员安全意识、责任风险意识教育培训不到位,致使车间操作工人习惯性违反操作规程、变更生产工艺流程。

3.2.4　开启阀门速度过快引发的事故 ··☐

事故案例:2014 年 8 月 23 日 14 时 30 分,某车间职工侯某在对物料进行溶解时,因操作不当,开启阀门速度较快,导致热水管脱落,造成右侧面部被轻微烫伤。

本次事故相对于其他事故危害性较小,但也暴露出员工操作不规范的问题,应提醒员工一定要注意生产操作的培训工作。

(1)事故原因。

①作为新职工的侯某操作阀门的经验不足,安全防范意识不强,在开启阀门时用力过猛,导致热水喷溅到面部,因此侯某操作方法不当是造成此次事故的直接原因。

②车间在对新职工交代此项操作时,说明了所用水是热水,阀门开度在 1/2、1/3 即可,在实际工作中也手把手地对操作过程及注意事项进行了演示,同时说明万一水管脱落后首先通知当值运行人员,自己不能操作,并且给新职工发放了手套,防止烫伤,但是对阀门操作时的速度没有详细说明。因此,车间在对新员工交代工作任务时,注意事项交代不详细是此次事故的重要原因。

③由于工段前期积攒的物料较多,暂时没有找到很好的解决办法,未能及时处理,只能用热水进行溶解,加上人员缺乏,在保证正常运行的情况下很难抽出专门人员进行此项操作,在万不得已的情况下临时抽调正在车间培训的新职工到工段进行物料的溶解。因此,新职工在培训没有结束的情况下,即进入车间实习,是导致此次事故发生的主要原因。

④车间在安排工作任务时,简单地认为此项工作没有大的操作,只是开启一个阀门,并且在操作过程中不会影响其他工段的正常运行,也不用与外界进行相应的联系,对可能存在的隐患考虑不全,没有考虑到工作环境给新职工可能会带来什么伤害。因此,车间人员安排不当也是此次事故的主要原因。

⑤此项操作所用水是热水,温度较高,而现场使用的是钢丝软管。虽然车间考虑到钢丝软管有脱落或破裂的风险,但是因没有找到合适的高压钢丝管,打算临时使用,同时联系供应科购进高压钢丝管,待购进后进行更换。因此,现场所用工具不符合使用要求是此次事故的次要原因。同时热水管安装位置不合理,热水管水嘴的位置正好面朝工作人员经过的地方,在出现异常时泄漏点正对工作人员,所以对现场危险点查找、整改不彻底也是此次事故的原因之一。

(2)事故预防措施。

①开启阀门特别是热水阀门、蒸汽阀门、危化品阀门时,必须缓慢操作,当确认无泄漏点或管道输送正常后再逐渐开启。

②在对员工进行工作安排时首先考虑该职工能否胜任此项工作,对没有经过专门培训的新职工不能安排其进行设备操作。

③对新职工的培训不能仅限于书本知识,而应结合实际工作环境对所要操作的设备进行手把手的培训,告诉他们什么地方有危险,应该注意什么,操作时有什么注意事项,如何操作是最合理、最安全的。

④认真检查现场仍存在的危险点,即使是很细小的问题也不能放过,充分调动全体员工的积极性,让他们查找自己岗位仍存在的安全隐患,并及时组织人员处理。

⑤对热水管道进行改造,将钢丝软管更换为橡胶高压油管,同时联系机修人员将管道水嘴调整到最佳位置。

3.2.5　生产作业中事故的预防

生产无小事,尤其是化学品的生产更要细中更细,做好预防措施,减少事故的发生。化工生产安全操作对于保证生产安全是至关重要的,操作人员应养成良好的工作习惯。

①加强明火管理,不将火柴、打火机或其他引火物带入生产车间,在生产区内不吸烟。

②不穿带钉子的鞋进入易燃易爆车间;手持工具时不随便敲敲打打;不在厂房内投掷工具零件。

③不使用汽油等易燃液体擦洗设备、用具和衣物;不在室内排放易燃及有毒的液体和气体;不将清洗易燃和有毒物料设备的清洗液在室内排放。

④在易燃易爆车间内动火检修,要办动火证;进入设备、地沟、下水井时要事先分析可燃

物、毒物的浓度和含氧量;养成认真检查动火证再开始工作的习惯。

⑤进入生产岗位,按规定穿戴劳保用品。注意车间内的气味,当气味异常时要查出物料泄漏处,戴好防护用品进行处理。养成戴好防护用品处理事故的习惯。未办高处作业证,不戴安全帽,脚手架、跳板不牢,不登高作业。石棉瓦上不固定好跳板,不作业。

⑥饭前洗手,班后洗澡;班前穿好工作服,下班后将工作服留在车间;工作服要常洗。养成这些习惯可以避免毒物经消化系统和皮肤进入人体,减少中毒的可能性。

⑦工作前要保证睡眠,班前、班上不喝酒;上班时不闲谈打盹,不看书看报,不乱窜岗位,不同时做多种可能互相影响的操作,不干私活、不离岗私干与生产无关的事。养成这种习惯可以避免或减少操作错误,减少事故的发生。

⑧不随便动不属于自己管理的设备、工具,安全装置不齐全的设备不用,不使用未安装触电保安器的移动式电动工具,这样可以避免发生设备事故或电击伤。

⑨检修设备时,安全措施不落实,不开始检查。停机检修后的设备,未经彻底检查,不启用。

⑩遇到任何事故都应该镇静,用已有的知识进行正确判断,采取适当措施处理事故。养成这种习惯可避免惊慌失措,防止因处理不当使事故扩大。

3.3　受限空间作业事故及预防

根据《危险化学品企业特殊作业安全规范》(GB 30871—2022)的规定,进出口受限,通风不良,可能存在易燃易爆、有毒有害物质或缺氧,对进入人员的身体健康和生命安全构成威胁的封闭、半封闭设施及场所称为受限空间,如反应器、塔、釜、槽、罐、炉膛、锅筒、管道以及地下室、窨井、坑(池)、下水道或其他封闭、半封闭场所。

受限空间作业事故是化工企业比较典型的事故类型,由于使用易燃易爆、有毒有害化学品而导致在作业过程中发生火灾、爆炸或中毒窒息的事故频繁发生。受限空间比较狭小,通风不良,气体扩散受到阻碍。生产、储存和使用危险化学品或因生化反应、呼吸作用等产生的气体也是有毒有害的,这些气体容易积累导致浓度增加。也有一些无味、有毒有害的气体使作业人员的警惕性降低,引发中毒、窒息等事故。再有,在狭小的空间里,照明不足,通信不畅,以致作业和应急救援都有难度。

受限空间作业的事故主要以中毒和窒息为主,类型包括中毒、窒息、火灾、爆炸、淹溺、坍塌、化学腐蚀、触电等。氯气、光气、硫化氢、氨气、氮氧化物、氟化氢、氰化氢、二氧化硫、煤气、甲醛气体等是常见的有毒气体,人体吸入这些气体达到一定浓度会造成急性中毒。

根据原国家安全生产监督管理总局统计,2001 年到 2009 年 8 月,我国在受限空间中作业因中毒、窒息导致的一次死亡 3 人及以上的事故总数为 668 起,死亡人数共 2 699 人,平均每年 300 多人。

由于受限空间作业属于高危险性作业,每次申请时必须进行工作安全分析,这就要求所有涉及受限空间作业的人员必须明确作业过程中潜在的危险因素,提前认识到受限空间作业中的危险,并严格按照受限空间作业安全管理的有关规定执行,才能有效地控制作业过程中各种事故的发生。

3.3.1 未检查受限空间有害气体引起的事故

进入受限空间前必须进行气体检测。第一次受限空间作业的采样分析由检测部门负责,要保证采样仪器设备的正常,采样点要有代表性,容积较大的受限空间要采取上、中、下各部位取样,确保整个受限空间内的气质都被检测到。对受限空间内的氧气、可燃气体、硫化氢、一氧化碳等气体检测,一般氧含量要在 18%~21%,富氧环境下不得大于 23.5%。检测人员把检测结果填写到受限空间作业票中,并注明气质是否合格。受限空间有害气体含量高或氧气含量不够都会引发事故。受限空间常见气体含量及相应危害见表 3-1(表中 1 ppm = 10^{-6},下同)。

表 3-1　受限空间常见气体含量及相应危害

气体名称	基本性质	备注		
硫化氢	无色致命的剧毒气体;高浓度时密度大于空气;在极低浓度下有臭鸡蛋气味;高浓度时导致嗅觉失灵;对于某些金具有腐蚀性;可燃(体积分数为 4.3%~45%)	硫化氢在以下含量时人体的症状		
		10 ppm	容许浓度	8 h
		50~100 ppm	轻微的眼部和呼吸不适	1 h
		200~300 ppm	明显的眼部和呼吸不适	1 h
		500~700 ppm	意识丧失或死亡	30~60 min
		1 000 ppm 以上	意识丧失或死亡	几分钟
一氧化碳	比空气轻;高度易燃,静电可能引燃;有毒性;高浓度暴露可致命	人体对一氧化碳的反应		
		50 ppm	容许浓度	8 h
		200 ppm	轻度头痛,不适	3 h
		600 ppm	头痛,不适	1 h
		1 000~2 000 ppm	混乱,恶心,头痛	2 h
		1 000~2 000 ppm	站立不稳,蹒跚	1/2 h
		1 000~2 000 ppm	轻度心悸	30 min
		2 000~2 500 ppm	昏迷,失去知觉	30 min
氧气	体积分数大于 23%,增加爆炸危险性——不要进入;等于 21% vol.,大气中的正常含量;小于 19%,有窒息的危险——不要进入	不同缺氧状态对人体的影响		
		15%~19% 时,工作能力降低,感到费力		
		12%~14% 时,呼吸急促,脉搏加快,协调能力和感知判断力降低		
		10%~12% 时,呼吸减弱,嘴唇变青		
		8%~10% 时,神志不清,昏厥,面色土灰,恶心和呕吐		
		6%~8% 时,停留时间 8 min=100% 死亡,停留时间 >6 min=50% 可能死亡,停留时间 4~5 min=可能恢复		
		4%~6% 时,停留时间 40 s 后昏迷,抽搐,呼吸停止,死亡。		
二氧化碳	比空气重;不会燃烧;高浓度暴露可致命(缺氧窒息)			
甲烷(其他液化石油气)	比空气轻;极度易燃气体;会与空气形成爆炸性混合物;在空气中的爆炸上下限为 5%~15%(体积分数)			

气体名称	基本性质	备注
氮气	空气中的主要组成气体,占78%;通常情况下无危害;受限空间内充入大量氮气会引起窒息	

在受限空间作业,由于有害气体的存在而引发的事故很多。

事故案例一:2007年4月15日7时50分左右,山东省滨州市天安机电设备工程有限公司在山东滨化集团化工公司石化车间计量罐区进行检修施工时,发生氮气窒息事故,造成1人死亡,2人受伤。从4月7日始,滨化集团化工公司石化车间开始停车检修。滨州市天安机电设备工程有限公司4月14日上午完成了环氧丙烷计量罐盘管更换项目的施工作业。随后,石化车间根据工艺需要向环氧丙烷计量罐充氮并进行水压试验,水压试验过程中发现短节有漏点。在16时30分左右召开的检修例会上,车间决定更换短节并由周某东、郝某坡负责安排落实。17时30分左右,周某东、郝某坡通知刘某超,要求对计量罐内一段法兰短节进行更换。刘某超在未办理进入受限空间作业许可证的情况下就指示职工打开环氧丙烷计量罐人孔盖,刘某超未采取相应安全措施,通过人孔进入罐内发生窒息,另有2人在施救过程中又先后中毒窒息。其中刘某超经抢救无效死亡。

(1)事故发生的直接原因。

滨化集团化工公司石化车间4号环氧丙烷计量罐已经充氮,罐内氮气含量过高,严重缺氧;刘某超未办理进入受限空间作业许可证就指示职工打开环氧丙烷计量罐人孔盖,进入受限空间之前没有进行有害气体检测,检修人员也未采取相应安全措施,通过人孔进入罐内发生窒息死亡。

(2)事故发生的间接原因。

滨化集团化工公司对检修施工承包单位安全生产工作缺乏统一协调、管理;安全评价公司在对滨化集团化工公司的安全评价报告中没有对生产、检修过程中的氮气进行危险有害因素分析,未提出安全防范措施建议。

(3)事故预防措施。

切实加强对安全生产工作的领导,健全各项安全规章制度,修改和完善安全操作规程,全面落实各级安全生产责任制,严格考核;对违章违纪严肃处理,决不手软;加强对职工安全生产教育和培训;深入开展检修作业风险分析工作,加强现场管理;选择具备资质的业务水平相对较高的安全评价机构进行本单位下一步的安全评价工作。

事故案例二:2007年7月27日8时55分左右,山东博丰大地工贸有限公司发生爆炸事故,造成2人死亡。

2007年7月23日,该公司生产经理齐某军联系无资质施工队负责人许某年为本公司一新建的季戊四醇母液沉降罐进行除锈防腐。双方签订安全合同后,7月25日下午许某年带领操作工陈某亮、陈某军开始除锈作业。7月27日早上,许某年安排陈某亮、陈某军轮流进罐作业,二人在未启用罐底部空气压缩机的情况下进行防腐作业。8 时 55 分左右,该罐突然发生爆炸,造成 2 人受伤,后经抢救无效死亡。

(1)事故原因。

山东博丰大地工贸有限公司在防腐施工前及防腐作业过程中,未按规定对罐内前期涂刷的防腐涂料挥发的可燃气体进行检测分析,且施工人员违规使用非防爆照明灯具、抽风机等电器,致使罐内达到爆炸极限的可燃气体遇电火花发生爆炸。

(2)事故预防措施。

①进入受限空间作业前,应按规定对受限空间内的可燃气体进行检测分析。

②施工人员在爆炸性作业场所必须使用防爆电气设备和照明灯具。

③应加强职工安全教育培训,增强安全意识,提高安全技能。

事故案例三: 2014 年 1 月 9 日,安徽省亳州市康达化工有限公司(以下简称康达公司)发生一起中毒事故,造成 4 人死亡,2 人轻伤。

康达公司成立于 1994 年,是国家批准的农药定点生产企业,主要产品甲拌磷、辛硫酸、氧乐果、三唑磷均属于危险化学品。2013 年 8 月,因农药生产处于淡季,该企业停产。

2013 年 9 月 1 日,康达公司将部分空闲厂房和场地以 300 万元/年的价格租给山东籍人员王某。王某在未办理任何审批手续的情况下,自行购买、安装设备,组织人员生产农药莠灭净。2014 年 1 月 9 日 9 时许,技术人员张某去异丙醇输送泵泵池(深约 2.6 m,宽约 1.5 m,长约 5 m)查看,入池后中毒晕倒,随后现场另 3 名工人在未佩戴防护用品的情况下施救,也倒在池内。其他 2 名工人听到呼救后,在泵池边用铁钩将 4 人救出,4 人经抢救无效死亡。最后实施救援的 2 人在施救过程中,也轻微中毒。事故现场图可扫描二维码 3-11。

二维码 3-11

(1)事故发生的直接原因。

异丙醇溶剂泄漏到泵池内,其中溶解副产物硫化氢、氰化氢气体逸出,聚集在泵池内,技术人员未经进入受限空间审批、未做任何气体检测就进入池内造成中毒,其余 3 人未佩戴防护用品盲目施救,造成伤亡扩大。

(2)事故预防措施。

接触高浓度异丙醇蒸气会出现头痛、嗜睡、共济失调以及眼、鼻、喉刺激症状。口服异丙醇可致恶心、呕吐、腹痛、腹泻、嗜睡、昏迷甚至死亡。其溶解在泵池后产生的硫化氢、氰化氢更是具有很大的毒性。在这种情况下,操作人员必须经过专门培训,严格遵守操作规程,佩戴过滤式防毒面具、安全防护眼镜,穿防护静电工作服,戴乳胶手套进行作业。

3.3.2 在置换清洗工作中发生的事故······□

进入受限空间作业前,应根据受限空间盛装(过)的物料的特性,对受限空间进行清洗或置换。

事故案例:某市化工原料厂碳酸钙车间计划对碳化塔塔内进行清理作业。车间主任安排 3 名操作人员进行清理,强调等他本人到现场后方准作业(车间主任在该厂工作时间较长,以往此种作业都凭其经验处理)。其中 1 名操作人员先到碳化塔旁,为提前完成任务,冒险进入碳化塔进行清理,窒息昏倒。待其余 2 人与车间主任赶到时,立即佩戴呼吸器将其救出,但其因窒息时间过长已死亡。经检查发现,该厂未制定有关受限空间作业的安全制度。

事故发生的直接原因为该厂以及员工缺乏受限空间作业的安全意识,没有按照受限空间作业操作规程办事,没有有效的防护装备,安全意识淡薄,从而引发事故。

3.3.3 未进行通风处理引起的事故

受限空间作业,由于空间有限,如果含氧量不足很容易导致窒息。为防止在受限空间窒息,在进入受限空间前需进行通风,并且在通风前需要进行气体检测。

事故案例:2013 年 11 月 13 日 8 时左右,在山东玉皇化工有限公司 30 万 t/a 异丁烷脱氢项目 500 m³ 常压液氮低温液体贮罐内,江苏省常州市中易建设有限公司施工人员于贮罐夹层施工作业时,发生氮气窒息事故,造成 2 人死亡,1 人轻伤,直接经济损失约 220 万元。

企业 30 万 t/a 异丁烷脱氢项目于 2011 年 12 月份开始建设,事故发生时已建成,正进行设备调试,尚未投产。

2013 年 11 月 13 日 7 时 40 分左右,中易建设有限公司施工人员对 500 m³ 常压液氮低温液体贮罐进行检修。8 时左右,第一个施工人员打开罐体顶部人孔盖子,进入罐体夹层作业。8 时 10 分左右,第二个施工人员发现前者昏迷后,进入罐体夹层施救时也昏迷。第三个施工人员也进入罐体夹层施救,陷入昏迷状态时感觉手机振动,打电话求救。其余人员立即把 3 人从罐体夹层救出。经送医院抢救,第三名施工人员获救,前两名施工人员死亡。

(1)事故发生的直接原因。

施工人员在作业之前未按照受限空间作业安全管理的有关规定对 500 m³ 常压液氮低温液体贮罐的夹层(内外罐中间的夹层)进行通风处理,罐体夹层空气中的氧含量严重不足,导致窒息事故发生。

(2)事故发生的间接原因。

①外来施工人员违章作业,未对氧气进行检测,也未佩戴呼吸保护器具,违章进入罐体内作业。

②施工人员安全保护意识淡薄,未采取安全防范措施,盲目施救,扩大了事故后果。

③企业安全生产主体责任落实不到位,对外来施工单位的安全生产管理失控,有限空间作业票管理制度落实不到位。

3.3.4 未进行有效防护造成的事故

进入受限空间的作业人员必须佩戴安全帽、安全眼镜,穿好安全鞋和防静电工服,根据实际的作业环境配置安全带、防尘口罩、滤毒罐、正压式呼吸器等特殊劳保用品,避免进入受限空间工作的人员受到伤害。有些受限空间含有危险物质,可能被眼睛或皮肤吸收,所以进入人员必须穿密封的防护服;对有毒有害物质作业时,必须戴长管式防毒面具或正压式空气呼吸器,禁止使用过滤式防毒面具。

事故案例一:2015年4月9日9时40分左右,山东省潍坊市滨海香荃化工有限公司(以下简称香荃公司)污水处理站好氧池发生一起中毒窒息事故,造成3人死亡,2人受伤,直接经济损失约330万元。该好氧池的内部和外观图可扫描二维码3-12。该公司的污水主要是丙烯醛车间生产过程中产生的工业废水,该工业废水中含有少量的丙烯醛、丙烯酸、甲醛和聚丙烯醛

二维码3-12

等有机物。污水主要采用物化+生化工艺进行处理:物化处理主要采用pH调节、絮凝、竖流沉降及微电解氧化工艺;生化处理主要是利用微生物的生命活动把废水中的有机物转化为简单的无机物,生化处理过程中可能产生硫化氢、甲烷、二氧化碳等混合气体。自2015年3月26日开始,好氧池排水不达标,且从4月2日至4月8日起好氧生化处理大幅下降,表明好氧生化系统出现故障,该公司于4月8日停产。

4月9日8时上班后,各车间按惯例组织人员进行检修,分管安全环保的副经理和环保运行组组长进入好氧池检查空气管道和喷头故障时中毒落入氧化池中窒息晕迷。9时40分左右,另一个副经理路经好氧池东侧时,发现运行组组长倒在4号氧化池中,立即上前将其拖到池边,施救过程中感觉自己呼吸困难,立即跑到池外呼吸新鲜空气并大声呼救。紧接着公司职工甲、乙、丙、丁等人先后赶到施救。施救过程中,乙、丙因中毒先后倒入4号氧化池,甲、丁感到不适立即退出,在采取破坏塑料布通风、送氧气等措施之后,甲再次进入好氧池棚内把乙、丙、运行组长、环保副经理救出。急救车将受伤人员送至滨海人民医院进行抢救。环保副经理、环保运行组组长、丙3人经抢救无效先后死亡,乙、丁2人轻伤。

(1)事故发生的直接原因。

①好氧池大棚形成受限空间,废水在生化处理过程中产生硫化氢等有毒有害气体并聚集。作业人员严重违反受限空间作业规程,未佩戴过滤式防毒面具或氧气呼吸器、空气呼吸器等防护装备,违规进入好氧池大棚内,吸入硫化氢中毒晕倒,跌落至好氧池污水中窒息导致死亡。

②施救人员也未佩戴任何防护装备,进入好氧池大棚内盲目施救,造成人员伤亡和事故扩大。

(2)事故发生的间接原因。

①香荃公司安全生产主体责任不落实,风险管理意识不足,危险有害因素辨识范围不全,未对生产工艺全过程、全范围进行危险有害因素的辨识,不符合《国家安全监管总局关于加强化工过程安全管理的指导意见》(安监总管三〔2013〕88号)关于风险管理的要求。

②香荃公司未针对企业存在的危险因素制定防范和控制措施,未将存在的危险有害因素及防范和控制措施在上岗前进行风险告知,未对员工进行风险知识培训,不符合国家《企业安全生产风险公告六条规定》(原国家安全生产监督管理总局令第70号)中"必须在企业醒目位置设置公告栏,在存在安全生产风险的岗位设置告知卡,分别标明本企业、本岗位主要危险因素、后果、事故预防及应急措施、报告电话等内容"的要求。

③未落实受限空间作业安全管理的有关规定,违章作业,未办理受限空间安全作业证;

作业前安全措施不落实,未对作业的受限空间有毒有害气体进行检测,未采取通风措施,违反了《危险化学品企业特殊作业安全规范》(GB 30871—2022)的有关要求;在未安排人员进行监护的情况下,作业人员未佩戴过滤式防毒面具或氧气呼吸器、空气呼吸器等防护装备,违规进入受限空间作业。

从以上案例可见,受限空间的操作注意事项很多,违反其中任何一项就会造成严重的后果,而出现事故往往存在多种原因。

事故案例二:2003年7月14日,辽宁葫芦岛某化工厂发生一起因入罐作业违反操作规程导致2人窒息昏迷的事故。

2003年7月14日9时30分,该化工厂粒碱工段在对D103碱罐清理过程中,岗位工Q和L在入罐作业中窒息昏迷,后经多方抢救,2人脱离危险。经调查,D103碱罐高1.4 m,直径为2 m,该碱罐正常工作时需将氮气通入罐内,使测量该罐液位的仪表正常运行。岗位工作业时没能将氮气阀门关闭,事故发生后,分析D103罐内含氧量仅为1%,罐内基本全是氮气,从而证明Q和L在入罐作业中窒息昏迷为罐内缺氧所致。

此次事故虽没有造成重大经济损失,但性质恶劣,影响较大。

(1)事故发生的原因。

①车间领导和作业人员均没有按照入罐作业安全操作规程去做。根据国家化工行业标准《厂区设备内作业安全规程》(HG 23012—1999)的规定:入罐作业必须办理作业安全票,作业前必须对系统进行隔离、清洗、置换、分析、通风,并要求氧含量达到18%~21%。而车间领导和作业人员均没有按照安全规程执行这些必要的程序,就进入罐内作业,属于违章指挥、违章作业,是造成这起事故的主要原因。

②作业人员在入罐作业中,安全意识淡薄、自我保护能力差、主观蛮干是造成事故的直接原因。

③车间领导在布置此项检修工作时没能认真布置安全工作,严重违背了安全生产"五同时"原则,是典型的"重生产、轻安全"思想的表现,车间领导负有不可推卸的责任。

这种违规入罐作业操作(不分析、不办证、不检查、无措施)已多次出现,只是因为种种原因而侥幸未酿成严重后果,没引起足够重视,也未制定相应的有力防护措施,因此发生此次事故发生实属必然。

(2)事故预防措施。

①在入罐作业中,必须严格执行作业安全规程,严格分析、办证、监护,严格落实安全措施。

②根据事故处理"四不放过"原则,对相关责任人予以处罚,达到吸取教训、提高安全意识的目的,杜绝类似事故的发生。

③牢记"安全责任重于泰山",努力提高领导干部的安全素质,坚决树立"安全第一、预防为主"的安全管理理念。

④加强全厂的安全知识和安全技能培训,加强安全教育,提高广大干部职工的安全意识、安全技能及严格执行操作规程的自觉性,脚踏实地,真抓实干,把安全规章制度真正执行

好,确保一方平安。

3.3.5 受限空间事故盲目施救引发事故扩大 ···□

以下这些情况常常导致事故状态下不能实施科学有效救援,使伤亡进一步扩大:部分受限空间作业单位和作业人员安全意识差、安全知识不足;企业没有制定受限空间安全作业制度或制度不完善、执行不严格,安全措施和监护措施不到位、不落实,实施受限空间作业前未做危害因素辨识;企业未制定有针对性的应急处置预案,缺少必要的安全设施和应急救援器材、装备,或是虽然制定了应急预案但未进行培训和演练;作业人员和监护人员缺乏基本的应急常识和自救互救能力。

根据国家安全监管总局和地方安监局等网站公布的数据,我们统计了 2012 年 1 月至 2017 年 6 月全国发生的 60 起较大及以上级别受限空间事故。受限空间较大及以上级别事故人员死亡情况统计见表 3-2。数据显示,这 60 起受限空间事故中的死亡总人数为 212 人,救援死亡人数高达 114 人。此统计数据表明,受限空间作业危险性高,事故多发,伤亡严重,救援投入与救援效果不成比例,救援成本高,且盲目施救造成的二次事故后果更为严重。

表 3-2　受限空间较大及以上级别事故人员死亡情况统计

事故类型	事故数量	事故占比/%	死亡人数	死亡占比/%	救援死亡人数	救援死亡占比/%
中毒窒息	53	88.3	188	88.7	112	98.2
火灾	2	3.3	8	3.8	0	0
爆炸	2	3.3	7	3.3	0	0
坍塌	1	1.7	3	1.4	0	0
淹溺	1	1.7	3	1.4	2	1.8
灼烫	1	1.7	3	1.4	0	0
合计	60	100	212	100	114	100

事故案例:2008 年 2 月 23 日,河南省濮阳市中原大化集团发生了"2·23"较大中毒窒息事故。当日 8 时左右,承包商山东华显安装建设有限公司对大化集团气化装置的煤灰过滤器(S1504)内部进行除锈作业。在没有对作业设备进行有效隔离、没有对作业容器内氧含量进行分析、没有办理进入受限空间作业许可证的情况下,作业人员进入煤灰过滤器进行作业,10 时 30 分左右,1 名作业人员窒息晕倒坠落作业容器底部,在施救过程中另外 3 名作业人员相继窒息晕倒在作业容器内。随后赶来的救援人员在向该煤灰过滤器中注入空气后,将 4 名受伤人员救出,其中 3 人经抢救无效死亡,1 人经抢救脱离生命危险。

(1)事故发生的直接原因。

煤灰过滤器(S1504)下部与煤灰储罐(V1505)连接管线上有一膨胀节,膨胀节设有吹扫氮气管线。2 月 22 日气化装置使用外购液氮气用于磨煤机单机试车。液氮用完后,氮气储罐(V3052,容积为 200 m³)中仍有 0.9 MPa 的压力。2 月 23 日在调试氮气储罐

（V3052）的控制系统时,连接管线上的电磁阀误动作打开,使氮气储罐内氮气窜入煤灰过滤器（S1504）下部膨胀节吹扫氮气管线,由于该吹扫氮气管线的两个阀门中的一个没有关闭,另一个因阀内存有施工遗留杂物而关闭不严,氮气窜入煤灰过滤器中,导致煤灰过滤器内氧含量迅速减少,造成正在进行除锈作业的人员窒息晕倒。盲目施救导致伤亡扩大。

（2）事故发生的间接原因。

①施工单位安全意识淡薄,安全管理松弛,严重违章作业。施工单位对气化装置引入氮气后进入设备作业的风险认识不够,在安排煤灰过滤器（S1504）内部除锈作业前,没有对作业设备进行有效隔离,没有对作业容器内氧含量进行分析,没有办理进入受限空间作业许可证,没有制定应急预案。在作业人员遇险后,盲目施救,使事故进一步扩大。

②安全管理制度和安全管理责任不落实。大化集团在年产30万t甲醇建设项目试车引入氮气后,防止氮气窒息的安全管理措施不落实,没有严格界定引入氮气的范围,没有采取可靠的措施与周围系统隔离;装置引入氮气后对施工单位进入设备内部作业要求和安全把关不严,试车调试组织不严密、不科学,仪表调试安全措施不落实。

③从业人员安全意识淡薄,应急施救不当。作业人员严重违章作业、施救人员在没有佩戴防护用具的情况下冒险施救,导致事故发生及人员伤亡扩大。

这是一起典型的危险化学品建设项目因试车过程安全管理不严、严重违反安全作业规程引发的较大事故。经验教训如下。

①应进一步加强工艺操作管理,完善工艺操作规程,明确操作要求和作业标准,针对关键作业环节和步骤,增加检查确认程序;应严格执行有关安全规程和操作程序,杜绝违章行为,避免发生较大事故。

②应进一步规范检修作业管理,明确检修程序,落实检修项目安全责任制,严格执行作业许可制度,加强作业风险分析和过程控制,严格落实防护措施,强化现场监管,杜绝“三违”行为,确保检修作业安全;应严格执行受限空间作业票证管理制度,按照分级管理的要求,落实审批程序,加强作业环境危害因素辨识、检测、分析和评估,采取有效防范措施,确保作业风险可控。

③应进一步明确受限空间作业中监护人员、施工人员的职责,加强作业过程监管,强化程序化、标准化作业,杜绝违章操作、违规操作。

④应进一步加强应急知识培训,提高作业人员风险意识和自救能力,避免因盲目施救导致次生事故。

针对河南省濮阳市中原大化集团“2·23”较大中毒窒息事故,原国家安全生产监督管理总局下发专项通报,提出管理要求,部分内容摘录如下。

①建设单位在与施工单位签订施工合同时,要明确建设单位、施工单位各自的安全管理职责,建立健全各项安全生产规章制度,指定专职人员检查安全生产规章制度的执行情况。要避免建设项目施工层层转包。施工安装阶段,建设单位要安排专人监督检查施工质量和施工安全,及时发现和纠正施工单位的不安全行为,确保施工安全。

②建设项目进入生产准备阶段后,建设单位要统筹安排施工和试车进度,加强施工、试车的组织协调,每天在安排施工、试车工作时要特别注意协调好安全问题。施工单位要自觉服从建设单位的指挥,严格执行建设单位的有关安全规定和要求。

③试车过程引入公用工程和化工物料后,要严格进入受限空间作业、动火作业等危险作业的安全管理。进入受限空间作业前,要对作业设备进行有效隔离,对作业容器内氧含量和有毒有害气体进行分析,按要求办理进入受限空间作业许可证。要有完善的应急预案,并安排专人监护。

④加强风险管理和应急知识的培训,提高作业人员的风险意识和应急自救能力。施工单位进行作业前,务必使作业人员了解作业的危险因素、危害后果,掌握防范措施、自救和互救方法,防止在危害因素不明或防护措施不可靠的情况下冒险作业和盲目施救,造成事故发生及伤亡人数扩大。

3.3.6　受限空间作业的安全预防及管理 ··□

化工企业在从事受限空间作业过程中不仅要采取有针对性和专业性的技术防范措施,还要监督作业人员严格执行受限空间操作规程,严格落实程序化管理,加强现场作业各环节管理程序审批。化工生产企业需根据《化学品生产单位受限空间作业安全规范》(AQ 3028—2008),结合本单位实际,制定符合要求的本企业受限空间作业管理规程,以及安全管理防护、救援措施等规定,在作业时严格按照规定章程办事,尽最大可能减少事故的发生。

一般受限空间作业在作业前、作业中、作业后有具体的注意事项以及要求。

1. 作业前

(1)安全隔绝。

由专业负责人确定对受限空间的隔离方案,特别是对进入到工艺设施里的作业,必须把含有可燃易燃或者有毒有害物质的管线分开,并使用盲板进行封堵或拆除一段管道进行隔离,不能用水封或关闭阀门等代替盲板或拆除管道;如果受限空间有多个盲板抽堵点时,必须对所有盲板进行编号和编制示例图,以防止误抽盲板造成事故。抽插盲板和关闭阀门必须由专人确认和管理并挂牌上锁,确保与受限空间相连的孔、洞、口无有毒有害、易燃易爆等介质进入。与受限空间连通的可能危及安全作业的孔、洞应严密地封堵,防止其威胁到作业安全;受限空间内的电气设备应停止运行并有效切断电源,还应在电源开关处上锁并加挂警示牌。建议采用取下电源保险熔丝或将电源开关拉下等措施,并加挂"禁止合闸"警示牌,或拆除电机电线。

(2)清洗置换。

在受限空间作业前期准备工作中,需细致分析受限空间盛装物料的化学性质及物理性质,对受限空间的清洗与置换工作要满足以下要求:受限空间内氧气含量应维持在18%~21%,在富氧环境下的氧气含量应不超过23.5%;受限空间内有毒气体含量应符合国家规定及行业规定的标准;受限空间内可燃气体浓度应符合国家规定与行业标准。当被测气体或蒸气的爆炸下限 ≥ 4%时,要求被测浓度(体积分数)≤ 0.5%;当被测气体或蒸气的爆炸下限< 4%时,其被测浓度(体积分数)≤ 0.2%。

(3)做好受限空间的通风。

要求受限空间始终保持通风状态,需采取以下措施实现:在生产结束后,应及时打开与大气相通的各种孔(人孔、手孔和料孔)、风门、烟门等,保障受限空间内空气自然流通;在受限空间通风性要求严格的情况下,可以采取一些强制性的通风措施,利用风机等设施向管道内送入自然风;在管道通风前,应对管道内的空气介质与风源进行细致分析,保障实际生产期间的安全性。禁止向狭小的受限空间输送氧气,富氧空气也不能输送。

(4)进行气体检测分析。

对化工受限空间内的气体进行严格检测,确保检测过程符合以下要求:在作业前30 min内,对受限空间内部气体进行采样分析,在气体安全性验证合格后,才可进入空间内部,如受限空间内生产条件较为严苛,可适当放宽检测时间,但最长不可超过60 min;要求受限空间内气体检测点具有一定的代表性,在受限空间较大的情况下,需分别对上、中、下不同位置的气体进行采样;各种仪器仪表都应处于有效使用期;检测人员在进入化工受限空间内部采集气体样本时,要做好个体防护措施,保障个人安全;在实际作业期间做好定期检测工作,要求每2 h检测一次气体样本,在发现检测结果出现异常变化的情况时,应及时停止作业,要求作业人员离开受限空间;分析受限空间存在的问题,制定解决方案,对处理后的受限空间进行二次气体检验;在受限空间可能会存在有毒气体释放的情况下,应立即进行空间检测,立即处理发现检测结果异常的空间,分析数据异常原因,并采取相应的解决措施,在具体检测数据合格后才可恢复生产;在受限空间内刷涂具有挥发性的溶剂期间,需对气体进行持续检测,采用科学的空间通风手段;在生产作业中断30 min后,应重新对受限空间的气体进行采样分析。

(5)配备监护人员并明确职责。

在受限空间外需配备监护人员对作业人员进行监护。监护人员与作业人员共同对安全措施进行检查,还要确保联系信号的统一性,不能出现信号错误。监护人员的数量要根据作业的风险适当增减,监护人员要掌握参加本次作业的作业人员的身份和数量,对人员和作业工具进行清点。

需配备受限空间作业负责人,对受限空间作业安全负全面责任,其主要任务是在作业环境和方案等合格后安排作业人员进行作业,当受限空间有异常情况发生时停止该作业;检查应急设备是否完好,核实内外联系、呼叫方法,对未经允许试图进入的人员进行劝阻或责令退出。

需配备受限空间监护人员,其职责是:监督和保护作业人员的安全,了解可能存在的危害,察觉并判断异常情况,保持与作业人员的信号沟通,观察作业人员的身体状况;情况异常时迅速撤离作业人员,帮助他们逃生,呼叫紧急救援,熟练掌握应急救援的一些基本知识。

受限空间作业人员负责在保障安全的前提下进入受限空间实施作业任务,作业前应了解作业的内容、地点、时间、要求,熟知作业中的危害因素和应采取的安全措施;遵守受限空间作业安全操作规程,正确使用受限空间作业安全设施与个体防护用品,同时做好安全、报警、撤离等双向信息的有效交流,监督安全补救措施的落实情况。若发现作业监护人员履行职责不合格时,停止作业并撤出,一旦身体有不良反应,立即发送信号。

受限空间审批人员的职责是对受限空间安全作业证的办理进行审查,到现场了解受限空间的结构以及内外情况,检查并落实安全措施的落实情况。

（6）办理作业票/证。

作业票/证由作业单位负责办理,一般由编号、受限空间所在单位负责项目栏（包括所在单位、作业内容、主要介质,还要有安全措施、确认人和负责人）、受限空间作业单位负责栏（包括作业单位、安全措施、作业人和负责人等）、安全分析栏（包括分析项目、分析数据、分析人和确认人等）、会签人和批准人等组成。所列项目应逐项填写,安全措施栏应填写具体的安全措施。作业票/证由受限空间所在单位负责人审批,一处受限空间、同一作业内容办理一张作业票/证。当受限空间工艺条件、作业环境条件改变时,应重新办理作业票/证。作业票/证一式三联,一、二联分别由作业负责人、监护人持有,第三联由受限空间所在单位存查,作业票/证保存期限至少为 1 年。作业票/证根据本单位实际以及需要进入的受限空间具体制定合适的作业要求,但不能缺少基本要求。

（7）制定受限空间作业应急预案。

为确保正确有效的紧急救援,在申请受限空间作业时作业管理者必须制定相应的应急救援方案,建立应急小组和确定有经验的急救员,急救员也必须参与工作危险性讨论和编制工作。受限空间应急预案以受限空间的危险因素辨别和风险评价为基础,按照相应法规章程要求完成,根据作业的任务制定具有针对性、操作性强的科学的救援计划,计划应规定紧急情况下的逃生方法,以及如何进行自救和互救。此外,还要做好应急救援器材的配置,防止因为救援器材配置不当造成的救援任务加重以及盲目施救。作业人员和管理人员都应该明确知晓应急预案的内容,同时也需要熟练掌握应急设施的使用技巧,避免在危急关头不会使用救援设备而造成大量伤亡。为了提高作业人员的自救和互救能力,提高处理紧急事件的能力,需通过定期演练来检验预案的科学性和可操作性,并锻炼应急救援队伍,提高受限空间突发事故的反应速度和处理能力。

2. 作业中

（1）作业防护要求。

作业人员在进入受限空间前,必须做好相应的准备工作,主要包括以下七个方面。

①作业人员如在温度较低的受限空间进行作业,必须穿戴专用的低温防护用具,必要时采取供暖措施。同时,所佩戴的通信设备也应该具有一定的耐低温特性。

②如受限空间已经过置换或清洗,但其气体分析结果仍旧不合格,作业人员在进入受限空间作业时,必须佩戴正压式空气呼吸器,同时携带救生绳。

③如受限空间内含有易燃易爆气体,且其在经过置换或清洗之后气体分析结果仍旧不合格,作业人员在进入受限空间作业时,必须穿戴防静电的工作服和工作鞋,且要使用防爆型工具和低压灯具。

④如受限空间内含有较多的酸碱等腐蚀性介质,作业人员在进入受限空间作业时,必须

穿戴相应的防酸碱腐蚀的防护服、防护鞋、手套等。

⑤如受限空间内的温度较高,作业人员在进入受限空间作业时,应穿戴高温防护用具,且对受限空间进行一定的通风以及降温处理。同时,所佩戴的通信设备也应该具有一定的耐高温特性。

⑥如受限空间内噪声较大,作业人员应佩戴相应的耳塞或隔音耳罩等护具。

⑦如受限空间内粉尘较大,作业人员应佩戴防尘口罩、眼罩等防尘护具。

(2)作业照明以及用电要求。

在受限空间内作业时,需要考虑用电及照明的安全性。

①受限空间要采用充足的照明,电气照明系统以及小型电动机具必须使用小于或等于36 V的安全电压,避免因触电而造成人员的伤害。进入金属容器(如炉、塔、釜、罐等)、潮湿容器、狭小容器内作业时,照明电压应维持在12 V以内。当作业环境原来盛装过爆炸性液体、气体等介质的,则使用防爆电筒或电压≤12 V的防爆安全行灯,行灯变压器不应放在容器内或容器上。

②针对不同的受限空间作业环境,需要采取不同的照明及用电安全措施。如受限空间的环境比较潮湿,作业人员除确保以上几方面的内容外,还应确保自身处于绝缘板上进行作业,从而有效防止触电。作业人员应穿戴防静电服装,使用防爆工具,严禁携带手机等非防爆通信工具和其他非防爆器材。受限空间作业对照明及用电的要求标准较高,作业人员需格外注意。进入带有转动部件的受限空间作业,应在配电室内断开转动部件的电源并挂警告牌。如果将现场电源的接线拆开,要做好绝缘和挂牌。

(3)作业监护要求。

①受限空间作业过程中,必须设置专职的监护人员,在受限空间外部进行监督及管理。也就是说,作业人员在进入受限空间作业时,必须确保自己始终处于监护人员视线范围之内。作业期间监护人员应坚守岗位,严禁擅离职守,如需离开,应有专人替换监护。

②如受限空间内部具有存在较大的安全隐患,还应增设监护人员及安管人员,且要确保受限空间内、外部人员的通信保持畅通,一旦出现安全事故,外部人员能够及时知晓作业人员的准确置,并采取恰当的应急处置措施。

③受限空间作业属于高风险作业,任何一个环节都要管控到位。作业申请人、作业审核人、作业批准人、作业负责人、作业监护人以及作业人员本身,任何岗位都要各尽其职,以此来保障受限空间作业的安全性。

(4)作业期间警示标识以及其他要求。

①进入受限空间进行作业时,应在周边设置相应的警示牌标明提示标语,防止无关人员误入受限空间。同时,受限空间外部应配备一定数量的空气呼吸器和消防器材等安全装备,一旦发生安全事故,外部人员能够第一时间利用这些装备进行应急响应。

②在受限空间作业前,要检查工作人员安全设施配备情况;加大作业人员作业行为监管力度,要求作业人员时刻遵守安全规定;在安全生产难度大、劳动强度大的受限空间内应采取轮班作业方式;对于难度大、强度高、时间长、内部情况复杂的受限空间作业还应采取轮换

作业的方式,且要确保受限空间作业最长时限不超过 24 h,在特殊情况下需要延期的,应办理相关手续。

③受限空间作业完成后,相关单位应对受限空间进行全方面的检查,清点人数和工具,确认无误后方可离开作业现场。

(5)做好受限空间作业人员的培训。

单位要把受限空间的安全作业及其事故防范作为新员工入厂培训和每年定期安全教育培训的重要内容,建立受限空间管理程序,以及进行受限空间教育培训——意识培训、作业培训与救援培训。意识培训,主要是安全意识培训,包括法律法规、管理制度、风险辨识及措施、案例分析等;作业培训,主要是应急救援装备的使用培训,包括检测设备、通风设备、个人防护用品、救援设备培训等;救援培训,主要是情景构建、实物培训及应急演练,强化救援人员的救援技能。

(6)重视实施受限空间救援培训及演练工作。

严格按照《危险化学品企业特殊作业安全规范》(GB 30871—2022)受限空间相关规定要求进行作业,可以有效防止受限空间事故的发生。但若因管理疏漏导致事故发生,提前做好应急救援的对策,则可防止事故扩大,有效减少事故损失。

受限空间救援技术需要做专业的培训。应急救援大致可分为三种:自救、非进入救援和进入救援。自救是指作业人员收到预警信息后的撤离动作,能减少后续的救援工作,包括使用速降自锁装置等应急救援装备脱离险境;非进入救援是指救援人员不进入受限空间内,而是借助设备将事故人员拉扯或提升至安全区域;进入救援是指救援人员必须进入受限空间内才能完成救援任务。由于受限空间内风险性大,这就要求对救援人员进行专业救援技能的培训。

常见的进入救援技术如下。

①垂直救援技术。救援人员携带紧急营救供气包等装备进入设备内,并与受限空间外救援人员配合使用三脚架、绞盘、差速器、绳索等救援装置,将受困人员吊升,然后从罐顶人孔救出的技术。

②吊救侧向推送救援技术。救援人员携带紧急营救供气包等装备进入设备内,并与受限空间外救援人员配合使用吊升救援装置将受困人员吊升,然后从罐体底部侧面的人孔救出的技术。

③高处平台释放救援技术。化工企业往往涉及大型反应设备及储存设备的救援,人员救出后通常在高处平台上,因此需要掌握利用绳索等应急救援装备将伤员从罐体顶部转移至地面的救援技术。由于受限空间内部一般较为狭小,救援人员携带器材多,所以应经常开展在狭小空间内固定、搬运伤员的训练,避免在搬运过程中给被救人员造成二次伤害。此外,救援应以小组为单位,以组内、小组之间相互配合的方式进行,这样能有效提高救援效率以及保护救援人员。

要不断提升员工应急救援能力。首先,应该消除化工人员对于应急救援的错误认知。通过宣传活动介绍各种化工安全事故发生的原因以及经验教训,并播放相关化工企业安全事故视频,邀请受限空间救援人员以及被救援的幸存人员回顾事故。这样就能够通过以身说法的方式让化工企业员工充分认识到受限空间应急救援能力提升的必要性,认识到错误的救援方式不仅不能够救人,甚至还会导致人员伤亡扩大。其次,有经济条件的化工企业还可以利用信息化技术开展相关应急救援教育宣传活动。利用 VR(虚拟现实)技术真实还原化工安全事故,进而提高身临其境感,促使员工端正态度,正确看待化工企业受限空间应急救援的重要性。化工企业还应该针对员工的应急救援能力盲点开展相关演练活动,熟能生巧,以此提高员工的受限空间应急救援能力。

为了保障应急措施落实到位,相关设施装备完好,还应该定期对现场的应急救援设备、物资等维护情况进行不定期抽查,对于员工的应急知识进行随机测问,并重点检查受限空间作业过程中相关人员的作业情况。要将应急考核结果与安全生产的绩效工作有机联系起来。这样就能通过严格的监督与管理,提高员工的工作规范性以及应急救援能力,进而保障应急管理落实到位。

3. 作业后

作业完成后,应整理所用设备及工具并交接入库,记录交接时间,签字并归档,将受限空间操作许可票证交给相关部分存档备案。

3.4 设备保护系统类型事故与预防

设备是生产力的重要组成部分,主要生产设备发生事故,将破坏正常的生产秩序,甚至会造成设备毁坏、人身伤害以及公司财产损失等。化工设备作为特殊的设备,其在设备本身或者相连管道有重要的保护系统,在关键时刻能发生作用,避免大规模事故的发生。

3.4.1 设备设计缺陷引起的事故与预防⋯⋯⋯⋯⋯⋯⋯⋯⋯⋯⋯⋯⋯⋯⋯□

化工设备的设计应由专业部门进行,遵守相应的设计规范和要求。

事故案例:2010 年 9 月 12 日,山东赫达股份有限公司发生爆燃事故,造成 2 人重伤, 2 人轻伤,直接经济损失 230 余万元。

2010 年 9 月 12 日 11 时 10 分左右,山东赫达股份有限公司化工厂纤维素醚生产装置一车间南厂房在脱溶作业开始约 1 h 后,脱溶釜罐体下部封头焊缝处突然开裂(开裂长度为 120 cm,宽度为 1 cm),造成物料(含有易燃溶剂异丙醇、甲苯、环氧丙烷等)泄漏。车间人员闻到刺鼻异味后立即撤离并通过电话向生产厂长报告了事故情况。由于泄漏过程中产生静电,车间发生爆燃。南厂房爆燃物击碎北厂房窗户,落入北厂房东侧可燃物(纤维素醚及其包装物)上引发火灾。北厂房员工迅速撤离并组织救援,10 min 后火势无法控制,救援人员全部撤离北厂房,北厂房东侧发生火灾、爆炸。2 h 后消防车赶到,火灾被扑灭。事故造成 2 人重伤,2 人轻伤。

（1）事故发生的直接原因。

纤维素醚共同生产装置无正规设计,脱溶釜罐体选用不锈钢材质,在长期高温环境、酸性条件和氯离子的作用下发生晶间腐蚀,造成罐体下部封头焊缝强度降低,发生焊缝开裂,物料喷出,产生静电,引起爆燃。

（2）事故发生的间接原因。

①企业未对脱溶釜罐体的检验检测做出明确规定,罐体外包有保温材料,检验检测方法不当,未能及时发现脱溶釜晶间腐蚀现象,也未能从工艺技术角度分析出不锈钢材质的脱溶釜发生晶间腐蚀的可能性。

②生产装置设计图纸不符合国家规定,图纸载明的设计单位为淄博泰科工程设计有限公司,但无设计公司单位公章,无设计人员签字,未载明脱溶釜材质要求,存在设计缺陷。

③脱溶釜操作工在脱溶过程中升气阀门开度不足,存在超过工艺规程允许范围（0.05 MPa 以下）的现象,致使釜内压力上升,加速了脱溶釜下部封头焊缝的开裂。

④安全现状评价报告中对脱溶工序危险有害分析不到位,未提及脱溶釜存在晶间腐蚀的危险因素。

（3）事故预防措施。

①进一步完善建设项目安全许可制度,严格按照"三同时"要求,落实各项规范要求,设计、施工、试生产等各个阶段应严格按规范执行。

②严格按照规范、标准要求开展日常设备的监督检验工作,及时发现设备腐蚀等隐患。

③严格按照技术规范进行操作,严禁超过工艺规程允许范围运行。

④进一步规范评价单位的评价工作,提高安全评价报告质量,切实为企业提供安全保障。

3.4.2　维修后组件不配套引起的事故与预防 ·······················□

事故案例一: 2006 年 3 月 13 日上午 9 时 10 分,山东德齐龙化工集团一厂三车间发生氮氢气体泄漏爆炸事故,造成 2 人死亡, 11 人受伤(其中重伤 6 人,轻伤 5 人),直接经济损失 40 万元。

当日上午 9 时 10 分,德齐龙化工集团一厂三车间在工作压力正常(该系统设计压力为32 MPa,实际操作压力为 28.6~29.2 MPa)的情况下, 2 号 4M40 压缩机六段油分出口止回阀法兰与进口管(管道直径为 102 mm)突然脱落,造成氮氢气体(氮气 25%、氢气 73%、甲烷 2%)瞬间泄漏,大量泄漏的氢气与空气混合达到爆炸极限(4%~74.2%),遇被弹出的止回阀摩擦撞击铁管产生的火花引发爆炸事故,造成 2 人死亡, 11 人受伤。因爆炸而形成的冲击波,造成车间后面的煤气管道被震裂发生泄漏引发大火。事故发生后,德齐龙化工集团迅速启动厂内事故应急救援预案,厂内消防员、消防车及时赶赴现场灭火的同时,及时报警增援。县委、县政府及有关部门主要领导闻讯后,及时赶往现场,立即启动县级应急救援预案,冒着生命危险指挥抢险救护工作,受伤职工被立即送往医院,得到了及时抢救和治疗。在消防队员和本厂职工的共同努力下, 10 时 40 分,明火全部扑灭,消除了安全隐患,抢险救援工作结束。

（1）事故发生的直接原因。

经现场勘查和多方调查确认，一厂三车间 2 号 4M40 压缩机六段油分出口止回阀因法兰内螺纹小径超差与进口管突然脱落，这是事故发生的直接原因。

（2）事故发生的主要原因。

法兰内螺纹大径、小径与标准规定值有偏差。后经专家组技术分析认定，法兰内螺纹小径偏差超标较大是导致进口管与法兰脱落的主要原因（法兰内螺纹 0°~180° 超差 1.538 mm、90°~270° 超差 1.618 mm），从而也是导致爆炸事故发生的主要原因。经调查，这是由于该企业当时没有建立和落实设备进货质量检验把关制度，购进和使用了不合格的产品，在设备大修期间也没能及时发现和排除该设备组件存在的内在隐患。

（3）事故预防措施。

①开展全厂安全生产大检查，特别是对所有压缩机止回阀及其管道进行重点检查检测，不符合标准要求的必须立即更换，做到万无一失，在确保安全生产的前提下，方可投入运行。

②加强设备及配件进厂的质量检验和把关，依据国家相关的技术标准严格设备、管道及其他原件、配件安装前的质量检验，存在质量缺陷的原件、配件严禁使用。

③进一步建立健全各项安全管理制度及岗位操作规程，规范检修施工行为，严格检修施工程序，确保检修施工质量。

在日本也发生了一件类似的事故。

事故案例二：日本昭田川崎工厂的一套合成氨装置，在操作中突然发出破裂声并喷出气体，气体充满压缩机房后，流向楼下的净化塔和合成塔。压缩机系统的操作工听到喷出气体的声音后立即停掉压缩机打开送风阀。合成系统的操作工着手关闭净化塔的各个阀门，但在这个操作过程中附近发生了爆炸，造成 17 名操作工死亡，63 人受伤，装置的建筑物和机械设备部分被破坏，相邻装置的窗玻璃被震坏。由于爆炸使合成塔前的变压器损坏，变压器油着火，点燃从损坏的管道中漏出来的氢气，引发大火，大火持续了约 4 h，经济损失约 7 100 万日元。

（1）事故发生的原因。

最初漏气的地方是在两个油分离器和一个净化塔连接的高压管线的三通接头部分，连接管的螺纹外径比正规值小，而且它的螺距比相应螺纹的螺距大，因而导致螺纹牙与牙的接合较差，并在一部分螺纹的牙根处引起过度的应力集中。安装时不适当的紧固和长期的使用使其发生磨损。最初大爆炸的火源被认为是净化塔内流出来的催化剂。喷出的气体与净化塔内流出的催化剂相接触造成爆炸。

（2）事故预防措施。

提高螺纹的加工精度，且进行严格检查。高压设备的配管应避免从简，在主气管线上应设置逆流截止阀。高压设备应置于防护墙之内，与工作区分开，并且与电气设备隔离。为保持通风良好，地面应铺成铁箅式的。建立运转、维修及管理技术规程。

3.4.3　保护系统失效引发的事故与预防···□

由于化工设备接触的多为危险化学品,有腐蚀性、易燃易爆等特性,所以化工设备需要定期检修,尤其是起关键作用的部件,需要保证其在使用期限内安全有效,否则容易发生事故。

事故案例:2004年8月26日,济南市某化工厂一台4M20-75/320型压缩机放空管因遭雷击发生着火事故。

当日上午9时,正值雷雨天气,厂内设备运行正常。忽然一声雷鸣过后,厂内巡视检查工人发现厂区内8号氮氢气压缩机放空管着火。其在通知厂领导的同时,立即向厂消防救援队报警。厂消防救援队在最短的时间内赶到着火现场,在消防救援队和闻讯赶来的厂干部及职工的共同努力下,扑灭了火点,没有酿成重大火灾,避免了更大的损失。

(1)事故发生的原因。

①氮氢气压缩机各级放空用截止阀,在长期的使用过程中磨损严重,没能及时发现进行维修和更换,造成个别放空截止阀内漏严重,使氮氢气通过放空管进入大气遭遇雷击而发生着火事故。

②氮氢气压缩机各级油水分离器在排放油水时,所排出的油水都进入集油器,而集油器放空管连接到放空总管上。操作工人在排放油水的过程中,没能按照操作规程进行操作,使氮氢气进入集油器后随放空管进入大气,在排放过程中遭遇雷击而发生着火事故。

③由于放空管没有单独的避雷设施而遭受雷击也是此次着火事故的重要原因。由于该厂采取的避雷措施是在压缩机厂房上安装避雷带,而放空管的高度超过了避雷带,其他避雷针又不能覆盖放空管,因此引发此次着火事故。

(2)事故预防措施。

上述分析肯定了这次事故的主要原因是大量的可燃气体——氮氢气进入大气,以及防雷措施不合理,因此针对这次着火事故提出了如下具体的防治措施。

①对氮氢气压缩机各级放空用截止阀进行定期检验,磨损严重的应及时进行维修或者更换新的截止阀,从而避免因阀门内漏使氮氢气进入大气造成事故。

②加强巡回检查,确保油水分离器的排放操作按规定进行,严格规定其排放操作时间。

③按标准正确设置避雷装置。

这次事故发生后,厂内技术人员按防雷的基本措施对全厂内的避雷装置进行了全面细致的检查。对防雷的薄弱环节进行了改造,增设了高性能的避雷器,并进行了合理布置,确保同类事故不再发生。

3.5　人为错误引发的事故与预防

化工产业是推动我国社会经济发展的支柱型产业,但同时也是高危行业之一。化工生产作为一个关联性较强的流程作业过程,其面临的作业风险是多方面的,可能来自工艺、设备、交通安全等。化工企业的员工作为作业的主要操作者,其面临的风险主要包括三个方面:驾驶风险、人身安全风险、工艺安全风险。驾驶风险是由驾驶车辆(包括吊车、叉车、电瓶三轮车等厂内机动车)导致的风险;人身安全风险是由于滑倒、绊倒、跌倒、高处坠落、习惯性违章等人身安全事故导致的风险,这类风险多数发生在检修作业及巡回检查等过程中;工艺安全风险是由于化学品泄漏导致的火灾、爆炸、中毒等工艺安全事故带来的风险,这类事故多发生在工艺操作的误操作或设备缺陷、设备失效等状态下。所以,化工企业的管理者和员工必须意识到自身行业具有的特殊性,以及安全危险系数的高度,提高安全意识,严格按照规范上岗生产,最大限度地避免人为错误引发事故。

3.5.1 违反操作规程引发的事故 ....□

化工生产作业中最为常见的一类问题便是违规操作问题。操作人员在具体的生产过程中对生产流程以及生产原理的了解不足,导致违规操作现象时有发生,以致设备异常运行、化学组分异常反应而引起设备的震动和爆炸,严重威胁工作人员的生命安全,损害常驻人员的生命健康,还会对周围的环境气候产生较大危害。

事故案例一:1986 年 3 月 15 日,核工业部第五安装公司对某石油化工一厂的换热器进行气密性试验。16 时 35 分,气压达到 3.5 MPa 时突然发生爆炸,试压环紧固螺栓被拉断,螺母脱落,换热器管束与壳体分离,重达 4 t 的管束在向前方冲出 8 m 后,撞到载有空气压缩机的黄河牌载重卡车上,卡车被推移 2.3 m,管束从原地冲出 8 m,重达 2 t 的壳体向相反方向飞出 38.5 m,撞到地桩上。两台换热器重叠,连接支座螺栓被剪断,连接法兰短管被拉断,两台设备脱开。重 6 t 的未爆炸换热器受反作用力,整个向东南方向移位 8 m 左右。在现场工作的 4 人因爆炸死亡。爆炸造成直接经济损失 56 000 元,间接经济损失 25 000 元。

(1)事故发生的原因。

操作人员违反操作规程。爆炸的换热器共有 40 个紧固螺栓,但操作人员只装了 13 个紧固螺栓就进行气密性试验,且因试压环厚度比原连接法兰厚 4.7 cm,原螺栓长度不够,但操作工仍凑合用原螺栓。在承载螺栓数量减少一大半的情况下,每个螺栓所能承受的载荷又有明显下降,每个螺栓实际承载量大大超过设计规定的承载能力,致使螺栓被拉断后,换热器发生爆炸。这是一起典型的因违章操作导致爆炸的事故。而且现场管理混乱,分工不明确,职责不清晰。直接参加现场工作的主要人员在试验前请假回家,将工作委托他人。试验前没有人对安全防护措施和准备工作进行全面检查。

(2)事故预防措施。

①要对职工进行安全教育,提高职工的安全意识。

②职工应严格按操作规程操作,杜绝违章作业现象。

③要加强对现场安全工作的监督和检查,现场工作一定要分工明确,职责清楚,各司其职,严格安全防护措施的落实。

随着化工行业科学技术的不断发展,很多复杂大型的化工设备往往需要更加专业细致的工作人员进行操作;对于某些具有危险性的工作,必须有一个专门的生产人员严格按照技术标准进行规范操作,执行任务。但很多企业对这些操作流程或工作人员的专业素质不够重视,导致工作人员在进行化工生产的过程中没有按照专业标准严格执行,违规操作导致化工生产事故;对于已经发现的安全隐患不能做到及时排查处理,从而使化工生产的安全得不到保障,影响整个化工行业的发展和社会的稳定和谐。

事故案例二:2005 年 11 月 13 日,中石油吉林石化分公司双苯厂硝基苯精馏塔发生爆炸,造成 8 人死亡, 60 人受伤,直接经济损失 6 908 万元,并引发松花江水污染事件。松花江水被污染图可扫描二维码 3-13。

二维码 3-13

(1)爆炸事故发生的直接原因。

①硝基苯精制岗位外操人员违反操作规程,在停止粗硝基苯进料后,未关闭预热器蒸汽阀门,导致预热器内物料汽化。

②恢复硝基苯精制单元生产时,外操人员再次违反操作规程,先打开预热器蒸汽阀门加热,后启动粗硝基苯进料泵进料,引起进入预热器的物料突沸并发生剧烈振动,使预热器及管线的法兰松动、密封失效,空气吸入系统,由于摩擦、静电等原因,导致硝基苯精馏塔发生爆炸,并引发其他装置、设施连续爆炸。爆炸时现场图可扫描二维码 3-14。

二维码 3-14

(2)爆炸事故发生的主要原因。

中石油吉林石化分公司及双苯厂对安全生产管理重视不够,对存在的安全隐患整改不力,安全生产管理制度存在漏洞,劳动组织管理存在缺陷。

(3)污染事件发生的直接原因。

双苯厂没有在事故状态下防止受污染的"清净下水"流入松花江的措施;爆炸事故发生后,未能及时采取有效措施,防止泄漏出来的部分物料和循环水及抢救事故现场消防水与残余物料的混合物流入松花江。

(4)污染事件发生的主要原因。

①中石油吉林石化分公司及双苯厂没有对可能发生的事故会引发松花江水污染的问题进行深入研究,有关应急预案有重大缺失。

②吉林市事故应急救援指挥部对水污染估计不足,重视不够,未提出防控措施和要求。

③中石油集团公司和中石油股份公司对环境保护工作重视不够,对中石油吉林石化分公司在环保工作中存在的问题失察,对水污染估计不足,重视不够,未能及时督促采取措施。

④吉林市环保局没有及时向事故应急救援指挥部提出采取措施的建议。

⑤吉林省环保局对水污染问题重视不够,没有按照有关规定全面、准确地报告水污染程度。

⑥环保总局在事件初期对可能产生的严重后果估计不足,重视不够,没有及时提出妥善处置意见。

3.5.2 错开阀门造成的事故

人的素质或人机工程设计欠佳,往往会造成误操作,如看错仪表、开错阀门等。特别是在现代化的生产中,人是通过控制台进行操作的,发生误操作的机会更多。

事故案例:1997年6月27日,北京东方化工厂储罐区发生特大火灾、爆炸事故,死亡9人,伤39人,20余个1 000~10 000 m³的装有多种化工物料的球罐被毁,直接经济损失1.17亿元。

1997年6月27日21时5分左右,罐区当班职工闻到泄漏物异味。21时10分左右,操作室可燃气体报警仪报警。21时26分左右发生爆炸。爆炸对周围环境产生冲击和震动破坏,21时42分左右,乙烯B罐被烧烤,出现塑性变形开裂,发生爆炸。可燃物在空中形成火球和"火雨"向四周抛撒;乙烯B罐炸成7块,向四外飞散,打坏管网引起新的火源,与乙烯B罐相邻 二维码3-15

的A罐被爆炸冲击波向西推倒,罐底部的管线断开,大量液态乙烯从管口喷出后遇火燃烧。爆炸冲击波还对其他管网、建筑物、铁道上油罐车等产生破坏作用,造成火势加剧,大火至6月30日4时55分熄灭。储罐区事故现场图可扫描二维码3-15。

事故的主要原因是在从铁路罐车经油泵往储罐卸轻柴油时,由于操作工开错阀门,使轻柴油进入了满载的石脑油A罐,导致石脑油从罐顶气窗大量溢出,溢出的石脑油及其油气在扩散过程中遇到明火,产生第一次爆炸和燃烧,继而引起罐区内乙烯罐等其他罐的爆炸和燃烧。

有些事故的发生往往是由于操作人员的安全意识薄弱。某化工有限公司一号车间固色剂岗位,主要使用原料为甲醛(易燃)等,反应过程为放热反应,岗位定员为3名操作人员,其中1名为班长。在一次生产过程中,操作人员按程序正常投料,当反应进行一段时间后,依据工艺操作规程需开反应釜夹套冷却水降温,班长支配1名操作人员去开冷却水阀,自己未到现场。该操作人员误开了冷却水阀旁边的蒸汽阀(冷却水管道、蒸汽管道、甲醛管道上均只涂了防锈漆,阀门上面未挂标识牌),致使反应温度快速上升,反应釜内物料大量汽化、釜内压力快速上升导致爆破片动作,含甲醛蒸气的物料从放空管冲出引起火灾,造成1名操作人员死亡。

(1)事故发生的主要原因。

操作人员未能娴熟驾驭本岗位安全操作技能,在需打开反应釜夹套冷却水降温时,却误开了蒸汽阀,致使釜内压力快速上升导致事故的发生。《中华人民共和国安全生产法》规定:生产经营单位应当对从业人员进行安全生产教育和培训,保证从业人员具备必要的安全生产知识,熟悉有关的安全生产规章制度和平安操作规程,掌握本岗位的安全操作技能。

(2)事故预防措施。

①生产经营单位应加强对从业人员的安全生产教育和培训,并做好相关记录,以保证从业人员具备必要的安全生产知识,尤其应加强对操作人员安全生产的教育和培训。

②生产经营单位应对工业生产中非地下埋设的气体和液体的输送管道进行明确的标

识,以便于识别工业管道内的物质。管道内的物质凡属于《化学品分类和危险性公示　通则》(GB 13690—2009)所列的危急化学品,其管道应设置危急标识;在同一地点多个阀门引起混淆的地方,可分别在阀门上悬挂明显的标识牌,如蒸汽阀门、冷却水阀门、甲醛物料阀门等以示区分。

3.5.3 工作人员危险意识不强造成的事故 ···□

员工个人的工作习惯对工作的安全与效率有着很重要的影响,因此要重视员工操作中的习惯性违规。

事故案例一:某公司碳化岗位在进行 CO_2 气化反应时,员工江某开启液体 CO_2 储罐(压力为 3.0 MPa)出料阀后,接到班长向某的指令,去清理合成岗位的地面残存物料。江某自认为在 CO_2 气化过程中操作经验丰富,不会出现其他情况,而且平时气化时,离开一会也没事,从而造成气化器前端的管线气化压力过高(3.0 MPa),发生管线法兰爆开事故(气化管线的压力要求小于 1.5 MPa)。

事故发生的原因:班长向某指派人员清理物料时,犯了经验式错误,将碳化岗位江某调出岗位干其他的活,没有安排其他人进行监护;操作工江某对工艺的危险性缺乏认识,心存侥幸心理;气化器及连接管线没有安装安全阀(小于 1.5 MPa);值班班长及岗位员工安全意识淡薄,车间的班组安全培训流于形式。

事故案例二: 2009 年 10 月,江西省新吉安生物科技有限公司发生了一起火灾事故,导致 7 人受伤,车间烧损严重,

10 月 8 日 9 时 25 分,操作工王某发现板框压滤机滑道开焊,报告班长准备焊接维修。班长通知设备科,同时通知安全部申请办理动火作业票证。安全员到达现场后对作业现场进行检测辨识,落实动火安全措施,确定监火人后开具动火票证。9 时 35 分动火作业开始,5 min 后,突然从动火区域上方淋下大量乙酸乙酯,随即车间内一片火海。车间内各岗位操作工四处奔逃,动火现场 7 人严重烧伤。

经调查,9 时 20 分,位于三层车间平台的结晶岗位开始向乙酸乙酯高位槽计量罐进料。进料刚开始,操作工岳某在岗位观察液位计变化情况。约 10 min 后,1 号结晶釜准备进料,岳某打开结晶釜进料阀门,观察进料情况,将高位槽进乙酸乙酯工作忘记。9 时 28 分,乙酸乙酯从高位槽溢出,从三层平台淌下,下落的乙酸乙酯淋到一层平台的动火位置随即燃烧,火苗从一层向三层蔓延,车间内一片火海。

事故发生的原因:结晶岗位操作工岳某在进料期间做其他工作,导致易燃物料乙酸乙酯高位槽计量罐溢出,是该事故的直接原因。

如果岳某统筹安排各项工作,在高位槽计量罐进料后再进行转料,或临时停下进乙酸乙酯工作,待转料结束后再进行进料,此次事故完全可以避免。一心二用、多头工作终酿成大祸。

3.5.4 负责人危险意识不强导致的事故·······················□

化工企业管理者必须意识到自身行业所具有的特殊性及高危险性。化工企业员工是由管理者进行培训教育后再上岗的,管理者的安全意识直接决定企业员工后期上岗操作的规范性,员工安全意识的高低取决于管理者安全教育的严格与否。生产车间的负责人作为现场管理者,对于生产工艺流程一定要具有敏感性,重视每一个环节的特殊情况,并有能力根据实际情况做出判断、指挥生产。

如果管理者的危险意识不强,也会导致一些事故的发生。

事故案例:2013 年 10 月 8 日 17 时 56 分许,博兴县诚力供气有限公司焦化装置的煤气柜在生产运行过程中发生重大爆炸事故,造成 10 人死亡, 33 人受伤,直接经济损失 3 200 万元。

事故气柜属于企业 60 万 t/a 焦炉工程项目的装置,2011 年 10 月开始建设,2012 年 7 月完工。2012 年 9 月 28 日投用,事故发生时,正处于试生产阶段。2013 年 9 月 25 日后,气柜内活塞密封油液位呈下降趋势;9 月 30 日后,气柜内 10 台气体检测报警仪频繁报警;10 月 1 日后,密封油液位普遍降至正常控制标准以下。其间操作人员多次报告,企业负责人一直没有采取相应措施。10 月 5 日 11 时,企业组织检查,发现气柜内东南侧第 6 和第 7 个柱角处有漏点,还有 1 处滑板存在漏点。企业负责人对此也未采取相应的安全措施。

10 月 6 日后,气柜内检测报警仪继续报警;其间联系了设备制造厂准备对气柜进行检修。10 月 8 日 8 时开始,气柜内 10 台检测报警仪全部超量程报警,密封油液位 2 个监控点出现零液位,但企业仍未采取有效措施。

10 月 8 日 17 时 56 分 34 秒左右,气柜突然爆炸,造成气柜本体彻底损毁,周边约 300 m 范围内部分建构筑物和装置坍塌或受损,约 2 000 m 范围内建筑物门窗玻璃不同程度受损,同时引燃了气柜北侧粗苯工段的洗苯塔、脱苯塔以及回流槽泄漏的粗苯和电厂北侧地沟内的废润滑油,形成大火。

(1)事故的直接原因。

①气柜运行过程中,密封油黏度降低、活塞倾斜度超出工艺要求,致使密封油大量泄漏、油位下降,密封油的静压小于气柜内煤气压力,活塞密封系统失效,造成煤气由活塞下部空间泄漏到活塞上部相对密闭空间,持续大量泄漏后,与空气混合形成爆炸性混合气体并达到爆炸极限。

②气柜顶部 4 套非防爆型航空障碍灯开启,或者气柜内部视频摄像头和射灯线路带电,或者活塞倾斜致使气柜导轮运行中可能卡涩或者与导轨摩擦产生了点火源。

(2)事故的间接原因。

①违章指挥,情节恶劣。在出现气柜密封油质量下降、油位下降、一氧化碳检测报警仪频繁报警等重大隐患,职工多次报告,事发当天气柜密封油出现零液位、检测报警仪满量程报警、煤气大量泄漏的情况下,企业负责人安全意识淡薄,未采取果断措施排除隐患,一直任由气柜低柜位运行、带病运转,直至事故发生。

②设备日常维护管理问题严重。企业一直未对气柜活塞、密封设施定期检查、维护和保养;得知密封油质量下降后,未采取措施改善油的质量;密封油质量逐步恶化,直至煤气泄漏。

③违法违规建设和生产。企业3#、4#焦炉工程从2010年10月开工建设,2012年3月开始试运行,一直没有办理建设项目安全审查手续,长时间违法违规建设和生产(直至2011年11月才补办相关手续)。气柜从设计、设备采购、施工、验收、试生产等环节都存在违反国家法律法规和标准规定的问题。

④对外来施工队伍管理混乱。事故发生前,企业厂区先后有5个外来施工队伍,边生产、边施工,对施工队伍的安全管理制度不健全;违规让施工人员生活和住宿在生产区域内,导致伤亡扩大。

⑤安全生产管理制度不完善、不落实。企业没有按照规定建立健全安全管理制度和操作规程,安全生产责任制和安全规章制度不落实。

⑥安全教育培训流于形式。企业管理人员、操作人员对气柜异常情况、危害后果不了解,处置不正确,安全培训效果较差。

所以,在整个化工生产的流程作业过程中,作为管理者和员工,在作业前要认真进行危险源辨识及风险评估和分析,严格按规程进行各类作业并采取正确的防范措施。

3.5.5 未穿防护服引发的事故··□

化学防护服是为保护自身免遭化学危险品或腐蚀性物质的侵害而穿着的防护服装,可以覆盖整个或绝大部分人体。一些特殊作业中明确指出需要穿戴防护服以保护人身安全。现实中却总有一些员工存在侥幸心理,或者觉得麻烦而拒绝,最终导致严重的后果。

事故案例一:2013年8月23日,淄川某化工企业员工周某所在的岗位2号釜物料反应完毕,准备由2号釜转到下一岗位6号釜内,周某全部确认无误后,到楼下打开釜底阀准备转料。按照工艺操作规程转料时需要佩戴防毒全面罩,周某当时一看没有班长与值班人员在场,心想就是打开一个釜底阀开关,很短时间内就能完成,没必要浪费时间再去佩戴防毒全面罩,于是抱着侥幸心理未佩戴防毒全面罩来到楼下釜底阀旁边准备转料。不料当周某抬头转动釜底阀门时,阀门发生泄漏,一滴物料正滴入周某右眼中。虽然周某立即使用车间内的洗眼器进行冲洗,但因物料腐蚀性太大,最终周某右眼永久性失明。

事故主要原因是员工操作时未正确佩戴劳保用品。周某转料时为贪图省事未按操作规程正确佩戴使用防毒全面罩,抱着侥幸心理仅戴着半面罩就去开关釜底阀门。当釜底阀出现泄漏时,半面罩因没有保护眼睛的设计,致使物料直接滴入眼中,造成周某右眼终身失明。

进行转料操作时一定要严格按照操作规程操作,正确使用劳保用品来保护自身安全,切莫抱有图省事、嫌麻烦等侥幸心理。当车间转料或者进行维修时,一定要注意使用防护全面罩或者防护眼镜,对眼睛进行有效防护。

事故案例二:2009年11月23日8时左右,山东省菏泽海润化工有限公司刘某林给安全员郭某田打电话说找到了运输粗苯的车辆。10时30分左右,刘某林、郭某田、穆某敢三人在东明县石油公司油库集合后,由穆某敢驾驶运输粗苯的车一起去菏泽海润化工有限公司小井乡黄庄储备库,于 11 时 30 分左右到达。他们到达 1 个多小时以后,穆某敢就把车停到了存储罐前,连接好泵开始从储存罐往罐车里充装粗苯。装了有 15 min 的时候,穆某敢登上罐车先查看前面的罐口(罐的前后各有一个开启口),看装满没有。然后他又走到后面的罐口查看了一下。当他走回前面的罐口附近对刘某林说,装得太慢了,也就是在他们说话的同时,13 时 17 分时左右发生了爆燃,然后罐车冒出浓烟。刘某林从开始装车就一直在罐车上,郭某田在控制电泵的闸刀前看闸刀。郭某田见此情况,立即拉下闸刀,然后跑到储罐前关掉储罐的阀门。郭某田随即拨打 119、120 急救电话,消防队来后把火扑灭。此次事故造成穆某敢死亡,刘某林受伤。

(1)事故发生的原因。

①根据调查分析,驾驶员穆某敢违反危险化学品运输车辆的相关规定,单独开车运输危险化学品,未佩带必需的劳保用品及服装,而是穿戴不防静电的普通服装,在罐车上来回走动,衣服上的静电点燃了挥发的苯混合气体,是造成事故的直接原因。

②公司的安全员在装车现场,也没有按规定穿着劳保服装,发现穆某敢和刘某林未穿戴劳保服装时未加制止;主要负责人没有担负起企业安全生产管理主要负责人的责任,在发生爆燃事故后没有及时采取有效措施组织抢救,未上报安全事故,且逃匿。

③现场工作人员普遍存在安全意识差的问题,违章操作,安全生产管理较乱。

④东明县二运公司对所挂靠车辆的从业人员培训教育不够,监管不力,是造成这次事故的间接原因。

(2)事故预防措施。

①完善预案。根据本单位所涉及危险物品的性质和危险特性,对每一项危险物品都要制定专项应急救援预案。同时根据有关法律、法规、标准的变动情况和应急预案演练情况,以及企业作业条件、设备状况、人员、技术、外部环境等不断变化的实际情况,及时补充修订完善预案。

②加强教育培训。加强对作业人员和救援人员安全生产和应急知识的培训,使其了解作业场所危险源分布情况和可能造成人身伤亡的危险因素,提高自救互救能力。

③组织应急演练。企业应结合自身特点,开展应急演练,使作业人员和施救人员掌握逃生、自救、互救方法,熟悉相关应急预案内容,提高企业和应急救援队伍的应急处置能力,做到有序、有力、有效、科学、安全施救。

④加强装备建设。为专兼职救援队伍配备必要的、先进的救援装备,从而提高防护和施救能力及效果。

3.5.6　沟通不清引发的事故

在交接工作中,需要注意沟通的准确性,最好建立沟通作业证,确保操作的准确性。对需要指导的内容不清楚或者未能理解沟通的内容,容易出现事故。尤其不能让不是本专业或者没有经过专业培训的人员进行操作。对于许多装置的控制,电话沟通是足够的。但出于安全考虑,必须以书面形式沟通,并将情况详细记录。下面介绍一些由于沟通不清引起的事故。

事故案例:山东省淄博市开拓者生物科技有限公司是一家生产医药中间体邻苯二甲亚胺的化工企业。2009 年 11 月,该公司发生了一起爆炸火灾事故,事故导致 11 人死亡,4 人重伤,15 个幸福的家庭跌入痛苦的深渊。

2009 年 11 月 9 日 18 时 5 分,硝化车间乙班岗位职工孙某焦急地等待丙班操作工周某来接班,因为今天是孙某朋友的生日,大家约好晚上去饭店好好聚聚。18 时 7 分,周某到达岗位,孙某说"今天家里有点急事,先走了,1 号和 3 号在保温,2 号等着进料,4 号釜正常",然后在交接班记录上签上字,匆匆离开岗位。平时同事之间相互照应,周某早已习以为常。

随后,周某查看 4 号反应釜,按照以往惯例,这个时候应该投加催化剂,反应釜温度、压力各项参数正常。19 时,周某按照生产比例投加催化剂,19 时 20 分 4 号反应釜温度持续升高,压力剧增。19 时 30 分左右反应釜爆炸,导致周某上层岗位 9 人及周某邻岗操作工 2 人当场死亡,车间房顶被全部炸开。

经安全生产监督管理部门调查,4 号反应釜投料时间比以往早半个小时,在周某接班前,孙某已经投加完反应催化剂,但是着急聚会忘记做记录,接班的周某还是按照原来的惯例进行操作。两人未进行认真细致的交接班,将反应催化剂重复添加,反应速度失控导致釜内温度压力急剧上升引发爆炸事故。

(1)事故发生的原因。

这是一起因交接班沟通不清导致的重大生产安全事故。交班的孙某上班期间添加完催化剂后未做记录,交接班过程中流于形式,没有对每台反应釜工艺参数及生产状态进行确认,这是导致该事故的直接原因。

(2)事故预防措施。

吸取此次事故的教训,应准确完整记录操作过程,逐台反应釜进行交接,双方确认无误后方可签字完成交接下班。接班人员接班后如果对生产状态不确定的,切不可根据感觉、惯例贸然操作,应立即通知班长,用值班电话联系交班人员进行确认。

以下是其他一些沟通不清引发的事故。

①一位维护工头被要求检查一台有故障的冷却水泵。他决定立即降速以免损坏机器。他这样操作了,但没有马上告诉任何一位操作小组成员。冷却水流量下降,过程中断,导致冷却器出现泄漏。

②一辆装有液化石油气(LPG)的油罐车需要在送去维修前进行清洗。实验室工作人员被要求分析油罐车中的大气,看看是否仍有碳氢化合物存在。通常,实验室工作人员会定期分析 LPG 罐车内的大气,以确定是否存在氧气。由于存在误解,他们认为此时也需要进行氧气分析,于是进行氧气分析后通过电话报告,"没有检测到"。然而,操作员却认为是未检测到碳氢化合物,因此直接将油罐车送去维修。幸运的是,修理站进行了自己的检查分析。分析表明液化石油气仍然存在,实际上液化石油气的量已超过 1 t。

③项目小组为一个新装置备货。一名采购员被要求订购一些 TEA(三乙醇胺),他采购

了几罐三乙胺。他以前曾在一家使用三乙胺的工厂工作,这家工厂将三乙胺称为 TEA。然后新装置的经理要求继续供应三乙醇胺,这是他实际需要的材料,也是他以前工作过的工厂称为 TEA 的材料。一位警觉的仓储人员发现了这一混乱,他注意到同一装置交付了名称相似的两种不同材料,并询问是否真的需要这两种材料,从而避免了事故的发生。

④启动期间需要低泵送速率,因此设计师安装了反冲管道。由于未知的原因,反冲管道停止了使用。也许是因为即使使用反冲,也不可能以足够低的速度运行,于是操作员只能通过启动、关闭泵,来控制吸入容器的液位。控制室操作员观察液位,并通过扬声器要求外部操作员根据需要启动和关闭泵。两名外部操作员组成一个小组,两人都能完成每一项工作,并共同分担工作。一天控制室操作员要求关闭泵。两名外部操作员都与开关相距一定距离,都认为另一个人更近,会关闭泵。两个人都没有关闭泵,吸入容器被抽干,泵过热起火。

3.5.7 指挥失误导致的事故 ···□

事故案例:1997 年 11 月 5 日 11 时 20 分,江西某厂氯磺酸分厂硫酸工段在检修硫酸干燥塔过程中,因指挥协调不当及违章作业,发生一起急性二氧化硫(SO_2)中毒死亡事故。

11 月 5 日,因硫酸生产不正常,经分析认为系统有堵塞,讨论决定停车检修。上午 8 时,分厂副厂长在班前会上布置工作,由硫酸工段长蔡某负责组织干燥塔内分酸管堵漏工作(此前已于 4 日 15 时开始,对干燥塔用水进行不间断喷淋冲洗)。会后,蔡某安排副工段长刘某带操作工彭某做好各项准备工作,准备进入干燥塔内堵漏。9 时许,分厂安全员通知总厂安环科分管安全员和监测站人员到现场办理"高处作业票""罐内安全作业票"等手续作取样分析,约 9 时 30 分办理好各种安全作业手续。

10 时,冲洗停止,蔡某、刘某、彭某拿着堵漏工具、安全帽、防酸雨衣、安全带和一具过滤式防毒面具(配 7#滤毒罐),爬上干燥塔后,由刘某从人孔进入塔内堵漏,彭某在塔外平台上协助并监护。工段长蔡某也在塔上监护。工作中,因安全帽前端带子丢失,刘某不慎将安全帽掉落到塔内分酸管的下一层(离人孔高度约 1.2 m),徒手难于捡取。10 时 30 分左右,堵漏工作完毕,刘某出塔休息。

此时,因焙烧炉温已降至 560 ℃以下,焙烧炉工把蔡某叫到焙烧岗位,要求空烧升温。蔡某叫炉工做了准备,并问刘某、彭某二人(空间对话)是否已经搞好,刘某答:"搞好了。"11 时 45 分左右,蔡某指挥炉工启动风机,空烧升温。

11 时左右,仍在干燥平台上休息的刘某再次穿上雨衣,戴上防毒面具爬进人孔,彭某用小钢筋弯了一个小钩递给刘某钩取安全帽。彭某抓住人孔内壁,感到气味很重,呛了一口,立即意识到情况不对,赶紧呼叫刘某,没有听到回音,此时隐约听到一声倒地的声音,彭某试图冲进塔内救人,但因 SO_2 气味很重,无法呼吸,只好向塔下其他人员呼救。待氧气呼吸器送到,分厂安全员佩戴好后进塔将刘某背出,立即在现场对刘某开展口对口人工呼吸和胸外心脏按压抢救,并使用强心剂和呼吸兴奋剂等。但终因毒物浓度过高,中毒时间长,刘某经抢救无效死亡。

（1）事故发生的原因。

①违章指挥，违章操作。焙烧炉空烧时，大量 SO_2 有毒气体进入干燥塔内，使原作业环境完全改变。指挥者在人员尚未撤离检修现场、有害气体不能严密隔绝的情况下，同意并指挥空烧；操作者也在明知已开始空烧的情况下，未重新办理任何手续，再次进入干燥塔内钩取安全帽，冒险交叉作业，导致急性 SO_2 中毒窒息。相关指挥和操作严重违反了《化工安全生产禁令》《进入容器、设备的八个必须》，是造成死亡事故发生的直接原因。

②组织不严密，安全管理不到位。分厂领导把此次检修只看成一般日常小项目检修来处理，除在晨会上布置工作外，无详细的全面计划，未指定项目检修总指挥和安全负责人，入塔检修与空烧交叉进行。有关领导和指挥、操作人员安全意识淡薄，组织协调不力，是造成事故发生的主要原因。

③隔离不严密。检修前由于未按规定加装盲板与焙烧炉安全隔绝，而只是用插板隔离，以致 SO_2 气体从缝隙泄漏入干燥塔内，这也是造成事故的主要原因之一。

④防护不当。据事故发生后采样分析，干燥塔内 SO_2 浓度达 13 000 mg/m³，远远超出了过滤式防毒面具的适用范围，以致防面具起不到安全防护作用；同时，安全帽平时保管不善，前绳带丢失，造成工作中安全帽掉落，为事故的发生留下了隐患。

（2）对事故发生的反思。

SO_2 属于酸性氧化物，是具有强烈的特殊臭味的刺激性气体，故在硫酸生产、检修过程中，发生急性 SO_2 中毒死亡事故在国内报道中尚属罕见。

①安全意识淡薄。习惯性违章指挥、违章作业。从事故分析中可以看出，本次干燥塔检修属违章作业。在焙烧炉未熄炉（压火保温）的情况下，未使用盲板进行安全隔绝，仅以插板代替；指挥者在检修人员未撤离现场的情况下，违章指挥交叉作业，致 SO_2 气体从缝隙中泄漏入干燥塔内。而操作者在明知已开始空烧、塔内作业环境已经改变的情况下，未按规定要求重新进行安全分析，仅凭经验和麻痹心理冒险蛮干（据彭某事后证实，他们当时认为钩取安全帽仅需 1~2 min），但事实上是再次进入干燥塔内钩取安全帽，导致了事故的发生。应从本次事故中吸取教训，从严强化安全监督检查工作，对化工检修应开展危险预测活动。通过辨识危险物质、危险能量、危险环境、危险作为等在工作中容易发生意外的因素，提前采取有效对策，使预防工作从"出发型"向"发现型"转变，真正做到防患于未然。

②安全卫生防护知识匮乏，防护器材使用不当。据事故发生后采样分析：干燥塔内 SO_2 浓度高达 13 000 mg/m³，超过车间空气中 SO_2 的最高容许浓度（15 mg/m³）的 885 倍。在如此高浓度的环境中，过滤式防毒面具根本无法起到防护作用。故刘某第二次进塔后，立即发生闪电性猝死。因此，应加强职工安全卫生防护知识，劳动防护器材的选择、使用方法等方面的专业教育，避免防护不当造成的事故。平时还应加强劳保用品、器材的检查，杜绝安全器材中的不安全因素。

③加大安全投入，配备必要的安全防护器材。应配置氧气呼吸器和长管式呼吸器。同时，还应加强《化学事故应急救援预案》的演练，一旦发生事故，能迅速按"预案"开展救援工作。

3.5.8 无专业培训造成的事故 ·····································□

在化工企业日常生产经营中,应定期组织开展安全知识、安全技能教育培训工作,提升从业人员对安全管理和风险防范的认知。化工生产人员必须具备专业的知识和技能,并经过有效的安全教育培训、针对工艺流程的专业培训才能上岗作业,把危险程度降低;同时需要进行针对突发异常情况提升有效应对能力的培训。

事故案例:2004 年 8 月 10 日 14 时 40 分,山西省一个民营化工厂碳酸钡车间的 3 名工人对脱硫罐进行清洗。在没有采取任何防护措施的情况下, 1 名工人先下罐清洗,一下去就昏倒了。上面 2 名工人看见后,立即下去救人,也先后昏倒。此时,车间主任赶到,戴上防毒面具后下到罐内,救出 3 名中毒工人,并立即拨打 120。3 名工人于 15 时 30 分左右被送到医院治疗,其中 2 人死亡。

(1)事故发生的原因。

用人单位没有对工人进行上岗前的职业卫生安全培训,工人没有必要的职业卫生安全防护知识,没有执行严格的职业卫生安全操作规程,盲目作业,是导致该起职业中毒事件发生的主要原因。

(2)事故预防措施。

①加强宣传教育。首先要加强对用人单位管理者的宣传教育,使他们充分认识到法律的严肃性和职业危害的严重性,不能只注重眼前的经济效益而忽视职业卫生工作,使用人单位自觉履行《中华人民共和国职业病防治法》中规定的用人单位的义务和责任。

②用人单位要加强安全管理,设立职业卫生管理的组织机构和人员,负责职业卫生工作。现在很多企业,尤其是民营企业,只看眼前的经济效益,不重视工人的身体健康及相关的权益,在管理机构中没有任何机构负责职业卫生工作,因此没有相应的职业卫生安全操作规程,更不可能对现场的职业危害进行定期的监测,也没有人对工人进行岗前及在岗职业培训,导致工人对所从事职业的职业危害没有防护意识和知识,这是现在很多企业频繁发生职业中毒的重要原因。

③化工企业应当有较完善的应急救援体系及预案。在中毒事故发生后,应急救援对减少经济损失及人员伤亡起着很重要的作用。在这起中毒事故中,如能在第一时间对中毒人员实施救治,如上风向安置患者,脱去患者所有衣物,阻止硫化氢的继续吸收,供氧,以改善急性中毒患者的缺氧状态等,2 名死亡的中毒患者有生还的可能。

④加大执法力度。作为国家的监督执法机构要做到有法可依,违法必究,执法必严。对类似的严重违反《中华人民共和国职业病防治法》的行为,要及早发现,及时纠正;对违反国家有关法律法规的单位和个人依法给予警告,责令限期改正;逾期不改正的,依法给予行政处罚;情节严重的,责令停止产生职业危害的作业,并提请有关人民政府按照国务院规定的权限责令关闭,保护劳动者身体健康及相关权益,以防此类中毒事件的发生。

3.5.9　提高安全意识,预防人为错误引发的事故 ·····················□

化工企业和其他产业的企业相比,具备较大的特殊性,这是因为化工生产过程中,多数产品都具有易燃易爆及有毒有害的特点,生产中涉及高温高压等工艺,很容易发生火灾、爆炸事故,给企业及其员工带来经济损失和人身安全威胁。化工企业应树立正确的安全观,对员工加强安全教育,提升员工的安全意识。

1. 提高化工企业管理者对安全教育的重视程度

加强化工企业员工的安全意识首先要从提高管理者对安全教育的重视程度开始。化工企业管理者必须意识到自身行业具有的特殊性及危险性。在对化工企业员工进行培训教育的过程中,管理者安全意识的高低直接决定企业员工后期上岗操作是否规范,员工安全意识的高低取决于管理者安全教育严格与否。

2. 完善化工企业内部的规章制度

规章制度的实施是企业规范运行的基础。在现有的模式下,应结合企业实际适当修改完善现有规章制度,增加能够有效遏制不安全行为出现的规章制度。奖惩措施能够有效发挥企业员工安全生产的积极性,能够有效提高员工自身的安全意识。

3. 进行有针对性的安全培训

安全培训是提高企业员工安全素质最有效的途径和最治本的措施。通过企业的安全培训,可以切实提高员工安全意识和安全素质,增强员工安全工作的责任感和自觉性,不断强化员工对安全事故的防范意识,真正将“安全第一、预防为主”落实到位,有效控制和减少安全事故发生。

通过企业的安全培训,可以增强员工的责任心,提高员工的技术水平,使员工及时发现和消除生产中的安全隐患。

化工企业的安全培训要有针对性,培训人员也要有针对性。企业的主要负责人、专兼职安全生产管理人员、特种作业人员是安全培训的重点人员。企业是安全生产的责任主体,主要负责人是安全生产管理工作的决策者,其安全生产意识和素质关系到企业整体的安全生产状况,直接影响企业的安全生产。特种作业人员是危险作业的直接操作者,其安全生产意识和素质直接影响安全事故的发生。培训内容要有针对性,充分利用和发挥安全知识培训、岗位技能培训、作业安全培训、气体防护培训、应急预案演练、事故案例学习、危险因素辨识等培训内容的针对性,使安全培训真正取得实效。培训形式要有针对性。对主要负责人、专兼职安全生产管理人员、特种作业人员要进行专项安全培训,对新入厂员工、外来检查人员、外来实习人员、外来施工人员要进行三级安全培训,对在职员工进行有科学性、针对性、持久性的日常培训,做到安全培训的经常化、制度化、规范化。

4. 适时开展安全事故教育

选取一定时间段内所突发的重大安全事故,对员工进行安全再教育,让员工真正意识到不规范操作所造成的严重后果,提高员工自我安全保护的能力,以杜绝各类安全事故的发生。安全警示性标语应该在醒目的工作岗位出现,用来警示员工,促使员工在工作岗位保持安全警惕的状态,以杜绝不安全情况的出现。

5. 培养员工优良的工作作风,培养员工在岗时的良好工作习惯

重视员工操作中的习惯性违规。员工个人的工作习惯对工作的安全与效率有着重要的影响,习惯性的操作失误大多数情况下不是员工刻意而为的。所以,在企业日常的安全教育中,要对企业员工的习惯养成给予足够的重视。

安全意识是整个化工企业发展的安全保障。只有在安全方面足够重视,提高化工企业员工的安全意识,全面落实各项安全条例,才能在化工企业的发展中减少高危事件的发生。只要采取行之有效的管理方法、培训方法、教育方法,化工企业的安全就会得到保障。

3.6 标识不清引发的事故与预防

化工企业中设备设施现场需要规范化,以便于操作和区别,促进安全生产。企业单位施工现场应有设备位号、介质名称、流向箭头、禁止指示等信息标识。

3.6.1 化工重要安全标识介绍 ·····□

1. 化学危险品标识

2009 年 6 月 21 日,对应联合国《化学品分类及标记全球协调制度》(GHS)第二次修订版,我国公布了《化学品分类和危险性公示 通则》(GB 13690—2009),代替《常用危险化学品的分类及标志》(GB 13690—1992),于 2010 年 5 月 1 日实施。目前该标准已成为我国进行化学品分类管理的基础标准。我国仍在施行的危险化学品分类标准对照表见表 3-3。

表 3-3 我国仍在施行的危险化学品分类标准对照表

类别	《危险化学品目录》(2002 版)	《危险货物分类和品名编号》(GB 6944—2012) 《危险货物品名表》(GB 12268—2012)
第 1 类	爆炸品	爆炸品
第 2 类	压缩气体和液化气体 2.1 易燃、2.2 不燃、2.3 有毒	气体
第 3 类	易燃液体 3.1 低闪点、3.2 中闪点、3.3 高闪点	易燃液体
第 4 类	易燃固体、自燃物品和遇湿易燃物品	易燃固体、易于自燃的物质、遇水放出易燃气体的物质
第 5 类	氧化剂和有机过氧化物	氧化性物质和有机过氧化物
第 6 类	有毒品	毒性物质和感染性物质
第 7 类	—	放射性物质
第 8 类	腐蚀品 8.1 酸性、8.2 碱性、8.3 其他	腐蚀性物质
第 9 类	—	杂项危险物质和物品

2. 管道标识

按照《工业管道的基本识别色、识别符号和安全标识》(GB 7231—2003)标准,根据管道内物质的一般性能,将管道分为八类,并规定了八种基本识别色和相应的颜色标准编号及色样。管道颜色应用举例可扫描二维码3-16。

二维码 3-16

在管道上设置标识时,两个标识之间的最小距离应为 10 m,其标识的场所应该包括所有管道的起点、终点、交叉点、转弯处、阀门和穿墙孔两侧等位置的管道和其他需要标识的部位。识别符号由物质名称、流向和主要工艺参数等组成。

其标识应符合下列要求。

①物质名称的标识包括:物质全称,如氮气、硫酸、甲醇;化学分子式,如 N_2、H_2SO_4、CH_3OH。

②管道内物质的流向用箭头表示,标明流体名称、流向、来去地点、压力;字体大小、箭头外形尺寸,应以能清楚观察识别符号来确定;如果管道内物质流向是双向的,则标牌指向应做成双向的。

③物质的压力、温度、流速等主要工艺参数的标识,使用方可按需自行确定采用。

3. 安全标识

安全标识包括警示标识、禁止标识、指示标识、许可标识和危险标识等,它们的意义是以图形或文字的形式,给予现场相关工作者规章制度乃至具体实施要求的提示。

①警示标识是给予安全警示、预防安全事故危险提示的标志,用来提醒人们注意某些危险、不安全的情形,避免事故发生。

②禁止标识是指用来说明企业内部禁止做某些事情的标志。

③指示标识是指用来指示人们可以做某些行动,或给予具体操作程序要求的标志。

④许可标识是用来说明企业允许从事某些行为的标志。

⑤危险标识包括适用范围、表示方法和表示场所。适用范围为管道内的物质,凡属于 GB 13690 所列的危险化学品,其管道应设置危险标识;表示方法为在管道上涂 150 mm 宽黄色,在黄色两侧各涂 25 mm 宽黑色的色环或色带,安全色范围应符合 GB 2893 的规定;表示场所为基本识别色的标识或附近。

4. 消防标识(消防安全标志)

消防安全标识由几何形状、安全色、表示特定消防安全信息的图形符号构成,向公众指示安全出口的位置与方向、安全疏散逃生的途径、消防设施设备的位置和火灾或爆炸危险区域的警示与禁止标志等特定的消防安全信息。《消防安全标志》(GB 13495—1992)自 1992年首次发布以来,消防安全标志已在各类建筑和场所中广泛应用,对有效预防和减少火灾事故发挥了重要作用。该标准已被《消防安全标准 第 1 部分:标志》(GB 13495.1—2015)代替。

消防安全标志分为火灾报警装置标志、紧急疏散逃生标志、灭火设备标志、禁止和警告标志、方向辅助标志、文字辅助标志等 6 类,共有 25 个常见标志和 2 个方向辅助标志。该标准规定了每一种标志的含义和说明,以及实际制作使用的标志型号和对应的公称尺寸,提供了消防安全标志、文字辅助标志与方向辅助标志组合使用的应用范例。

目前工业生产中设置的消防专用管道应遵守《消防安全标志 第1部分:标志》(GB 13495.1—2015)的规定,并在管道上标识"消防"专用识别符号。标识部位、最小字体按照基本色标识规定。

5.设备标识

设备标识应安装于设备或保温层表面醒目部位,以便于观察。电机转向以红色标识在其尾部端盖上标出。户外大型储罐类设备应根据罐体大小进行设备名称标识,可选用分体式标识或连体式标识。

设备状态是指设备目前所处的状况,一般用卫生和运行两种标准来判定设备状态。用卫生标准来判断设备状态时,有两种状态情况,即已清洁状态和待清洁状态。已清洁状态表示设备性能良好,卫生已清洁,可以投入生产使用;待清洁状态表示设备性能良好,等待清洁卫生,清洁后方可使用。

用运行标准来判断设备状态时,有三种状态情况,即正在运行、待维修和停用。正在运行状态表示设备性能状况良好,正在运行当中;待维修状态表示设备性能出现故障,不可使用;停用状态表示因暂停生产15天以上或因故障暂不能维修时的状态。

表示设备状态的直观方法是给设备挂上状态标志牌。已清洁状态用绿色的硬塑料卡表示,其表面标有"已清洁"字样;"待清洁"状态用黄色的硬塑料卡表示,其表面标有"待清洁"字样;"正在运行"状态用绿色的硬塑料卡表示,其表面标有"运行"字样;"待维修"状态用黄色的硬塑料卡表示,其表面标有"待维修"字样。因暂停生产而致设备停用的状态用红色塑料卡表示,其表面标有"停运"字样;因故障暂无法维修而致设备停用状态用红色塑料卡表示,其表面标有"不能运行"字样。

6.职业病危害标识

由于化工企业生产过程经常涉及有毒原料及产品,生产人员在参与生产作业时将暴露在有毒环境中,导致身心健康受到严重影响,因此化工企业必须认识到职业病的重要性,了解可能造成职业病的危害因素,并结合危害因素对职业病采取控制措施。化工企业应在必要的场所需要做好职业病危害标识,提醒员工做好个人防护。

根据《工作场所职业病危害警示标识》(GBZ 158—2003)和《用人单位职业病危害告知与警示标识管理规范》(原安监总厅安健〔2014〕111号)做好标识。如在产生粉尘的作业场所设置"注意防尘"警告标识和"戴防尘口罩"指令标识;在可能产生职业性灼伤和腐蚀的作业场所,设置"当心腐蚀"警告标识和"穿防护服""戴防护手套""穿防护鞋"等指令标识;在产生噪声的作业场所,设置"噪声有害"警告标识和"戴护耳器"指令标识;在高温作业场所,设置"注意高温"警告标识;在可引起电光性眼炎的作业场所,设置"当心弧光"警告标识和"戴防护镜"指令标识;在存在生物性职业病危害因素的作业场所,设置"当心感染"警告标识和相应的指令标识;在存在放射性同位素和使用放射性装置的作业场所,设置"当心电离辐射"警告标识和相应的指令标识。

在维修设备期间也需要标识进行维修准备和安全防护,具体在 3.1.2 中已经涉及。本节主要介绍由于企业中标识不清出现的事故。

3.6.2　安全标识不清引发的事故 ··· □

安全标识作为安全生产的重要提醒,需要保证其准确性和清晰度,各部门负责对职责范围内污损的安全标识及时清洗,以避免事故的发生。

1. 服务管线没有标记引发的事故

一名装配工要将表压为 200 psi(13 bar)的蒸汽供应管线连接到工艺管线上,以清除堵塞。他错误地接通了表压为 40 psi(3 bar)的蒸汽供应管线。因为两个气源都没有标记,40 psi(3 bar)的气源没有安装止回阀。接错管线后工艺材料流入蒸汽供应管线,蒸汽供应管线被用来驱散少量泄漏。突然,"蒸汽"着火了。

2. 储罐存放的不是标签所标注的试剂引发的事故

单硝基邻二甲苯是通过邻二甲苯的硝化反应制备的。一名操作员需要一些邻二甲苯来完成进料。他在工厂的另一个地方发现了一个标有"二甲苯"的储罐,将其装入反应器。反应器内发生剧烈反应,爆破片破裂,约 2.3 m³ 的酸经通风管排放到空气中。遇到有毒空气的路人需要急救。经过调查发现,储罐内存放的是甲醇,并不是标注的"二甲苯",并已储存了 8 个月。尽管工程部门已被要求更改标签,但却没有更改(请注意,如果通风管排放到接收罐或其他形式的二次安全壳中,而不是露天,失控的结果将是微不足道的)。

3. 没有危险标识引发的事故

一些硝酸不得不从美国空运到英国。这次空运违反了几条美国的法规:酸是用玻璃瓶而不是金属瓶包装的,周围填充的是锯末而不是要求的不可燃材料,并且装有瓶子的盒子上没有贴上危险标签或标有"此面朝上"字样。因此,这些盒子以侧放形式被装进货机。运输过程中瓶子发生泄漏,烟雾进入飞行甲板,机组人员决定降落,但在降落时,飞机坠毁,机组人员死亡。

4. 没有化学品标签引发的事故

由于鼓形罐没有贴标签,工人们认为其中含有通常在工厂处理的材料,因此发生了事故。在一个事故中,必须向一个水箱添加六小罐次氯酸钠。有几个鼓形罐因为没贴标签混入了其他试剂,添加材料的工人们因此受伤。

3.6.3　标识不清事故的预防措施 ··· □

安全标识的重要意义主要在于引起人们对不安全因素的注意,预防事故的发生,但不能代替安全操作规程和防护措施。

国家标准《化学品安全标签编写规定》(GB 15258—2009)明确指出:安全标签用文字、图形符号和编码的组合形式表示化学品所具有的危险性和安全注意事项;安全标签由生产企业在货物出厂前粘贴、挂拴、喷印在包装或容器的明显位置;若改换包装,则由改换包装单位重新粘贴、挂拴、喷印。

该标准是为规范化学品安全标签内容的表述和编写而制定的。安全标签是《工作场所安全使用化学品规定》和《作业场所安全使用化学品公约》(第 170 号国际公约)要求的预防和控制化学危害基本措施之一,主要是对市场上流通的化学品通过加贴标签的形式进行危险性标识,提出安全使用注意事项,向作业人员传递安全信息,以预防和减少化学危害,达到保障安全和健康的目的。标签应简要概述化学品燃烧爆炸危险特性、健康危害和环境危害,并放在警示词下方。

①为了有效地发挥标识的作用,应对其定期检查、定期清洗,发现有变形、损坏、变色、图形符号脱落、亮度老化等现象存在时,应立即更换或修理,从而使之保持良好状况。安全管理部门应做好监督检查工作,发现问题,及时纠正。

②要经常性地向工作人员(特别是那些需要采取预防措施的人员)宣传安全标志使用的规程。当设立一个新标志或变更现存标志的位置时,应提前通告员工,并且解释其设置或变更的原因,从而使员工心中有数。只有综合考虑了这些问题,设置的安全标志才有可能有效地发挥安全警示的作用。

③要强化基本素质培训,促使员工在工作岗位保持安全意识警惕的状态,以杜绝不安全情况的出现为目标,保证安全生产工作的顺利进行。

本章参考文献

[1] 省政府"5·11"事故调查组.安徽昊源化工集团有限公司"2022·5·11"较大中毒和窒息事故调查报告[R/OL].[2024-03-03]. https://yjt.ah.gov.cn/group6/M00/06/15/wKg8BmLs-jwuARMXqAA51g8Gg-xs880.pdf.

[2] 企业安全生产风险公告六条规定:国家安全生产监督管理总局令第 70 号[Z/OL].[2024-03-03]. https://www.gov.cn/gongbao/content/2015/content_2821639.htm.

[3] 国家安全生产监督管理总局办公厅.国家安全监管总局办公厅关于印发首批重点监管的危险化学品安全措施和应急处置原则的通知:安监总厅管三〔2011〕142 号[Z/OL].[2024-03-03].https://www.mem.gov.cn/gk/gwgg/agwzlfl/gfxwj/2011/201107/t20110705_243043.shtml.

[4] 马丽.化工企业受限空间作业安全管理的要点及分析[J].化工管理,2020(21):70-71.

[5] 赵必聪.化工企业受限空间安全作业如何规避风险[J].化工管理,2014(30):50,52.

[6] 涂阳哲,朱金峰,王宁.化工企业受限空间事故应急救援探讨[J].化工安全与环境,2022,35(45):22-24.

[7] 李佳,王莹.石油化工行业受限空间作业安全管理[J].化工管理,2013(22):37.

[8] 陈奎奎.石油化工企业受限空间作业的安全管理[J].清洗世界,2023,39(5):172-174.

[9] 程钧谟,田力军,孔祥西,等.化工企业管理人员安全意识与安全行为关系的实证研究[J].工业安全与环保,2016,42(2):98-102.

[10] 徐文国. 如何加强化工企业员工的安全意识[J]. 化工管理, 2017(17):236.

[11] 国家安全生产监督管理总局办公厅. 国家安全监管总局办公厅关于印发用人单位职业病危害告知与警示标识管理规范的通知: 安监总厅安健〔2014〕111 号 [Z/OL]. [2024-03-03]. https://www.mem.gov.cn/gk/gwgg/201411/t20141121_241268.shtml.

第 4 章

设备材料方面的化工安全事故

通常情况下，化工企业可以应用不同类型的材料以满足化工设备、压力容器的设计要求，以免由于材料的选择不当对化工设备、压力容器的品质产生影响。由于不同的设备材料有不同的使用性能、防腐性能等，为此，技术人员应该提前明确不同材料的性能与属性，以确保所设计的容器材质达到有关标准。

在某工厂的材料腐蚀问题报告中，针对腐蚀问题进行大修作业，对冷换设备进行全面深入的停工检查，结果发现，452 台设备中有 73 台设备都出现了不同程度的腐蚀问题，占所有设备总数的 16%左右，其失效类型统计图可扫描二维码 4-1。基于这些数据及对已经被腐蚀的设备进行全面分析后，经过统计整理，发现设备服役的环境、设备制造的缺陷、设备的材质都会造成腐蚀问题。从设备失效的角度出发，可以将这些腐蚀状况分为五种：局部腐蚀、开裂、焊接缺陷、减薄、机械变形。其中减薄、开裂以及局部腐蚀出现的情况是最多的，占比高达 92%，焊接缺陷和机械变形所造成的腐蚀问题仅占 8%左右。

二维码 4-1

从冷换设备各个位置出现腐蚀的情况来看，腐蚀部位主要集中在管道、管口、入口接管、管箱和壳体等位置，其中在管束和管板以及管箱位置腐蚀问题更加突出。基于这些冷换设备腐蚀位置的分析，可以初步得到腐蚀成因，基本上可以分为四类：一类是循环水，一类是焊接及施工质量，一类是工艺介质，一类是选材。其中工艺介质和循环水腐蚀是导致问题的主要因素，其占比图可扫描二维码 4-2。从图中可以看出，工艺介质腐蚀占比达到了 45%，循环水腐蚀占比也达到了 40%。

二维码 4-2

材料是制造石油化工设备的物质基础，材料的质量对于石油化工设备的质量具有极大的影响。一方面，对材料的质量进行控制，可以科学地评定出石油化工设备的性能及其使用年限，提高石油化工设备的使用效率，进而实现节约成本的目的；另一方面，对材料的质量进行控制，可以挑选出更加合理的石油化工设备制造方案，避免因为不熟悉材料质量而造成石油化工设备质量的不合格，在所有耗材中实现优中选优（综合考虑性能和成本）。

在化工产品生产过程中，化工设备的质量直接影响化工产品的生产安全。如果化工设备质量不达标，在化工产品生产中容易发生安全事故，造成重大的人员和财产损失。

4.1　因设备材料腐蚀引起的安全事故

　　石油化工设备长期在空气、水中暴露或与腐蚀性物质接触,因此经常会受到腐蚀。腐蚀会对石油化工设备的物理性质和功能造成不良影响,缩短设备的使用年限,甚至影响设备的正常运行,严重时引发安全事故。在实际生产过程中,石油化工设备腐蚀是常年困扰石油化工企业的重要难题,既影响了石油化工企业经济效益的提升,又阻碍了石油化工企业的长足发展,导致了资源浪费。在石油化工企业的爆炸事故中,大部分都是由于腐蚀所致,腐蚀会导致石油泄漏,一旦遇到明火就会发生爆炸,引发严重安全事故。此外,石油化工设备腐蚀所泄漏的腐蚀性气体或者液体还会对工作人员的生命健康造成不良影响。所以,必须重视石油化工设备防腐,一旦出现腐蚀要及时采取措施,以保证化工生产安全。

　　石油化工企业的主要生产力就是石油化工设备,石油化工设备由于长期处于恶劣环境中,极易受到外界各种因素的影响。同时,石油化工设备在生产过程中容易受到化学溶液的侵蚀,导致物理属性受损,原有的设备功能出现异常,甚至影响石油化工产品的生产。石油化工设备的腐蚀具有不用的类型和机理,根据腐蚀发生的类型可以将其划分为化学腐蚀和电化学腐蚀两种。前者是与化学物质发生反应,后者是与电解质溶液发生电荷交换。两种腐蚀不仅本质不同,表现特点也不同,化学腐蚀无电流产生,但电化学腐蚀则会产生电流。此外,石油化工设备的腐蚀还可以按照腐蚀部位分为全面腐蚀和局部腐蚀。前者是整个设备表面都参与了腐蚀,后者是仅某一部位与腐蚀介质发生了反应。由于绝大多数石油化工设备都是由金属制成的,所以当其发生全面腐蚀后,会导致设备管壁变薄,一旦生产过程中对其施加压力,就会出现管道爆破的现象,甚至引发爆炸事故。

4.1.1　化学反应引起的腐蚀···□

　　事故案例一:2004 年 4 月 15 日 21 时,重庆天原化工总厂氯氢分厂 1 号氯冷凝器列管腐蚀穿孔,造成含铵(NH_4^+)盐水泄漏到液氯系统,生成大量易燃的三氯化氮(NCl_3)。4 月 16 日凌晨发生排污罐爆炸,1 时 33 分全厂停车;2 时 15 分左右,排完盐水 4 h 后的 1 号盐水泵在停止状态下发生粉碎性爆炸。16 日 17 时 57 分,在抢险过程中,突然听到连续两声爆响,经查是 5 号、6 号液氯储罐内的 NCl_3 发生了爆炸。爆炸使 5 号、6 号液氯储罐罐体破裂解体,并将地面炸出 1 个长 9 m、宽 4 m、深 2 m 的坑。以坑为中心半径 200 m 范围内的地面与建筑物上散落着大量爆炸碎片。此次事故造成 9 人死亡,3 人受伤,15 万名群众疏散,直接经济损失 277 万元。事故现场图可扫描二维码 4-3。

二维码 4-3

　　事故调查组认为,天原"4·16"爆炸事故原因是该厂液氯生产过程中因氯冷凝器腐蚀穿孔,导致大量含有铵的氯化钙($CaCl_2$)盐水直接进入液氯系统,生成了极具危险性的 NCl_3 爆炸物。NCl_3 富集达到爆炸浓度和启动事故氯处理装置振动引爆了 NCl_3。

事故案例二：2012 年 8 月 6 日雪佛龙公司位于加利福尼亚州的瑞奇蒙德炼油厂 4 号原油常减压蒸馏装置发生火灾事故,事故中 3 名工人受伤被送往医院急救,大火直接威胁到旁边十几名操作工人的生命安全。火焰夹带着大量有毒黑色浓烟向周边扩散,周围很多居民出现眼部酸痒、呼吸困难、喉咙肿痛、头痛等症状,4 000 多名民众寻求医疗救护。事故现场图可扫描二维码 4-4。

二维码 4-4

2012 年 8 月 6 日 18 时 15 分,雪佛龙公司的瑞奇蒙德炼油厂 4 号常减压蒸馏装置发生大火,大火一直持续到 22 时 40 分才得以控制。就在大火发生之前,巡检工人发现 4 号常减压蒸馏装置有一根管线以每分钟 20 滴的速度快速地泄漏柴油,具体位置是 4 号常减压蒸馏装置常压塔 C-100 侧线抽出泵 P-1149 附近。这根直径为 8 英寸(DN200)的管线已使用几十年,在 2011 年 11 月份检修中本应更新替换,在泄漏管道旁边的一根直径为 12 英寸(DN300)的管道也是从 20 世纪 70 年代 4 号常减压蒸馏装置建设之初就投用的,但在 2011 年的检修中发现腐蚀并做了替换更新,而出事的管道 2011 年却被认为可以再使用 5 年。

事故是由于装置中一根服役了几十年的旧管线发生腐蚀泄漏引起的。柴油泄漏并形成蒸气云,经现场不明火源点燃造成大火。该管线是连接常减压装置与冷换系统及后续加工的一根转油线,在 2011 年 11 月份的检修中,跟它直接连接的一根管线做过替换更新,这根旧管线也本应该被拆除并用新管线替换,却一直保留直到管道腐蚀泄漏酿成火灾事故。

那么该如何预防由于化学反应引起的腐蚀呢?

(1)隔离腐蚀介质。

在实际防腐工作中,除了采用对应的方法对腐蚀部位进行修复和处理外,从根本上解决腐蚀问题是需要重点明确的思路,也是效果最好的防腐路径。基于设备容易被介质腐蚀的情况,当前需要采用控制化工介质浓度的方式,将腐蚀介质与设备之间进行有效隔离。通过改善设备所处的环境,确保能够获得更好的防腐效果。

①对于石油化工设备来说,需要尽量远离海水等具备一定腐蚀性的介质,如可以在设备的表面设置防腐层,将设备与海水隔离开来,避免设备长时间受到海水的腐蚀,影响设备的质量。

②可以适当对介质浓度进行控制,通过稀释等方法,在保证企业正常运行的基础上,减少高浓度介质长时间腐蚀设备的情况出现。由于石油化工企业中参与生产的大部分设备或者管道,都会受到腐蚀介质的影响,并且介质浓度和温度会时常变化,因此在选择防腐措施过程中,需要按照实际情况合理选择。如针对一些温度升高才会发生腐蚀的介质,可以控制介质的温度。在无法控制介质的情况下,则需要将重点放在设备自身的隔离措施上,如涂隔离层等。

(2)科学选择设备。

当前我国对于石油化工设备的防腐研究工作进展比较迅速,在传统常用设备材料的基础上,又积极开发出很多性能优异的新型防腐材料,并且已经将其应用在化工设备的生产和制造中。目前的主要做法是使用各种防腐材料做成设备的衬里或者在设备上增加覆盖层,将金属设备和介质完全隔离开来,避免设备受到严重腐蚀,进而提升设备的耐腐蚀性和耐磨性,有效延长设备的使用寿命。

化工企业使用的防腐涂料和常规涂料之间存在一定差异,主要体现为技术含量较高,涉及很多新技术和新研发成果。因此,为了更好地支持化工产品的有序生产,需要对实际生产中设备的选择工作给予高度重视,不仅需要选择具备良好抗腐蚀性、高耐久性的设备,而且需要考虑各种新材料的应用,尤其是环保防腐材料的应用,在延长设备使用寿命的基础上,将环保设备应用在实际生产中,可以为环境保护、绿色节能提供支持。

因此作为设备的主要使用者,化工企业需要对新型防腐材料的出现和应用给予高度重视,按照实际情况,积极购进新设备,为做好防腐工作、促进化工设备防腐水平不断提升提供支持。

(3)加强技术管理。

①针对各种各样造成化工设备腐蚀的因素,最简单、直接的防腐方式就是在设备外表面或者内表面涂抹防腐涂料,或者使用缓蚀剂,并且加强防腐技术的管理工作。这样能够在最短时间内获得较好的防腐效果,并且与购进新型设备相比,这种方法成本也比较低。实际使用化工设备的过程中,为了保证产品的整体生产质量和水平,需要对化工设备每个环节具体应用情况进行严格控制。由于化工企业生产过程存在较多的安全风险问题,生产设备腐蚀问题看似是比较小的问题,但是如果没有给予高度的重视,则可能引发比较严重的安全事故。因此,实际生产中需要保证将安全生产理念贯穿在整个生产过程中,并且通过严格的管理制度对生产操作进行管理,严格开展设备清理和检修工作,保证能够及时发现问题、及时处理问题。

②需要做好设备的养护工作。在企业内部应成立专业的设备检查和维修部门,使其专门负责定期检查设备的腐蚀情况,并且按照设备的实际情况,有针对性地制定和采取解决措施,确保通过更加专业的防腐技术处理,为设备的安全运行提供支持。如在实际开展检修工作过程中,可以将"一脱四注"的防腐计划落实在实际工作中,即通过脱盐、注水、注碱、注氨、注缓蚀剂的方法,提升设备防腐蚀能力,有效缓解设备被腐蚀的问题。该方法从19世纪开始便被国外的企业应用,近些年我国在实际应用过程中不断对其进行完善,已经获得了较好的应用效果。在具体操作中,可以通过氯化盐的应用,有效缓解设备运行中冷凝冷却系统的腐蚀问题;通过深度脱盐的方式,有效降低腐蚀介质浓度,达到更好的防腐蚀效果。

③需要对工作人员的技术水平、专业能力等进行定期考查,要求相关设备维护人员及时参加各种全新防腐技术培训,掌握和了解更多的防腐方法,并且将其应用在实际工作中。

通过强化以上各个环节,落实高效的技术管理工作,就能为设备的安全运行提供技术支持。

4.1.2 设计不当引起的腐蚀 ···□

某厂蒸发器使用的氯气(Cl_2)来自两个贮罐。一个贮罐装商品氯,其中不含任何氯化氢(HCl),但含有少量溶解水(大约30×10^{-6});另一个贮罐装的氯用HCl制得,其中含HCl大约 3.5%（摩尔分数），而含水极少（小于 5×10^{-6}）。两个贮罐及其出口管道都是用碳钢制造的，因为对这种干燥气体介质，碳钢是耐蚀的。

在设计进蒸发器的管道时，为了方便，只设置了一条总管。两个贮罐的出口管都接在总管上，如图 4-1 所示。开工后短短几个月，连接点后面的总管发生严重的腐蚀破坏，大量氯气外泄。后来采用哈氏合金 C-276（镍钼铬合金，耐蚀性优良）管替换碳钢管，其腐蚀率也较大。

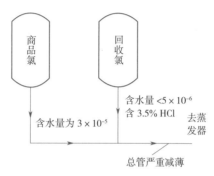

图 4-1　管道设计不正确引起严重腐蚀

这是管线设计不合理造成的腐蚀问题。虽然含微量水的 Cl_2，含少量 HCl 的干燥 Cl_2 对碳钢的腐蚀性很小，但是当 Cl_2、HCl 和水汽并存时，腐蚀性大大增加。这是因为 HCl 气体的存在，使水在 Cl_2 中的溶解度降低，露点升高，更容易形成冷凝液。这个腐蚀问题当然可以考虑多种解决办法，如选择能用于这种环境条件的耐蚀材料，但在 Cl_2、HCl 气体和水汽共存时，环境条件非常苛刻，只有极少数昂贵的高性能金属材料才具有所需要的耐蚀性能，而且效果不一定很好。前已指出曾更换为哈氏合金 C-276 管，但腐蚀率仍然较大，而哈氏合金 C-276 的价格是很贵的。将水分除去，使气体保持干燥，就需要增加一套工艺设备。显然干燥设备也处于这种介质环境中，制造材料的选择同样是一个难题。

如果靠改变设计来解决这个腐蚀问题，则既有效又经济。正确的设计是两个贮罐各安装一条出口管线直通蒸发器，避免两种氯气在管道中混合。既然总管之前的两条分管都未发生腐蚀问题，将它们延长，直接通到蒸发器而去掉总管自然是一个好主意。这样做既不会增加投资，又解决了棘手的腐蚀问题。

腐蚀控制中设备的结构设计位列第二重要的位置。很多局部腐蚀（如电偶腐蚀、缝隙腐蚀、应力腐蚀、磨损腐蚀等）破坏事故是由于结构设计不合理而造成或加剧的，因此可以通过合理的结构设计加以有效控制或以更经济的方式得到解决。

从腐蚀控制的观点看，合理的结构设计应该包括两方面的基本要求：一方面，应尽可能消除或减少设备和环境中的不均匀性，使腐蚀电池不能形成，或虽能形成但阻力很大，因而工作强度很低；另一方面，在设计时既要考虑使用何种防护技术，也要考虑这些防护技术才能顺利实施，从而保证施工质量，达到良好的防腐效果。

4.1.3　流速过大引起的物理腐蚀 ··· □

在石油化工生产过程中,气液流动也会对化工设备产生一定的腐蚀,并且一般情况下这种问题都是人为操作不当造成的,如在实际操作中,操作人没有对设备防腐工作给予关注,造成生产过程中气液流动速度过快,导致设备或者管道受到冲刷出现腐蚀。通常情况下,流速越高,接触的材料表面积越大,材料受到腐蚀的速度越快。因此,如果不关注设备的实际承受能力,设备中气液流动速度过快,就会造成金属设备逐渐被腐蚀,加上部分员工由于没有树立正确的安全生产意识,对于设备检修、维护等工作没有给予重视,就会导致设备腐蚀程度不断加深,严重的话可能造成设备无法修复,为企业带来较大的经济损失。

综上所述,化工设备是化工企业非常重要的组成部分,其质量和效率直接影响到企业的效益。针对当前腐蚀问题比较严重的现状,为了能够更好地落实防腐工作,需要明确造成设备腐蚀的主要原因,通过隔离腐蚀介质、合理选择设备、做好技术管理等措施,将防腐工作准确地落实在实际工作中,以获得较好抗腐蚀效果,避免化工物质泄漏造成环境污染、给生产带来安全隐患等问题出现,在保证生产安全性的基础上,能够为企业实现效益最大化提供一定支持。

4.2　因错误选材引起的安全事故

某化工厂顺酐装置的刮板蒸发器(W610)筒体用 0Cr18Ni12Mo2Ti 不锈钢制造,壁厚8 mm。该刮板蒸发器的功能是将前面降膜蒸发器底部出来的含约 85%马来酸的溶液进行第三步浓缩,使马来酸浓缩脱水生成马来酸酐。刮板蒸发器筒体外的夹套内通入温度为140~170 ℃、压力约为 2 MPa 的蒸汽,以控制蒸发器内的反应温度在 80~120 ℃。进入筒体的马来酸溶液温度为 50~55 ℃,经搅拌蒸发脱水成为马来酸酐。刮板蒸发器投产不到半年就出现进料管穿孔泄漏和筒体减薄穿孔。

马来酸是一种较弱的有机酸,常温下对金属材料的腐蚀性很小,低碳钢也可以使用。但是随着温度升高,马来酸的腐蚀性明显增强。挂片试验表明,当马来酸的温度从 50 ℃升至80 ℃时, 0Cr18Ni12Mo2Ti 不锈钢的腐蚀率增加几十倍。按工艺条件,蒸发器内温度为80~120 ℃,在这样的温度下,马来酸对 0Cr18Nil2Mo2Ti 不锈钢有很强的腐蚀性。加之加热方式不良,局部温度更高,最先与物料接触的筒体内表面腐蚀减薄最严重。另外,于含固体杂质的物料在搅拌时对筒体的冲刷,进一步加剧了材质的腐蚀。所以,在这样高温度而且含固体杂质的马来酸溶液中,选用 0Cr18Ni12Mo2Ti 不锈钢作为筒体和进料管材料是不恰当的。

事故案例:2017 年 12 月 9 日,连云港某生物科技有限公司间二氯苯装置发生爆炸事故,造成 10 人死亡,1 人轻伤,直接经济损失 4 875 万元。

事故发生的原因如下。

①尾气处理系统改造擅自选用塑料管道。因脱水釜、保温釜和高位槽的尾气直排大气，2017年4月至5月，该公司对脱水釜、保温釜、高位槽的直排尾气进行改造，用真空泵抽吸、经活性碳吸附后排放。尾气管道应采用碳钢管道，实际却使用塑料管道。

②擅自将改造后的尾气处理系统与原有的氯化水洗尾气处理系统在三级碱吸收前连通，中间仅设置了一个管道隔膜阀。在使用过程中，原本两个独立的尾气处理系统实际串联成一个系统。

③氯化水洗尾气处理系统的氮氧化物（夹带硫酸）窜入1#保温釜，与釜内物料发生化学反应，在紧急卸压放空时，与塑料管道摩擦产生静电火花引发燃烧。物料大量喷出，遇燃烧火源发生爆炸。

从以上两个事故来看，材质对工艺、装置非常重要。可以从以下几点预防错误选材引起的类似事故发生。

（1）设计环节材料质量控制措施。

设备制造材料质量控制具有一定的特殊性。材料种类繁多，规格各异，对于一些重要的材料要能够实现材料源头的追溯，因此设计环节就应当做好材料质量的控制工作，防止不合格材料进入设备制造环节，避免材料质量控制不当而造成设备无法运行。

①企业要选择具备资质的设计单位完成项目设计工作。依托施工图样进行交底工作，充分了解设计者的设计意图，分析项目设计的可行性及项目设计技术，确保设备的安全。结合实际的设备制造工艺，审查设计图纸的可行性。

②根据工作环境及设备生产性能，选用合理的材料。设计人员要全面了解材料的性质和性能，选择既能满足制造要求又具有经济性的材料。设计人员要完全掌握材料选用的参考标准，避免因错误理解参考标准选用错误的材料，从而造成安全事故。企业设计部门要及时审核设计阶段选用材料的质量，监管设计工作的运行情况，确保设计工作时刻处于监管状态，以此确保设计阶段选用材料的质量。

（2）选购环节材料质量控制措施。

①加强供应商的管理。通过对供应商的管理，加强对采购成本的控制，从材料的质量、价格及服务态度方面对供应商进行全方位的评价。对于具有特殊性质的材料，要根据材料的质量确认供应商的资质。供应商选择完成后，要确定科学的采购频率，确定每次采购的数量，尽量选择距离较近的供应商进行采购。要选取适合的运输方式，制定合理的运输方案，尽量减少材料运输成本，同时采购部门要对材料进行二次检验，确保材料的质量及数量均满足采购的要求。若采购的材料数量不足或者材料的质量有问题，要及时与供应商进行协商，探讨后续赔偿事宜。

②加强企业的采购管理。企业采购部门要根据设备制造要求，编撰设备采购文件，根据采购文件确定材料的采购标准，做好材料供给方资格评审工作，做好材料货源追溯工作，以此做好采购工作，确保材料质量。设备制造过程中使用的材料，要确保其符合设计图纸的要求。若市场需求变化导致设备制造材料发生变更，无法按时交付，则要征得原设计单位的同意，办理相应的材料变更手续，确保材料的正常使用。企业的质量管理部门要制定材料质量

控制体系,监管材料质量控制体系的运行情况,做好实时监督工作。对采购部门制定的材料选购计划、材料质量标准、订货技术要求情况、技术转化情况等,进行重点抽查。

（3）检验环节材料质量控制措施。

企业主管部门要时刻监督企业质量管理体系运行情况,如材料检验人员是否了解材料的特征,是否了解材料的使用情况,是否根据设计图纸进行检验等。具体来说,材料检验主要包括以下两个方面。

①质量证明书检验。材料检验人员要对质量证明书进行检验,确认材料质量是否符合相应的质量标准,是否符合设计要求,确保材料符合焊接工作需要。一般来讲,主要检验质量证明书上的数据,与订货标准规定是否一致,如产品标准号、产品规格、产品牌号、产品生产批次、产品化学成分、产品力学性能、产品压力测试结果等。合格的质量证明书,要盖有生产单位的质量专用章,对于不具备质量证明资料的材料,均视为不合格的材料。

②尺寸和外观的检验。对收到的材料要进行尺寸和外观的检验,确认其外观是否完好,确认尺寸和标识是否符合要求。对于存在外观缺陷的材料,如裂纹、孔洞、锈蚀、残缺等,一律拒收;对于存在尺寸缺陷的材料,要求其误差在允许的范围内,对于超出误差范围的材料,一律拒收。对于质量合格证书齐全的材料,要进一步进行检验,确保材料的可靠性,如阀门压力试验,以此确保材料的质量,确保设备制造过程的顺利实施。

材料检验环节是材料质量控制的关键点。随着新材料的不断涌现,一方面需要不断完善质量检验制度,另一方面需要提高检验人员的专业素质,加强对检验人员的培训,以确保材料质量。

4.3　因材料脆性破坏引起的安全事故

事故案例: 2021 年 11 月 27 日 21 时 7 分许,位于广州市黄埔区石化路 550 号的中石化广州分公司(以下简称广州石化)催化汽油吸附脱硫装置(又称 S-Zorb 装置)的反再系统框架 4 层平台卸剂线发生泄漏着火。事故未造成人员伤亡,直接经济损失 24.8 万元。中石化四建和齐鲁建设参与了相关系统建设。事故现场图可扫描二维码 4-5。

二维码 4-5

2021 年 10 月 28 日,广州石化催化汽油吸附脱硫装置按计划开始停工检修。11 月 22 日,广州石化催化汽油吸附脱硫装置检修完毕交出,经气密、置换、升温等步骤,转入开工阶段。11 月 27 日 17 时许,广州石化催化汽油吸附脱硫装置投料开车,装置系统的压力约为 2.3 MPa,温度约为 410 ℃,温度和压力在控制范围内。11 月 27 日 21 时 5 分许,广州石化催化汽油吸附脱硫装置的反再系统框架 4 层平台卸剂线三通部位发生断裂,泄漏喷出的介质被点燃着火。21 时 7 分许,广州石化启动 A 级预案,出动消防车进行灭火救援工作,同时对催化汽油吸附脱硫装置进行工艺隔离和切断,并有序向火炬泄压。22 时 30 分许,火情得到有效控制,并使着火点处于保护性燃烧状态。22 时 50 分许,明火全部被扑灭。

（1）事故发生的直接原因。

高温临氢环境下，卸剂线三通部位因应力集中和材质劣化（三通钢材塑性降低，强度和硬度升高）造成脆性断裂，导致管道介质泄漏并引发火灾。

（2）事故发生的间接原因。

①广州石化违反特种设备管理规定，使用未经有相应资质的设计单位设计（导致三通选型不当）和未经检验的压力管道。

②广州石化检测公司未对管线进行检验并上传检验结果。

③中石化四建违反法定程序改造压力管道，齐鲁建设违反法定程序修理压力管道。

（3）调查组分析认定结论。

广州市黄埔区广州石化"11·27"事故是一起在高温临氢环境下，卸剂线三通因应力集中和材质劣化（三通钢材塑性降低，强度和硬度升高）造成脆性断裂，导致管道介质泄漏，喷出的油气、氢气与管线摩擦产生静电而被点燃引发的火灾事故。

在对压力容器、化工设备进行设计制造的过程中，应当对脆性断裂问题进行有效预防，制定完善的防控方案，避免影响其使用价值。可以采取以下几项具体措施。

1. 制定完善的设计方案

在设计过程中，应当保证各类设计内容的完善性与可靠性，避免影响容器设备的设计效果。

（1）要保证结构材料的合理性。

利用科学的方式选择材料，提升焊接材料使用强度，保证性能符合相关规定。在综合分析过程中，要对结构类型与设计工作进行分析，明确成本因素与事故因素，对技术经济进行探讨。在此期间，可以采购一些缺口韧性较好的材料，提升结构材料的使用价值；在采购焊接材料时，应当保证焊条质量符合相关规定，可以使用低氢类型的焊条，对金属结构进行全面的焊接；应当对焊丝与母材之间进行适配性分析，及时发现缺口韧性问题，采取有效措施加以解决，提升材料的使用质量。为了保证容器制造原材料符合相关规定，企业可以利用试验的方式对其进行评定，明确缺口韧性情况，保证其抗裂性能符合相关规定，提升材料的使用价值，满足设计与制造需求，满足工作要求。

（2）要制定完善的设计方案。

在结构设计过程中，设计者应当对当前脆性断裂问题进行分析，在了解原因之后，制定完善的设计方案，保证自身设计工作符合相关规定。通常情况下，容器脆性断裂都是因为结构不连续，或是出现应力集中的现象。因此，设计者在设计过程中，应当对自己的成果进行全面分析，及时发现结构不连续问题，采取有效措施加以解决，在减小峰值应力的情况下，更好地对脆性断裂事故问题进行预防与控制，保证可以满足相关要求，达到预期的工作目的。

2. 压力容器的制造措施

在压力容器制造过程中，企业应当明确各方面内容，分析压力容器制造的特点与要求，建立现代化分析机制，提升制造水平。

（1）制造企业应当合理使用自动焊接技术。

如埋弧焊技术的使用，能够通过多层次焊接方式，提升缺口的韧性，保证结构制造效果。因此，在实际制造过程中，企业应当合理选择此类工艺技术，提升焊接工作的可靠性与有效性。同时可以使用气体保护焊技术，更好地对结构进行焊接，提升容器设备的抗脆性断裂能力，满足当前的实际制造要求，提升工作效果。

（2）施工企业要对焊接之后的残余应力进行全面的控制。

要采取有效措施消除焊接后的残余应力，提升结构的制造水平。通常情况下，在焊接中所产生的残余应力，会导致结构抗脆性断裂能力降低，严重影响其生产质量与水平，不能保证结构的制造效果。因此企业要采取合理的措施消除相关残余应力，提升工作效果。在容器制造中，残余应力的消除方式有很多，主要包括机械应力释放、温度拉伸等。如果制造企业必须使用焊接之后的余热对残余应力进行消除，就要对焊接结构的缺口韧性进行仔细分析，在保证残余应力消除效果的情况下，避免影响其缺口韧性。如在使用 CR-M 焊条对金属焊接缝进行热处理的过程中，可以有效提升裂口的韧性，达到良好的处理效果。但使用 75 kg/mm²（735 MPa）的高强度钢材作为焊条进行热处理，会导致缺口韧性降低，不能保证残余应力消除的工作效果，难以对其进行严格的管理与控制。在使用 M-M-N 焊条进行热处理的过程中，对于缺口的韧性不会产生影响。

在选择制造材料时，就像在大多数工程中一样，工作人员必须在各种因素之间做出平衡。Kirby 使用首字母缩写 SHAMROCK 对其进行了总结，以帮助人们牢记。

S = 安全（safety）。事故的后果是什么？如果后果是严重的，那么采取一种比通常材料更具耐腐蚀性能的材料可能更合理。如在一个漏水且工艺材料会发生剧烈反应的装置中，水管线是由一种耐应力腐蚀开裂和防锈的金属材质制成的。

H = 历史（history）。如果一家企业已经成功地使用了某种材料多年，并且设计人员、操作人员知道它的优点和局限性，以及如何焊接等，那么可能会在做出替代之前犹豫不决。如某种玻璃纤维增强塑料多年来一直有出色的表现，当使用同一家公司的另一种复合材料（名称相同但编号不同）时，一夜之间就可能出现事故。

A = 可用性（availability）。在销售人员向你出售最新的神奇工作材料之前，先想想匆忙获得替换用品是否真的那么容易。

M = 维护（maintenance）。一位装置工程师通过停止中和微酸性冷却水，每年节省了 1 万美元。随着时间的推移，30 个夹套反应器中的铁锈形成使反应时间增加了 25%。其他装置的多位工程师，通过类似的措施（包括忽视维护），赢得了所谓"高效"的声誉，而让他们的继任者买单。

R = 可修复性（repairability）。企业购买了一些带有新型塑料内衬的容器。这种新材料比旧材料具有更好的耐温性，但当其需要修复时，补丁贴不上。虽然问题及时得到了解决，但在做出材料更改之前就必须考虑可修复性。

O = 工艺流体介质的氧化性（oxidability）。工艺流体介质的氧化性会影响合金、材料和设备的选择。

C＝成本（cost）。这是一个需要慎重考虑的因素，不但包括寿命成本和维护成本，而且包括初始成本。吝惜成本并不值得提倡。

K＝腐蚀机理动力学（kinetics）。除非人们了解工艺过程中的腐蚀机理，否则人们不知道哪些材料适合，哪些不适合。所以，人们必须了解腐蚀的物理原理、化学原理和相关机理，这是工艺设计、工程决策和装置操作的基础。这同样适用于工艺装置及为预防和缓解腐蚀而添加的安全装置、缓蚀剂等。

本章参考文献

[1] 韩兴忠. 石油化工设备制造中的材料质量控制[J]. 中国石油和化工标准与质量, 2022, 24:41-43.

[2] 刘琳琳, 张旭, 王妍妍. 压力容器设计制造中的常见问题探讨[J]. 化工装备技术, 2015, 36(6):33-36.

[3] 夏菱禹. 化工设备压力容器破坏原因与预防研究[J]. 中国设备工程, 2023(11):185-187.

[4] 陈志强. 石油化工设备常见腐蚀原因及防腐措施[J]. 化工管理, 2021(31):103-104.

[5] 吕永庆. 浅析冷换设备泄漏原因及预防措施[J]. 中国设备工程, 2023(15):139-142.

第 5 章

与设计相关的化工安全事故

在化工工艺设计风险防范中,需要对化工工艺设计中可能存在的风险进行识别和控制,即在化工工艺项目的设计过程中,对相关配套设备设施的生产、使用以及生产物质和设备操作的环境和流程等进行深入的分析和研究,并根据分析和研究的结果对化工工艺生产过程中可能出现的风险性问题进行预判,再根据预判的结果采取相应的措施进行防范,选择科学的方法排除风险,为化工工艺的后期生产提供一个安全稳定的环境。

化工行业本身具有一定的毒性、腐蚀性、易燃易爆性等特点,而且化工生产往往需要在高压、高温的环境中进行,再结合化工生产自身的特点,所以其风险性非常高。这就需要从化工生产的最开始环节进行控制和考量,以防患于未然,把可能存在的安全问题尽早地排除。化工工艺设计是化工生产实现安全稳定的基础和关键性环节,因此在化工工艺设计阶段应该严格根据化工行业的安全生产标准和要求进行设计,对设计过程中的各个流程和步骤严格控制,确保工艺设计符合安全标准,保障化工生产的安全性和可靠性,实现经济效益和社会效益的双赢。

化工工艺的主要特点是生产线复杂,在设计中涉及很多小工艺,而每个小工艺都存在各自的安全隐患,所以组合起来后整个工艺就变得非常复杂且危险系数极高。化工工艺流程基本上可以分为以下三个部分。

第一部分是对原料的处理。处理原料的目的是保证后续化学反应能够顺利、充分地进行。处理原料时基本上采用以下几种方法。首先是对原料进行初步处理,如块状原料需要用粉碎机粉碎至能够进行下一步处理的程度;其次是对粉碎后的原料进行工业性提纯,使原料的纯度更高;最后是将原料按照设计好的比例进行充分混合。

第二部分是投入处理好的原料进行相应的化学反应。这一过程在化工工艺整个流程中是十分重要的。在设定好的温度和相应的压力下进行化学反应,最后得到化工企业所需要的化学产物,通过相关的公式也可以计算出整个化工工艺的产出率。化学反应的种类有很多种,比如基础的氧化还原反应、硫酸酸化反应等,但只要是化学反应就存在一定的化学危害性。通过化工工艺中的反应还可以得到副产物。

第三部分是将化学反应中产出的副产物与所需要的目标产物进行分离,即目标产物的精制。精制的方法有许多种,如物理分离和化学分离,主要的分离方法包括萃取分离、蒸馏分离、普通分离等。这些常用的方法可以将副产物从目标产物中分离出来,并且很大程度上减少了目标产物的损失。该部分都是在特定的化学仪器中操作的,所以工作人员需要懂得仪器的操作步骤,对分离的工作原理也要了解得十分透彻。当然,最重要的是在仪器发生故障时,工作人员能够快速对其进行处理,以免造成更大的损伤。

除了以上简单的化工工艺,还存在一些复杂且危险的化工工艺。危险化工工艺的定义是在工艺生产过程中可能引起火灾、爆炸或者中毒的工艺。对危险化工工艺需要执行更加精准的、安全的操作规范,并且要按相关的国家标准来制定注意事项。

5.1　因设计引起的安全事故

事故案例:中国石油天然气股份有限公司独山子石化分公司乙烯装置自 2002 年 9 月 12 日开工以来,裂解火炬时有波动。经多方排查,判断 10-K-201 四段出口的放火炬仪表调节阀(PVI2004)可能有内漏。

2002 年 10 月 2 日 16 时 30 分至 17 时 15 分,经裂解、仪表车间相关技术人员现场检查,认为 PVI2004 仪表调节阀确有内漏。17 时 40 分左右,调度中心安排调试。调度中心值班主任、乙烯车间副值班班长、仪表车间 2 名仪表工,到压缩机房外平台调试 PVI2004 仪表调节阀。

值班主任和副值班班长关闭消音器后手阀,以防裂解气向火炬大量排放,结果却造成分离区进料中断停工。值班主任调试阀杆行程达到 50% 后,通知仪表工处理阀杆,10L203 消音器突然发生爆裂,喷出的物料随之着火。车间人员迅速用现场消防设施灭火,石化分公司、乙烯厂两级调度随即启动全厂应急系统及分公司一级应急预案,消防队 17 时 49 分到达现场,18 时 32 分控制住火势,20 时 5 分将火扑灭。

事故造成调度中心值班主任、乙烯车间副值班班长当场死亡,2 名仪表工在压缩机房外平台 PVI2004 仪表调节阀南侧被火烧伤,裂解车间操作工在压缩机房外平台北面巡检时,被火烧伤。事发后,对 PVI2004 仪表调节阀解体检查发现,阀内有电焊条、焊渣等施工残留物。

(1)事故发生的直接原因。

①设计单位违反设计规范。事故调查组查阅设计单位——中国成达化学工程公司设计的 PID,乙烯装置 PVI2004 仪表调节阀及前手阀设计压力是 4.03 MPa,阀后设计压力是 1.74 MPa。查设计单线图,PVI2004 仪表调节阀及前手阀设计压力为 4.03 MPa,阀后及后手阀仪表为 1.74 MPa,消音器设计压力未标注。

根据设计单位的设计,依据《管道仪表流程图设计规定》(HG 20559—1993)第 3.0.2.1 条的规定:"当控制阀后的压力降低时,控制阀后的切断阀和旁路阀的材料等级应取与控制阀材料等级相等,均采用上游管道的材料等级。" PVI2004 仪表调节阀后的消音器至后手阀应保持同一压力等级,均应为 4.03 MPa。实际上控制阀后的管道及阀门承压为 1.74 MPa,

严重违反了设计规范的规定。工艺车间和仪表车间的操作人员在对内漏的 PVI2004 仪表调节阀在线调试时，3.8 MPa 的裂解气进入受压仅为 0.3 MPa 的消音器，导致消音器超压发生爆裂着火，这是事故发生的直接原因。

②依据 PID，消音器是管道附件。事发前的设计，违反了《工业金属管道设计规范》（ GB 50316—2000 ）第 3.1.2.2 条第 3 款"没有压力泄放装置保护或与压力泄放装置隔离的管道，设计压力不应低于流体可达到的最大压力"的规定。而现场有 14 处类似排火炬系统，只有这处没有按标准设计，说明设计单位的设计出现了明显失误，这是事故发生的主要原因。

（2）事故发生的间接原因。

在清理 PV12004 仪表调节阀时，发现该阀内有电焊条、焊渣等施工残留物，造成该阀关闭不严、内漏。施工质量存在问题是导致事故发生的间接原因。

为预防类似事故发生，可以从以下几个方面入手。

①认真查找本单位的隐患和问题，克服麻痹思想，提高各级工艺设计人员、工程设计人员、管理人员和操作人员的安全意识。

②从设计入手，查找事故隐患。对于新、改、扩建项目必须严格按照有关法规和规范进行建设。要从项目批复开始，成立项目经理部，提前介入，终身负责。要从设计、平面布置、设备、工艺、施工操作等各方面综合考虑危险因素和风险危害，严格开展建设项目安全预评价工作。在职业安全卫生预评价、初步设计、验收等环节必须办理政府审批手续。要认真检查设计单位是否依据安全预评价提出的要求进行设计。

③加强施工管理，杜绝遗留问题。公司工程项目管理部及工程监理单位必须认真参照有关规范、标准核实设计参数，对于建设项目内容的变更必须履行严格的审批手续，变更必须经过论证，具有科学依据。设备、零部件选型必须严格执行国家、行业标准规范。

④持续改进，全面运行质量健康安全环境（ QHSE ）管理体系。要根据国家和地方部门新发布的法律、法规，及时更新公司质量健康安全环境法律法规及其清单，加大对国家有关质量健康安全环境标准、制度，尤其是中国石油天然气股份有限公司下发的行业标准及规定的收集力度。

⑤开展在役装置安全评价，削减、控制风险。中国石油天然气股份有限公司化工板块 2002 年 9 月份启动的在役烯烃装置安全评价工作，是贯彻执行《中华人民共和国安全生产法》《中华人民共和国职业病防治法》《危险化学品安全管理条例》的具体措施。为保证本次评价的工作质量，各评价装置要在前期认真开展评价调查表工作的基础上，严格按照中国石油天然气股份有限公司化工板块的要求，积极开展工作。切实通过评价，把风险控制和应急措施落实到装置现场。

⑥开展风险管理，加强对承包商的监督和控制。要通过施工单位的安全资质审查、签订安全合同、交纳风险抵押金、风险评价以及控制措施的落实、施工安全教育、施工安全监督检查等六大环节形成完整严密的风险管理体系。加强对承包商的管理，对检修、物资采购、工程施工等环节必须建立和完善严格的管理制度，并且制定有效的监督、检查、验收措施，确保

符合要求。

⑦突出以人为本,提高员工素质。激励员工争做"安全员工"。强化对员工技术技能的培训,通过事故案例的学习和开展"三不伤害"活动及应急计划的演练,进一步增强员工的应变能力。

5.2 因不当设计变更引起的安全事故

事故案例一:2014 年 10 月 7 日,内蒙古某化工公司(以下简称化工公司)正在建设的回用水厂二楼发生爆炸,造成 3 人死亡,6 人受伤,其中 2 人受重伤,直接经济损失约 743.6 万元。

2009 年 4 月 30 日,成达公司承包了化工公司 6 万 t/a1,4-丁二醇(BDO)设备及配套公共工程及辅助设施的工程设计项目,包括设计和施工。化工公司 BDO 回用水处理装置按环评批准要求设计和建造。2012 年 9 月,成达公司购买了奥和升公司回用水装置的成套包,并按管道平面布置图等工艺设计文件签署了相关协议。随后,奥和升公司向成达公司提交了工艺流程图、管道仪表流程图、管道平面布置图等工艺设计文件。为落实环评审批要求,消除反渗透浓废水超标排放风险,成达公司于 2013 年 2 月将项目回用水装置和公共辅助设施给排水地下管网设计交给成达公司给排水专业负责人。

在组织设计过程中,审核人员通过会议决定改变溢流管流向设计,成套技术设备工艺包中 6 个水处理池和 6 根溢流管从雨水系统接到地下污水管,但未充分考虑原工艺流程图可能存在的安全风险。回用水厂共有 9 条管道与外界连接,分别有接入管道——脱盐水站浓水管和循环水排污管各 1 条;出水管道——1 根给循环水补水,6 根溢流管收集后连接全厂污水总管。

2014 年 4 月,化工公司生活区投入使用,生活污水开始排入污水总管。6 月,化工公司组织编制试生产计划,成达公司等单位参与合作。7 月,化工公司地下污水管网上的水封井因无法购买聚乙烯(PE)三通,未完成施工,后填埋,无水封作用。9 月 15 日,投料生产后,BDO 设备取样排放污水、实验室分析残留液体、设备和工艺排放污水均通过污水总管进入污水处理厂。地下污水总管中的甲烷、氢等可燃气体通过未完成的密封井,通过 6 根溢流管窜入回用水厂并聚集。10 月 7 日 19 时许,回用水厂积聚的可燃气体遇点火源发生爆炸。

事故案例二:2021 年 7 月 22 日 10 时 26 分许,茂名高新工业园西南片区广东中准新材料科技有限公司(以下简称中准公司)甲类 A 车间 R1202 反应釜发生爆炸火灾事故,未造成人员伤亡,但导致事发反应釜解体,生产车间建筑物及车间内反应设备、管道严重损毁,直接经济损失 117.74 万元。

R1202 反应釜为搪瓷反应釜,规格为 2 000 L,总高为 2 332 mm,壳体内径为 1 300 mm,容积为 2.60 m³,净重 1 928 kg;釜体的设计压力为 0.4 MPa、设计温度为-19~200 ℃,夹套的设计压力为 0.6 MPa、设计温度为-19~200 ℃;制造时间为 2016 年 12 月;适用工艺条件为硫酸浓度15%,氢氧化钠浓度12%,温度-20~100 ℃。正常生产过程中釜内压力≤0.02 MPa,属于常压操作,夹套内介质为冷冻水。查2020年5月广东特种设备研究院茂名检测院R1202搪瓷反应釜搪玻璃层检验报告(报告编号:BRD-K020000043),检验结论为:R1202搪瓷反应釜搪玻璃层符合要求。2020年6月,中准公司吸取2019年9月10日因搪瓷搅拌轴搪瓷脱落,裸露的碳钢材料与硫酸反应生成铁离子,使过氧化氢迅速分解造成爆炸的"9·10"事故教训,对316L不锈钢材质在反应物料中的稳定性进行测试后,将搪瓷搅拌轴更换为316L不锈钢材质外衬耐酸、耐碱、耐高温的聚四氟乙烯搅拌轴。7月22日,企业使用R1202反应釜试生产二叔丁基过氧化物(DTBP),开始生产前对该反应釜进行了认真的检查并签名确认。

经调查,2021年7月21日中准公司制定的DTBP生产方案为:生产98.5%~99.5%的DTBP(收率90.7%),计划用R1202生产一釜,配方为叔丁醇600 kg, 80%硫酸396 kg,过氧化氢280 kg。其生产工艺控制与叔丁基过氧化氢(TBHP)相同。先在反应釜内加入过氧化氢,再控温在35 ℃以下加入硫酸,加完硫酸后从高位槽中控温在40 ℃以下加入叔丁醇,加完叔丁醇后控温在36~40 ℃反应6 h,从反应3 h后,每1 h取一次样分析,如取出的样品洗涤后含量达到98.5%以上,降温结束反应。

2021年7月22日中准公司DTBP生产单记录(对照中控室DCS数据)为:先在反应釜内加入50%过氧化氢(计划用量280 kg,实际加入279.85 kg),然后于9时15分许加入80%硫酸(计划用量396 kg,实际加入395.6 kg),再于9时56分许加入99%叔丁醇(计划用量600 kg,抽入高位槽的用量为601.71 kg,10时26分事发时有192 kg加入反应釜内)。

综上,事发当天,中准公司实际采用的生产工艺为:先在反应釜加入过氧化氢,再加酸(硫酸),最后加入醇(叔丁醇)。

(1)事故直接原因。

中准公司首次试生产DTBP时,冒险采用未经审查同意的工艺流程,擅自改变投料顺序,降低反应温度,严重超量使用催化剂(硫酸)进行试生产,造成反应失控。物料从反应釜人孔高速喷出,形成的雾状易燃气体在空气中达到爆炸极限,遇到雾状物料相互高速摩擦撞击产生静电放电的电火花,引起燃烧爆炸,随即反应釜爆炸解体,生产车间发生多次燃爆,造成车间建筑物及车间内设备、管道、设施严重损毁。

①擅自改变投料顺序,从而改变了工艺。经调查,中准公司在《广东中准新材料科技有限公司年产3 000吨引发剂及8 000吨助剂项目安全设施设计专篇》(以下简称《设计专篇》)(2020年11月12日)、《广东中准新材料科技有限公司年产3 000吨引发剂及8 000吨助剂项目安全设施竣工验收安全评价报告(送审稿)》(以下简称《安评报告》)(2021年7月9日)和《广东中准新材料科技有限公司引发剂操作规程》(以下简称《操作规程》)(2021年5月30日)等文件中,均明确生产DTBP时的投料顺序为:先在反应釜中加入叔丁醇,然后加入硫酸,最后加入过氧化氢生成DTBP。但事故发生当天,中准公司DTBP实际生产投料顺序(与生产TBHP的投料顺序相同)为:先在反应釜中加入过氧化氢,然后加入硫酸,最后加入叔丁醇。

②投放的催化剂(硫酸)严重超量。经调查,中准公司于 2021 年 3 月中旬开始试生产 TBHP 至 7 月 21 日,均采用硫酸做催化剂的生产工艺,配方中催化剂硫酸与过氧化氢摩尔比为 0.169。事故发生当天,中准公司在生产 DTBP 时,按照生产 TBHP 的投料顺序,以硫酸为催化剂,配方中硫酸与过氧化氢摩尔比为 0.785,严重超量,催化剂催化作用剧增,造成反应失控。

③反应温度的设置不符合规定。经调查,按照《设计专篇》《安评报告》《操作规程》等文件的规定:叔丁醇的投料温度为 15~35 ℃,生产 DTBP 的反应温度为 40~60 ℃。事故发生当天,中准公司将温度控制在 40 ℃以下加入叔丁醇,加完叔丁醇后控温在 36~40 ℃反应 6 h。把反应温度设置为 36~40 ℃(应为 40~60 ℃),叔丁醇的投料温度 40 ℃以下,低于反应温度,导致加入的叔丁醇不能及时反应,在反应釜累积,在严重超量的硫酸强大的催化作用下,加剧反应釜内的物料反应,引发爆炸。

从以上两个事故案例可以看出,设计变更不当或改变原始设计可能造成较大的安全事故,可以通过以下几点预防类似事故发生。

①完善设计变更管理流程。依据应急管理部关于加强化工过程安全管理指导意见中有关变更管理的要求,经过梳理完善后的建设项目设计变更流程包括变更申请、变更编制、风险评估、设计验证、变更审批、变更发布、变更实施、统计分析和变更关闭 9 个步骤,流程增加了风险评估的前置工作环节。根据该流程相应开发设计变更管理平台,主要功能包括设计验证、风险控制、过程记录、资料管理、统计分析等。平台对流程中每个环节均设置相应的项目岗位人员,负责业务流转、审批和记录,同时平台可对设计变更实施状态进行实时查询,对流转中的重大问题予以及时反馈,保证流程完整,职责明确,岗位清晰,信息传递及时、准确。

②预先识别设计变更安全风险等级。结合设计变更的特点(影响因素多且关系复杂),需要对每个设计变更申请进行安全风险识别,对变更内容进行分析,划分变更类别,确定变更风险等级。首先,设计各专业预先对设计变更安全风险进行识别,采用头脑风暴法和因果分析法,得到 19 项变更风险因素的识别结果;其次,对各影响因素进行对比、分析,通过专家会议的形式讨论其对设计变更的影响程度;最后,确定设计变更安全风险分级标准。

③细分设计变更内容类型。设计变更分为内部原因设计变更和外部原因设计变更两大类,按照不同合同类型的项目、不同的变更,设计变更提出方对设计变更原因进行分类。

④全面合理评估设计变更。设计变更评估过程是各方沟通、综合评价的过程。设计变更评估过程通过信息化平台完成,信息化系统保证了设计变更信息公开、流程清晰,各方意见得到及时反馈,避免相互推诿,提高了沟通和决策的效率。同时,将设计变更纳入合同管理能够有效甄别相应的合同条款并及时准确地反映工程量和费用变化。当项目设计变更费用较大时,系统可以通过邮件提醒相关方关注设计变更内容和实施。

⑤需要对化工工艺路线进行科学的安全控制操作。首先,针对整个工艺系统,应当严格遵循规定的原始设计数据;在化工工艺设计中,保证化学反应装置的严密可靠性,建立高压密封框架结构,确保其在温度与压力波动作用影响下,做到严密不泄漏;预防容器出现超压

现象,进而发生形变并受损。其次,在化学反应中,要重视反应装置能量转化与热效应,有效规避在温度与压力作用下发生激烈的反应,导致安全问题。

⑥依托信息化平台追溯各种记录。建立设计变更平台后,可以对设计变更编制、质量验证和审批等整个流程进行线上管理,每个变更申请都会被清晰记录,包括操作人员、时间和意见;同时,设计变更包含的资料,如设计条件、修改的设计图样、引用图样、风险评估结果和措施、控制评估结果、报价文件等也都会被完整地保留下来。完整的设计变更台账为项目竣工资料交付、最终结算和项目总结与提升打下良好的基础。平台记录的设计变更详细信息可以汇总、查询,并作为统计分析的依据。及时汇总设计变更各类数据,把设计变更的统计分析作为设计变更关闭前的重要步骤,可以总结经验,吸取教训,形成 PDCA 循环,实现持续改进与提升。通过设计变更的闭环管理,可以促进设计和管理人员改进设计变更安全风险等级和内容类型,优化技术标准和管理制度,强化设计变更安全风险管理意识,进一步提高设计变更解决问题的效率。

5.3 化工工艺设计风险识别和控制

5.3.1 物料控制 ·· □

在化工生产中使用的原材料种类非常多,并且化工原材料在原材料—材料—半成品—中间产品—副产品—成品的各个环节中都会发生化学反应,一旦发生化学反应,原材料会改变其原来的物理性状和化学性状,因此化工物料的保管不恰当、处理不恰当都会引发化工物料的化学反应,导致一些安全事故。所以,在化工工艺设计风险识别中,应该针对不同物料在不同生产环节中会出现的不同风险提前做好相应的应急准备工作,全面掌握物料的属性(如稳定性、化学反应活性、毒性、燃烧性、爆炸性以及腐蚀性)特点,针对这些特点制定和采取相应的处理措施。

5.3.2 工艺控制 ·· □

化工工艺控制的内容比较多,如压力控制、进料速度与反应时间控制、投料比例控制等。

①压力控制。压力是化工生产的基本参数之一,化工生产需要在一定的压力条件下进行,但是压力过大会导致爆炸等风险,因此在加压的过程中一般会使用塔、罐、器、釜等大型的压力容器来进行加压控制。在压力系统中所有设备和管道都要符合相关的设计要求,保障其抗压强度和气密性;同时要保证加压容器有安全阀等泄压设备;保障装备中测量压力仪表(压力计)的灵敏性、准确性。在加压的过程中按照最高的工作压力和相关的规定来选择、安装使用压力计,并保障其在使用过程中的完好性。

②进料速度与反应时间控制。在投料的过程中投料的速度不能超过设备的散热能力,否则物料就会因为温度的升高而分解,产生爆炸的风险;如果投放物料的速度比较慢,因温

度过低会造成反应不完全的积聚效应,一旦达到反应的温度就会出现反应过快,温度急剧升高而产生爆炸的风险。

③投料比例控制。要严格控制反应物料的配比,对连续化程度高、危险性大的生产要高度重视。如环氧乙烷生产中,反应物料乙烯和氧的浓度比较接近爆炸的极限范围,需要进行严格的控制。尤其是在开停的过程中,催化剂活性比较低,容易出现反应器出口氧浓度过高。为了确保安全性,应该设置联锁装置,并核对循环气的构成,尽可能减少开停的次数。

5.3.3 装置控制

在化工生产过程中,原材料的化学反应都是在一些反应装置中实现的。要根据工艺的设计,在开始阶段对化学工艺链中容易引发安全事故风险的情况进行分析,并根据分析结果选择合适的反应装置,从而优化化工工艺设计,降低化工生产过程中的风险。

5.3.4 管道设计控制

在化工生产过程中,管道很容易被腐蚀,出现断裂及化工物料泄漏情况,不仅会对环境产生污染,而且会引发爆炸和中毒事故,所以在化工工艺设计的过程中应该对管道做好设计控制,根据化工工艺物料的操作特性和操作条件选择材料合适的管道,以保障化工产品生产的安全性。化工工艺设计人员还需要对管道的布置进行科学的设计,针对活塞式压缩机管道布置要采取防震措施,针对高温管道布置要满足其对柔性的需求,防止发生管道损伤问题。管道中的阀门需要配备合适的法兰垫片紧固件,确保阀门法兰的密封性符合化工生产的要求,减少管道出现泄漏的可能。

5.3.5 防火、防爆设计控制

按照化工物料的特点和属性,需要根据《爆炸危险环境电力装置设计规范》(GB 50058—2014)对化工厂区进行危险区域的划分。对化工生产的装置、装卸、罐装区域中的爆炸危险区域进行划分,在爆炸危险区域中的各种电气设备需要使用具有一定防爆等级的产品,按照防爆等级选择本质安全型或者是隔爆型的装置仪表。在化工厂区的总平面布置和各种装置区域平面图布置应严格按照《化工企业总图运输设计规范》(GB 50489—2009)来设计。

静电似乎微不足道,但危害很大。在化工生产过程中,塑胶等受到摩擦后,非常容易出现静电感应,如果静电感应接触易燃物质,便会点燃易燃物质引发火灾甚至爆炸,导致严重的人身安全事故。所以在化工安全性设计中,必须详细分析静电危害因素,提升操控员工的专注力,加强安全防护,寻找合理的防范措施,保证生产过程的安全性。

5.3.6 防毒、防尘措施

在化学生产中,大部分设置设备都是在露天环境下布置的,这样便于化学装置中的有害气体流动和扩散。如果把装置设备放置在厂房内,必须保障厂房 24 h 不间断通风,并且要和可燃气体检测装置进行联锁控制。用于化工生产的物料在日常的储放过程中应该放在密闭性比较好的设备和管道中,各个管道连接的地方应该保障其封闭性,避免和外界人员接触。接触有毒、有害物质的工作人员应该做好防护措施,减少中毒事件的发生。

粉尘爆炸的危害极大,特别是在精细化工行业。发生粉尘爆炸需要满足三个要素:一是干燥,这是粉尘爆炸的最基本条件;二是环境封闭,粉尘浓度超出规范要求;三是明火。预防粉尘爆炸要做到以下两点。

①保证环境通风条件,不能在密闭空间存储粉尘。

②加强温度、湿度的控制,防止干燥的粉尘集聚。

综合以上内容可见,为了更好地完善化工工艺设计,防范化工工艺设计中的风险,确保化工生产安全,减小事故发生概率,提高化工企业的经济效益,推动化工企业的快速健康发展,必须重视化工工艺设计中风险控制和防范。这就要求设计人员必须先了解化工工艺设计风险的影响因素和化工工艺设计应该遵循的原则,以及国家针对化工工艺设计出台的相关规则和标准,在这个基础上合理选择化工生产原材料、优化工艺设计路线、选择合适的化工反应装置、合理布置化工管道等,从而提高化工工艺设计水平,保障化工生产中的安全性和可靠性,为化学工业的发展提供重要的保障。

5.4　HAZOP 分析应用

HAZOP 是危险和可操作性(Hazard and Operability)的简写。HAZOP 分析方法是由经验丰富的专业人员对生产装置存在的风险进行识别,通过假设改变运行工艺参数,以及操作控制中可能出现的偏差,推理得到出现的偏差对系统可能产生的影响,找出相应的原因,最后给出解决偏差的措施。HAZOP 分析方法是对工艺过程进行危险分析的一种有效方法,是一种系统化、结构性的分析方法,采用假设推理的方法。HAZOP 分析方法是以会议讨论的方式进行的。分析会由主席支持,参加人员有工艺工程师、设备工程师、仪表控制工程师、管道工程师、操作生产人员以及记录员等。会前收集准备的资料有管道仪表流程图(PID)、工艺流程图(PFD)、物料平衡表等。严格按照工艺流程,分析者将工艺装置分解为多个部分,一一进行分析研究,并分析工艺条件发生偏差(压力、温度、流量的改变)所导致的危险与可操作性结果。分析者将列出引起偏差的原因和偏差产生的后果,同时分析装置已有的安全保护措施是否恰当实用,当这些偏差对应的保护措施不当时,需要给出新的合理的保护措施,使得生产装置安全稳定运行。目前 HAZOP 分析方法已成为化工装置工艺过程危险性辨识的重要手段之一,被国内外广泛应用。

任何涉及危险的化工生产过程,包括正常生产运行、物料储存、搬运等生产过程,生产设备的故障或错误操作,都会改变工艺技术参数,可能对企业员工造成伤害和对环境造成破坏,影响企业的效益。HAZOP 分析方法在预防安全事故方面能起到其他常规的安全分析方法所不能起到的作用,从而提高装置的本质安全水平。

用 HAZOP 分析方法分析化工装置可以为企业改进安全措施提供建议,减少不必要的停车检修次数。高质量的分析可以作为企业事故预案,当安全事故不幸发生后,企业管理人员可以迅速找到原因,采取有效措施,减少损失。经过多次的工艺安全 HAZOP 分析,可以了解企业存在的安全隐患,制定相应的措施,减少企业事故的发生。HAZOP 分析结果还可以用于员工培训,拓展管理人员和操作人员的知识领域,极大地提高操作人员和管理人员分析问题和解决问题的能力,帮助员工加深对工艺技术、设计意图的理解和认识,使其更好地完成生产任务,提高生产效率。

HAZOP 分析的基本步骤如图 5-1 所示。

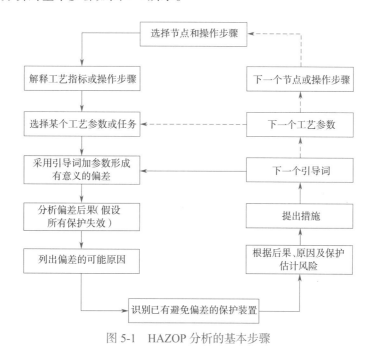

图 5-1　HAZOP 分析的基本步骤

5.4.1　HAZOP 分析在碳酸乙烯酯装置中的应用 ···□

1. 碳酸乙烯酯合成工艺原理

碳酸乙烯酯合成是以环氧乙烷(EO)和二氧化碳(CO_2)为原料,在催化剂作用下,反应得到工业级碳酸乙烯酯产品;工业级碳酸乙烯酯进一步精制得到电子级碳酸乙烯酯产品。

原料二氧化碳与环氧乙烷加压合成碳酸乙烯酯,并放出热量,其化学方程式如下:

$$CO_2 + C_2H_4O \Longleftrightarrow C_3H_4O_3 + 23\,kcal/mol$$

考虑到该反应本身的特性及环氧乙烷的易燃易爆特性,二氧化碳需稍微过量,二氧化碳与环氧乙烷进料配比约为 1.2∶1,经过中试实验后,该反应压力控制在 5 MPa 以内,反应最高温度控制在 140 ℃以下,满足该操作条件才能基本保障反应器及工艺流程的安全性。

2. HAZOP 分析节点划分

碳酸乙烯酯装置合成及分离工段共划分 4 个节点,节点划分情况如表 5-1 所示。

表 5-1　碳酸乙烯酯装置 HAZOP 分析节点

序号	节点	节点描述	PID 图纸描述
1	节点 1 反应合成工段	来自界区外的环氧乙烷和催化剂混合后进入第一反应器上部，来自界区外的液体二氧化碳进入第一反应器中部，经过反应、初步分离后得到进入粗酯罐的粗酯	211029-32-2610-02-310-×××× 等等
2	节点 2 分离工段	粗酯从粗酯罐来到碳酸乙烯酯薄膜蒸发系统，经减压蒸馏提纯再冷凝后，得到的工业级碳酸乙烯酯产品进入碳酸乙烯酯产品缓冲罐，同时分离出催化剂进行回收	211029-32-2610-02-310-×××× 、211029-32-2610-02-310-×××× 等等
3	节点 3 精馏工段一塔、二塔	从碳酸乙烯酯产品泵（3226-P-2108A/B）输送来的工业级碳酸乙烯酯进入精馏二塔 C-2202	211029-32-2610-02-310-×××× 、211029-32-2610-02-310-×××× 等等
4	节点 4 中间罐区	中间罐区部分，包括一塔产品储罐 T-2301A/B、工业级碳酸乙烯酯储罐 T-2302、电子级碳酸乙烯酯储罐 T-2303 等等	211029-32-2610-02-310-×××× 、211029-32-2610-02-310-×××× 等等

3. HAZOP 分析记录

HAZOP 分析记录见表 5-2~表 5-5。

表 5-2　节点 1 HAZOP 分析记录（摘录）

偏差	原因	后果	已有保护措施	可能性	后果严重程度	剩余风险等级	建议措施
环氧乙烷进料泵 P-2101A/B 出口温度过高	在泵中 EO 温度自然升高	EO 在泵中超温，聚合分解放热，有火灾、爆炸风险	—	5	3	Ⅳ	1.1 环氧乙烷进料泵 P-2101A/B 需要设置泵体温度高报警及温度高安全仪表系统（SIS）联锁，并分别由不同的温度仪表实现
第一反应器 R-2101 环氧乙烷液位过高	LICSA-21001 故障，LV-21001A/B 开度过小	R-2101 满罐，严重时物料排至罐 V-2112，EO 浓度高时可能导致潜在安全风险	R-2101 设置有液位高报 LIA-21006	3	2	Ⅱ	1.2 建议在安全罐 V-2112 罐体增设 EO 浓度在线监测仪表
循环液预热器 E-2102 内漏	换热管长时间腐蚀或应力断管	① 开工时 R-2101 内物料漏至中压蒸汽系统，造成物料损失及中压蒸汽系统污染。② 未开工时 E-2102 中压蒸汽泄漏导致循环液温度升高	为中压蒸汽凝液设置总有机碳（TOC）检测，为 E-2102 中压蒸汽设置盲板	1	1	Ⅰ	—

表 5-3　节点 2 HAZOP 分析记录（摘录）

偏差	原因	后果	已有保护措施	可能性	后果严重程度	剩余风险等级	建议措施
薄膜蒸发分离液罐 V-2105 液位过高	V-2105 出料管线堵塞或罐底手阀误关	碳酸乙烯酯溢流至 V-2111C，再次处理能耗增大	V-2105 设置有液位高报 LIA-21007	3	1	Ⅰ	2.1　建议为薄膜蒸发分离液罐 V-2105 罐底手阀增设锁开
旋液分离器 V-2110 液位过低/无	上游来料过少	P-2115A/B 抽空损坏，物料泄漏，有潜在火灾、爆炸风险	—	5	3	Ⅳ	2.2　建议同时为旋液分离器 V-2110 增设液位低 DCS 联锁停真空液泵 P-2115A/B
尾气水洗塔 C-2101 塔釜液位过低/无	FIC-21013 故障，FV-21013 开度过小	① P-2114A/B 抽空损坏，物料泄漏，有潜在火灾、爆炸风险。② 尾气水洗塔 C-2101 液位低，水洗效果差，导致 EO 浓度上升，有潜在火灾、爆炸风险	C-2101 设有液位低报及低低联锁，C-2101 设有尾气 EO 浓度高报及 DCS 补水联锁	2	3	Ⅱ	

表 5-4　节点 3 HAZOP 分析记录（摘录）

偏差	原因	后果	已有保护措施	可能性	后果严重程度	剩余风险等级	建议措施
精馏一塔 C-2201 压力过高	精馏一塔真空泵组 PK-2110A/B/C 故障停	精馏一塔 C-2201 超压泄漏，有火灾、爆炸风险	C-2201 设置有安全阀 PSV-C2201A/B	2	3	Ⅱ	
一塔产品气液分离罐 V-2202 液位过高	LICSA22003 故障，LV22003 关小；P2203A 故障停	产品溢流至真空系统缓冲罐，能耗增大			1	Ⅰ	

表 5-5　节点 4 HAZOP 分析记录（摘录）

偏差	原因	后果	已有保护措施	可能性	后果严重程度	剩余风险等级	建议措施
一塔产品储罐 T-2301A 温度过高	上游来料温度高	长时间温度过高，电子级碳酸乙烯酯产品变质，质量下降	—	5	1	Ⅰ	建议在 V-2202 罐底温度变送器 TT-22014 上同时增设高报警
工业级碳酸乙烯酯储罐 T-2302 压力过低	PIS23003A 故障，PV23003 关小，PV23003B 开大	工业级碳酸乙烯酯储罐 T-2302 抽瘪损坏	T2302 设置有呼吸阀 BV-T-2302A/B	2	1	Ⅰ	—

续表

偏差	原因	后果	已有保护措施	可能性	后果严重程度	剩余风险等级	建议措施
废水罐 T-2305 温度过低	蒸汽伴热效果差	极端天气下废水可能冻结	—	5	1	I	建议为废水罐 T-2305 温度变送器增设低报警

上述以碳酸乙烯酯装置合成及分离工段为例,介绍了 HAZOP 分析方法的应用,以及该装置的工艺原理、节点划分、分析记录情况,涉及温度、压力、液位、流量、内漏等各种参数的分析,识别出已有的安全保护措施,并提出相应的建议措施,以进一步提高装置的本质安全水平。

5.4.2　HAZOP 分析在甲苯二异氰酸酯(TDI)装置中的应用

1. TDI 装置工艺流程简介

某项目 10 万 t/a TDI 装置于 2013 年 12 月建成投产。年开工时数为 8 000 h。该项目 TDI 生产分为 TDI 生产 A、TDI 生产 B 两个系列,每个系列生产能力为 5 万 t/a,分别布置在两个独立的框架中。两个系列共用一套碱破坏系统,布置在 TDI 生产 A 中, TDI 生产 B 中需要碱洗放空的物料通过管道送到 TDI 生产 A。生产分为光气合成和 TDI 生产两部分。

(1)光气合成。

光气合成器采用管壳式固定床反应器,壳内装椰壳活性炭做催化剂,壳程通冷却水,氯和一氧化碳按一定比例混合后依次通过光气反应器和清净反应器即生成光气。

反应原理为

$$CO + Cl_2 \rightarrow COCl_2 + 1\ 107\ kJ/mol$$

(2)TDI 生产。

TDI 由 MTD(二氨基甲苯)和光气以 ODCB(邻二氯苯)为溶剂进行光气化反应生成,采用高剪切光化反应器。TDI 生产包括溶液干燥、光气化、脱气、HCl 汽提、光气回收、第一脱 ODCB、第二脱 ODCB、脱焦、TDI 精制及干区放空系统等主要工序。

反应原理为

$$MTD + COCl_2 \rightarrow 氨基甲酰氯 + 2HCl$$

$$氨基甲酰氯 \rightarrow TDI + 2HCl$$

$$MTD + 2HCl \Longleftrightarrow 氨的盐酸盐(可逆反应)$$

$$氨的盐酸盐 + 2COCl_2 \rightarrow TDI + 6HCl$$

2. TDI 装置 HAZOP 分析范围

TDI 装置 HAZOP 分析范围包括光气合成(包括反应系统、水汽系统等)和 TDI 生产(光气化反应、脱气、HCl 汽提、排气压缩、脱气压缩、光气回收等)。

3. TDI 装置 HAZOP 分析准备

HAZOP 分析小组成员包括 HAZOP 分析主席 1 名,记录员 1 名, 5 名经验丰富的各专业人员(工艺专业 2 名、仪表自控专业 2 名、安全专业 1 名),现场装置操作人员 1 名,共 8 人组成。准备资料包括设备一览表、PID、设备布置图、仪表数据表、联锁系统逻辑图、设备数据表、化学品安全技术说明书(又称为物质安全数据表,用 MDSD 表示)、风险矩阵图等。

4. HAZOP 分析节点划分

TDI 装置合成及分离工段共划分为 6 个节点,节点划分情况如表 5-6 所示;解释节点设计意图、确定有意义的偏离如表 5-7 所示。

表 5-6 HAZOP 分析节点划分及描述

序号	节点描述	设计意图	PID 图号
1	节点 1 光气合成	自上游来的氯气和一氧化碳按一定比例在混合三通中混合后进入光气反应器进行反应,反应后的混合气体送入清净反应器中,保证未被反应的氯被完全反应,产品光气送至下游装置;反应热由冷却热水移走	PID-51A-01~03、PID-52A-01
2	节点 2 光气化反应	自光气合成来的光气经冷凝后与回收来的光气溶液混合后送至高剪切光化反应器;自上游来的 MTD 和 ODCB 混合物以及经加热后的 ODCB 在第二混合三通混合后送至高剪切光化反应器中;在反应器中 MTD 与溶解在 ODCB 中的光气进行光气化反应	PID-61A-01~02、05
3	节点 3 光化反应气分离	自光化反应系统来的反应气经闪蒸分离后,液相经加热后部分作为循环液返回分离器,部分作为产品送至后续脱气系统;气相经冷凝后送至光气回收系统	PID-61A-02~04
4	节点 4 脱气	自光化反应气分离来的粗 TDI 进入脱气塔中,将光化反应中生成的氨基盐酸盐分解转化成 TDI 和 HCl,并脱除溶解在粗 TDI 中的光气和 HCl;塔顶气相与 HCl 汽提来的气相经冷凝、脱气压缩机、排气压缩机加压后送至光气回收系统;塔底液相部分作为循环液,部分送至 HCl 汽提	PID-62A-01~02、PID-64A-01、PID-65A-01
5	节点 5 HCL 汽提	自脱气塔来的粗 TDI,在汽提塔中汽提出 HCl 和几乎所有残存光气后,塔顶气相送至脱气冷凝系统;塔底液相部分作为循环液,部分送至后续精制系统	PID-63A-01~02
6	节点 6 光气回收	自 TDI 中间罐区来的 ODCB 经预冷、冷却后送至光气吸收塔进行光气吸收回收,塔顶排放气经冷却回收 HCl,塔底液相送至光气化反应系统	PID-66A-01~03

表 5-7 HAZOP 分析常用偏离表

引导词参数/要素	无	低	高	逆向	部分	伴随	其他
流量	无流量	流量过低	流量过高	逆流	错误浓度	其他相	物料错误
压力	真空丧失	压力过低	压力过高	真空	错误来源	外部来源	空气失效
温度		温度过低	温度过高	换热器内漏		火灾/爆炸	
黏度		黏度过低	黏度过高				
密度		密度过低	密度过高				

引导词参数/要素	无	低	高	逆向	部分	伴随	其他
浓度	无添加剂	浓度过低	浓度过高	比例相反			杂质
液位	空罐	液位过低	液位过高		错误的罐	泡沫/膨胀	
步骤	遗漏操作步骤			步骤顺序错误	遗漏操作动作	额外步骤	
时间		时间太短	时间太长太迟				错误时间

5. HAZOP 分析主要结论及建议措施

通过对 TDI 装置在生产过程中可能产生的偏离原因、偏离结果和建议措施的分析,得出结论:目前 TDI 装置已采取了各种安全防护措施,在工艺参数发生偏离时,可有效控制相应的意外场景,降低事故发生的可能性及严重性,但仍存在部分可以改进之处。为进一步降低装置风险,提高安全运行的水平,提出如下建议措施。

① TDI 装置检修期间,如遇隔离不彻底,工艺物料可能窜至检修系统引发事故。虽然装置的一氧化碳、氯气管线均设置了切断阀,但不排除人员误操作或阀门故障等因素,建议在装置的一氧化碳、氯气管线均增设 8 字盲板。

②高剪切光化反应器内堵塞,会造成高剪切光化反应器进出口压差升高,虽然设置了进出口压差 PDI61A106,但如果中控人员未能及时发现并予以调整,压差持续升高会造成生产降负荷甚至停车。建议增设压差高报警。

③ MTD 进料喷嘴堵塞,会造成高剪切光化反应器入口 MTD 进料压差升高。在光化反应器进料管线设置有压差 PDI61A26,但如果中控人员未能及时发现并予以调整,压差持续升高会造成生产降负荷甚至停车。建议增设压差高报警。

④若 ODCB 加热器管程泄漏,ODCB 将会漏入蒸汽凝液中,对蒸汽凝液系统造成污染。若不能及时发现并处理,会造成进一步的影响。建议定期检测 ODCB 加热器凝液中的 ODCB 含量。

⑤脱气塔填料堵塞会造成脱气塔上部压力升高,继而引起脱气塔下部压力升高,导致脱气效果差。压差持续升高会影响后续系统,最终造成装置降负荷甚至停车。虽然已设置有脱气塔压差 PDI62A03,但同样由于中控人为因素,建议增设压差高报警。

⑥汽提塔填料堵塞会造成汽提塔压差高,继而导致 HCl 汽提塔下部压力升高,脱气效果差。压差持续升高会影响后续系统,最终造成装置降负荷甚至停车。虽然已设置有 HCl 汽提塔压差 PDI63A20,但同样由于中控人为因素,建议增设压差高报警。

⑦ ODCB 预冷器管程泄漏,工艺介质漏入冷却水系统,对冷却水系统造成污染。若不能及时发现并处理,长时间可能腐蚀壳程。建议对 ODCB 预冷器回水管线设置取样分析点,定期分析检测。

⑧ ODCB 冷却器管程泄漏,工艺介质漏入冷冻液系统,对冷冻液系统造成污染。若不

能及时发现并处理,长时间可能腐蚀壳程。建议对 ODCB 冷却器回水管线设置取样分析点,定期分析检测。

通过对 10 万 t/a TDI 装置开展 HAZOP 分析,可以看出应用 HAZOP 分析技术对在役装置的安全生产、稳定运行具有重要意义。采用 HAZOP 分析方法可以客观、详细地分析现装置存在的安全隐患,以及现有安全措施的可靠性,并针对目前存在的问题提出改进意见,为装置的安全管理提供科学的指导。

5.5　本质安全化设计

化工行业关系到国计民生,随着我国近几年化工行业的高速发展,有关化工安全事故的新闻报道也在逐年增加,所以人们对于化工过程的本质安全愈发关注。由于大多数化学原材料的性质不会长时间处于一个稳定状态,具有一定的不稳定性,因此如果在化工研发和生产中存在一定的疏忽,可能就会发生安全事故,给社会环境造成严重的污染,甚至对人民的生命安全造成严重的威胁,严重阻碍化工产业的发展。所以,在化工过程中做到本质安全已经是现在化工产业发展的趋势和要求。

在化工过程进行本质安全化设计首先要明确本质安全化设计的内涵。本质安全化设计的内涵有两点:一是指在化工过程中使用本质安全化的设计方案,使化工过程从初始阶段就能预防化工安全事故的发生,或者在化工过程中即使技术人员操作不当也不会发生化工安全事故;二是指在化工过程中通过本质安全化设计加强各种各样的安全措施,从根本上杜绝化工过程存在的安全隐患。简而言之,本质安全化设计就是从根本上杜绝化工安全事故的发生,将事故发生的可能性降到零。在化工产业的生产建设全过程运用现代化的安全技术手段,能够提高产业生产的安全性,有效避免化工安全事故的发生,保障化工从业人员的生命安全。

化工过程的本质安全化设计对于化工安全生产的作用也不是绝对的。由于化工生产具有一定的不稳定性,在各种不稳定因素的影响下,化工生产过程仍然存在一定的安全隐患,但是在化工过程中进行本质安全化设计可以最大程度地避免化工生产的安全隐患问题,对化工生产以及相关人员的生命安全起到最大的保障作用。本质安全化设计还有个特点就是动态性。化工生产过程具有很大的不确定性,本质安全化设计的动态性就是由化工生产过程的不确定性决定的。化工生产会遇到各种各样的突发情况,这些突发情况可能会导致化工安全事故的发生,本质安全化也就存在动态性的变化特点。

5.5.1　本质安全化设计概念 ···□

本质可以定义为存在于事物中的某一永久的、不可分割的元素、性质或属性。本质安全不仅是一种概念,更是一种安全方法,侧重于消除或减少一系列基于某些条件而存在的风险。对于一个化工生产过程,当永久消除或减小物料和操作带来的风险时,即可被称为实现了本质安全化。在特定条件下确定和实现本质安全化的过程称为本质安全化设计。与仅具有被动、主动和程序控制系统的过程相比,具有较小危险的过程在本质上更加安全。

5.5.2 本质安全化设计思想

二维码 5-1

化工过程安全需要通过多层次保护来实现,相关示意图可扫描二维码 5-1。第一层保护就是过程设计阶段,属于本质型、根源型保护;接下来的层次包括控制系统、报警干预、安全仪表功能,均属于主动型保护;保护系统和应急响应等属于程序型保护。采用本质安全化设计的过程对操作失误和不正常情况往往具有更好的容错能力。

本质安全化设计通过利用材料或工艺来消除或减小风险,寻求从根源上消除危险,而不是接受并试图减小影响。化工过程风险主要包括两个方面:一方面是所使用的物料固有的危险;另一方面是化学反应或工艺过程带来的危险。本质安全化设计既可以消除或减少危险物料的使用,也可以改变危险化学工艺过程的进行条件(改变过程变量的特性)。前者被称为一级本质安全化,后者被称为二级本质安全化。

本质安全化设计强调先进的技术手段和物质条件在确保过程安全中的重要作用。实现本质安全化的基本思路是从根本上消除形成事故的条件,这是现代化生产保证安全、预防事故的最理想措施、根本方法和发展方向。本质安全化设计常采用四类优化,即最小化(强化)、代替(替代)、缓和(减弱和限制影响)和简化(简化和容错)。化学工业中常用的本质安全化技术类型如表 5-8 所示。

表 5-8 本质安全化技术类型

序号	类型	典型技术
1	最小化(强化)	将较大的间歇反应器改为较小的连续反应器; 减小原料的储存量; 改进控制以减少危险的中间化学品的用量; 缩短过程持续时间
2	代替(替代)	使用机械泵密封代替衬垫; 使用焊接管代替法兰连接; 使用低毒溶剂; 使用机械压力表代替水银压力计; 使用高沸点、高闪点的化学品以及其他低危险性的化学品; 用水代替导热油作为热量转移载体
3	缓和(减弱和限制影响)	采用真空方式来降低沸点; 降低过程温度和压力; 降低储存温度; 将危险性物质溶解于安全的溶剂中; 在反应器不可能失控的条件下进行操作; 将控制室设置在远离操作区; 隔离泵房于其他房间; 隔离嘈杂的管线和设备; 为控制室和储罐设置防护屏障

续表

序号	类型	典型技术
4	简化（简化和容错）	保持管道系统整洁，以便于从视觉上查看； 设计易于理解的控制面板； 设计易于且能安全维护的设备； 挑选需要较少维护的设备； 挑选故障率低的设备； 增设能抵御火灾和爆炸的防护屏障； 将系统和控制划分为易于理解、熟悉的单元； 给管道涂上标记以方便巡检； 为容器和控制器贴上标记以容易理解

5.5.3　本质安全化与全过程生命周期·································□

一个化工过程需要经历研究、开发、设计、操作/维修/管理和最后的拆除与废弃，这一过程被称为全过程生命周期，其示意图可扫描二维码 5-2。

二维码 5-2

在化工过程的前期可行性研究阶段，研究人员在本质安全化思想的应用过程中起着重要作用。他们负责将原料、产物以及工艺过程可能带来的风险降至最低。在可行性研究阶段，将本质安全化思想纳入工艺流程的改进，不仅较容易完成，且成本相对较低。随着生命周期各阶段的推进，实现本质安全化的难度和成本将逐渐增加。为了合理应用本质安全化思想，研究人员必须深入了解化工工艺以及基于该工艺可能出现的其他过程。这一阶段应由来自不同专业（包括商业、工程、安全、环境和化学等领域）的专家共同研究讨论。同时为了更好地实现本质安全化，这一阶段应该考虑以下因素：环境、过程风险、操作人员及工人的安全、上下游及附属单元的运行（包括废弃物）、库存及需求、原料和产品的运输等。

在过程开发阶段，由于原料和产物等已经确定，物料的基本风险也在这一阶段确定，研究人员需要更加关注工艺整体、单元操作和实现本质安全化所需要的设备类型。为了开发有效和安全的工艺过程，研究人员必须深入了解主要流程以及其他辅助流程的操作步骤。

从工艺开发阶段过渡到详细设计和施工阶段时，已经确定了物料组成、单元操作和设备类型。此时主要关注具体的设备规格、管道和仪表的设计及安装细节。虽然这一阶段仍可加强本质安全化设计，但已经存在较大局限性。若在早期阶段未明确设备布局，那么这个阶段仍可以采用最小化和简化原则。装置的设计应该基于整体的风险评估，该评估应仔细考虑选址、工艺流程以及所有可能实现本质安全化操作的细节。早期的决策可能会限制设计和施工阶段的选择，但是仍可以采用本质安全化原则来提高整体安全性。详细设计和施工阶段是投入使用前的最后阶段，由于大多数设备是在设计获得批准后才购买的，因此可以在这个阶段合理调整成本。一旦设备的制造和购买以及施工完成，由于成本高昂，将很难再进行改造。

全过程生命周期中最长的阶段是操作、维修和管理阶段。这一阶段可能会持续几十年，涉及人员、运营和维护理念等许多因素,甚至包括所有权的变化。关于本质安全化,有两个问题应该在这一阶段进行处理:一是确保全过程生命周期开发阶段的本质安全化实践;二是继续寻求深入提高本质安全化的机会。

在生命周期的退役(拆除/废弃)阶段应用本质安全化原则同样非常重要。这一阶段不再有人对设备进行日常操作或巡检。对于操作和维修人员而言,退役设备可能会在被"遗弃"多年后,才会被拆除或重新启用。在这一状态下,可以采用本质安全化原则中的替代和减弱原则。

为了确保装置或设备在退役过程中处于安全稳定的状态,必须采取如下措施。

①退役设备必须完全与正常使用的设备分离,确保其不会成为危险物质泄漏的途径。减弱原则可以应用在这一阶段,例如将退役设备保存于较低的温度、压力或常温常压环境中,并切断其流量。

②退役设备与生产部分完全隔离后,还应切断电力供应和控制系统。

③确保退役设备已经吹扫干净,不残余危险物质。基于替代原则,此时可采用空气、惰性液体或气体进行填充,使设备内部形成一个安全的环境。基于简化原则,对于这些设备,必须清楚记录其退役时的状态,以便将来能够安全地重新启用、改装或拆卸。

5.5.4 本质安全化设计原则与策略 ··□

1.设计原则

20 世纪 70 年代,英国化工安全专家特雷沃·克莱兹(Trevor Kletz)针对本质安全化设计提出了具体的要求,包括替代、缓解、减化、避免联锁后果、防止错误安装、简化控制手段、容错、合理的管理控制规程等 10 项原则。在此基础上美国化学工程师协会化工过程安全中心(CCPS)将所有设计原则划分为 4 个大组,分别为最小化、替代、缓和和简化。不同原则所能达到的本质安全化效果不同,不同原则可应用的危险类型也不同。

①最小化,即减少系统中危险物质的数量。系统中危险物质数量或能量越少,发生事故的可能性以及事故可能造成的严重程度就越小。

②替代,即使用安全的或危险性比较小的物质或工艺替代危险的物质或工艺。替代原理主要是在系统中采用相对安全的材料或工艺替代比较危险的材料或工艺。

③缓和,即采用危险物质的最小危害形态或最小危险的工艺条件。缓和原理是在进行危险作业时,采用相对更安全的作业条件,或者能减小危险材料或能量释放影响的材料设施,或者用相对更安全的方式存储、运输危险物质。

④简化,即通过设计,简化操作,优化使用的安全防护装置,并减少人员操作量,从而减少人为失误的机会。简单的工艺、设备和系统往往更具有本质安全性,因为简单的工艺、设备所包含的部件较少,可以减少失误。

2.设计策略

化工过程开发是由多个阶段组成的,因此可以分别采取强化、替代、衰减、限制、简化等措施,消除或减少化工过程的危害。

（1）可行性分析阶段。

在可行性分析阶段,可通过贯彻执行国家有关安全生产和职业卫生方面的法规、标准实现项目的本质安全化,特别应从气象、地形、地质、水源以及周边环境角度,为项目选址,减少项目与周边环境之间的相互不良影响。

（2）工艺研究阶段。

化工过程的核心生产内容是通过化学反应来实现的,想要保证本质安全化的实现,就需要对化学反应过程进行有效的控制,以实现化工过程的本质安全化。所以,在其本质安全化设计要点中,要注重对化学反应安全化的思考,减少易燃易爆化学品的使用量,增加安全化学品的使用量,进而提升化工过程的安全性。采用本质安全化设计策略,不仅能够有效提升化工过程的安全性,更能够保证化工过程的经济性,减少化学废物的产生量,对化工产业的科学化发展有着重要的意义。

化学反应工艺设计在系统集成中具有最本质的重要性,反应系统在较大程度上决定了化工过程的本质安全性。化工工艺本质安全化主要体现在反应物选择、反应路线和反应条件三个方面,尤其对化学反应过程的固有危险性进行深入、透彻的分析,如化学活性物质危险性评估、反应放热预测、反应压力变化、爆炸性气体的形成、爆炸范围的分析、化学不稳定性分析,其策略如表 5-9 所示。

表 5-9　工艺研究阶段本质安全化设计策略

影响因素	设计目标	设计方法	应用工具
反应物选择	减少或限制过程危害	采用无毒或低毒物质代替有毒或高毒物质;采用不燃物质代替可燃物质;采用低腐蚀性物料	化学品理化特性数据库
反应路线	改善过程条件的苛刻度	采用催化剂或更有效的催化剂;采用新的工艺路线以避免使用危险的原料或生产危险的中间产物;减少副反应的危害	工艺路线本质安全度评估方法
反应条件	缓和反应条件	降低反应介质浓度;降低压力和温度等	小试、中试实验过程工艺优化

（3）概念设计阶段。

概念设计阶段主要注重过程经济最优和环境影响最小。随着经济和社会发展,公众对安全的要求越来越高,因此不仅要实现上述两个目标,还应满足过程的本质安全性,即将过程的本质安全性作为新的目标加入过程设计中。

化工过程本质安全化设计必须立足于本质安全化设计的工艺角度,本质安全化设计的工艺角度对于化学工程的安全性有着重大的影响,本质安全化设计的工艺安全也决定了化学工程的安全工作落实程度。基于此,化工过程的本质安全化设计立足于工艺角度,从工艺角度出发,对化工过程本质安全化设计的隐患问题进行全面的考虑,对化工过程本质安全化设计中的工艺设计进程要不断优化发展,以安全生产为出发点,选择最为安全可靠的、可实行度较高的化工工艺方案,最大限度地保证化工产业生产安全性。概念设计阶段本质安全化设计策略如表 5-10 所示。

表 5-10　概念设计阶段本质安全化设计策略

影响因素	设计目标	设计方法	应用工具
库存设置	减少或限制库存	减少中间储存设施或限制储存量	利用工艺流程系统做物料衡算
能量释放	降低热危害性	采用气相进料代替液相进料;采用连续过程等,缓解反应的剧烈程度;采用稀释方法	分析化工过程动力学、反应机理和反应热的转移关系
流程安全性	简化和优化流程	合理安排工艺流程,注意流程中各工艺步骤间的配合;避免可造成泄漏的无用连接;对流程进行模拟优化	应用流程优化模拟软件

（4）基础设计阶段。

在基础设计阶段对生产装置形式进行设计,可通过加强设备可靠性增强本质安全性,比如采用新设备、新技术,缩小设备尺寸,减少向外释放的危险物流量和储存量,重点考虑物料腐蚀性。为了保障不因设备腐蚀而造成可靠性下降,应在材质选择和防腐措施上充分考虑。基础设计阶段本质安全化设计策略如表 5-11 所示。

表 5-11　基础设计阶段本质安全化设计策略

影响因素	设计目标	设计方法	应用工具
生产装置形式	减少设备内储存能量	选择单位容积效率高的设备;用连续反应代替间歇反应,用膜分离代替精馏塔,用闪蒸干燥代替盘式干燥塔,用离心萃取代替抽提塔	根据热稳定性试验、反应速率和动力学参数,进行紧急泄压系统设计,设备性能、特征分析
设备腐蚀	预防设备腐蚀失效	选择合理的设备材料、设备防腐设计	设备、设施防腐相关标准规范
单元操作	改善操作条件	选择技术成熟、可靠的单元操作方式;减少操作环节,形成流畅的作业线路	危险性与可操作性研究

（5）工程设计阶段。

在工程设计阶段,除基础设计内容外,还应增加包含详细的设备型号、规格、材质的明细表等,非定型设备加工制造的图纸和装配图,指导装置安装的详细工艺流程图（PFD）、带控制点的工艺流程图（PID）和管线配管图、设备的平立面布置图。工程设计阶段本质安全化设计策略如表 5-12 所示。

表 5-12　工程设计阶段本质安全化设计策略

影响因素	设计目标	设计方法	应用工具
设备安全	设备的本质安全化	在设备超限运行时自动调节系统排除故障或中断危险;采用安全装置,将危险区安全屏蔽、隔离、实现机械化和自动化等	事故树分析法、设备可靠性评价
测控系统	准确测量和控制操作参数	选用稳定可靠的仪表和元件;测控系统灵敏度高,可靠性好	故障类型与影响分析
设备平面布置	全面规划、合理布局	原材料、半成品、成品的转运路线短、运输安全;充分考虑作业者的行动空间、协同作业空间;功能相同和相互联系的设备组合在一起	人机工程学原则、安全检查表

5.5.5　本质安全化设计流程··□

化工过程本质安全化设计流程如图 5-2 所示。在设计之初,相同或类似的设备系统在建造、运行中出现的故障及事故,利用基于本质安全化的事故调查方法查找出事故的本质原因,并提出本质安全化措施,尽可能在源头消减危险。在设计过程中,采用化工过程本质安全化设计及评价方法,尽可能使过程本质安全特性最大化。在设计后期,采用多目标本质安全化决策获得风险最小化的途径和方案。总之,过程设计的各个阶段均应采用化工过程本质安全化设计原则,尽量消减过程中的危险。

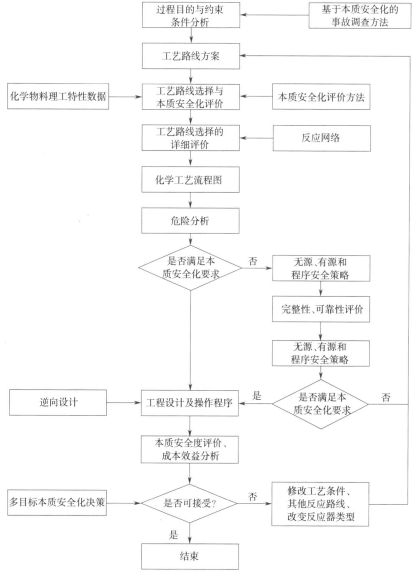

图 5-2　化工过程本质安全化设计流程

当然,化工过程本质安全化设计通常是针对某一具体危险而言,对其他危险因素可能无效,甚至增加其危险性。因此,设计时必须慎重考虑每处改动,尽可能识别所有危险,并权衡各种设计方案。

5.5.6　硝化工艺本质安全化设计及思考······················□

近年来,在硝化工艺过程中发生过多次生产安全事故,造成重大的人员伤亡和财产损失,对该行业的发展和下游产业的正常运行造成巨大影响。

2000年以来,河北克尔化工有限责任公司"2·28"重大爆炸事故、山东滨源化学有限公司"8·31"重大爆炸事故、江苏连云港聚鑫生物科技有限公司"12·9"重大爆炸事故、江苏天嘉宜化工有限公司"3·21"特别重大爆炸事故等一系列硝化工艺的重特大爆炸事故,伤亡惨重,教训深刻。在吸取事故教训时,需要注意这一系列事故都是在工艺过程中由于不同原因造成反应超温失控导致的硝化物爆炸。控制反应超温的情况发生是提升硝化工艺的本质安全化水平、降低硝化工艺安全风险的关键点。

1. 硝化工艺危险性分析

(1)反应超温发生副反应。

使用硝酸、硫酸混合物作为硝化剂的液相直接硝化法是目前国内市场主流的硝基苯制造工艺。以二硝基苯生产工艺为例,苯与硝酸在硫酸做催化剂的条件下反应生成硝基苯,继续反应生成二硝基苯。其主要副反应为苯与硝酸反应生成苯酚,进而产生邻硝基苯酚、2,4-二硝基苯酚,其中2,4-二硝基苯酚进一步硝化会生成2,4,6-三硝基苯,进而生成2,4,6-三硝基苯二酚。

以液相直接硝化法为目标进行分析,发现硝化反应是强放热反应,在发生反应的同时,硝化剂浓硫酸在反应生成的水中发生稀释,还会有稀释热产生。这些热量会使反应温度持续升高,从而使副反应进程加快。这些副反应会使硝酸分解,同时增加副产物硝基酚类化合物,从而导致爆炸事故的发生。

(2)硝化反应放热分析。

经测试及计算,硝化反应液具有潜在的反应失控危险性,有明显的放热峰出现。加速量热仪量热结果可扫描二维码5-3。

可以看出,硝化反应具有强烈的放热特征,使得硝化反应温度控制困难,反应失控风险很高,一旦导热等安全设施失效,反应系统将快速升温,进而导致反应失控、发生爆炸。

二维码 5-3

(3)硝化反应副产物。

硝化反应过程中会产生大量的副产物,若工艺参数控制不当,副产物还将大幅增加。这些副产物通常具有易燃易爆特性,属于危险化学品,收集、储存、处置时均存在安全风险。若作为危险废物处理,按照我国法规需委托专业机构进行处置。

以江苏天嘉宜化工有限公司"3·21"特别重大爆炸事故中引发爆炸的硝

二维码 5-4

化废料为例,其主要成分是三硝基二酚、间二硝基苯、三硝基一酚等,这些硝化废料在常温下缓慢自分解并放出热量,且温度越高自分解速度越快。由于硝化废料的堆积,其自分解放出的热量不断累积,造成硝化废料温度持续上升,超过 163.6 ℃时会加速剧烈分解,进而发生自燃,其差示扫描量热(DSC)测试结果可扫描二维码 5-4。因此,在绝热条件下,硝化废料的燃爆风险会随着堆积时间的延长而增加。

2. 硝化工艺本质安全化方案及思考

(1)基本原则。

减小反应失控风险,控制硝化废物风险。硝化反应的本质安全化设计应该满足以下原则:

①应用最小化原则,减少物料在线量,以减小反应超温风险;

②应用替代原则,使用离心分离等方式替代静态分离工艺,缩短分离程序的时间,进而减少同时参与工艺的物料量,减小积热超温风险;

③应用缓和等原则,通过精确控制反应温度,提高主产物产率,减少副反应;

④应用最小化原则,进一步优化工艺,对工艺废水做进一步精化,提升主产物产率,减少硝化废物数量;

⑤应用最小化原则,减少硝化废物的堆存,及时对产生的硝化废物进行无害化处理,避免大量堆积产生积热导致的超温爆炸。

(2)硝化工艺本质安全化实现方案。

①环形硝化反应器的应用。

相较于传统的间歇式釜式反应器,环形硝化反应器可以有效约束物料流动,减少物料的"返混",降低副反应发生率,提高主产物产率,其流程图如图 5-3 所示,与其对比的传统硝化工艺如图 5-4 所示。

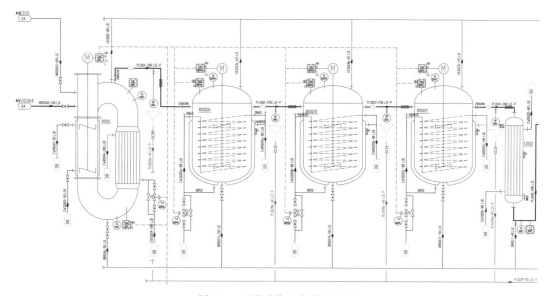

图 5-3　环形硝化反应器流程图

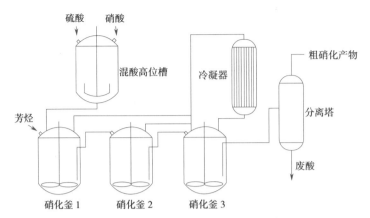

图 5-4　传统多釜串联硝化工艺流程示意图

环形硝化反应器通过增加换热面积,提高了换热效果,可以有效控制反应体系的温度;降低物料在特定空间的集聚,减少因搅拌不完全产生的积热现象。因此,物料停留时间短,物料搅拌效率更高,物料混合更为完全,反应效率更高,主产物产率得到提升。

环形硝化反应器基本实现了提出的硝化工艺本质安全化的几项基本原则,在典型的一硝化、二硝化等直接硝化过程中均有较好的应用效果。

②微通道反应器的应用。

对于快速、强放热的芳烃硝化反应,微型反应器表现出显著的优势。由于微型反应器具有大的比表面积,其温控效果好,可避免因温度不均而产生副反应,有利于提高产品收率和反应过程安全性。微型反应器的高效换热能力有利于消除局部的"热点",因此在微型反应中进行强放热等危险反应时,可以适度提高反应温度以加快反应速度。

微通道反应器是使用 10~1 000 μm 级别工艺流体通道的微型反应器。这类反应器具有体积小、混合快、混合充分、总物料量少、换热充分、副反应少等特点,相较于环形硝化反应器,进一步减少了物料在线量,更容易疏导反应产生的热量,能更精准地控制反应温度,得到更低的反应副产物生成率和更高的主产物产率。但由于工艺通道狭小,固体物料难以通过,容易造成堵塞,因此不适用于原料和产品中包含固体的反应。

绝热微反应连续硝化技术能够实现更安全、更高效和更绿色的硝化反应,解决了硝化全流程中反应环节的主要问题,而整个硝化流程后续的液液分相、洗涤、产品精制和废酸回收等工序仍然可以采用传统成熟技术。绝热微反应连续硝化技术具有的优势为优化硝化后续工序提供了极大的空间。应进一步开发主动式微混合设备,小型高效的液液连续分相、洗涤和精馏装置,熔融结晶和硝化反应热二次利用技术,实现硝化全流程工艺再造。

5.5.7　异丙苯过氧化工艺本质安全化设计 ⋯⋯⋯⋯⋯⋯⋯⋯⋯⋯⋯⋯⋯⋯⋯⋯□

过氧化二异丙苯(DCP),主要用作天然橡胶、合成橡胶的硫化剂,聚苯乙烯的聚合引发剂,还可用作聚乙烯树脂的交联剂。以异丙苯为原料,通过过氧化生成过氧化氢异丙苯(CHP),将部分过氧化氢异丙苯还原成 α, α-二甲基苄醇后,再与过氧化氢异丙苯缩合生成过氧化二异丙苯(DCP)。由于有机过氧化物具有易燃易爆、极易分解等特点,在生产、储运过程中极易分解发生爆炸,放出大量的反应热及有毒和易燃物质,易导致严重的事故后果。因此,在异丙苯过氧化反应装置的工艺设计、设备选型、工艺控制等方面需采取有效的安全措施,降低生产安全风险。

1. 异丙苯过氧化工艺

DCP 装置的过氧化反应采用双塔串联低压干式过氧化反应工艺,在较低反应压力(0.3 MPa)和温度(80~110 ℃)下进行,反应热由外循环冷却系统移出。原料异丙苯经碱洗,除去酸性物质、酚等杂质,经预热后连续进入第一反应塔内与空气反应生成过氧化氢异丙苯(CHP,浓度为 18%~24%);塔釜连续出料经外循环冷却后,一部分回流至塔内控制反应温度并继续反应,一部分连续出料至第二反应塔进一步与空气反应生成过氧化氢异丙苯;塔釜连续出料经外循环冷却后,一部分回流至塔内控制反应温度继续反应,一部分连续出料至氧化液浓缩系统(出料 CHP 的浓度为 28%~32%)。尾气采用循环水、冷冻水两级冷却,经气液分离回收液相异丙苯后,气相进入尾气吸附或焚烧处理系统,其具体流程如图 5-5 所示。

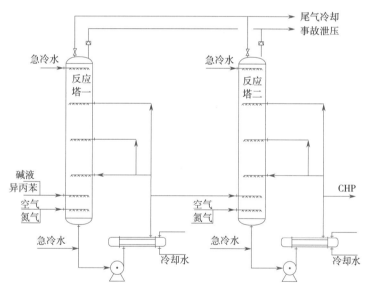

图 5-5 异丙苯过氧化反应流程图

2. 工艺过程的危险性

过氧化反应通常有以下危险特性:

①反应原料和反应产物均为易燃易爆有机化合物;

②反应气相组成容易达到爆炸极限,具有燃爆风险;

③过氧化物含有过氧基(—O—O—),属含能物质,过氧键结合力弱,断裂时所需的能量不大,对热、振动、冲击或摩擦等都极为敏感,极易分解甚至发生爆炸;

④在酸性条件下易发生分解反应,如控制不当,事故风险高。

异丙苯碱洗的目的是除去进料异丙苯中的酸性杂质及苯酚,空气碱洗的目的是除去空气中所含的微量酸性杂质。如异丙苯、空气未进行碱洗,酸性杂质可能会引发生成物过氧化氢异丙苯分解,甚至有发生爆炸的危险。若回收循环使用的异丙苯中带入的 CHP 超标,在碱洗过程有发生分解爆炸的危险。

异丙苯氧化过程中需要严格控制温度、压力、尾气氧含量等关键工艺参数。反应温度、压力越高,过氧化反应速度越快,但温度越高反应产物分解越快。氧化反应热一部分由氧化尾气带走(带至冷凝器),其余的由外循环冷却系统移出。氧化反应剧烈放热,如冷却系统发生故障,不能及时转移反应热,将导致反应器内压力升高,如不能及时泄压,有发生爆炸的危险。异丙苯、反应伴生物甲醇等均为易燃易爆物料。塔、槽、管道一旦发生泄漏,遇着火源有发生火灾、爆炸的危险;氧化尾气通过冷凝器将气体中的有机物冷凝,不凝气排入尾气焚烧处理系统。如冷凝器设计的冷凝面积不够或冷却水中断,有机物(特别是 CHP)遇明火或静电火花等有可能发生爆炸事故。

过氧化氢异丙苯为有机过氧化物,具有强氧化性,如反应体系中含还原剂、酸类杂质,会发生剧烈反应,引起爆炸。异丙苯氧化反应过程中少量过氧化氢异丙苯分解产生的副产物甲醇在连续氧化环境下氧化生成甲醛,甲醛继续氧化生成甲酸。甲酸的存在又会使过氧化氢异丙苯在酸性条件下分解,同时抑制过氧化反应向正方向进行。

过氧化反应的被氧化物、氧化剂和产物的比例也是一个重要的风险因素。反应器中氧气含量过高,与异丙苯蒸气混合,达到爆炸极限则形成爆炸性混合物,易引发爆炸。反应器在较高温度下,产物浓度越高、停留时间越长,越容易发生分解,控制不当极易引起爆炸。

异丙苯输送过程易产生静电,如静电接地装置不良,静电释放的火花易引燃环境中泄漏的易燃气体,导致火灾、爆炸事故。

3. 工艺安全控制措施

①过氧化反应安全控制应符合《首批重点监管的危险化工工艺安全控制要求、重点监控参数及推荐的控制方案》的要求。过氧化反应属于危险化工工艺,系统采用集散控制系统和安全仪表系统,重点监控工艺参数包括过氧化反应釜内温度、压力、pH 值、搅拌速率、氧化剂流量、参加反应物质的配比、过氧化物浓度、气相氧含量等。过氧化反应安全控制的基本要求包括反应釜温度和压力的报警和联锁,反应物料的比例控制和联锁,气相氧含量的监测、报警和联锁,以及紧急切断动力系统、紧急断料系统、紧急冷却系统、紧急送入惰性气体系统,紧急停车系统、安全泄放系统、可燃和有毒气体检测报警装置等。过氧化反应工艺应采用的控制方式包括将过氧化反应塔内温度与釜内搅拌电流、过氧化物流量、过氧化反应塔夹套冷却水进水阀形成联锁,设置紧急停车系统,过氧化反应系统应设置泄爆管和安全泄放系统。

②异丙苯过氧化反应工艺控制参数。异丙苯过氧化反应重点监控工艺参数包括过氧化反应温度、预热温度、冷却温度、反应压力、进料流量、冷却流量、气相氧含量等。

一是温度测量点的设置。在过氧化反应塔上、中、下三段分别设置温度监测点,并且在同一测量面分别设置两个不同长度的温度计,以确保测量温度的代表性。鉴于过氧化物的热敏感性,在离心泵内液体高速流动产生放热可能会导致过氧化物的分解,在离心泵出口设置温度测量点。在反应塔顶部尾气冷却器后冷凝液管道上设置温度测量点,监控尾气冷却效果和及时调节冷媒流量。在反应塔进料管线设置温度测量点,监控进料预热温度。在循环冷却器出口物料管线设置温度测量点,监控冷却器冷却效果,便于及时调节冷却量。每个温度测量点均采用双支仪表测量,以提高测量数据的可靠性。

二是流量测量点的设置。在反应塔循环冷却器进口设置流量测量点,监控进入冷却器的物料流量,确保控温效果。对进入每个反应塔的物料和空气分别设置流量计,监测物料和氧化剂的流量,并且同一测量点用三个测量仪表同时测量,以确保测量数据的准确性。在惰性气体进塔管线上设置流量测量点,监测紧急情况下惰性气体进入反应塔的量。

三是压力测量点的设置。在反应塔的底部设置压力测量点,监测反应塔内压力,也可用于液位监控。在反应塔顶部设置压力测量点,监控反应塔气相压力,以调节反应压力。在惰性气体管线上设置压力测量点,确保惰性气体压力足够高于反应塔内压力,能在紧急情况下送入反应塔内。在塔顶尾气冷凝器的循环水、冷冻水上水管道上设置压力测量点,确保冷媒介质有足够的压力到达塔顶冷却器。

四是气相氧含量测量点的设置。在反应塔的顶部气相管线上设置氧含量分析仪,进行在线测量,并且同时设置三台在线检测仪表,以确保氧含量测量数据的准确性

③异丙苯过氧化反应工艺的安全控制方式。

一是温度联锁系统。将反应塔内温度、循环冷却的物料流量和温度与进料预热系统、循环冷却系统形成一级温度联锁关系,达到设定温度或流量限值时发出声光报警,达到联锁值时关闭进料预热,全开循环冷却水,通过增加换热量降低反应物料温度。将反应塔内温度和循环冷却的物料流量与进料预热系统、循环冷却系统、进反应塔的物料和空气形成二级温度联锁,达到设定温度或流量限值时发出声光报警,达到联锁值时关闭进料预热,全开循环冷却水,关闭进塔物料和空气。将反应塔内温度与进料预热系统、循环冷却系统、进反应塔的物料和空气、紧急冷却系统、紧急泄压形成三级温度联锁,达到设定温度值时发出声光报警,达到联锁值时关闭进料预热,全开循环冷却水,关闭进塔物料和空气,打开进塔急冷水,打开塔顶气相泄压阀。将循环泵出口温度与停泵和备泵启动形成联锁关系,运行的泵出口温度达到限值时发出声光报警,达到联锁值时联锁停泵,同时启动备用泵。

二是压力联锁系统。将反应塔内压力和尾气排放温度与紧急泄压阀形成联锁,塔顶气相压力或冷凝后尾气排放温度达到限值时发出声光报警,达到联锁值时打开紧急泄压阀,将尾气引至安全点排放。将空气压力与进塔空气阀门形成联锁,空气压力低于限值时发出声光报警,达到联锁值时关闭进塔阀门,防止物料倒流。

三是氧含量联锁系统。将尾气氧含量与反应塔进塔物料和空气、进料预热系统、紧急惰性气体形成联锁,尾气氧含量达到限值时发出声光报警,达到联锁值时关闭进料预热,关闭进塔物料和空气,紧急送入惰性气体。

四是紧急停车系统。在反应装置现场相对安全位置,设置显眼的紧急联锁手动开关,当巡检人员发现紧急情况时可以立即手动启动联锁开关,将反应装置局部或全部停车降温处

理,同时在 SIS 设置手动一键停车按钮,遇突发情况时可以实现紧急停车,确保反应装置安全。

参与 SIS 联锁的温度、压力、流量、氧含量等关键工艺参数均采用三取二的模式,三个点中必须满足不少于两个点达到联锁值则启动联锁,防止单点测量仪表故障或通信故障导致错误的联锁动作,以确保装置的运行稳定。

4. 异丙苯过氧化反应系统设计

(1)进料系统。

碱洗后的异丙苯在进料槽中沉降排碱,异丙苯通过进料泵经预热后从反应塔中下部进料口连续进入,空气在异丙苯进料口的下部进入塔内,空气和异丙苯在塔内气液逆流交叉反应。根据反应系统内生产的杂质和料液 pH 值,分析副反应情况,调节进料加碱量。将配制好的低浓度碱液通过计量泵控制定量连续加入异丙苯进料泵的进口,利用离心泵叶轮高速旋转分散碱液与异丙苯混合。该混合物经预热器低压蒸汽加热至一定温度,经静态混合器将碱液与异丙苯再次混合后,进入反应塔。预热蒸汽采用调节阀控制预热温度,并设置切断阀用于紧急切断蒸汽。

(2)反应系统。

异丙苯过氧化反应采用鼓泡塔反应器,在反应塔下部设置异丙苯进料口,采用"井"字形分布器将异丙苯均匀分布,在异丙苯分布器的下部设置空气进料口,也采用"井"字形分布器确保空气鼓泡均匀。在塔的上、中、下三段设置循环回流口,它们均位于进料口上部塔节。

异丙苯和空气在塔内逆流反应,过氧化物浓度和反应温度也是由下至上呈递减分布,通过空气自下而上的气流搅拌将反应器内过氧化物混合均匀,同时防止碱液在底部聚集。为控制反应体系温度和使过氧化物浓度均匀分布,提高反应安全性,反应塔底部出料至循环泵,通过调节外循环冷却器冷媒流量控制循环温度,将多余的反应热移出。循环泵回流至反应塔的上、中、下三段,通过调节三个塔节循环流量控制塔内温度均匀分布。循环冷却器的冷媒调节阀旁路采用切断阀控制,可用于联锁情况下快速打开旁路,增加冷媒流量。同时循环冷却器设置一路加热蒸汽,用于反应初始阶段的升温,蒸汽采用调节阀控制其升温速率,并设置切断阀用于紧急切断蒸汽。在反应塔顶部和底部分别设置急冷水,温度超限联锁时可以快速打开,用于紧急冷却。进塔空气口上设置氮气管线,采用调节阀控制氮气流量,用于置换和稀释,同时设置切断阀,用于紧急送入惰性气体进行联锁保护。

塔顶通过调节尾气排放量,控制塔内反应压力,并根据在线尾气氧含量调节空气进塔流量,同时设置紧急泄压设施(安全阀或爆破片)和泄压调节阀,可紧急泄压至事故收集槽。

(3)出料系统。

经过两塔串联反应,第二反应塔底部出料浓度合格后,一部分经二塔液位控制调节阀连续出料至浓缩系统。塔顶泄放尾气通过循环水、冷冻水两级冷却后进入气液分离器,凝液异丙苯回收循环利用,尾气排入尾气焚烧或吸附处理系统。尾气排放管线同时设置紧急泄压管线,压力超限或尾气处理系统故障时紧急泄压至安全地点。

5. 反应装置设备的设计和选型

塔底下封头最低处设置出料口,避免碱液和过氧化物在底部停留。由于反应塔内空气鼓泡导致液位波动,且塔底存在液位静压力,因此须在塔顶和塔底设置差压式液位计。

对于设备材质的选择,不仅要考虑反应物料的特性、制造工艺、设备结构、使用条件和使用时间等,而且要考虑运行工况下设备材料的力学性能、耐腐蚀性能等。由于过氧化反应体系的复杂性以及有机过氧化物对接触介质、材质等的敏感性,物料管线和设备均采用0Cr18Ni9材质制作。反应器为过氧化装置的关键设备,需要在氧化性和还原性无机酸、高温碱性介质中具有良好耐蚀性和足够的承压能力,因此在塔壁内衬镍基合金复合材料,提高反应器耐腐蚀性能。另外,在设备加工过程中应严格控制焊接工艺,减少焊缝及热影响区应力集中,后期进行适当有效的热处理,以提高其耐腐蚀性和力学性能。

5.5.8　本质安全化设计展望 ·······□

本质安全化理念已深入化工过程的全生命周期,在新材料应用、过程强化、人工智能等技术的带动下,本质安全化技术得到了快速发展,成为化工装置安全平稳运行的重要保障和企业持续健康发展的核心竞争力。化工过程风险控制是一个系统工程,需要本质安全化工艺技术、风险感知与监测预警、风险管控与处置等一系列保护措施共同发挥作用。当前,我国产业结构正在发生深刻变革,新技术、新领域、新业务的应用和发展也影响着安全生产形势,工业互联网、大数据分析、云计算、人工智能等新生代技术给化工过程的本质安全带来新的机遇和挑战。

虽然本质安全化设计可促进传统能源化工领域高质量安全发展,但传统能源化工产业在重特大事故的遏制方面仍面临较大压力。人们对危化品生产、储存、运输等重点环节事故致灾机理尚缺乏系统深入的认识,特别是工艺热失控、泄漏扩散与燃爆、环境的相互作用机制有待进一步研究,人们需积累不同尺度各类关键基础科学数据。随着自主创新工艺技术的开发和应用,安全保障技术创新和攻关的步伐亟须加快。

本质安全化设计可通过工业互联网技术提升危化品安全生产水平。随着《中国制造2025》的发布,制造强国战略的实施,人工智能、工业互联网等技术的应用,化工企业逐步向智能工厂方向发展。当前,需要通过新一代网络信息技术提升行业的安全监管智能化水平;而未来,要以工业互联网为脉络,将智能传感器、测量仪表和边缘计算网关串联起来,实现全要素生产信息采集和参数指标快速感知,打通种类繁多的生产控制及优化系统,打破系统孤岛化、信息碎片化的现状,实现信息的高效流转和综合分析。

我国提出"碳达峰、碳中和"的发展战略,其中氢能是实现碳中和的重要途径,绿色洁净的氢能产业将会快速发展,围绕氢气制备、储存、运输、加注等过程的氢能安全防护技术需加快研发步伐。未来,需要提高对高压临氢部件和设备安全可靠性的检测评价能力,确保零部件与氢的兼容性;研发基于氢致变色和微传感器的氢气早期泄漏感知技术,保证泄漏可感知;基于物联网、大数据构建氢能安全风险预警平台,实现对氢能全流程风险的智能感知与决策;开发氢气阻燃抗爆、应急处置等全产业链安全防护技术,确保事故后果可控。此外,针对化学储能、光伏发电等新能源形式,要研发安全防护、监测预警及应急处置等安全保障技术。

本章参考文献

[1] 韩兴忠. 石油化工设备制造中的材料质量控制[J]. 中国石油和化工标准与质量, 2022,42(24):41-43.

[2] 白健,徐靓,杨磊. HAZOP 分析技术在化工行业中的应用研究[J]. 化工管理, 2020 (5):106-107.

[3] 夏菱禹. 化工设备压力容器破坏原因与预防研究[J]. 中国设备工程, 2023(11): 185-187.

[4] 王长宇. 化工安全设计在预防化工事故发生中的重要性[J]. 化工设计通讯, 2022, 48 (6):155-157.

[5] 乔霜,宋秀美. 化工工艺设计风险的防范措施[J]. 化工管理,2020(20):135-136.

[6] 邱伟荣. 化工过程本质安全化技术研究进展的探讨[J]. 化工管理,2020(35):84-85.

[7] 王杭州,邱彤,陈丙珍,等. 本质安全化的化工过程设计方法研究进展[J]. 化学反应工程与工艺,2014,30(3):254-261.

[8] ZHANG M G, DOU Z, LIU L F, et al. Study of optimal layout based on integrated probabilistic framework (IPF): case of a crude oil tank farm[J]. Journal of loss prevention in the process industries, 2017(48):305-311.

[9] 蒋军成,潘勇. 化工过程本质安全化设计[M]. 北京:化学工业出版社,2020.

[10] 樊晓华,吴宗之,宋占兵. 化工过程的本质安全化设计策略初探[J]. 应用基础与工程科学学报,2008,16(2):191-199.

[11] 吴昊,褚云,王如君,等. 硝化工艺本质安全化探索[J]. 中国安全生产科学技术, 2021,17(S1):86-89.

[12] 龚荣荣. 异丙苯过氧化工艺本质安全设计的探讨[J]. 当代化工研究,2022(6): 165-167.

[13] 薛文弟. HAZOP 分析在 TDI 光化装置中的应用[J]. 化学工程与装备, 2020(5): 243-245.

[14] 孙倩. HAZOP 分析方法在碳酸乙烯酯生产装置上的应用[J]. 化工安全与环境, 2022,35(37):2-7.

第 6 章

由于认知导致的化工安全事故与预防

总结国内外历史上发生的特大事故,它们都惊人地相似,都有一种偶然、巧合因素在里面,是一系列的事件同时出现导致事故的发生。在这些偶然、巧合事故的背后有深层次的原因,即在安全理念、风险评估方法和实践上,甚至在政府监管、社会氛围方面存在重大缺陷。无论是低估了风险,还是认识不到风险,都属于风险识别不到位。风险并不可怕,缺乏风险意识才是最大的风险。

事故的发生往往是由许多因素造成的,越是重大的事故,导致其发生的失误或故障因素越多。从系统的角度看,事故可以看作系统的失效,不同级别的事故也就是不同层级系统的失效。单一失误或者故障导致的事故损失往往较小,但是如果人为失误,如违章作业,在系统内成为一种普遍现象,个体事故将会频繁发生,同时也为发生更高层级的事故埋下了隐患。如果再碰上设备或工艺等方面的其他危险因素,必然会发生重大事故,造成重大损失。

在引起安全事故的人为失误中,有一种因为认知不足产生的事故。由于个人存在一些惯性认知,比如认为某物料不会发生爆炸或燃烧,不需要防护,因为风险很小,存在一种看惯了、干惯了、习惯了的认知。下面介绍几类由于认知不足产生的事故。

6.1　关于氨的安全事故与预防

在现代工业生产中,许多行业都会用到氨气。氨气一旦发生泄漏,会对人畜造成伤害,也会对大自然造成危害。而在人们的认知中,氨的危险性主要由吸入或者食入产生,如:吸入后对鼻、喉和肺有刺激性,引起咳嗽、气短和哮喘等;可因喉头水肿而令人窒息死亡;可发生肺水肿,引起人死亡。氨水溅入眼内,可造成严重损害,甚至导致失明;皮肤接触可致灼伤;反复低浓度接触,可引起支气管炎;皮肤反复接触,可致皮炎,表现为皮肤干燥、痒、发红。如果身体皮肤有伤口,一定要避免氨接触伤口以防感染。而液氨的危害包括液氨泄漏后,人体吸入会引起呼吸系统急性职业病和危及生命的急性中毒。低浓度的氨能对眼睛和潮湿的皮肤迅速产生刺激作用;高浓度的液氨则能引起严重的化学烧伤或冻伤,甚至造成失明。所以,在工作中,人们一般对于接触氨的防护很重视,但往往对氨爆炸这类不常见的危险的认知不够,容易产生事故。

6.1.1 液氨爆炸事故的发生与预防 ··□

瓶装液氨遇高热,容器内压力增大,有开裂和爆炸的危险。液氨由于其特殊的物理化学性质,在储存过程中应有明确的标识(如防碰撞、禁敲击、防油污、防中毒、防静电和"当心中毒"或者"当心有毒气体"等警告标识),对人体健康危害的警示,对氨的接触控制和个体防护的要求,以及发生事故后的急救措施、消防措施。在液氨的装卸过程中需要遵守相应的操作规程,并且应由专业人员进行操作,整个操作过程需要明确的作业记录,要有规范的检测措施,不能凭经验操作。

事故案例:2005年7月4日12时左右,上海市奉贤区青村交通管理站一辆装运奉贤区液氨气体有限公司液氨钢瓶的运输车辆,在南汇区芦潮港真元奶有限公司卸完两瓶液氨后,途经饭店,驾驶员和押运员离车用餐。约20 min后,在烈日的暴晒下,1只200 kg的钢瓶突然爆裂,泄放的液氨气体导致现场附近108人次先后送至区中心医院救治。钢瓶爆炸事故现场图可扫描二维码6-1。

二维码 6-1

事故发生时,车载10只液氨钢瓶,其中6只为200 kg(其中4只为空瓶,2只为在真元奶有限公司刚卸完液的钢瓶,爆裂钢瓶是刚卸完液的一只钢瓶),另外4只为50 kg。事后经称重发现,有1只200 kg瓶内尚有残余液氨31 kg,4只50 kg液氨钢瓶为满瓶。驾驶员和押运员持有相关证件。钢瓶运输过程没有遮阳措施。

气瓶充装时间为2005年6月27日(事发前8日),充装单位没有相关瓶号的记录。用户单位采购资料中没有相关瓶号记录,也没有现场卸液氨操作的相关记录,无法真实反映卸液氨瓶号、卸液前后压力变化、储槽液位记录等。

满液气瓶于事发日上午9时30分左右到达用户作业现场,卸第一瓶液氨用了20 min;卸第二瓶液氨时由于下方的液相接口连接出现问题,便将卸液导管接在了上方的气相接口上,连接导管用时约10 min,然后用了近1 h卸液,其间操作人员曾对液氨管路系统的阀门进行操作,以瓶体结霜为确认液氨卸完的依据。用户无卸液计量设施,储槽液位计模糊不清,难以正确确定液位,且没有配置防止倒灌的装置,在系统压缩机工作的情况下,存在操作失误导致系统内液氨倒灌至钢瓶的条件。

在对钢瓶表面除漆后,未见气瓶制造单位钢印。发现四处检验钢印,其中"03"钢印明显有误。这反映出该气瓶检验单位管理混乱,也不排除是由不具备资质的非法检验单位进行检验的。破口呈塑性断裂,断口上未见明显的金属缺陷,破口沿筒体中部纵向破裂,长约710 mm,宽约50 mm,距下焊缝约410 mm,破口中央在纵焊缝的热影响区近熔合线处,断口处测得的最小壁厚为3.1 mm。筒体周长约为1 978 mm,破口最大处筒体周长约为2 030 mm。事故瓶外表面腐蚀较严重,瓶体表面尤其是近焊缝处存在大量点状腐蚀。

(1)事故发生的原因。

在排除了气瓶设计、制造、材料等方面的因素外,造成气瓶爆炸破裂的主要原因有以下三种可能。

①气瓶内存有过量气体(液氨)。根据气瓶安全监察的有关规定,在气瓶设计制造时,按照 60 ℃条件设计,可以保证在 60 ℃条件下正常工作。氨的临界温度 $T_c > 70$ ℃。据了解,在气温 40 ℃、太阳直晒条件下,涂有黑色、铁红色、黄色防锈漆的金属温度分别为58~60 ℃、56~58 ℃、54~56 ℃。液氨气瓶外涂黄色防护漆,若在标准充装下或瓶内气体在正常储量范围,在 38~39 ℃的气温条件下,不足以使液氨汽化压力上升至气瓶塑性变形导致爆裂。因此,只有当气瓶内存有过量气体时,在阳光直晒下,才可能发生膨胀爆裂。

从充装单位和使用单位的装卸情况与记录分析,其过量气体来源可能有二:一是充装单位过量充装;二是使用单位卸车出现故障引起倒灌。

②液氨钢瓶超期使用严重腐蚀。经核查,事故瓶上没有可辨认的制造钢印,钢瓶爆裂处腐蚀严重,最早的检验钢印是 1990 年 8 月,违反了《工业气瓶安全使用与管理》中"对使用年限超过 12 年盛装腐蚀性气体的气瓶……按报废处理"的规定。从对残破气瓶的检验中发现,该气瓶有较深的腐蚀痕迹(起爆点尚未发现更深的腐蚀),虽未低于强度最低限度,但大大降低了气瓶的安全系数,在瓶内存有过量气体时,不排除爆裂的可能。

③高气温促发事故。事故当日平均气温高达 35 ℃,上海市中心气象台测得最高温度为38.7 ℃,在前述条件存在的前提下,高气温是事故促发条件。

(2)事故的预防措施。

①充装单位对充装环节应当严格管理,按规定如实记录,并至少存档 1 年。严格执行充装人员岗位责任制和充装前检查制度,防止气瓶超装、混装、错装引发事故。对超期气瓶或瓶号等规定标记不详者,不得充装。

②用户单位对卸液工作必须高度重视,严格管理。明确现场操作人员职责范围,建立并严格执行装卸液氨的操作规程,严格进行相关记录。用户单位必须采取措施,保证安全附件的灵敏可靠,设置防止倒灌的阀门或系统,从根本上杜绝液氨倒灌的可能。

③运输单位应当严格按照气瓶安全监察的有关规定运输,夏季运输应有遮阳设施,避免暴晒;在城市的繁华地区应当避免白天运输。对运输和作业人员应当加强安全教育。

④要严格规范气瓶充装企业的资格许可和安全管理工作。要加强气瓶定期检验工作的监督检查。重点检查气瓶定期检验情况,对超期未检或附件不符合规定要求的气瓶,要责令立即停止使用,送交有资格的气瓶检验单位进行检验;严肃查处检验单位和废品收购站对报废气瓶进行翻新、倒卖的行为。对检验工作质量和程序不符合安全技术规范要求的检验机构,应按照有关规定进行处理。

⑤要加强对气瓶的维护保养和报废处理情况的检查。特别要督促气瓶充装使用单位对气瓶钢印标记进行重点检查,对超过标准规定使用年限或钢印标记模糊不清等不符合安全要求的气瓶必须报废,进行破坏性解体处理。对气瓶附件损坏或不符合规定的气瓶,应当交由气瓶检验单位进行更换。

⑥要加强气瓶充装人员(含充装前检查人员)的监督管理工作。要按照《特种设备作业人员监督管理办法》(原国家质量监督检验检疫总局令第 140 号)的规定,强化气瓶充装人

员的培训考核工作,提高充装人员持证上岗率。

6.1.2 氨水爆炸事故的发生与预防 ·· □

最开始,人们认为氨爆炸并不常见,因为氨的可燃性下限(LFL)异常高,按体积分数计为15%,上限为28%。碳氢化合物的典型限值为丙烷2.2%~9.5%,环己烷1.3%~8%。此外,氨的自燃温度高达651 ℃,相比之下,丙烷的自燃温度为493 ℃,环己烷的自燃温度则为259 ℃,因此氨更难燃着。

但实际上氨的爆炸时有发生,至少从1914年起就已经有氨爆炸的事故了。一般的情况为氨泄漏扩散到空气中,泄漏的氨气和挥发的氨气与空气混合形成爆炸性混合物,若遇到点火源或高温热源可能引发燃烧爆炸。

若泄漏发生在受限空间且经过一定点火时间的积累,则可能发生蒸气爆炸。

事故案例:1993年9月18日,某化肥厂合成车间碳化工段在检修焊接管道过程中,引起氨水罐爆炸,3名维修工当场死亡。

1988年该厂第二套尿素生产装置投产后,碳化工段的碳酸氢铵生产基本停止。1993年6月,为满足当地农民的需求,计划再生产一部分碳铵,为此对碳化工段进行检修。8月底基本结束,尚有氨水槽顶部环焊缝1 m长的裂缝未补焊,氨水罐放空管和循环氨水罐放空管差230 mm未连接。9月14日,合成车间安排碳化工段长负责完成这两项补焊和接管任务,由车间安全员负责这两项工作的安全措施审批、监督、检查工作。

1993年9月15日16时,工段长从维修班要来2名维修工、1名电焊工,用了2天的时间,按照设备检修有关安全规定和安全员现场要求,在氨水罐周围连接管上,分别加插隔绝挡板。其中氨水罐顶直径为219 mm的放空管短节中间法兰,加了一个直径为350 mm的挡板,在挡板与下法兰平面之间支撑4个螺母,留出空隙。在焊接氨水罐时,罐内气体可从挡板下空隙处排出。为防止上下法兰错位,穿了一条螺线未紧固。向罐内(原先装过氨水)连续冲洗清水,置换合格后,对氨水罐(直径为4.4 m,高7 m)顶部裂开的长1 m的环焊缝进行了补焊,于16日17时30分结束。

为连接对焊氨水罐顶部和循环氨水罐(南面)顶部直径为219 mm的横放空管,工段长于9月17日上午8时与安全员共同制定了两管对接的安全措施方案。

17日对氨水罐和南面的循环氨水罐的两个放空管进行一天的置换、吹净工作。18日上午7时30分又接着开蒸汽对两放空管进行吹净。同时向南边循环氨水罐中加清水,水从另一个直径为57 mm的放空管中流出。这一切动火安全措施办完后,由安全员办理了动火证,交电焊工动火。工段长为了落实动火证上"焊线必须接在焊接部位"的要求,又专门备用了较长的地线。指定维修工为检修工作的现场安全监护员,负责监护氨水罐周围的意外易燃物。9时20分电焊工割去氨水槽顶部放空管南端堵头。工段长和2名维修工均站在氨水罐封头上作业,配置直径为219 mm的放空管短节,当气割将放空管割开后,安全员离开现场到其他岗位检查去了,工段长到车间办公室去了,经过两次气割配合才将短节点焊上去。10时40分在焊接短节时氨水罐发生爆炸,上封头飞出,罐上作业的焊工和2名维修工当场死亡。

（1）事故发生的直接原因。

根据物质燃烧爆炸的三个条件，查找可燃物和助燃物的来源。

①从氨水罐底部液位计取桶内水分析，发现原 9 月 16 日加入的清水变为 40 tt（滴度）的稀氨水，20 日打开氨水罐底部的人孔，发现罐底有 400 mm 深的氨水，上部只有 150 mm 深为氨水，下部 250 mm 均为污泥、铁锈和碳铵结晶杂质。罐内闻到浓烈刺鼻的氨味和硫化氢气味。取罐底污泥杂物 100 mL 与清水 120 mL 混合搅拌，待澄清后分析水样，即变为 34 tt 的稀氨水。又取罐内污泥与氨水置一小容器内经 28 ℃温度加热，点火试爆进一步证实，罐内置换时原有清水向外排放时进入了空气（助燃物）。

②未放完的罐底 400 mm 深水和污泥混合后，经 9 月 17 日一天和 18 日 10 时之前 28 ℃气温加热后，清水成为氨水。氨水继续挥发至罐内空间成为可燃物。

③在分析火源时，先排除气割时的火花。在气割氨水罐顶部直径为 219 mm 的横放空管南端堵头时，南、北两管蒸汽均未停止吹净，只是气量减小。氨水罐顶部所插挡板的直径在 350 mm 以上，大于法兰。挡板上平面有 4 个螺母被上边法兰压在挡板上，火星很难进入，同时挡板上平面被螺母支撑的空隙，不断向外流水和蒸汽。经现场人员证实，从事故后甩向罐北边的直径为 219 mm 的放空管看到，北边管上的堵头板已经割掉，长 230 mm 的短管已经点焊上去。进一步证实气割点焊时并未造成事故，又发现焊机接地线未按动火证要求连接，而是接在氨水罐铁爬梯下距地面 1 m 处。氨水罐顶部法兰上松动的螺丝成为唯一电焊时的大电流导体。松动的螺钉在焊接时因接触不良，极易在法兰挡板下面产生火花，成为引爆氨水罐顶放空管法兰下部管内可燃混合气的火源。

（2）管理上存在的问题。

①检修焊接氨水罐顶部放空管时，检修人员全部站在可燃易爆的氨水罐上进行作业，对于这种严重的违章作业行为，工段长、安全员没有采取措施制止。安全员认为 9 月 16 日氨水罐动火前已全部充满清水，充满清水的氨水罐是安全的，根本不用考虑罐内的不安全因素，罐上作业也就用不着制止了。在爆炸事故发生后，还不相信氨水罐是空的，并怀疑爆炸时水是否被溅出。直到 2 名操作工和工段长证实后，安全员和调查组成员才明白水已于 16 日晚放完。水放完无人跟安全员交代，安全员也没有再做二次检查，这是造成事故的一个重要原因。负责此项检修任务的工段长承认，是自己于 16 日 18 时 30 分通知维修工把氨水罐水放掉的，目的是晚上氨水过多时，作为备用罐使用。经 16 日晚和 17 日一天，氨水罐内已分解挥发出大量可燃气，18 日再行作业时未能重新置换加水。这也是造成此次事故的一个主要原因。

②电焊机接地线，没按动火证要求，反而接在爬梯上成为爆炸事故的火源。经查实焊线是电焊工在气割管道之后，安全员、工段长离开现场时，图方便接在下面的。在焊接管道时焊线不准搭在其他设备上作为导电体，这是焊工十分清楚的（动火证安全措施第七条有明确规定）。由此看来电焊工也有不可推卸的责任。这也是造成这次事故的另一个主要原因。

③现场安全监护员未尽到现场安全监护的责任。

（3）事故预防措施。

①对检修作业各环节进行危险、有害因素识别。检修责任单位应组织安全、设备、电气仪表等部门专业人员，对检修作业各环节利用作业活动安全风险分析等方法进行危险、有害因素识别，制定相关安全措施。

②办理交付手续。检修人员在检修前，应与生产车间办理检修设备设施、工艺等交付手续，双方签字确认后，方可进行检修作业。

③做好安全培训。应对参加检修人员进行检修危险、有害因素，安全措施，应急处置等方面的安全培训教育，考核合格后，方可进行作业。

④现场确认。检修前对检修作业活动安全控制措施安排专人（监护人）进行现场确认，符合条件后才能申请动火作业。

6.2　关于粉尘的安全事故与预防

凡是呈细粉状态的固体物质均被称为粉尘。能燃烧和爆炸的粉尘叫作可燃粉尘；浮在空气中的粉尘叫作悬浮粉尘；沉降在固体壁面上的粉尘叫作沉积粉尘。国际标准化组织规定：粒径小于 75 μm 的固体悬浮物定义为粉尘。

在实际生产过程中可能存在以下情况：可燃粉尘与可燃气体等易加剧爆炸危险的介质共用一套除尘系统，不同防火分区的除尘系统互联互通；铝、镁等金属粉尘及木质粉尘的干式除尘系统未规范设置锁气卸灰装置；在粉碎、研磨、造粒等易于产生机械点火源的工艺设备前，未按规范设置去除铁、石等异物的装置；未制定粉尘清扫制度，作业现场积尘未及时规范清理等。以上情况说明人们对粉尘爆炸风险的认知不够，没有真正重视粉尘对生产造成的影响。

6.2.1　粉尘爆炸介绍 ··□

可燃粉尘爆炸应具备三个条件：粉尘本身具有爆炸性；粉尘必须悬浮在空气（氧气）中并与空气（氧气）混合到爆炸浓度；有足以引起粉尘爆炸的热能源。

和气体爆炸相比，粉尘爆炸所要求的最小引燃能较大，达 10 μJ，为气体爆炸的近百倍。因此，一个足够强度的热能源是形成粉尘爆炸的必要条件之一。

通常认为以下七类物质的粉尘具有爆炸性：金属（如镁粉、铝粉）；煤炭；粮食（如小麦、淀粉）；饲料（如血粉、鱼粉）；农副产品（如棉花、烟草）；林产品（如纸粉、木粉）；合成材料（如塑料、染料）。

金属粉末爆炸性的等级排列为高爆炸性（锆、镁、铝、锂、钠）、中爆炸性（锡、锌、铁、硅、锰、铜）和低爆炸性（钼、钴、铅）。可自燃金属有铝、钙、铈、铯、铬、钴、铱、铁、铅、铀、锂、镁、镍、钯、铂、钾、铷、钠、钽、钍、钛、铀、锆。

粉尘具有较小的自燃点和最小点火能量,只要外界的能量超过最小点火能量(多数在10~100 mJ)或温度超过其自燃点(多数在 400~500 ℃),就会爆炸。

(1)生产过程中常见的多种引火源。

①设备内的摩擦撞击火花。例如:设备内部由于机械运转部位缺乏润滑而摩擦生热;物料、硬性杂质或脱落的零件与设备内壁碰击打出火星;表面粗糙的坚硬物体相互猛烈撞击或摩擦时,产生的火星撞击或摩擦脱落的高温固体微粒。据统计,仅粉碎研碎设备因摩擦撞击引起的爆炸事故就占57%。

②电火花和静电火花。电气设备故障引起的电火花是常见的一种引火源,事故案例较多。此外,物料在输送和粉碎研磨过程中,粉料与管壁、设备壁,粉料的颗粒与颗粒之间的摩擦和碰击还会产生静电火花。

③沉积粉尘的阴燃和自燃。沉积在加热表面如照明装置、电动机、机械设备热表面的粉尘,受热一段时间后会出现阴燃,最终可能转变为明火,成为粉尘爆炸的引火源。粉尘最易引燃的层厚范围为 10~20 mm。可燃粉尘在沉积状态下还具有自燃的倾向,因为粉尘微粒与空气接触发生氧化放热反应,在一定条件下热量不能充分散发,导致粉尘内部温度会升高引起自燃。长期积聚在设备裂缝中和管道拐弯处的粉尘易发生自燃。

(2)粉尘爆炸的特点。

①多次爆炸是粉尘爆炸的最大特点。第一次爆炸气浪,会把沉积在设备或地面上的粉尘吹扬起来,在爆炸后短时间内爆炸中心区会形成负压,周围的新鲜空气便由外向内填补进来,与扬起的粉尘混合,从而引发第二次爆炸。第二次爆炸时,粉尘浓度会更高。

②粉尘爆炸所需的最小点火能量较高,一般在几十毫焦耳以上。

③与可燃气体爆炸相比,粉尘爆炸压力上升较缓慢,较高压力持续时间长,释放的能量大,破坏力强。

(3)粉尘爆炸的危害。

①粉尘爆炸具有极强的破坏性,涉及的范围很广。如粉尘爆炸在煤炭、化工、医药加工、木材加工、粮食和饲料加工等部门都时有发生。

②第二次爆炸威力大。第一次爆炸的余火可能引起第二次爆炸。第二次爆炸时,粉尘浓度一般比第一次爆炸时高得多,故第二次爆炸威力比第一次要大得多。

③能产生有毒气体。一种是一氧化碳;另一种是爆炸物(如塑料)自身分解的毒性气体。毒气往往造成爆炸过后大量人畜中毒伤亡。

6.2.2 不重视对积聚粉尘的处理产生的事故 ⸱⸱⸱⸱⸱⸱⸱⸱⸱⸱⸱⸱⸱⸱⸱⸱⸱⸱⸱⸱⸱⸱⸱⸱⸱⸱⸱⸱⸱⸱⸱⸱⸱⸱⸱⸱□

发生粉尘爆炸的原因多为对粉尘爆炸事故认识不到位,没有重视粉尘的存在隐患。

2011 年,海格纳士公司共发生三起金属粉尘着火爆炸事故,分别发生在 1 月 31 日、3 月29 日和 5 月 27 日,共造成 5 人死亡,3 人严重烧伤。

事故案例一:2011 年 1 月 31 日发生的事故。

在海格纳士公司内,铁粉经由螺杆输送机和斗式提升机组成的机械系统进行输送,斗式提升机上的皮带轮和皮带经常出现不对中故障,导致提升机电机超载停止运转。1月31日约5时故障再次出现,1名维修人员和1名电工被操作人员叫去检查,看皮带是否偏了。维修人员检查后认为皮带对中良好,于是用对讲机通知控制室人员重新启动电机。

一周前,工厂的粉尘收集系统发生故障不能正常运行,导致大量的铁粉微粒散落在电机区域及电机表面。

随着电机重启带来的震动,易燃铁粉尘突然散布到空气中,2名工人陷入密集的粉尘云中。可能是电机启动时产生的电弧点燃了散布在空气中的铁粉尘,火焰突然爆发,吞没了2名工人,2人都被严重烧伤。1名工人在事故发生的2天后,因伤势过重死亡;另1名坚持了近4个月,于2011年5月死亡。相关图片可扫描二维码6-2。

二维码6-2

事故案例二:2011年3月29日发生的事故。

海格纳士公司的1名维修人员和1名承包商工人在更换带式炉的点火器。更换完后,他们试图将一根燃料气管道重新连接到加热炉上,但是因其所站的梯子上空间有限,很难连接上,那名维修人员试着用锤子将管道敲入预定的位置。随着锤子的敲击,积聚在加热炉侧面的铁粉尘腾空而起,铁粉尘被点燃了,烧向这名维修人员。事故现场模拟图可扫描二维码6-3。他急忙跳开,从梯子上滚下来。由于穿着阻燃服,他的上半身没有被烧伤,但是他的两条大腿受到Ⅰ度和深Ⅱ度烧伤。那名承包商工人一看到粉尘着火,立即逃离现场,没有受伤。

二维码6-3

事故案例三:2011年5月27日发生的事故。

早晨6点左右,在工厂的一个加热炉附近的操作人员听见"嘶嘶"声,他们认为可能是气体泄漏了,认为泄漏来自加热炉区域地沟盖板下的某处管道,这里有氮气管道、氢气管道、冷却水管道和加热炉燃气放空管道。维修部6名维修人员去查找漏点并修理,1名操作人员在旁边配合。他们猜测这次泄漏和最近一起无气味、不可燃的氮气泄漏事件类似,然而没有想到的是,这次泄漏的是另一种无色无味的气体——高度易燃的氢气。维修人员用一辆叉车,配合将地沟上的盖板移开。

当东南方向上的第一块盖板被向上抬起时,金属摩擦产生了火花,点燃了泄漏的氢气,引起了剧烈的爆炸。氢气持续从管道内泄漏,加剧了火势形成喷射火。相关图片可扫描二维码6-4。

二维码6-4

爆炸的冲击波震落了大量累积在高处框架上和加热炉外表面上的铁粉尘,降落形成粉尘云,在接触到下面的火焰后立即点燃形成闪火。整个区域充满了火焰和弥散的铁粉尘,能见度非常低,使逃生变得很困难。站在地沟旁的1名操作人员和4名维修人员共5人全部被烧伤,其中3人严重烧伤(2人因伤势过重不到1周死亡,另1人6周后也死亡)。

事故发生的原因分析如下。

1. 对积聚铁粉尘的危害认识不够

建于 1980 年的海格纳士公司,没有预防粉尘大量积累的设计。直到 2009 年 1 月,海格纳士公司管理层收到保险公司的 2008 年度审查报告后,才开始对粉尘可燃性做分析,但是分析结果没有触发全面检查工厂粉尘的积聚情况,也没有开发相应的清洁打扫程序。

粉尘分析的结果的确引起管理层的注意,但是他们只加强了对操作人员关于粉尘的可燃性危害的培训,却没有采取消除粉尘危害的行动。操作人员也不得不容忍工厂的粉尘状况。有操作人员反映,他们入职以来曾碰到多起粉尘闪燃的情况,但他们没有受到关于积聚的粉尘扩散到空气中发生闪燃会引起严重后果的培训,也没有人汇报小的闪燃或未遂事件。时间一长,人们对粉尘闪燃就习以为常了。

2. 工程控制措施不够

根据风险控制层级理论,危害控制措施的有效性从上到下依次是消除、工程控制、管理控制,最后才是个人防护装备(PPE)。控制铁粉泄漏、弥散并积聚的最有效的控制措施是工程控制措施。螺杆输送和粉尘收集系统是很好的工程控制措施的例子。

（1）设备的密封性差,铁粉易泄漏。

海格纳士公司的设备没有设计成密封良好的防止铁粉泄漏的设备,铁粉从设备中泄漏飘散到空气中,尤其是输送系统的泄漏,使铁粉最终落下积聚在全厂设备设施的表面。相关图片可扫描二维码 6-5。

二维码 6-5

粉尘泄漏预防有特定的工程控制措施,要求所有生产铁细粉颗粒的设备都要密闭并和粉尘收集系统相连,粉尘收集系统要有足够的风速来分离所有的粉尘。但是美国 CSB 的调查人员发现,海格纳士公司一部分产品的输送设备是敞开的。

（2）粉尘收集系统安装位置错误,可靠性差。

美国消防协会(NFPA)标准 484 号规定,粉尘收集系统要安装在室外。但在海格纳士公司,除尘的袋式过滤器却安装在室内,这是一个严重的着火和爆炸危险源。

粉尘收集系统的可靠性太差,经常不工作,不能避免铁粉尘在空气中传播,最后落在高处设备的表面。2011 年 1 月 31 日事故发生 7 天前,袋式过滤器已经不能正常使用了,所以那个区域会有大量的可燃的铁粉尘积聚,启动提升斗电机时粉尘爆燃的事故就发生了。

（3）电气设备没有按防爆级别设计。

因为海格纳士公司有氢气存在,按美国 NFPA 标准 497 号的规定,工厂应设计成一级防爆区,电气设备的设计和安装应符合此要求。但是该工厂的电气安装都不符合此要求,包括大的电气柜都是敞开的。2011 年 1 月的事故的点火源——电机启动产生的电弧——与电气设备没有按规范设施安装有关。相关图片可扫描二维码 6-6。

二维码 6-6

3. 氢气泄漏

铺设有氢气管道的地沟同时也用作冷却水回水的排放,热的冷却水回水直接排到氢气管道上,造成了腐蚀泄漏。由于地沟热水排放和固体沉积造成地沟内铺设的管道发生长期缓慢的腐蚀,地沟的设计和维护方案中没有解决这个长期缓慢腐蚀的问题。

此外,海格纳士公司没有书面的程序规定如何消除气体泄漏,并在维修人员在查找可疑的泄漏源时默许他们不测试大气中的爆炸气浓度。

4. 工艺安全管理

工艺安全管理(PSM)适用于生产或使用137种高度危险化学品清单中任何一种或储存量超过临界量的或现场处理易燃液体或气体的量超过10 000英磅(约4 536 kg)的场所。这项规定同样适用于海格纳士公司,PSM的实践和制度应该可以避免或减轻2011年5月27日那场事故,但是海格纳士公司没有采用。海格纳士公司的氢气由一个供应商供应,但供应商生产和储存氢气的设施都在海格纳士公司的内,所以氢气管道的管理应采用PSM的要求。美国职业安全与健康管理局(OSHA)关于海格纳士公司工艺安全管理得出的结论是,海格纳士公司关于氢气管道缺少合适的机械完整性管理的制度,没能开发一个氢气泄漏监测和应急响应的计划,没有对氢气工艺做危害性分析,如HAZOP分析等。

5. 管理控制措施不到位

(1)卫生清扫措施对消除铁粉尘积聚无效。

海格纳士公司的卫生清扫工作是无效的。在海格纳士公司,CSB调查人员发现从设备中泄漏出来的铁粉在设备表面可达4英寸厚,空气中飘散的铁粉用肉眼就能看到。用于收集粉尘的袋式过滤器堵塞后,铁粉就会飘散到空气中,袋式过滤器堵塞非常频繁,每小时都会发生很多次。美国NFPA标准484号第13章中规定的关于卫生清扫的要求适用于海格纳士公司:在任何建筑或机器表面积聚的粉尘每天都要不定时清扫,以尽可能减少粉尘积聚。海格纳士公司通过真空吸尘来减少生产过程中泄漏的粉尘积聚,但是大量的粉尘从生产设备里泄漏,以及粉尘收集系统能力不够,使卫生清扫工作的成效微乎其微。

(2)劳保装备不符合要求。

海格纳士公司的阻燃服不能提供有效的防护。海格纳士公司要求员工都穿阻燃服,以降低烧伤的严重性,但是2011年1月和5月的两起事故中5名烧伤严重的人员后来还是死亡了。这种阻燃服在可燃性铁粉闪燃及氢气爆炸的事故中并没有提供明显的防护作用。

国内也有一起由于粉尘引起的重大事故。

事故案例四:2014年8月2日7时33分37秒左右,江苏省昆山市中荣金属制品有限公司(以下简称中荣公司)抛光二车间突然冒起一大股白色烟雾,大约10 s过后白色烟雾转为灰青色,并且越来越浓烈;7时35分许,抛光二车间发生爆炸;7时42分左右,烟雾已经蔓延至整个厂区。事故现场图可扫描二维码6-7。

二维码6-7

爆炸后厂房房顶被掀开三分之二以上,厂房顶部的轮廓清晰可见。当天造成75人死亡,185人受伤。依照《生产安全事故报告和调查处理条例》(中华人民共和国国务院令第493号)规定,在事故发生30日报告期内,共有97人死亡,163人受伤。最后抢救无效陆续死亡的人有49人,尚有95名伤员在医院治疗,病情基本稳定。事故造成直接经济损失3.51亿元。

（1）事故发生的直接原因。

事故车间除尘系统较长时间未按规定清理，铝粉尘集聚。除尘系统风机开启后，在打磨过程产生的高温颗粒在集尘桶上方形成粉尘云。1号除尘器集尘桶锈蚀破损，桶内铝粉受潮，发生氧化放热反应，达到粉尘云的引燃温度，引发除尘系统及车间的系列爆炸。因没有泄爆装置，爆炸产生的高温气体和燃烧物瞬间经除尘管道从各吸尘口喷出，导致全车间所有工位操作人员直接受到爆炸冲击，造成群死群伤。

（2）事故原因分析。

由于一系列违法违规行为，整个环境具备了粉尘爆炸的五要素，引发爆炸。粉尘爆炸的五要素包括可燃粉尘、粉尘云、引火源、助燃物、空间受限。

①可燃粉尘。事故车间抛光轮毂产生的抛光铝粉，主要成分为88.3%的铝和10.2%的硅，抛光铝粉的粒径中位值为19 μm，经实验测试，该粉尘为爆炸性粉尘，粉尘云引燃温度为500 ℃。事故车间、除尘系统未按规定清理，导致铝粉尘沉积。

②粉尘云。除尘系统风机启动后，每套除尘系统负责的4条生产线共48个工位抛光粉尘通过一条管道进入除尘器内，由滤袋捕集落入集尘桶内，在除尘器灰斗和集尘桶上部空间形成爆炸性粉尘云。

③引火源。集尘桶内超细的抛光铝粉，在抛光过程中具有一定的初始温度，比表面积大，吸湿受潮，与水及铁锈发生放热反应。除尘风机开启后，在集尘桶上方形成一定的负压，加速了桶内铝粉的放热反应，温度升高达到粉尘云引燃温度。

④助燃物。在除尘器风机作用下，大量新鲜空气进入除尘器内，助力了爆炸的发生。

⑤空间受限。除尘器本体为倒锥体钢壳结构，内部是有限空间，容积约8 m³。

（3）事故发生的主要原因。

中荣公司无视国家法律，违法违规组织项目建设和生产，是事故发生的主要原因。

①厂房设计与生产工艺布局违法违规。事故车间厂房原设计建设为戊类，而实际使用时为乙类，导致一层泄爆面积不足，疏散楼梯未采用封闭楼梯间，贯通上下两层。事故车间生产工艺及布局未按规定设计，是由企业人员根据自己的经验设计的。生产线布置过密，作业工位排列拥挤，且通道中放置了轮毂，造成疏散通道不畅通，加重了人员伤害。

②除尘系统设计、制造、安装、改造违规。事故车间除尘系统改造委托无设计安装资质的公司设计、制造、施工安装。除尘器本体及管道未设置导除静电的接地装置，未按《粉尘爆炸泄压指南》（GB/T 15605—2008）要求设置泄爆装置，集尘器未设置防水防潮设施，集尘桶底部破损后未及时修复，外部潮湿空气渗入集尘桶内，造成铝粉受潮，发生氧化放热反应。

③车间铝粉尘集聚严重。事故现场吸尘罩大小为500 mm × 200 mm，轮毂中心距离吸尘罩500 mm，每个吸尘罩的风量为600 m³/h，每套除尘系统总风量为28 800 m³/h，支管内平均风速为20.8 m/s。按照《铝镁粉加工粉尘防爆安全规程》（GB 17269—2003）规定的23 m/s支管平均风速计算，该总风量应达到31 850 m³/h，原始设计差额为9.6%。因此，现场除尘系统吸风量不足，不能满足工位粉尘捕集要求，不能有效抽出除尘管道内粉尘。同时企业未按规定及时清理粉尘，造成除尘管道内和作业现场残留铝粉尘多，加大了爆炸威力。

④安全生产管理混乱。企业未建立岗位安全操作规程,现有的规章制度未落实到车间、班组。未建立隐患排查治理制度,无隐患排查治理台账。风险辨识不全面,对铝粉尘爆炸危险未进行辨识,缺乏预防措施。未开展粉尘爆炸专项教育培训和新员工三级安全培训,安全生产教育培训责任不落实,造成员工对铝粉尘存在的爆炸危险没有认知。

⑤安全防护措施不落实。事故车间电气设施设备不符合爆炸和火灾危险环境下电力装置设计的有关规范,均不防爆,电缆、电线敷设方式违规,电气设备的金属外壳未做可靠接地。现场作业人员密集,岗位粉尘防护措施不完善,未按规定配备防静电工装等劳保用品,进一步加重了人员伤害。

(4)事故的预防措施。

从上述两个企业出现的粉尘爆炸事件明显可以看出企业对粉尘存在的安全隐患的忽视。其根本原因是制度不落实,制度挂在墙上,企业忽视安全工作,存有侥幸心理。针对粉尘引发的事故必须采取以下预防措施。

①从思想上重视安全生产工作。安全生产工作做得怎么样,很大程度上取决于企业经营者在思想上的重视程度。企业经营者必须把安全生产工作摆在重要位置,承担第一责任人责任,企业主要领导要亲自过问安全生产工作。

②认真落实安全生产各项规章制度。企业必须贯彻执行《中华人民共和国安全生产法》,根据安全生产的需要制定企业安全生产规章制度,成立安全生产组织,要把安全工作当作企业经营工作的一项重要内容。要组织职工学习安全制度,把安全制度的学习纳入职工教育培训中来,不走形式,不走过场,确保安全制度落实到位;要在构建安全文化上下功夫,注重预防;要用事故教训推动企业落实责任;做到安全隐患早发现、早排除,让安全意识扎根在职工的心窝上,落实在企业的日常管理中。

③加强安全的督促检查。企业要成立安全生产的管理部门,配备一定数量的安全检查人员。要加强安全生产的日常检查,重点查厂房、防尘、防火、防水、管理制度和泄爆装置、防静电措施等内容,及时消除安全隐患;发现隐患及时排查,确保安全生产网无漏洞;强化粉尘防爆专项整治;建立基础台账,将《严防企业粉尘爆炸五条规定》(原国家安全生产监督管理总局令第68号)宣贯到每个企业。

④劳动者要遵守安全操作规程,强化安全责任心。劳动者不遵守安全操作规程是安全工作最大的隐患,企业必须加强安全常识和责任心教育,让劳动者思想上的"安全弦"不松懈,增强劳动者安全防范意识,提高劳动者的预防事故、自救、互救能力,在企业营造安全和谐文化。

6.2.3　对物料粉尘特性认知不足引发的事故 ·····················□

事故案例:2014年4月16日上午10时,位于江苏省南通市如皋市东陈镇的如皋市双马化工有限公司(以下简称双马公司)造粒车间发生粉尘爆炸,接着引发大火,导致造粒车间整体倒塌。事故造成8人当场死亡,1人因抢救无效于5月11日死亡,8人受伤,其中2人重伤,直接经济损失约1 594

二维码6-8

万元。相关图片可扫描二维码 6-8。

（1）事故发生的直接原因。

在 1# 造粒塔正常生产状态下，没有采取停车清空物料的措施，维修人员直接在塔体底部锥体上进行焊接作业，致使造粒系统内的硬脂酸粉尘发生爆炸，继而引发连续爆炸，造成整个车间燃烧，导致厂房倒塌。

（2）事故发生的间接原因。

①危险作业安全管理缺失。双马公司在造粒包装车间随意动火，维修人员在没有停车、没有办理动火作业票的情况下，违章直接在设备本体上进行焊接作业；当班电工没有办理临时用电作业票，违章接电焊机临时电源。

②变更管理制度不落实。在实施对造粒塔加装气锤这一技术改造项目时，变更管理制度不落实，没有经企业批准，没有经过技术论证和风险评估，没有制定检修作业实施方案，没有进行检修作业安全交底。

③技术力量不足、人员素质偏低。企业管理人员严重缺乏。企业生产过程涉及高温高压、加氢等危险工艺，使用甲醇、氢气等重点监管危险化学品，但是没有配备设备、电气、工艺等方面的专门技术管理人员，整个公司的设备管理、电气管理、工艺管理等都由生产部部长蒋某海一人承担，而蒋某海仅为高中学历。事故中死亡的维修人员都没有焊工作业证，不具备焊工作业的资质。

④违规设计、施工、安装。安全投入严重不足，发生事故的造粒车间未执行基本建设程序，厂房为企业自行设计、安装；车间主要设备也是企业自行设计、制造、安装的未经正规设计、施工和安装，为事故的发生和扩大埋下了隐患。

⑤对硬脂酸粉尘的燃爆特性认知不足。目前国内可供查询的可燃性有机粉尘的特性数据较少，同类企业大多未能认识到硬脂酸粉尘的燃爆风险。双马公司没有认识到硬脂酸车间存在着燃爆危险，对硬脂酸粉尘作业场所进行风险辨识，评估不到位，也没有落实相应的防火防爆措施。

（3）事故预防措施。

①加强作业安全管理。要严格执行作业环节的相关审批制度，认真开展作业前风险分析和评估，在作业场所未经检测合格、装置未停车并清空物料、未落实防范措施、未配备相关应急装备、现场监护人员未到位等情况下，不得进行动火、进入受限空间等危险作业。

②加强员工的安全教育培训，提高员工的岗位操作能力、安全风险意识和自我保护能力。企业要强化粉尘场所作业人员安全生产知识教育和防火防爆培训，确保作业人员具备必要的粉尘防爆知识，熟悉相关的安全操作技能，确保安全生产。

③要加强风险管理和变更管理。企业在工艺、设备、管理等发生重大变更前，要认真开展变更前的技术论证，对变更事项进行风险评估。企业要高度重视粉尘场所的防爆安全管理，要充分认识可燃性有机粉尘燃爆的危害性，建立健全粉尘安全管理规章制度，加强粉尘作业场所的安全管理。

6.2.4　粉尘爆炸事故的预防 ··□

为深刻吸取江苏省昆山市"8·2"中荣金属制品有限公司特别重大的粉尘爆炸事故教训,在深度分析近几年来发生的类似事故的基础上,依照《粉尘防爆安全规程》(GB 15577—2018)等有关标准规范,2014 年 8 月 15 日,国家安全生产监督管理总局制定了《严防企业粉尘爆炸五条规定》。这是继《煤矿矿长保护矿工生命安全七条规定》(原国家安全生产监督管理总局令第 58 号,2017 年 3 月 6 日废止)、《化工(危险化学品)企业保障生产安全十条规定》(原国家安全生产监督管理总局令第 64 号,2017 年 3 月 6 日废止)、《烟花爆竹企业保障生产安全十条规定》(原国家安全生产监督管理总局令第 61 号)、《非煤矿山企业安全生产十条规定》(原国家安全生产监督管理总局令第 67 号)之后,安全生产制度建设的又一重大举措。

《严防企业粉尘爆炸五条规定》(原国家安全生产监督管理总局令第 68 号)适用于工贸行业中涉及煤粉、铝粉、镁粉、锌粉、钛粉、锆粉、面粉、淀粉、糖粉、奶粉、血粉、鱼骨粉、纺织纤维粉、木粉、纸粉、橡胶塑料粉、烟草等企业的爆炸性粉尘作业场所。其中,第一条是针对厂房的规定,第二条是针对防尘的规定,第三条是针对防火的规定,第四条是针对防水的规定,第五条是针对制度的规定。

第一条　必须确保作业场所符合标准规范要求,严禁设置在违规多层房、安全间距不达标厂房和居民区内。

①粉尘爆炸危险作业场所的厂房,必须满足《建筑设计防火规范》(GB 50016—2006)和《粉尘防爆安全规程》(GB 15577—2007)的要求。厂房宜采用单层设计,屋顶采用轻型结构。如厂房为多层设计,则应为框架结构,并保证四周墙体设有足够大面积的泄爆口,保证楼层之间隔板的强度能承受爆炸的冲击,保证一层以上楼层具有独立的安全出口。

②粉尘爆炸危险作业场所的厂房应与其他厂房或建(构)筑物分离,其防火安全间距应符合 GB 50016 的相关规定。

③由于粉尘爆炸威力巨大,危害波及范围广,因此粉尘爆炸危险作业场所严禁设置在居民区内。

第二条　必须按标准规范设计、安装、使用和维护通风除尘系统,每班按规定检测和规范清理粉尘,在除尘系统停运期间和粉尘超标时严禁作业,并停产撤人。

①通风除尘系统可有效降低作业场所粉尘浓度、减少作业现场粉尘沉积。企业必须按照 GB 15577、GB 50016、《粉尘爆炸危险场所用收尘器防爆导则》(GB/T 17919—2008)和《采暖通风与空气调节设计规范》(GB 50019—2003)等的规定,对除尘系统进行设计、安装、使用和维护。

②粉尘爆炸危险作业场所除尘系统必须根据发生 GB 15577 的规定,按工艺分片(分区)相对独立设置,所有产尘点均应装设吸尘罩,各除尘系统管网间禁止互通互连,防止联锁爆炸。

③为保证除尘器安全可靠运行,企业必须按照 GB/T 17919 的规定,对除尘系统的进出

风口压差、进出风口和灰斗的温度等指标(参数)进行检测。按照《工作场所空气中粉尘测定 第 1 部分:总粉尘浓度》(GBZ/T 192.1—2007)的规定对粉尘浓度进行检测。

④发现除尘系统管道和除尘器箱体内有粉尘沉积时,必须查明原因,及时规范清理。清理时应采用负压吸尘方式,避免粉尘飞扬。如必须采用喷吹方式,清灰气源应采用氮气、二氧化碳或其他惰性气体,以防止清灰过程发生粉尘爆炸。

⑤作业场所沉积的粉尘是引发连锁爆炸、大爆炸的主要因素,企业应按照 GB 15577 的规定建立定期清扫粉尘制度,每班对作业现场进行及时、全面、规范的清理。清扫粉尘时应采用措施防止粉尘二次扬起,最好采取负压方式清扫,严禁使用压缩空气吹扫。

⑥在除尘系统停运期间和作业岗位粉尘堆积严重(堆积厚度最厚处超过 1 mm)时,极易引发粉尘爆炸。因此,必须立即停止作业,将人员撤离作业岗位。

第三条 必须按规范使用防爆电气设备,落实防雷、防静电等措施,保证设备设施接地,严禁作业场所存在各类明火和违规使用作业工具。

①粉尘爆炸危险作业场所应严禁各类明火和火花产生,使用防爆电气设备是防止电气火花产生的可靠措施。必须按《危险场所电气防爆安全规范》(AQ 3009—2007)的规定安装、使用防爆电气设备。

②雷电放电过程中产生的巨大放电电流破坏力极大,也易诱发粉尘爆炸事故。粉尘爆炸危险作业场所的厂房(建构筑物)必须按《建筑物防雷设计规范》(GB 50057—2010)规定设置防雷系统,并可靠接地。

③粉料的输送、排出、混合、搅拌、过滤和固体的粉碎、研磨、筛分等,都会产生静电,可能引起粉尘燃烧或爆炸。粉尘爆炸危险作业场所的所有金属设备、装置外壳、金属管道、支架、构件、部件等,应按照 GB 15577 和《防止静电事故通用导则》(GB 12158—2006)规定采取防静电接地。所有金属管道连接处(如法兰)应进行跨接。

④铁质器件之间碰撞、摩擦会产生火花。在粉尘爆炸危险作业场所,禁止违规使用易发生碰撞火花的铁质作业工具,检修时应使用防爆工具。尤其对于存在铝、镁、钛、锆等金属粉末的场所,应采取有效措施防止其与锈钢摩擦、撞击,产生火花。

第四条 必须配备铝镁等金属粉尘生产、收集、贮存的防水防潮设施,严禁粉尘遇湿自燃。

《危险化学品目录》中记载的遇湿易燃金属粉尘有:锂、钠、钾、钙、钡、镁、镁合金、铝、铝镁、锌等。在这些金属粉尘的生产、收集、贮存过程中,必须按照 GB 15577 规定采取防止粉料自燃措施,配备防水防潮设施,防止粉尘遇湿自燃进而引发粉尘爆炸与火灾事故。

第五条 必须严格执行安全操作规程和劳动防护制度,严禁员工培训不合格和不按规定佩戴使用防尘、防静电等劳保品上岗。

①安全操作规程主要包括通风除尘系统使用维护、粉尘清理作业、打磨抛光作业、检维修作业、动火作业等。

②按照《中华人民共和国安全生产法》和 GB 15577 的规定,存在粉尘爆炸危险作业场所的企业主要负责人和安全生产管理人员必须具备相应的粉尘防爆安全生产知识和管理能

力。企业必须对所有员工进行安全生产和粉尘防爆教育,普及粉尘防爆知识和安全法规,使员工了解本企业粉尘爆炸危险场所的危险程度和防爆措施;对粉尘爆炸危险岗位的员工应进行专门的安全技术和业务培训,并经考试合格,方准上岗。

③现场作业人员长时间吸入粉尘易造成尘肺病或矽肺病。现场作业人员必须按规定佩戴使用防尘劳保用品上岗。为防止人体皮肤与衣服之间、衣服与衣服之间摩擦产生静电,粉尘爆炸危险作业场所员工禁止穿化纤类易产生静电的工装,必须按照 GB 15577 和《个体防护装备选用规则》(GB/T 11651—2008)规定,穿着防静电工装。

6.3 关于静电的安全事故与预防

化工企业经常要使用、储存和输送易燃易爆气体、可燃液体及固体粉末,而在化工操作过程中如果没有采取恰当且充分的静电预防和减缓措施,很容易有静电产生、积聚和释放。在化工生产中,大多数生产装置中的介质具有易燃易爆的特点,引燃这些物质所需的引燃能量极低。当生产中发生跑、冒、滴、漏现象或事故时,易燃易爆气体、液体蒸气、悬浮粉尘或纤维与空气形成可燃体系,一旦遇到物料、装置、构筑物以及人体所产生的微弱静电火花就可能导致火灾或爆炸,小则导致生产中断或产品质量导致的业务中断,大则导致设备设施的损坏等直接财产损失,甚至可能危及在事故现场的工厂员工的生命安全。

化工企业因静电导致的火灾、爆炸事故,在国内外曾多次发生,但进入 20 世纪 80 年代以后,才真正引起人们的重视。近年来,我国化工产业发展得很快,伴随而来的是屡屡发生的静电事故。值得注意的是,事故发生的主要原因是人们缺乏对化工静电起电规律的了解,以致对操作和管理不够科学,甚至误操作,因此需要总结静电的特征和引燃的规律,才能有针对性地在规避静电风险的同时防控静电危害。

有研究人员总结化工企业尤其是石油化工企业静电的特征如下。

①广泛性。静电普遍存在于石油化工的各个场所,分布广泛且常见,如石油管道中石油流动时,液体会和管道界面发生静电荷的交换,进而产生静电。基于此,在开展石油化工生产时很难完全消除静电现象,但可以根据静电产生的原因和特征降低静电的出现频率,提升静电荷的消散速度,预防静电风险。

②隐蔽性。静电是一种无法直接触碰、观察到的现象,只有在黑暗的环境中能看到静电产生的火花。同时由于人体能感受到的电压有限,只有电压在 2~3 kV 时静电电压才能被人们所感知到,普通的较低的静电电压既看不见也摸不着,隐蔽性较强。

③随机性。静电出现的时间段和位置有较大的随机性,在石油化工相关产品、设备的加工、制造到使用、运输的任何环节都可能产生静电,引发静电危害。另外,静电放电的条件和后果受到周围环境中易燃易爆物质的多少、设备情况及操作人员操作规范情况等因素的影响,产生的静电放电后果也会有不同,具有明显的随机性。

④潜在性。在材料和设备的使用过程中,静电荷在逐渐积累,一旦工况和周围环境等发

生变化,就会引发潜在的静电危害。一些石油化工材料、设备及构件等受到静电危害后,可能表面上没有出现问题,性能也暂时没有衰退,但实际上已经受到不可逆转的伤害,若操作人员在日常巡检和管理中没有及时检查和处理静电危害,将埋下巨大的安全隐患。

⑤危害性。石油化工企业的工作环境较为复杂,具备引发爆炸火灾等事故的气体环境,较大的静电放电会引爆气体,导致重大安全事故。另外,巨大的静电放电还会造成静电电击的出现,威胁作业人员生命安全,导致电击及高空坠落等事故。

⑥复杂性。若因为静电放电而引发爆炸火灾事故,事故溯源将会存在一定的难度,无法在复杂的爆炸火灾环境中确定引发事故的具体原因。

在化工生产中有很多产生静电安全隐患的位置,简单总结为:在易燃易爆场所,反应釜、管道、贮槽、冷凝器、输送泵、法兰、阀门未接地或接地不良;在易燃易爆场所,投粉体料斗未接地;超过安全流速($v^2 < 0.64/d$,某中 v 为流速, d 为管径)输送汽油、甲苯、环己烷等液体;氢气总管流速超过 12 m/s,支管流速超过 8 m/s;将汽油等从高位喷入贮罐底部或地面;在未充氮气时,异丙醇铝、镁粉等由敞口漏斗投入含汽油、甲苯等反应釜中;在易燃易爆场所,穿脱衣服、鞋帽,做剧烈活动;在易燃易爆场所,用化纤材料的拖布或抹布擦洗设备或地面;向塑料桶中灌装汽油;用汽油等溶剂洗工作服或拖地、拖钢平台;不锈钢、碳钢贮罐罐壁未用焊接钢筋或扁钢接地,超过 50 m² 未有两处接地;在散发易燃易爆气体的场所,未采用增湿等措施消除静电危害;用塑料管吸料或装甲苯或回收甲苯;用压缩空气输送或搅拌汽油;防爆洁净区未使用防静电拖鞋;接地扁钢、屋顶防雷带生锈、腐蚀严重;高出屋面的金属设备未焊接钢筋并入避雷带。

静电放电主要包括电晕放电、刷形放电和火花放电三种形式。容器中烃类油品的主要放电形式为电晕放电和火花放电。通常情况下,电晕放电主要发生在接近油面的突出接地金属和油面之间的位置,因此放电的能量非常小,不会点燃液面的蒸气,但是发展为火花放电的风险较高。石油化工企业由静电导致的安全事故多为火花放电。除此之外,静电放电形成的瞬间电流通过人体时,会引发人体静电电击伤害。如果静电放电电压超过 3 kV,人体能够感受到明显的电击感。静电电击虽然不会致死,但是可能导致高空坠落,引发人员伤亡。

静电的存在不但会对工作人员的工作效率造成影响,还会使他们产生恐惧、不安的心理,从而对操作造成影响。关于预防静电的措施,每个化工企业都有相应的规定,但仍有因为对静电风险认知不够、思想上不够重视,或者存在侥幸心理、没有按章办事而引发的事故。

6.3.1 无静电接地装置引发的事故

虽然静电电量不大,但其电压很高,容易发生放电,产生静电火花。在装卸化工原料过程中由于物料流动而产生静电,如果忽视静电的产生,没有安装泄电装置,容易发生事故。

事故案例:某年 7 月 22 日 9 时 50 分左右,某化工厂租用某运输公司一辆槽罐车,到铁路专线上装卸外购的 46.5 t 甲苯,并指派仓库副主任、厂安全员及 2 名装卸工执行卸车任务。约 7 时 20 分,开始装卸第一车。由于火车与槽罐车约有 4 m 高的位差,装卸直接采用自流方式,即用 4 条塑料管(两头橡胶管)分别插入火车和槽车,依靠高度差,使甲苯从火车罐车经塑料管流入槽罐车。约 8 时 30 分,第一车甲苯约 13.5 t 被拉回仓库。约 9 时 50 分,开始装卸第二车。槽罐车司机将车停放在预定位置后与安全员到离装卸点 20 m 的站台上休息,1 名装卸工爬上槽罐车,接过地上装卸工递上来的装卸管,打开槽罐车前后 2 个装卸孔盖,在每个装卸孔内放入 2 根自流式装卸管。

4 根自流式装卸管全部放进汽车槽罐后,槽罐车车顶上的装卸工因天气太热,便爬下槽罐车去喝水。人刚离开槽罐车约 2 m 远,槽罐车靠近尾部的装卸孔突然爆炸起火。爆炸冲击波将 2 根塑料管抛出车外,喷洒出来的甲苯致使槽罐车周边一片大火,2 名装卸工当场被炸死。约 10 min 后,消防车赶到。经 10 min 的扑救,大火全部扑灭,阻止了事故进一步扩大,火车罐车基本没有受到损害,但槽罐车已全部烧毁。

据调查,事发时气温超过 35 ℃。当槽罐车完成第一车装卸任务并返回火车装卸站时,汽车槽罐内残留的甲苯经途中 30 min 的太阳暴晒,已挥发到相当高的浓度,但未采取必要的安全措施,而是直接灌装甲苯。没有严格执行易燃易爆气体灌装操作规程,灌装前槽罐车地导线没有接地,也没有检测罐内温度。

(1)事故发生的直接原因。

装卸作业没有按规定装设静电接地装置,使装卸产生的静电火花无法及时导出,造成静电积聚过高产生静电火花,引发事故。

(2)事故发生的间接原因。

高温作业未采取必要的安全措施,因而引发爆炸事故。事发时气温超过 35 ℃。当槽罐车完成第一车装卸任务并返回火车装卸站时,汽车槽罐内残留的甲苯经途中 30 min 的太阳暴晒,已挥发到相当高的浓度,但未采取必要的安全措施,而是直接灌装甲苯。

6.3.2　塑料导管引发的静电事故 ···□

化工作业过程中常有物料的转移,在抽送易燃易爆化学品时,需用防静电塑料管,并采取相应的静电消除措施,以预防产生静电,引发事故。

事故案例:2002 年 12 月,在江苏省丹阳市某厂浆料车间,工人们用真空泵吸醋酸乙烯到反应釜中,当桶中醋酸乙烯约剩下 30 kg 时,突然发生了爆炸。工人们自行扑灭了大火,其中 1 名工人被烧伤。经现场查看,电器开关、照明灯具都是全新的防爆电器,吸料的塑料管悬在半空,管子上及附近无接地装置,有一只底部被炸裂的铁桶。

此案例为较典型的静电事故。此次爆炸事故的原因是:醋酸乙烯的物料在快速流经塑料管道时产生静电积聚,当塑料管接触到零电位桶时,形成高低压电位差产生放电,电火花引爆了空气中的醋酸乙烯蒸气。

事故发生的原因分析如下。

①醋酸乙烯是无色液体,有挥发性,曝光容易聚合成固体。其闪点为-7.78 ℃,爆炸极限浓度为 2.6%~13.4%,属于易燃液体。其蒸气能与空气形成爆炸性混合物,遇火星、高热、氧化剂有发生火灾的危险。

②物料在管道输送过程中有静电积聚现象。塑料管导电性能差,使静电积聚情况更加严重,物料中及塑料管壁上含有高位静电。

③醋酸乙烯蒸气与空气形成可燃性混合气体。

④当带有高位静电的塑料管接触到铁桶时,形成放电,产生火花,引爆可燃性混合气体。

6.3.3　静电引爆可燃性混合气体的事故

在化工生产中,有很多化工原料的蒸气可以与空气形成可燃性混合气体,而这些气体在产生时并不明显,容易被忽略,而如果恰好有静电产生了火花,容易发生火灾甚至爆炸事故。

事故案例:2002 年 7 月,江苏省姜堰区某厂二车间的离心机(封闭式)在刚开始分离从搪瓷反应釜卸出的 W-100-1 纺织用抗氧化剂和甲苯溶剂时,突然发生爆炸,致使 1 名职工死亡,1 名职工重伤。调查发现,此物料经过 23 h 不停的机械搅拌,又经过塑料导管直接送入离心机,离心机转鼓内垫有非导电的化纤过滤布袋。因此,可以判断,经长时间搅拌,含有甲苯溶剂的物料产生静电积聚,快速流经塑料管道时,静电荷得到加强。当物料进入离心机时,带有很高的电位,但如果没有电火花是不能引爆的。低电位点是转鼓上部暴露的螺丝,当物料冲击到离心机的转鼓时,高压电位与螺丝顶端的零电位形成电位差而引发放电,产生了火花,引爆了离心机内混合性爆炸气体。

事故发生的原因分析如下。

①物料在反应釜中经长达 20 多个小时的机械搅拌,积聚了静电荷。由于该釜是搪瓷反应釜,所积聚的静电不能通过反应釜接地线入地,物料中含有高位静电。

②反应釜与离心机进料口采用塑料管道连接,由于塑料管为绝缘体,当反应釜内的物料快速流经连接管时,原料液中积聚的静电不但得不到有效的释放,反而因为快速流动而得到增强。

③该离心机脱液和甩干的物料为甲类易燃液体甲苯溶剂,甲苯的闪点为 4 ℃,易挥发,具有快速流动时易产生和积聚静电的特性。从反应釜中放出的物料的温度是 10 ℃左右,具备了闪燃和可燃条件。

④离心机中的空气和甲苯蒸气迅速形成爆炸性混合气体。甲苯的爆炸极限为 1.2%~7%(体积分数)。

⑤离心机中过滤布袋材质为丙纶纤维,是非导电体,不能将物料中的静电传导到离心机金属转毂后及时入地;加之过滤布袋未能遮盖住转毂罩壳顶部的螺栓,带有高压静电的物料与紧固螺栓顶端的零电位形成电位差——放电条件具备了,并产生了电火花,引爆了离心机内爆炸性混合气体。

6.3.4　油罐采样闪爆事故

多年来国内外石油工业的静电事故不断发生,造成巨大的经济损失和人身伤亡。由于防静电方面的安全管理制度没有出台,操作人员当时的操作并未违反操作规定,调查人员往往查不出事故的原因,因此静电事故给人一种神秘感。

我国石油工业近年来发展较快,伴随而来的是静电事故也屡屡发生。值得注意的是,静电往往在油品储存和装卸两个环节发生,从而引发油罐爆炸事故。这些事故的发生,主要原因是人们缺乏对石油静电知识的基本了解,以致操作和管理不够科学,直接危及企业的经济效益和安全生产。静电事故原因虽不复杂,但具有极大的隐蔽性,在管理上给企业带来了巨大的压力。

事故案例:2005年春末,某企业采样人员在轻油罐顶采样时发生了一起轻微闪爆着火事故,未造成人员伤亡和其他设备损坏。

该企业采样人员携带1个样品瓶、1个铜质采样壶、1个采样筐(铁丝筐),在一化工轻油罐和罐顶进行采样作业。8时30分左右,当采集完罐下部和上部样品,将第二壶样品向样品瓶中倾倒结束时,采样绳挂扯了采样筐并碰到了样品瓶,样品瓶内少量油品洒落到罐顶。为防止样品瓶翻倒,采样人员下意识去扶样品瓶,几乎同时,采样壶的壶口及采样绳上吸附的油品发生着火。采样人员立即将罐顶采样口盖盖上,把已着火的采样壶和采样绳移至楼梯口处,在罐顶呼喊罐下不远处供应部的人员报警,采样绳及油口燃尽后熄灭。

这次事故尽管未造成人员伤亡和财产损坏,但是说明了在采样作业过程中存在严重的事故隐患。如果不认真加以分析,今后就会发生更大的事故。

闪爆着火事故发生后,经现场勘查,并向事故发生时在场人员和其他有关人员了解情况,认为静电是引起这次着火事故的直接原因,并从以下几个方面进行了深入分析。

(1)静电的积聚。

本次事故中,静电积聚来源于以下三个过程:

①采样人员没有控制提拉采样绳速度的意识,在采样作业时猛拉快提,使采样壶在与油品及空气频繁的快速摩擦中产生静电;

②在采样作业过程中,采样人员所戴橡胶手套与采样绳之间亦频繁摩擦产生静电,当接触采样壶时,橡胶手套上的静电传导至采样壶,并在壶的边沿部位积聚;

③罐中油品表面积聚了一定数量的静电荷,在采样壶与其接触时传导至采样壶。

(2)静电的接地。

在采样作业过程中,静电的泄漏与消除主要是通过静电接地来完成的,即将设备(采样壶和油罐)通过金属导体和接地体与大地连通并形成等电位,并有符合规范要求的电阻值,将设备上的静电荷迅速导入大地。根据《液体石油产品静电安全规程》(GB 13348—2009)及《石油与石油设施雷电安全规范》(GB 15599—2009)的有关规定,设计油罐时,不仅要考虑防静电,更要考虑防雷电灾害。防雷接地、防静电接地和电气设备接地可以共用同一接地装置。上述规范规定的防雷电冲击的接地电阻值不大于$10\,\Omega$,而防静电接地电阻值不大于$100\,\Omega$。

根据调查,此罐封罐时间为前一天的23时,至事发当日8时30分,有将近9.5 h的静置时间。该罐为内浮顶罐,设有检查井。当时满罐操作,浮顶充分接触油面,所以油品表面积聚的静电荷能够被充分地导走。这说明罐中油品表面即使积聚了静电荷,也不是静电积聚的主要来源。经现场考察,有以下两点造成采样壶的前两个积累过程中静电难以消除。具体情况如下。

①在罐顶采样操作平台上,操作口的两侧没有供采样绳、检查等工具接地用的接地端子,采样人员在采样作业时,采样壶、采样绳未采取任何接地措施,导致采样壶、采样绳上的静电无法及时导走。

②采样绳名为防静电绳,实为非金属的防静电绳,而非金属防静电绳与铜质采样壶材质不同,且导电性极差。两者的接合部是采样绳简单地在采样壶的提手上打了一个普通的结扣。即使采样绳可接地,采样壶上的静电荷通过采样绳在短时间内也难以及时消除。

(3)静电放电。

当采样人员采完第二壶油样品,起身准备去采第三壶油样品时,由于采样绳挂扯了采样筐并碰到了样品瓶,为防止样品瓶翻倒,采样人员下意识去扶样品瓶,松开了手中的采样壶,采样壶与罐顶平台发生接触。由于采样壶积累了大量的静电荷,与接地的罐体相比,存在着较高的电位,在接触的瞬间产生静电火花,引燃了样品瓶洒落的油样和采样绳。

(4)人体静电。

静电的积累方式多种多样。本次事故虽不是由人体静电引起的,但罐顶采样过程中,人体静电是一个绝不可忽视的危险源。身体带静电的人,当触及接地导体或电容较大的导体时,就可把所带电能以放电火花的形式释放出来。这种放电火花对于易燃物质的安全操作是一个威胁。

6.3.5　化工粉体静电事故

在聚烯烃、聚酯等石油化工粉体的生产和包装过程中,在造粒、干燥、掺混过程中均可产生可燃、易燃化工粉体。高绝缘化工粉体在风送管道输送时会高度带电,静电在料仓内不断积聚,可能导致物料在掺混、包装过程中发生粉体静电燃爆事故。

事故案例:2005 年 4 月 20 日,燕山石化公司化工一厂低压聚乙烯车间 B 线正常开车,颗粒料仓 TK-2451A(高 23 m,直径为 5.5 m,材质为铝镁合金)中贮存的是聚乙烯过渡料,20 日下午产品合格后停止进料。经掺合分析后于 21 日 8 时 30 分向低压聚乙烯装置包装岗位送料,11 时 50 分左右,料仓 TK-2451A 突然发生爆鸣,将料仓顶部撕裂,随后料仓内残余粉尘燃烧,将料仓底部约 1 m 高仓体烧穿。12 时 35 分火被完全扑灭。事故中无人员伤亡,直接经济损失约 4.5 万元。

本次事故发生的主要原因是:聚乙烯颗粒在输送、掺混过程中,相互碰撞或与管壁碰撞,产生细小的聚乙烯粉尘;聚乙烯颗粒在输送过程中,相互摩擦或与管壁摩擦产生静电,在旋风分离器 M-2454 内静电积聚(原工艺设计中未要求此设备设置静电接地设施)、放电产生火花,引燃粉尘并产生爆鸣,随后燃烧物沿管道进入 TK-2451A,引发该罐闪爆和罐内聚乙烯粉尘燃烧。

2002 年 2 月 23 日,辽阳石化分公司聚乙烯装置大量乙烯气体泄漏,被破裂的视镜上方的引风机吸入空气干燥器发生爆炸,造成 8 人死亡,17 人受伤。事故现场图可扫描二维码 6-9。

二维码 6-9

此次事故给聚乙烯生产敲响了警钟。事故发生的原因是粉料输送过程中产生大量静电,而系统内未反应的乙烯从破裂的视镜溢出,装置内四处弥漫的乙烯气体被干燥器引风机吸入送至沸腾床干燥器,乙烯与空气混合形成了爆炸性气体,由静电放电火花引爆。

通过以上两个事故,简单总结预防粉体静电事故的措施如下。

①去除或抑制可能诱发火花放电和传播型刷形放电的条件,杜绝高能放电。

②落实生产过程中气体和微细粉尘控制管理,确保料仓中混合物料的最小点火能高于沿面放电能量。

③加强物料风送过程静电安全管理措施。如及时处理容器或管道中的粘壁料,涂层用临界电压 ≤ 4 kV 的材料。维护好造粒机、旋风分离器,将孤立导体接地,为金属突出物表面做防静电处理。维护好净化风系统,调整净化风风量,保证足够的净化时间和操作程序。

④当进入料仓装置的物料带电量高时,可参考《石油化工粉体料仓防静电燃爆设计规范》(GB 50813—2012),在料仓进料口、放料口或下料包装口宜设置离子风静电消除器,防止料仓内静电荷积聚诱导静电放电;采取物料包装静电防控措施,控制物料、料袋及人体静电,解决打包作业静电打火和电击问题,同时避免因静电吸附粉尘对产品质量造成不良影响。

6.3.6　气瓶静电事故

我国气瓶爆炸致人员伤亡、财产损失的事故较多,其中静电引起的事故占有一定的比例。

事故案例一:1998 年 10 月 8 日 10 时 40 分左右,黑龙江省哈尔滨化工二厂四车间成品库发生氧气瓶爆炸事故,导致现场的 2 名装卸工 1 死 1 伤。事故发生四车间充灌岗,操作压力为 12 MPa,操作温度为 20 ℃,成品库房内有氧气瓶 45 只。

经现场勘查,共 3 只气瓶发生爆炸,其中 1 只气瓶外表为绿色油漆,检验期标记为 1989 年和 1994 年,公称压力 15 MPa,容积为 40.4 L,这只气瓶爆破成十几块碎片。碎片内壁呈黑色,断口呈人字纹,无明显的塑性变形,全部为脆性断裂。其角阀为氢气阀。爆炸的另 2 只气瓶颜色为淡蓝色,呈撕裂状,断口有明显的被打击的痕迹,被打击处向内凹陷,并有高温氧化的痕迹。还有 3 只被击穿的气瓶,均留有不规则孔洞,孔洞口向内凹陷,并有高温氧化的痕迹。面积为 70 m² 的氧气瓶成品库天棚和西侧墙被炸塌,山墙严重变形,铁皮包的门被爆炸碎片穿出一个直径为 20 cm 的洞,附近 2 处厂房玻璃被震碎。死者身体被炸成多块碎片,伤者被炸成终身残疾。

（1）事故原因及分析。

从爆炸碎片的内外表面颜色看,其中 1 只气瓶的碎片外表为绿色油漆,内表面呈黑色,角阀为氢气阀,说明这只气瓶是氢气瓶。被捡回的内壁呈黑色的碎片共有十多片,其断口形貌没有明显的塑性变形,断口呈人字纹,均为脆性断裂。分析认为这只氢气瓶内残余有氢气。充装氧气(氢气在空气中的爆炸极限为 4%~74.1%)后形成了可爆性混合气体,在转动角阀时,产生静电引发了氢氧混合气体的化学爆炸。另外 2 只被撕裂的气瓶内壁只有锈蚀,无黑色油脂,断口呈脆性断裂形貌,断口局部有明显的被击打的痕迹,内凹并有高温氧化痕迹,说明这 2 只气瓶距爆炸点很近,被爆炸碎片的冲击波打击超过其承受力,失稳破裂,属物理爆炸。

①事故发生的直接原因:装卸工在装运氢气瓶时错充氧气,试压转动角阀时产生静电,引发瓶内的氢氧混合气体爆炸,这是导致本起事故的直接原因。

②事故发生的主要原因:气瓶充装前在检瓶过程中,由于被检查气瓶油漆脱落严重,且污物多,检查员未认真辨认,错将氢气瓶当成氧气瓶,送充装岗充装,充装人员也未及时发现,这是导致这起事故的主要原因。工厂、车间领导在贯彻执行国家标准规程时贯彻执行不认真,对工人的工作质量要求不严,充装前后的检查出现纰漏,检查不够,存在问题未能及时发现,这是导致这起事故的间接原因。

(2)事故预防措施。

①责令工厂立即停止氧气瓶的充装和检验业务,待劳动部门重新审查合格后方可从事上述业务工作。

②今后在气瓶充装验收过程中,严格执行《永久气体气瓶充装规定》(GB 14194—2006)及工厂车间有关操作规程、安全规定。

③储存、装卸运输过程中,严格执行关于气瓶充装运输、储存使用的有关规定。

④建立健全并严格执行充装前、后的检查制度。在空瓶验收工作中,对超期气瓶,漆色严重脱落、辨认不清的气瓶,严禁充装;发现充装后有异常或漆色不对等情况时要做好记录,并报有关领导妥善处理。

⑤在气瓶出厂前应由专人负责试压工作,严禁装卸人员进行试压。

⑥工厂主管安全的领导要定期对氧气充装车间进行检查,发现问题及时处理,并做好检查和处理的记录。

气瓶充装单位必须获得气瓶充装许可证,如随意充装,没有气体充装爆炸极限设计,则混合易燃气体遇上静电,将不可避免地发生事故。

事故案例二:2016 年 10 月 10 日上午,辽宁省大连化学物理研究所(以下简称大连化物所)某研究人员进入实验室做实验,在打开气瓶瓶阀瞬间气瓶突然发生爆炸,其中一块气瓶瓶体碎片插入研究人员右腿。气瓶爆炸产生了火焰,造成研究人员面部、双上肢烧伤,并且点燃周围的一台电脑。

(1)事故发生的直接原因。

气瓶内充装的混合气本身具有可爆性;操作人员在打开瓶阀瞬间,不可避免会造成混合气体从高压向低压流动,产生静电或高温,具有了点火能量,点燃密闭气瓶内的可燃混合气体,引起爆炸。在毫秒级时间内气瓶内的压力超过气瓶能够承受的爆破压力,造成气瓶爆裂,同时强大的压力波对周围人员和环境造成伤害,瓶内喷射的火焰形成可见的火球,点燃周围物体。

(2)事故发生的间接原因。

①气瓶充装单位科纳公司,违反《中华人民共和国特种设备安全法》第四十九条的有关

规定,未取得气瓶充装许可,擅自从事气瓶充装活动;充装人员未取得特种设备作业人员证,不具备基本的气瓶安全知识,充装混合气体前未进行混合气体爆炸极限计算,将充装了可爆性混合气体的气瓶,提供给气体使用者大连化物所。这是本次事故发生的主要原因。

②气瓶使用单位大连化物所,违反《中华人民共和国安全生产法》第四十六条的有关规定,未对科纳公司在大连化物所内的安全生产工作进行统一协调、管理,安全检查不到位,未及时发现和制止科纳公司在其提供的库房内非法充装事故气瓶。

（3）事故预防整改措施。

①要求科纳公司立即停止气瓶充装活动,在未取得相应的气瓶充装许可证以前,不得从事充装气瓶活动。作为瓶装气体经销单位,科纳公司应严格按照气瓶安全技术监察的有关规定,加强对气瓶的安全管理;采购的气瓶必须是取得相应气瓶充装许可的单位提供的合格气瓶;禁止将气瓶内的气体直接向其他气瓶倒装。

②要求大连化物所加强园区内所属单位生产安全的监管。园区内所属单位签订专门的安全生产管理协议,严格遵守安全生产法律法规规定,履行安全生产管理职责,对其安全生产工作进行统一协调、管理,定期进行安全检查,发现有安全生产非法违法行为的,应当及时劝阻并向有关部门报告。加强对瓶装气体供应商的安全管理,开展供应商评价,使用取得气瓶充装许可的单位充装的合格气瓶。加强实验室使用气体的安全管理,特别是首次使用的混合气体前,要进行危险源辨识、风险评价和确定必要的控制措施。

6.3.7 人体静电引发的事故 ···□

在化工生产中,在对易燃物质的各种操作中,人体静电是一个绝不可忽视的危险源。

事故案例:1987 年 11 月 30 日,一辆东风 140 型槽罐车在一个油库装 0 号柴油。在装油的过程中司机爬到槽罐车顶部想观察一下柴油在储油罐内装到什么位置,就在这时发生了爆炸。爆炸的气浪将司机掀到地上,司机脸部和手部烧伤,身上的衣服也着火了。幸亏抢救及时,没有酿成大祸。

（1）事故发生的原因。

事后对事故的调查发现,现场没有任何违章行为,周围也没有明火作业,柴油的性能又比较稳定,爆炸是如何引起的呢? 后来请教了专家,专家调查后找出了如下原因:

①这辆车在此前装过汽油,汽油卸完后接着装柴油,汽油的残留物形成蒸气挥发与空气混合成可燃气体,聚集在槽车的顶部;

②这位司机身着羽绒服,内穿毛衣,下身的裤子是用化纤材料做成的,里面穿的是尼龙裤。就是说,在这位司机身上,不同质地的衣料摩擦使静电积聚达到了一定的数量,当他爬上槽罐车的顶部观察油位时,身上的静电放电,点燃了汽油与空气的混合体,由此而引发爆炸。

这是一例人体静电引发的事故。据了解,由于作业人员行动时身上带静电引起的事故还不在少数。

（2）事故预防措施。

①在油罐作业时，作业人员要着防护服，远离作业现场。

②汽车运输易燃液体时，由于苯、汽油等电阻率比较大，在摩擦、震动的作用下极容易积聚静电。特别是罐车运输的汽油在罐装时速度较快，极易产生和积聚静电。因此这类槽（罐）车必须配备除静电的装置。

③灌装管道应当用导电橡胶制成。灌装管道要直接插到桶底或罐底。桶或罐要直接与地面接触，以方便电荷泄漏，从而避免静电放电引发的事故。

6.3.8 静电事故的预防

静电导致的主要危害是爆炸和火灾。静电可在瞬间释放，具有放电能量大的特点，所以采取有效措施防范静电具有重要的意义。

静电防范的关键在于：减少静电的产生；采取有效措施导走或者中和产生的电荷，避免其发生积聚；避免足够能量的静电放电；避免形成爆炸性混合气体。

1. 控制静电的产生

①对于管道、设备来说，需要确保其光滑、整洁、无棱角。尽量使用具有较强防静电性能的先进材料、工艺和设备。

②加强对物料传输速度的控制，降低摩擦速度或流速等工作参数可限制静电的产生。一般规定：当电阻率不超过 $10^7\ \Omega\cdot cm$ 时，流速不超过 10 m/s；电阻率在 $10^7\sim10^{11}\ \Omega\cdot cm$ 时，流速不超过 5 m/s；电阻率大于 $10^{11}\ \Omega\cdot cm$ 时，流速更低。当向空罐中装液时，先控制流速不超过 1 m/s，当入口管浸没 200 mm 后可提高流速，高出管线出口 0.6 m 时，再达到规定速度。

③做好过滤器的改进工作。诸多实践和研究表明，对化工企业生产来说，过滤器与油泵、管线相比，是更大的静电源。所以，需要重视过滤器产生静电的问题，在材质和设计方面进行优化与改进。对于存在爆炸性混合物的场所，需要采用齿轮传动。必要时需要采用皮带传动方法，优先选择防静电皮带。

④把操作人员身上的电荷导掉。为了防止人体形成点燃性放电，应保证把操作人员身上的电荷快速地导掉；操作人员应穿戴防静电工作服、防静电鞋、防静电手套等，做好防护措施。

⑤为了避免储油罐和汽车油罐中出现爆炸性混合物，多采取浮顶式油罐设备和密封装车工艺，其目的在于减少浮顶式油罐内部蒸气空间，避免形成爆炸性混合气体，保证生产储运的安全。

2. 导走或中和产生的静电，避免静电积聚

（1）接地。

接地法适用于加工、存储、运输各类可燃液（气）体或者液化烃以及粉体的设备及管道进出装置，另外爆炸火灾危险区域的边界位置、管道泵以及过滤器、缓冲器均需要进行接地处理。结合防静电接地的特点，静电接地的连接方法主要包括直接接地、间接接地和跨接接地。

①直接接地主要指金属体和大地进行导电性连接,对于可能形成静电荷带电的金属导体,以及有可能受到静电感应的金属导体,均需要使用这一方法。

②间接接地主要指将金属以外的物体表面全部或者局部与接地的金属体进行紧密连接的一种接地方式。

③跨接接地主要指不同物体之间的电气连接,确保被接两端的电位大致相等。对于两个及以上相互绝缘并且和大地绝缘的金属导体来说,需要在金属导体之间进行跨接连接,之后进行接地。

对石油化工企业来说,多数情况下危险塑料需要在密闭的设备和管道中进行输送与处理,因此静电引燃的风险较大,需要对防爆区域采取下述措施做好防静电接地。

①危险环境外的管道并不需要防静电接地,对于一般现场的危险物料管道不划分为危险环境。

②爆炸危险环境中的金属器具、机组和贮罐均需要进行接地。如果贮罐的容量超过 50 m³,需要具备两处接地。对于电气通路系统中的管道和金属设备来说,装置中至少需要具有两处接地。管道与设备的法兰连接位置,可以通过螺栓等紧固件进行连接,并不需要增加跨接线。

③对于汽车槽车、铁路罐车等来说,需要设置专门的接地接头或者防静电接地装置。汽车槽车运行阶段需要设置专门的导电橡胶拖地带,将其稳定连接在槽车上,垂挂到地面上。

④对于爆炸危险区域中的油品、液化石油气、天然气等管道中的法兰、胶管两侧连接位置需要使用金属线跨接。法兰的连接螺栓不可超过 5 个,如果在易腐蚀的环境下,需要采取跨接的方式。金属采样器、检尺器、测温器需要通过导静电绳索接地。另外,需要注意,防静电接地装置的法兰跨接的接触电阻需要低于 0.03 Ω。

⑤为了能够形成闭合回路,有效避免火花放电,对危险装置中的平行管道间距进行严格控制,不可超过 10 cm,每隔 25~30 cm 通过连接线进行连接。如果管道相交或者与金属梯子、台子的金属结构的距离不足 10 cm,需要使用连接线进行连接。为了避免高电位入侵,金属管道需要在引入装置处进行接地。

（2）增加生产车间空气湿度。

在生产车间内部安装数量足够的空调,或者在生产车间内利用喷雾装置进行喷水,或者在生产车间内悬挂含有水量充足的毛巾等,都能快速增加生产车间内空气的湿度,静电在这种环境下很难发挥作用,由此可将静电可能造成的危害降到最低。对空气湿度与静电产生的危害大小的关系进行研究发现,在可以增加空气湿度的生产车间内,将空气湿度控制在 80%左右时,静电所能造成的危害是最小的。除此之外,石油化工企业生产所需的原材料在运输过程中所携带的静电电量是最大的,所以原材料运输到工厂以后不能立即对其进行加工,要放置一定时间,在放置过程中静电电量会逐渐消耗,等静电完全消除后再使用。

（3）填充抗静电试剂。

石油化工企业生产过程中所填充的抗静电试剂是能够有效避免静电产生危害的一种试剂,这一类试剂的导电性能较强,并且具备较好的吸收湿度的能力。所以,填充抗静电试剂能够有效降低原材料的电阻,加快静电电量的消耗,将静电产生的危害降到最小。但是这一方法存在一个问题,就是一般抗静电试剂都具有较高的毒性和腐蚀性能,在进行填充的过程中,相关人员一定要做好个人安全防护工作,确保自身的安全。此外,对粉末状材料或者蒸气无法进行抗静电试剂的填充,因此在这类材料的问题上要根据实际情况来选择其他抗静电措施。

3. 降低周围危险因素

在化工生产的很多工艺过程中,都要用到有机溶剂和易燃液体,由此带来爆炸和火灾危险。在不影响工艺过程的正常运转和产品质量合格且经济上合理的前提下,用不可燃介质取代可燃介质是防止静电引起爆炸和火灾的主要措施之一。

消除杂质,避免油品和水、空气混合以及不同油品混合,降低爆炸性混合物浓度,使其处在爆炸极限之外。当爆炸性混合物的浓度低于爆炸下限或高于爆炸上限时,都不会造成混合物爆炸,故可在爆炸和火灾危险场所采用通风装置或抽气装置及时排出爆炸性混合物,使其浓度不超过爆炸下限,防止静电火花引起爆炸和火灾。

减少氧化剂含量。该方法实质是充填氮或其他不活泼的气体,减少气体、蒸气或粉尘爆炸性混合物中氧的含量,消除燃烧条件,防止爆炸和火灾。

6.4　关于 CO_2 的安全事故与预防

二氧化碳(CO_2)作为一种常见气体,在常温下是一种无色无味气体,无毒,密度比空气略大,能溶于水,一般不燃烧,也不支持燃烧。CO_2 广泛用于饮料、食品保鲜、气体保护焊接、消防灭火等行业。由于 CO_2 无毒,无气味,不助燃,因而人们往往忽视了 CO_2 气体的危害性。

6.4.1　由 CO_2 引起的中毒事故与预防

CO_2 在低浓度时对呼吸中枢起兴奋作用,在高浓度时则产生抑制甚至麻痹作用,其中毒机制中还兼有缺氧的因素。

①急性中毒。人进入高浓度 CO_2 环境,在几秒钟内就会迅速昏迷倒下,出现反射消失、瞳孔扩大或缩小、大小便失禁、呕吐等症状,更严重者会出现呼吸停止及休克,甚至死亡。固态(干冰)和液态 CO_2 在常压下迅速气化,能造成-80~-43℃低温,引起皮肤和眼睛严重的冻伤。

②慢性影响:经常接触较高浓度的 CO_2 者,可有头晕、头痛、失眠、易兴奋、无力等神经功能紊乱等症状。

CO_2 的职业接触限值:①时间加权平均容许浓度(PC-TWA)为 9 000 mg/m³;②短时间接触容许浓度(PC-STEL)为 18 000 mg/m³。

CO2 浓度与人体生理反应见表 6-1。

表 6-1 CO_2 浓度与人体生理反应

CO_2 浓度/ppm	人体生理反应
150~350	没有影响
350~450	同一般室外环境
350~1 200	空气清新,呼吸顺畅
1 200~2 500	感觉空气浑浊,并开始觉得昏昏欲睡
2 500~5 000	感觉头痛、嗜睡、呆滞、注意力无法集中、心跳加速、轻度恶心
大于 5 000	可能导致严重缺氧,造成永久性脑损伤、昏迷甚至死亡

化工企业中存在以下几种 CO_2 中毒危险情况:化学反应产生 CO_2 后设备管道泄漏;使用 CO_2 钢瓶时设备管道泄漏;在通风不良地方使用 CO_2 灭火器灭火;实验室使用大量干冰;在长期通风不良的各种污水池、地沟、冷库等场所内部。

事故案例一:江苏省丹阳市珥陵镇某集团公司化工助剂厂硝酸铅车间于 1999 年 8 月 1 日试产。在整个试产过程中,厂方发现该生产工艺设备上还存在一些缺陷,即转化池与反应釜不配套,盐析池与离心机不配套,严重影响生产工艺的优化。为了进一步完善工艺配套设施,厂方决定在转化车间增设一座转化池(圆形)。该工程于 10 月 22 日动工,10 月 30 日结束。转化池的作用是将原料烟道灰(主要成分为废铅粉末)、自来水和碳酸氢铵搅拌成混合物。

该池基建工程完工后,承租方分管技术和经营的负责人戴某于 11 月 1 日曾下到池底(池深 2.6 m,直径为 2.4 m)检查工程质量,未发现任何异常情况。11 月 11 日开始安装转化池聚氯乙烯(PVC)内衬(起防漏及光滑作用)。施工 3 天,前后有 4 人下池。11 月 13 日助剂厂对转化池进行了充注水试漏,经检查未发现任何漏水及其他问题,于 11 月 14 日将池内试漏的清水抽掉,池底仅剩下部分余水,约 0.3 m 深,拟用作使用前清洗用水。这以后一直没有人下过池,也未进行任何施工。

直至 11 月 17 日,由车间主任褚某带领 3 名工人,给该转化池安装搅拌机减速器(减速器安装在转化池池口平面的搅拌机上,作池内搅拌减速用)。在安装过程当中,无任何人发现有异常情况和不良反应。13 时 45 分时,正在进行安装操作的褚某不慎跌落到池底,且马上出现昏迷发抖等现象。一起工作的 3 人均认为他是摔伤所致,庄某、陆某 2 人立即下池抢救褚某,当他俩下到池底准备扶起褚某的同时也昏倒并伴有发抖现象,当时 3 人都未能说上一句话。

池上面的人此时已感到问题严重,马上大喊"救人",很快有几人赶到现场,见池内 3 人的情况,又误认为是触电所致,急叫人拉下总电闸,随后单位领导及其他员工均赶到现场。庄某某在关总电闸后从梯子上第一个下池底,紧跟随的沈某也下到池底,可当他俩下到池底后,摇晃两下后也跌倒昏迷在池内。这时候池上的救援人员意识到根本不是触电所致,可能是其他原因危及池内 5 人。此时在场的领导和职工都坚决阻止其他人再下池救人,立即用钉把将 5 人全部救出池外。不幸的是庄某、陆某、庄某某 3 人死亡。褚某、沈某 2 人治愈。

事故发生的直接原因是该厂硝酸铅车间生产中的反应釜产生大量二氧化碳,沉积到新安装的转化池内,由于 1 名安装人员不慎跌落到池底,其他人员相继下池抢救时中毒,这是造成这次急性二氧化碳中毒事故的直接原因。

事故案例二:2008 年 12 月 17 日 14 时左右,水解操作工张某发现双氰胺水解车间 2 号反应釜存在问题,即通知双氰胺车间中央控制室将釜内反应料放到二次缓冲罐,放完物料后将 2 号反应釜搅拌器固定套底盘拆除,同时将该反应釜顶部观察口打开,进行自然通风。张某于第 2 天约 9 时 30 分对其进行检修。张某进入反应釜罐内,其余 2 人负责从底部和顶部配合张某传递工具及监护,张某在 2 号反应釜罐内检修约 15 min,检修完毕后将工具传递至罐外,釜外 2 人离开现场。大约 3 min 后,2 人回到 2 号反应釜,发现张某趴在搅拌叶上,2 人立即下到 2 号反应釜内将张某救出,送厂医务室进行抢救,并通知 120 急救中心。医务室抢救约 20 min 后 120 急救中心医生赶到现场,确定张某已死亡。

(1)事故发生的直接原因。

事故后的现场检测数据表明,工人张某死亡原因为急性 CO_2 中毒。2 号反应釜内 CO_2 浓度远远超过标准,是标准的 11 倍。CO_2 浓度过高可致呼吸中枢抑制、体内 CO_2 潴留、呼吸性酸中毒和中枢麻醉窒息,最终导致窒息死亡。

(2)事故预防措施。

以上两起事故 CO_2 中毒窒息事故暴露了企业对 CO_2 气体危险性的认知不够,没有做好风险的预测。

①企业要制定切实可行的职业卫生操作规程,作业工人在设备检修时要按照操作规程操作以确保安全。

②车间内要有机械排风设施。

③企业要加强对工人的培训,不能流于形式;工人要有对有毒有害物质的防护意识。

④企业要制定职业病危害事故应急救援预案,组织工人进行学习和演练,提高工人遇到事故时的应急处理能力,避免盲目施救导致事故扩大。

6.4.2 CO₂ 气瓶爆炸事故与预防

气瓶作为储存压缩气体、液化气体、混合气体等的特种设备,在搬运、装卸、储存和使用方面需要严格遵守《气瓶安全技术规程》(TSG 23—2021)和《气瓶搬运、装卸、储存和使用安全规定》(GB/T 34525—2017)。瓶装二氧化碳虽不是易燃气体,但如果没有按照规程导致混装,也容易发生危险。

以下为二氧化碳气瓶混装氧气造成的燃烧爆炸事故。

事故案例一:1997 年 9 月 26 日晚 17 时 50 分,江苏省镇江市氧气厂充装车间正在充装一组氧气瓶,当充装压力达 10~11 MPa 时,一只钢瓶瓶阀安全膜片突然爆破喷出火焰,火焰瞬间即熄灭。充装工随即采取了紧急切换措施,未造成人员伤害和其他损失。

事故案例二:1999 年 5 月 16 日 16 时 25 分,江苏省镇江市某厂氧气充装站一组气瓶充装压力达 13 MPa,正在切换充氧总阀、关闭气瓶阀门过程中,一只钢瓶突然发生剧烈燃烧并爆炸。气瓶瓶体炸成三块,颈圈、底座飞离,瓶阀也碎成三块,连同防错装接头飞离至现场 15 m 外;气浪将 5 间 140 m² 瓶库屋顶石棉瓦全部掀飞, 8 樘钢窗玻璃全部震碎,墙体出现 6 m 长裂纹;爆炸冲击波将距离 1 m 外的水泵房、气瓶检验间窗户玻璃震碎。事故造成 1 名操作人员受伤。

经调查,以上两起气瓶燃爆事故,均是二氧化碳钢瓶混装氧气引起的。

(1)两起事故的共同点。

①瓶阀阀嘴处及喷出的残余杂质,均有强烈的柴油、煤油气味,检查瓶阀体外表有油污痕迹。

②钢瓶外表漆色均已磨光,呈现为金属锈色,从外观上已无法辨别是何种气体钢瓶,只有瓶肩处可隐约看出有铝白色。

③发生强烈燃烧的时机均在充氧压力达 10 MPa 以上,而且瓶阀安全膜片均首先被冲破,喷出火焰。

上文所述第一起燃爆事故:钢瓶内油脂量不多,瞬间燃烧完毕,造成压力升高,击穿瓶阀爆破膜片,迅速释放了燃烧能量,未造成钢瓶爆炸。

第二起燃爆事故:钢瓶中积聚了较多量的油脂(钢瓶爆炸后的碎片、防爆墙上和距爆炸点 7 m 处的一只灭火器上都喷有大量的炭黑和油污,操作工左裤脚管上也喷有大量油污),钢瓶内燃烧瞬间产生的高压来不及从爆破膜片处释放,造成气瓶爆炸。经估算,该只钢瓶爆炸时所释放的爆炸功,相当于气瓶爆炸前瓶内压力瞬间高达 70 MPa 左右。

(2)事故预防措施。

①液化二氧化碳生产厂商应着重提高二氧化碳提纯和净化生产工艺水平,严格执行国家标准,未达到产品标准的二氧化碳不得进入市场。

②所有气体产品充装站,均应严格执行国家有关规定,切实改变气瓶管理混乱的局面。

③气瓶充装前必须逐瓶检查,特别是要对气瓶内余气性质进行判别检查,对不符合充装要求的气瓶,坚决不予充装。严格执行气瓶充装前检查制度,对氧气充装单位十分重要,同样对二氧化碳充装单位和其他气体、液体充装单位也十分重要。

④钢瓶漆色准确、完好是防止气瓶混装的重要措施。针对目前气体市场钢瓶漆色普遍磨损不清的状况,应采取有效措施(如给气瓶安装防震胶圈、缩短气瓶油漆周期等)改变这一状况。

⑤氧气、氮气、空气、液体二氧化碳等钢瓶阀门均采用同一种类型(QF-2 型)氧气阀门,如果钢瓶漆色不清、充装前检查不力,这几种钢瓶极易产生混充。混充后,轻则影响产品质量(气体纯度变差),重则造成事故。

6.4.3　CO_2 惰化其他物质引发的事故与预防 ·······················□

CO_2 气体具有良好的抑爆性,效果甚至好于氮气。其原理是在可爆气体中混入 CO_2 惰性气体,可阻碍活化中心的形成,当 CO_2 达到一定浓度时,它可大量吸收可爆气体初期氧化反应所生成的热量,同时不断扩大氧分子与可燃气体分子接触的阻碍作用,从而使可爆气体显示惰爆性。随着 CO_2 气体浓度的增加，混合可爆气体爆炸下限略有增加，而爆炸上限则迅速减少。当 CO_2 气体与可爆气体混合比例达到一定值时，即 CO_2 气体浓度达到 23%，混合气体的爆炸上限与下限重合，可爆气体就失去了爆炸性。

但在进行惰化操作过程中需要注意由专业人员操作，并且去除周围其他能引起危险的物质。

事故案例一：1966 年，一艘石脑油油轮在纽约附近发生碰撞，严重受损。一些石脑油泄漏，其余的用泵输入另一个容器。物主们想把这艘船移到一个造船厂，在造船厂可以释放气体，调查损坏情况，但纽约消防局表示，在转移之前，应该先对船上的储罐进行惰化处理。因此，救援公司订购了一些 CO_2 气瓶和软管。两个储罐被惰化，但当 CO_2 排放到第三个储罐时，发生了爆炸，随后发生了火灾。4 人死亡，其他储罐在大火中发生了进一步爆炸。

CO_2 排放时，绝热冷却导致固体 CO_2 颗粒的形成，这些颗粒收集了静电电荷。电荷以火花的形式放电，点燃了储罐中石脑油蒸气和空气的混合物。提供 CO_2 的公司不知道救援公司会如何使用 CO_2，但警告救援公司使用 CO_2 对储罐进行惰化处理是危险的。该船被拖出海，并被炮火击沉。

几年后，法国也发生了类似的事件。在一次消防系统的试运行中，CO_2 被注入了一个装有喷气燃料的储罐。储罐发生爆炸，站在储罐顶部的 18 人全部遇难。

此类事故预防措施如下。

①在进行操作前制定切实可行的操作规程，作业工人在操作时做好安全措施。

②救援公司没有听取提供二氧化碳的公司的意见，仍一意孤行进行储罐钝化，违反了操作规范。

国内也发生一起用 CO_2 作为惰化气体引发的事故。

事故案例二：2008 年 8 月 2 日，贵州兴化化工有限责任公司甲醇储罐发生爆炸燃烧事故，事故造成在现场的施工人员 3 人死亡，2 人受伤（其中 1 人严重烧伤），6 个储罐被摧毁。

2008 年 8 月 2 日上午 10 时 2 分，贵州兴化化工有限责任公司甲醇储罐区 1 个精甲醇储罐发生爆炸燃烧，引发该罐区内其他 5 个储罐相继发生爆炸燃烧。该储罐区共有 8 个储罐，其中粗甲醇储罐 2 个（各为 1 000 m³）、精甲醇储罐 5 个（3 个为 1 000 m³、2 个为 250 m³）、杂醇油储罐 1 个（250 m³），事故造成 5 个精甲醇储罐和杂醇油储罐爆炸燃烧（爆炸燃烧的精甲醇约 240 t、杂醇油约 30 t）。2 个粗甲醇储罐未发生爆炸、泄漏。

贵州兴化化工有限责任公司因进行甲醇罐惰性气体保护设施建设，委托湖北省宜都市昌业锅炉设备安装有限公司进行储罐的二氧化碳管道安装工作（据调查该施工单位施工资质已过期）。

2008 年 7 月 30 日，该安装公司在处于生产状况下的甲醇罐区违规将精甲醇 C 储罐顶部备用短接打开，与二氧化碳管道进行连接配管，管道另一端则延伸至罐外下部，造成罐体内部通过管道与大气直接连通，致使空气进入罐内，与甲醇蒸气形成爆炸性混合气体。8 月 2 日上午，因气温较高，罐内爆炸性混合气体通过配管外泄，使罐内、管道及管口区域充斥爆炸性混合气体，由于精甲醇 C 罐旁边又在违规进行电焊等动火作业（据初步调查，动火作业未办理动火证),引起管口区域爆炸性混合气体燃烧,并通过连通管道引发罐内爆炸性混合气体爆炸,罐底部被冲开,大量甲醇外泄、燃烧,使附近地势较低处储罐先后被烈火加热,罐内甲醇剧烈汽化,又使5个储罐(4个精甲醇储罐、1个杂醇油储罐)相继发生爆炸燃烧。

(1)事故反映的突出问题。

①施工单位缺乏化工安全的基本知识,在施工中严重违规违章作业。施工人员在未对储罐进行必要的安全处置的情况下,违规将精甲醇C罐顶部备用短接打开与二氧化碳管道进行连接配管,造成罐体内部通过管道与大气直接连通。同时又严重违规违章在罐旁进行电焊等动火作业,没有严格履行安全操作规程和动火作业审批程序,最终引发事故。

②企业安全生产主体责任不落实。对施工作业管理不到位,在施工单位资质已过期的情况下,企业仍委托其进行施工作业;对外来施工单位的管理、监督不到位,现场管理混乱,生产、施工交叉作业没有统一的指挥、协调,危险区域内的施工作业现场无任何安全措施,管理人员和操作人员对施工单位的违规违章行为熟视无睹,未及时制止、纠正;对外来施工单位的培训教育不到位,施工人员不清楚作业场所危害的基本安全知识。

③地方安全生产监管部门的监管工作有待加强。安全生产监管部门对企业存在的管理混乱、严重违规违章等行为未能及时发现、处理。地方安监部门应加强监管,将各项监管措施落实到位。

(2)事故预防措施。

①切实加强对危险化学品生产、储存场所施工作业的安全监管,对施工单位资质不符合要求、作业现场安全措施不到位、作业人员不清楚作业现场危害以及存在严重违规违章行为的施工作业要责令其立即停工整顿并进行处罚。

②督促、监督企业加强对外来施工单位的管理,确保企业对外来施工单位的教育培训到位,危险区域施工现场的管理、监督到位,交叉作业的统一管理到位,动火、入罐、进入受限空间作业等危险作业的票证管理制度落实到位,危险区域施工作业的各项安全措施落实到位。对管理措施不到位的企业,要责令其停止建设,并给予处罚。

③各级安监部门要切实加强对危险化学品企业的监管,确保安全生产隐患排查治理专项行动和百日督查专项行动的各项要求落实到位,确保安全监管主体责任落实到位。

④企业应加强对从业人员的安全培训工作,增强员工的安全意识和应急能力。

⑤加强对外来施工人员的培训教育工作,选择有资质的施工单位进行施工,严格外来施工单位资质审查。

6.5　关于金属燃烧的安全事故与预防

从20世纪80年代起,薄金属填料的使用有所增加,随之而来的是金属火灾的增加。许多人没有意识到,金属以粉末或薄片的形式存在时,很容易燃烧,并且会产生比油火更高的温度。通常不被视为易燃的铝、铁、钛和锆在这些形式下也会燃烧,而且很难控制火势。

燃烧过程中少量的水可能会分解成氢气和氧气,从而使火灾恶化。除非有大量的水可以迅速扑灭很小的火灾,否则不应将水用于扑灭金属火灾。燃烧可以在二氧化碳、氮气和蒸汽的环境中继续,燃烧的金属可以与其他材料剧烈反应。使用氩气可以灭火,也可以使用特殊药剂灭火。如果存在任何金属氧化物,对氧更具亲和力的热金属可以与其反应(铝热剂反应)。例如,热的铝或钛可与铁锈中的氧反应,并产生足够的热量进行自维持反应。金属粉尘造成的事故给人们敲响警钟。

事故案例一:2012 年 11 月 20 日 10 点 40 分左右,深圳市宝安区松岗街道东方社区信新宇五金制品有限公司的打磨车间正在进行打磨、抛光作业。突然,一声巨大的爆炸声伴着大火覆盖了车间,玻璃被震碎,车间内 7 名工人被严重烧伤。

事故发生的原因:打磨、抛光作业产生的铝粉尘,在抽排过程中因采集管道内的铝粉尘浓度达到爆炸下限后,遇静电火花引发爆燃。

事故案例二:2012 年 11 月 24 日上午,深圳市龙岗区平湖街道平湖嘉瑞镁粉厂发生金属镁粉火灾、爆炸事故。火灾造成了 4 名工人烧伤。

事故发生的原因:装有镁粉的包装物存放在镁粉加工车间的门旁,事故发生前期,深圳为多雨天气,空气湿度大,地面潮湿,且下雨时有雨飘进车间,致使镁粉受潮、包装物内渗进雨水,从而造成镁粉与水发生剧烈的反应,产生易燃的氢气,放出大量的热,引起火灾(自燃)和爆炸。

事故案例三:一起金属火灾发生在 22 m 高、直径约为 1 m 的塔上,塔内装有钛填料。塔的性能显示有堵塞的迹象,因此将其停车并进行维修。火灾后经现场勘查,在第 3 填料段上方的再分配塔板上观察到小块钛。

事故发生的原因:可能不是所有的工艺材料都清除干净了,填料装置发生闪火,几分钟后,人们注意到一个发光的金属亮点。它的尺寸迅速增长,并毁坏了整个填料装置。最有可能的火源是自燃沉积物,火灾可能始于小块钛。尽管散装钛的自燃温度为 1 120 ℃,但粉状钛的自燃温度为 330 ℃。目前尚不清楚钛起火是发生在闪火之前还是闪火之后。

由以上事故可以看到粉尘状金属容易发生事故。金属燃烧事故的预防措施如下。

金属粉尘的燃烧可以沿用前面介绍的粉尘事故预防措施,尤其要注意的是必须从生产工艺技术、操作空间环境和安全管理入手,严格控制作业现场粉尘的浓度,杜绝一切点火源(如静电火花、明火等);粉尘车间建筑采用钢筋混凝土结构;将粉尘车间设置在单层建筑厂房;工房、成品库房所有门、窗框架均应采用金属材料制作;消除点火源;使用防爆的电气设备;防止静电蓄积;使加热器等保持低温;防止机械,特别是传动部分,由于摩擦、撞击、故障等原因而产生火花或异常的高温;使用有色金属工具以防止产生摩擦火花或撞击火花;改进工艺生产技术,采用惰性气体进行气力输送,控制物料尽量不产生静电;采取静电接地措施,使已产生的静电尽快逸散,避免产生积累,并构成一个闭合回路的接地干线,静电接地连接要求牢固,应有足够的机械强度承受机械运转引起的振动,防止脱落或虚接;严禁穿戴化纤衣物进入包装现场或进行包装作业,防止静电火花的产生;生产区域内的所有电气设施,包括电气开关、照明开关、临时机电及电工设备等,均应采用防爆型;在危险部位设置自动的烟感器或爆炸抑制装置,万一发生燃烧爆炸,可早检知,早抑制;禁止在爆炸性粉尘场所使用携带式电气设备;在产生粉尘的车间检修时应使用防爆工具;所有可能积累粉尘的生产车间和贮存室,都应及时清扫,及时清理生产车间的地面、集尘器、电气设备、设施上积累的粉尘;严禁与其他厂房设在同一建筑物内,宜建成无地下室的一层建筑,采用轻质屋顶和钢瓦结构,增加窗户等泄压面;培训员工,使其会正确选择和使用灭火剂。

6.6 关于铝水的安全事故与预防

铝材是轻量化的首选材料,交通运输业已成为铝材第一大用户。铝材的应用越来越广泛,未来将部分替代钢铁成为国民经济各部门和人民生活各方面的重要基础材料。

铝粉遇水潮湿易发生火灾、爆炸事故,此类事故由于不能使用水、二氧化碳等常用灭火器灭火,增加了灭火工作的难度。高温熔融铝液随时都有跑、溅、漏的可能,一旦与水接触,将导致剧烈的爆炸事故。除了冲击波超压造成的财产损失与人员伤亡外,高温铝液飞溅导致的灼烫伤害、溢流带来的连锁反应以及人体随气流运动导致的撞击伤害等都将带来不容忽视的严重后果。

近年来,铝粉企业事故频发。像前面介绍的江苏省昆山市中荣金属制品有限公司抛光二车间发生特别重大铝粉尘爆炸事故,其直接原因为除尘器集尘桶锈蚀破损,桶内铝粉受潮,发生氧化放热反应,达到粉尘云的引燃温度,引发除尘系统及车间的系列爆炸。

事故案例一:2022 年 4 月 3 日上午 11 时许,广东省清远市清城区源潭镇广东精美特种型材有限公司(以下简称精美公司)熔铸二车间 9 号井发生铝水爆炸事故,造成 4 死 1 伤。2022 年 4 月 3 日 7 时,熔铸二车间开始作业;11 时 10 分 22 秒,9 号深井铸造结晶盘出现铝水泄漏情况,大量高温铝水流入铸造深井,11 时 11 分 54 秒, 9 号铸造深井发生爆炸,爆炸引起邻近的 6 号铝加工铸造深井爆炸。事故现场图可扫描二维码 6-10。

二维码 6-10

经广东省应急厅组织专家现场勘查,初步判断事故发生的原因如下。

①现场工人违反操作规程,擅自脱岗,铸造现场无人监护,没有发现铸造结晶器泄漏铝水,也没有人员及时处置。大量高温铝水流入铸造深井后遇冷却水瞬间发生爆炸,爆炸引起邻近的铝加工铸造深井爆炸。

②该企业深井铸造结晶器等水冷元件的冷却水系统仅配置了报警装置,没有配置紧急切断联锁装置,不符合国家"铝七条"第四条要求,铝水在泄漏时无法自动处置。

事故案例二:2007 年 8 月 19 日 20 时 10 分左右,位于山东省滨州市邹平县境内的山东魏桥创业集团下属的铝母线铸造分厂发生铝液外溢爆炸重大事故,造成 16 人死亡、59 人受伤(其中 13 人重伤),初步估算事故直接经济损失 665 万元。这起事故是多年来有色行业铝液外溢爆炸造成的罕见重大伤亡事故,经济损失惨重,社会负面影响较大,教训十分深刻。

8 月 19 日 16：00 山东魏桥创业集团所属铝母线铸造分厂生产乙班接班组织生产，当班在岗人员 27 人，因铝母线铸造机的结晶器漏铝，岗位工人堵住混合炉眼后停止铸造工作。19 时 45 分左右，混合炉眼出现跑铝，铝液溢出流到地面，并有部分铝液流入回水坑内，熔融铝液与水发生反应形成大量水蒸气，体积急剧膨胀，能量大量聚集无法释放发生剧烈爆炸。事故示意图和事故发生后的车间现场图可扫描二维码 6-11。

二维码 6-11

事故发生后，现场的应急处置存在不当。当班人员发现漏铝后，20 min 左右未处理好，不但当班人员未撤离，反而更多人员涌入，这也是导致事故伤亡扩大的重要原因。

（1）事故发生的直接原因。

当班生产时，1 号混合炉放铝口炉眼砖内套（材质为碳化硅）缺失（是否脱落或破碎，由于现场知情人全部在事故中遇难，现场反复搜寻炉眼砖内套未果，目前难以判断事故前内套的真实状态），导致炉眼变大、铝液失控后，大量高温铝液溢出溜槽，流入 1 号 16 t 普通铝锭铸造机分配器南侧的循环冷却水回水坑，在相对密闭空间内，熔融铝与水发生反应同时产生大量蒸汽，压力急剧升高，能量聚集发生爆炸。

（2）事故发生的间接原因。

①该工程由无设计资质的山东魏桥铝电有限公司进行设计。设计图纸存在重大缺陷。铸造机循环水回水系统设计违反了排水而不存水的原则。该厂铸造车间回水管铺设角度过小，静态时管内余水达到管径的三分之一，回水坑内水深约 0.92 m，循环水运行时回水坑内水深约 1.28 m，常规设计应不大于 0.2 m。上述情况的存在造成铝液流出后与大量冷却水接触发生爆炸。

②工厂现场建设施工违反设计。一是将 1 号铸造机北侧和 2 号铸造机南侧的回水坑表面用 30 cm 混凝土浇铸封死，导致大量铝液与水接触后产生的水蒸气无法释放，能量大量聚集，压力急剧升高爆炸。二是厂房东区原设计为三条 16 t 普通铝锭铸造机生产线，现场实际安装了两条 16 t 普通铝锭铸造机生产线和两条铝母线铸造机生产线。造成现场通道变窄，事故发生时影响现场人员撤离，这是事故发生后人员伤亡扩大的原因之一。

③现场应急处置不当。当班人员发现漏铝后，20 min 左右未处理好，不但当班人员未撤离，反而更多人员涌入，这是导致事故伤亡扩大的重要原因。

④工厂制定的部分工艺技术和安全操作规程未履行审核和批准程序，也无发布和实施日期，且内容不明确、不具体。

⑤工厂制定的应急预案不符合规范要求，内容缺失，可操作性差。无应急报告程序、联络方式、组织机构和应急处置的具体措施。

6.7 如何有效预防事故的产生

①认真学习化工安全知识。只有掌握了各项安全知识才能更有效地预防各类事故的发生,才能更好地针对化学危险物品的特点做好个人防护及预防措施,才能纠正自身在操作中习惯性的违章行为,从而提高执行安全生产的自觉性,更好地履行员工安全职责,达到安全生产的目的。同时,每一位员工都要认真学习本岗位的业务知识,学精、学透,培训合格才能上岗作业,特殊工种还需要持证上岗。在化工企业中,很多岗位的技术复杂、原料品种反应工艺流程长、反应介质危险性高、设备往往高温高压等,只有做到人人熟悉业务、个个操作熟练,才能基本保证安全生产。

②建立合理的安全管理体系。只有建立健全合理的安全管理责任制,才能更好地杜绝因人为的疏忽所造成的各种事故的发生。只有把管理落实到厂级、车间级、班组级,抓住每一个薄弱环节,层层落实,才能更有效地做好各项安全生产工作,做到步步到位,不留死角。

③把"安全第一、预防为主"的方针落到实处,坚决杜绝各种违章违纪现象的发生,对生产中存在的不安全因素实行监控,查找隐患,控制危险源。夯实安全生产工作,采取行之有效的手段,防止重特大事故的发生。

④定期的做好安全教育培训和各项安全演练活动。组织职工学习各类事故发生的原因,总结经验教训,使广大职工通过安全活动的学习更深刻地认识到安全生产是一切事物的前提,督促全体员工认真学习各项安全知识,提高全员的安全防护能力,牢固树立"安全第一"的思想。

本章参考文献

[1] 蔡仰华.瓶装液氨使用安全状况调查分析[J].化工管理,2016(21):131-135.

[2] 罗静卿,苗韩得雨.铝粉尘爆炸机理与预防对策探析[J].北京劳动保障职业学院学报,2018,12(1):56-60.

[3] 袁辉.《严防企业粉尘爆炸五条规定》条文释义[J].现代职业安全,2014(10):4-5.

[4] 曾月香.化工企业静电风险及防范措施[J].化工管理,2022(18):82-84.

[5] 谭凤贵.聚烯烃料仓静电燃爆的危险分析及对国家标准的解读[J].硫磷设计与粉体工程,2015(1):21-25,5.

[6] 高鑫.石油化工粉体物料静电危害分析及预防措施[J].安全、健康和环境,2020(9):16-19.

[7] 林文建.化工厂静电危害与防护措施[J].化学工程与装备,2007(1):77-80,76.

[8] 史益锋.石油化工企业静电危害及防范措施分析[J].清洗世界,2022,38(2):41-43.

[9] 何强,李军,宋丹,等.石油化工企业的静电危害及防范措施[J].化工管理,2022(27):46-48.

[10] 潘建设.石油化工企业静电危害及防范措施研究[J].产业科技创新,2020(6):69-70.

[11] 李立.石油化工企业静电危害及防范措施[J].现代职业安全,2009(3):98-99.

[12] 孙东芳,孟育茹.某化工企业一起急性二氧化碳中毒事故调查分析[J].环境与职业医学,2010,27(9):566-567.

[13] 曹卫平.警惕:二氧化碳气瓶混装氧气造成燃烧爆炸事故[J].低温与特气,1999(3):49-51.

[14] 杨晓霞.国内外铝工业现状及发展前景[J].有色金属加工,2016,45(1):4-7.

第 7 章

与控制相关安全事故的根源与预防

　　化工生产过程中涉及的物质往往具有易燃、易爆、毒性大、易腐蚀等特点,而且工艺条件苛刻,有的化学反应要在高温、高压下进行,有的要在低温、高真空度下进行。与其他行业相比,化工生产潜在的不安全因素更多,危险性和危害性更大,因而对安全生产的要求也更严格。当某些工艺参数超出安全极限时,未及时处理或处理不当,便有可能造成人员伤亡、设备损坏、周边环境污染等恶性事故。通过有效的化工控制,可以确保生产过程的安全稳定,减小事故发生的可能性。

　　化工生产过程中产生的废气、废水等废弃物如果处理不当,也会对环境造成污染。通过有效的化工控制,可以减少废弃物的产生,减少对环境的污染。

　　由此可见,化工控制是确保企业长期稳定生产的关键因素之一。

　　《危险化学品重大危险源监督管理暂行规定》(原国家安全生产监督管理总局令第40号)中第三章第十三条规定:"重大危险源的化工生产装置装备满足安全生产要求的自动化控制系统;一级或者二级重大危险源,装备紧急停车系统";"对重大危险源中的毒性气体、剧毒液体和易燃气体等重点设施,设置紧急切断装置;毒性气体的设施,设置泄漏物紧急处置装置。涉及毒性气体、液化气体、剧毒液体的一级或者二级重大危险源,配备独立的安全仪表系统(SIS)"。这就明确了涉及毒性气体、液化气体等的一级或者二级重大危险源项目,除了配备基本的控制系统以外,还须设置独立的 SIS。

　　在化工行业中,生产过程控制尤为重要。如果生产过程控制失效,将会带来严重的危害,包括但不限于以下几点。

　　①产品质量问题:化工行业中的指标控制直接影响产品的质量和性能。如果控制失效,可能导致产品质量不达标,甚至可能给使用这些产品的人们带来危害或给环境造成损害。

　　②能源浪费和环境污染:节能降耗是化工行业的重要任务之一,如果控制失效,可能导致能源浪费和环境污染。如过高的能耗可能导致温室气体排放增加,而废物处理不当则可能对土壤和水源造成污染。

　　③生产安全问题:化工行业中的安全问题至关重要。如果安全控制失效,可能导致生产事故,造成人员伤亡和财产损失

7.1 反应器类控制失效安全事故的根源与预防

反应器是一种实现反应过程的设备,用于实现液相单相反应过程和液液相、气液相、液固相、气液固相等多相反应过程。反应器内常设有搅拌(机械搅拌、气流搅拌等)装置。在高径比较大时,可用多层搅拌桨叶。在反应过程中若物料需加热或冷却,可在反应器壁处设置夹套,或在反应器内设置换热面,也可通过外循环进行换热。反应器是化工生产的核心设备,其技术的先进程度对化工生产有着重要的影响,直接影响装置的投资规模和生产成本。

常用反应器的类型有以下几种。

①管式反应器。该类反应器由长径比较大的空管或填充管构成,可用于实现气相反应和液相反应。

②釜式反应器。该类反应器由长径比较小的圆筒形容器构成,常装有机械搅拌或气流搅拌装置,可用于液相单相反应过程和液液相、气液相、气液固相等多相反应过程。用于气液相反应过程的称为鼓泡搅拌釜(见鼓泡反应器);用于气液固相反应过程的称为搅拌釜式浆态反应器。

③有固体颗粒床层的反应器。在这类反应器中,气体或(和)液体通过固定的或运动的固体颗粒床层以实现多相反应过程。该类反应器包括固定床反应器、流化床反应器、移动床反应器、涓流床反应器等。

④塔式反应器。该类反应器是用于实现气液相或液液相反应过程的塔式设备,包括填充塔、板式塔、鼓泡塔等。

⑤喷射反应器。该类反应器是利用喷射器进行混合,实现气相或液相单相反应过程和气液相、液液相等多相反应过程的设备。

⑥其他多种非典型反应器。如回转窑、曝气池等。

7.1.1 釜式反应器

釜式反应器又称槽型反应器或锅式反应器,具有压力范围宽、适应性强、操作弹性大、连续操作时温度和浓度容易控制、产品质量均一等特点。当工艺要求较高转化率时,需要较大容积的釜式反应器。此类反应器通常在操作条件比较缓和的情况下操作,如常压、温度较低且低于物料沸点。

下面为一例釜式反应器事故的分析结果。

1. 事故简介

广东依柯化工有限公司(以下简称依柯公司)位于英德市清远华侨工业园精细化工基地扩充区。该公司成立于2020年。2021年7月4日,依柯公司发生反应釜爆炸事故,造成1人死亡,4人受伤。经调查认定,依柯公司"7·4"一般生产安全事故是一起因企业违法违规、非法生产引起的生产安全责任事故。

2. 事故经过

2021年6月,杨某红、易某华、郁某里召开股东会议,一致决定于7月2日在依柯公司车间进行反应釜调试。刘某霖因故缺席会议,其父亲列席了会议,会后将会议精神向刘某霖传达。7月1日,依柯公司进行设备整理工作,7月2日和3日进行了设备调试。

7月4日上午8时许,依柯公司总工程师易某华组织主操作员李某辉,操作员张某丽、郎某军、彭某莲、李某娣,机修员蓝某天等6名员工在甲类生产车间按计划进行投料试产二氯生。生产流程为:先将300 kg水抽入醚化釜(R0101)后,开启搅拌,将350 kg氢氧化钾通过醚化釜投料口投入釜中,使氢氧化钾溶解在水中;同时,将750 kg熔化状态下的对氯苯酚通过真空系统打入滴加罐中。待氢氧化钾溶解完成后,将对氯苯酚滴加入醚化釜中,持续搅拌生成对氯苯酚钾盐,滴加过程2~3 h。滴加完成后,通过醚化釜夹套通入蒸汽,并加热升温至135~140 ℃,将含水的对氯苯酚钾盐抽真空蒸出水分达到脱水效果,时间需3~4 h。脱水过程进行了1个多小时后,至14时38分左右,易某华巡检时在三楼发现反应釜温度计显示已达到170 ℃,超过了额定的温度范围,而且温度不断上升。他立即通知张某丽下二楼关掉醚化釜夹套水蒸气进口阀门,并把冷却水开关打开,随后召唤同在三楼作业的李某娣一并撤离,在易某华撤离至楼梯间时即发生爆炸。事故发生时,其他4名员工在车间二楼进行现场操作。爆炸共造成1人死亡,4人受伤。

爆炸后,涉事醚化釜直接解体,爆炸造成事故现场设备损毁严重。事故现场图可扫描二维码7-1。现场无烟火,经生态环境部门检测评估,空气质量和水质均符合有关标准,事故未造成空气污染和废水外泄等环境危害。

二维码7-1

3. 事故原因分析

(1)事故发生的直接原因。

①操作员没有按照工艺规程的要求将反应温度控制在135~140 ℃。

②现场无温度报警及联锁控制装置(如:温度报警;温度联锁蒸汽进气阀切断,冷却水全开;联锁卸料阀或设置爆破片、安全阀),导致温度不断上升,以致超温、超压,引起反应釜爆炸;

③现场操作人员没有及时报告及处置(工艺规程要求是"第一次脱水时,不能脱干,脱水率约80%,否则补水"),造成温度较长时间偏离工艺指标,温度不断上升,达到170~180 ℃。

④紧急处置失效后未能及时通知所有人员撤离。

(2)事故发生的间接原因。

①企业安全生产主体责任严重缺失。依柯公司盲目追求经济利益,罔顾安全,无知无畏,在未制定试生产方案、未履行竣工验收手续的情况下违法违规从事化工生产活动。

②工艺安全管理水平低,未按要求设置自动化控制措施。据调查,该企业生产车间未设置工艺控制系统,温度、压力检测设备均为无信息远传功能的现场设备仪器,无相应的超压、超温自动联锁控制措施,在失控状态下应急措施均要人工现场控制开启。依柯公司在装置未设置自动化控制系统的情况下,违规调试设备。

③工艺风险辨识不到位。依柯公司对项目风险未做分析研判,对项目涉及工艺未进行深入研究,对企业并购转产安全风险分析不到位。

④安全教育培训不到位。依柯公司对员工安全教育培训不到位,员工对工艺流程及异常情况了解不深入、不全面,员工安全意识不强,事故防范能力不强,应急能力不够。

7.1.2 固定床反应器

固定床反应器指在反应器内装填颗粒状固体催化剂或固体反应物,形成一定高度的堆积床层,气体或液体物料通过颗粒间隙流过静止固定床层的同时,实现非均相反应过程。这类反应器的特点是充填在设备内的固体颗粒固定不动,有别于固体物料在设备内发生运动的移动床和流化床,又称填充床反应器。固定床反应器广泛用于气固相反应和液固相反应过程。

固定床反应器有以下三种基本形式。

①轴向绝热式固定床反应器。流体沿轴向自上而下流经床层,床层同外界无热交换。

②径向绝热式固定床反应器。流体沿径向流过床层,可采用离心流动或向心流动,床层同外界无热交换。

径向反应器与轴向反应器相比,流体流动的距离较短,流道截面积较大,流体的压力降较小。但径向反应器的结构较轴向反应器复杂。以上两种形式都属于绝热反应器,适用于反应热效应不大,或反应系统能承受绝热条件下由反应热效应引起的温度变化的场合。

③列管式固定床反应器。该类反应器由多根反应管并联构成。管内或管间布置催化剂,载热体流经管内或管间进行加热或冷却,管径通常在 25~50 mm 之间,管数可多达上万根。列管式固定床反应器适用于热效应较大的反应。

此外,还有由上述基本形式串联组合而成的反应器,称为多级固定床反应器。如当反应热效应大或需分段控制温度时,可将多个绝热反应器串联成多级绝热式固定床反应器,反应器之间设换热器或补充物料以调节温度,以便在接近最佳温度条件下操作。

固定床反应器的优点如下。

①返混小。流体同催化剂可进行有效接触,当反应伴有串联副反应时选择性较高。

②催化剂机械损耗小。

③结构简单。

固定床反应器的缺点如下。

①传热差。反应放热量很大时,即使是列管式反应器也可能出现飞温(反应温度失去控制,急剧上升,超过允许范围)。

②操作过程中催化剂不能更换。催化剂需要频繁再生的反应一般不宜使用固定床反应器,常代之以流化床反应器或移动床反应器。

下面为一例固定床反应器事故的分析结果。

1. 事故简介

上海华谊丙烯酸有限公司(以下简称华谊公司)成立于 1993 年 9 月 2 日,位于上海市浦东新区浦东北路 2031 号,为上海华谊(集团)公司下属国有有限责任公司。2004 年 6 月 23 日,该公司 R3102 列管反应器发生爆燃。事故调查组认定,上海华谊丙烯酸有限公司"6·23"反应器爆燃事故是一起产生较大社会影响的一般生产安全责任事故。

2. 事故经过

6 月 21 日 8 时 45 分,该公司丙二车间按开车方案,逐步完成了系统气密测试、原辅物料准备等开车前准备工作;22 时,开始注入热空气升温。6 月 22 日 16 时,热媒盐开始升温;18 时,完成各项热紧工作。6 月 23 日 9 时 5 分,完成《U3100 单元开车确认表》中全部 18 项开车条件确认;9 时 8 分,投料开车。按照《U3100 一反催化剂升负荷方案》逐步提升负荷;10 时 30 二维码 7-2

分,负荷升至 30%;10 时 35 分,操作工发现 R3102 列管反应器 TI31058 测温点温度异常上升,操作工按照操作要求进行调整操作,将 R3102 列管反应器温度下调;10 时 45 分,现场发现 R3102 列管反应器上部冒黄烟;10 时 47 分,操作工采取主动手动联锁,将 U3100 单元紧急停车,切断进料,保安氮气进入反应器置换,R3102 列管反应器熔盐温度得以控制;但 10 时 52 分开始,熔盐温度快速上升;10 时 56 分,监控到熔盐温度升至 440 ℃,超过仪表量程;11 时左右,R3102 列管反应器发生第一次闪爆,随后的 10 min 内又发生了 2 次闪爆。爆燃产生的明火引燃了 R3102 列管反应器下方的 2 个装有阻聚剂的储罐,引发大火。事故现场图可扫描二维码 7-2。

3. 事故原因分析

(1)事故发生的直接原因。

泄漏的热熔盐浸润列管和管内的催化剂,与进入反应器的物料发生剧烈的氧化还原反应,并引发熔盐自分解,导致 R3102 列管反应器温度与压力失控,引发爆燃。

(2)事故发生的间接原因。

①反应器工艺设计的条件要求较低。受国内第一次设计制造丙烯酸反应器的技术认知局限,设计时的工艺条件设定较低,反应管设计与制造检验标准要求较低,制造质量要求不高,造成反应器的本质安全度不高。

②未能准确辨识反应器存在的事故隐患和风险。由于在反应器的设备老化、使用寿命等关键要素方面缺乏技术数据积累,华谊公司对反应器列管破裂、熔盐发生泄漏后与有机物发生剧烈氧化还原反应的化工工艺认识不足,对可能产生的严重后果缺少科学的预判,未能在事前辨识到反应器存在事故隐患和风险。

③安全检查和设备维护等存在管理漏洞。华谊公司对反应器等风险高的关键生产设备预防检测和评估不够,对长期运行的设备检查和维护等不到位,缺少有效的监测和检查措施,存在管理漏洞。

4. 事故教训

"6·23"爆燃事故的发生,暴露出华谊公司对列管反应器工艺安全的分析认识不全面、关键生产设备预防检测和评估不够、设备检查和维护不到位等安全管理问题,为吸取教训,切实做好安全生产工作,提出以下事故防范和整改措施。

（1）进一步落实安全生产管理主体责任。

化工企业要进一步落实企业的安全生产主体责任,要按照"谁主管,谁负责"的安全生产原则和"一岗双责"的要求,层层落实各级安全生产责任制。要按照全面开展安全生产大检查的要求,全面深入、细致彻底地对本单位安全生产工作进行大检查,认真开展安全风险辨识和隐患排查治理工作。

（2）强化工艺安全管理及变更管理。

化工企业要进一步加强对生产工艺的安全分析、评估,运用科学方法对现有生产工艺开展系统、全面的安全分析、测试和检验,对关键的工艺设备进行有计划的测试和检验,及早识别工艺设备存在的缺陷,及时进行修复或替换。针对本次事故中发现的反应器工艺缺陷,研究制定可行方案,对现有的工艺、操作规程规范和安全联锁装置等进行有针对性的改进、变更。变更设备、工艺后,要重新组织风险辨识,排查安全隐患,确保本质安全。

（3）加强生产设备的维护和检修管理。

化工企业要进一步加强生产设备的维护和检修管理,建立并实施预防性检修程序,对长周期运行的关键设备加强管理,完善设备档案和检修规范,制定合理的检修周期,确保关键设备的安全可靠。进一步加强自制催化剂的科学使用和管理,对催化剂加大定期检查频次,及时发现生产设备的安全事故隐患。

（4）加强停开车的安全管理。

化工企业要进一步抓好装置开停车等安全生产关键工作。制定完善的开停车方案和开停车应急处置预案,生产装置检修后首次开车生产,主管领导、分管领导亲自到场指挥,组织相关专业技术人员进行开车条件确认,严格落实开停车各项安全管理措施,及时处理开停车过程中的各种异常情况,确保生产安全。

7.1.3　流化床反应器

流化床反应器是一种利用气体或液体通过颗粒状固体层而使固体颗粒处于悬浮运动状态,并进行气固相或液固相反应过程的反应器。在用于气固系统时,流化床反应器又称沸腾床反应器。气体在一定的流速范围内,将堆成一定厚度（床层）的催化剂或物料的固体细粒强烈搅动,使之像沸腾的液体一样并具有液体的一些特性,如对器壁有流体压力的作用、能溢流和具有黏度等,此种操作状况称为"流化床"。

流化床反应器的优点如下。

①可以实现固体物料的连续输入和输出。

②流体和颗粒的运动使床层具有良好的传热性能,床层内部温度均匀,而且易于控制,特别适用于强放热反应。

③便于进行催化剂的连续再生和循环操作,适于催化剂失活速率高的过程,石油馏分催化流化床裂化的迅速发展就是这方面的典型例子。

流化床的局限性如下。

①由于固体颗粒和气泡在连续流动过程中的剧烈循环和搅动,无论气相还是固相都存

在相当广的停留时间分布,导致不适当的产品分布,降低了目标产物的收率。

②反应物以气泡形式通过床层,减少了气固相之间的接触机会,降低了反应转化率。

③固体催化剂在流动过程中的剧烈撞击和摩擦,使催化剂加速粉化,加上床层顶部气泡的爆裂和高速运动导致大量细粒催化剂的带出,会造成明显的催化剂流失。

④床层内的复杂流体力学传递现象,使过程处于非定常条件下,难以揭示其统一的规律,也难以脱离经验放大、经验操作。

下面为一例流化床反应器事故的分析结果。

1. 事故简介

2002年10月18日,河南某化工有限公司发生了一起流化床反应器爆燃事故,造成直接损失合计184.7万元,数十亩农田不同程度被污染,停产近2个月。

2. 事故经过

10月中旬,该公司三胺装置单班产量降低,部分指标下降,公司同意对催化剂进行活化。10月18日成立催化剂活化领导小组,制定了活化方案。18日上午,三胺装置当值人员按规定程序停车。15时10分左右,检修工按领导要求拆除反应器顶部排气口一端盲板,配合运行人员进行反应器与其他设备的隔离工作。拆除盲板后,反应器顶部排气口连续排出残余反应生成气。隔离完成后,运行人员对活化催化剂的专用蒸汽管线进行了排凝操作,并试送蒸汽。16时50分左右,开启蒸汽阀向反应器送蒸汽,在熔盐加热的情况下实施过热蒸汽对催化剂的洗脱活化程序。因蒸汽阀操作位置太高,运行班长派一位高个操作工操作,仍摸不到,便跳起来开阀门手轮,就在蒸汽进入反应器的瞬间,反应器内部连续发出沉闷的声音,从反应器顶部排气口喷出大量气体和白色块状物,并伴有哮叫声,控制室显示器显示出的反应器温度、压力急速升高(温度657 ℃、压力已满量程0.3 MPa),运行人员急忙关闭两处蒸汽阀。运行人员到现场发现熔盐槽回盐口处有明火,并伴有棕黄色烟气冒出,于是紧急停炉,并关停熔盐泵。哮叫声、反应器内物质的喷出现象停止,事态得到控制。16时59分,反应器内压力已降到微正压,温度仍高达650 ℃以上,器壁已烧红。整个过程持续约10 min。

3. 事故原因分析

①对通蒸汽活化重视不够,方案不太科学。本次活化为第四次,前三次没有出现异常,催化剂活化领导小组成员误以为此过程不太复杂,属于小活动;第一次用了3天时间,置换、降温都比较充分;第二次进行了氨气活化,时间超过8 h,大量有机物被吹脱,而且采取了降温措施;第三次进行了氨活化,时间达8 h以上,外排催化剂冷却后回装,温度已降至常温。

②通蒸汽阀门控制迅速打开,大量的蒸汽冲击熔盐管,在高温(400 ℃)下变软的金属熔盐管折断。

③熔盐与有机成分及氨作用,瞬间发生爆炸性化学反应,反应器内温度、压力控制失效,温度达657 ℃、压力已满量程达到0.3 MPa。大能量和气流冲击熔盐管架,引起其他熔盐组坍塌,更多的熔盐进入催化剂中,爆燃加剧。

4. 事故教训

①吸取教训,总结经验,完善方案。实施前要进行必要的论证和讨论,使方案更具有科学性。

②加强领导,建立上通下达的机构组织,重视每一个操作环节。

③加强安全教育,提高安全意识,特别是提高领导的安全意识尤为重要。

④严格规程操作,提高职工责任心。

⑤加大教育培训力度,提高职工整体素质,把培训教育同实际相结合,真正落到实处。

7.1.4 反应器类设备控制失效事故的原因及预防措施 ······················□

化工的生产特点决定了反应器在生产运行过程中始终处于某种不稳定状态,当不稳定状态达到临界时,若处理不当或处理不及时,反应器就可能发生爆炸。反应器发生爆炸,通常是多种原因相互叠加作用的结果。导致其爆炸的直接原因,可以大致分为以下六种。

1. 反应失控

硝化、氧化、氯化、聚合等均为强放热反应,若加料速度过快或突遇停电、停水,易造成反应热蓄积,反应釜内温度、压力急剧上升导致发生爆炸。

预防措施如下:

①遵守操作规程,通过控制温度与加料速度来控制反应速度;

②加强对工程技术措施的检查,如报警、联锁、SIS 系统是否完好在用;

③保证生产过程中公辅工程(水、电、气、汽)运行稳定;

④根据工艺危险度等级完善控制措施。

2. 静电

化工生产过程中,始终伴随着各种相态(气、液、固)的物料加入、搅拌、升温、冷却、取样、中和、精(蒸)馏、真空、破真空、物料转移、过滤、烘干、包装等操作工序,物料间相对运动产生静电,引发事故可能是最多的。

预防措施如下:

①严禁使用真空或空气压送物料,严禁使用机泵及金属(或有导静电措施)管道输送可燃液体;

②使用氮气破真空;

③存在可燃液体的反应器设置氮封。

3. 物料互窜或加错物料

预防措施如下:

①定期对设备进行检查;

②分析物料互窜对系统可能产生的影响,并落实合理措施;

③加强危险化学品出入库、标志标识、标签管理,加强对员工的操作技能培训。

7.2　传热设备类控制失效安全事故的根源与预防

传热(比如加热和冷却)在化工生产中占据着重要地位,因为化工生产过程离不开传热技术的支持。化工生产中的热能转化和回收都涉及传热技术,由此可以看出传热技术在化工生产中的重要性。

传热设备是使热量从热流体传递到冷流体的设备。传热设备广泛应用于炼油、化工、轻工、制药、机械、食品加工、动力以及原子能工业部门中。提到传热设备,大家最先想到的就是换热器,其实锅炉、加热炉等设备也具有传热(换热)的功能。

7.2.1　换热器 ··□

换热器(heat exchanger)是将热流体的部分热量传递给冷流体的设备,又称热交换器。换热器应用广泛,在化工生产中可作为加热器、冷却器、冷凝器、蒸发器和再沸器等。按结构换热器可分为浮头式换热器、固定管板式换热器、U 形管板换热器、板式换热器等。

换热器的作用有两个:一是通过热交换使物料的温度达到工艺规定的温度,以完成加热、冷却、蒸发和冷凝等工艺过程;二是有效地利用热源,它在余热回收等方面已成为必不可少的设备。但是,有的热交换器是在高温、高压下进行工作的,比如工作介质的压力最高可达 250 MPa,操作温度最高达 1 500 ℃;有的工作流体具有易燃、易爆、有毒、有腐蚀性的特点,加之化工生产要求处理量大、连续性强,因此给换热器正常运行带来了一定的困难,稍有不慎就会发生事故,危及职工的生命安全。

下面为一个换热器安全事故案例的分析结果。

1. 事故简介

2022 年 3 月 30 日 13 时 37 分许,中国石油化工股份有限公司茂名分公司化工分部 2# 裂解装置 3# 炉发生安全事故,事故未造成人员伤亡,直接经济损失为 62.385 万元。

2. 事故经过

2022 年 3 月 30 日 8 时 15 分至 8 时 25 分,茂名分公司化工分部裂解车间裂解岗位夜班(四班)与白班(二班)进行交接班,接班的白班(二班)员工为值班长凌某瑞,裂解班长陈某鹏,副班长何某浪,内操赵某欣、车某鸿,外操李某新。交接班后当班内操赵某欣、车某鸿在中控室监控 DCS。3 月 30 日 10 时 15 分,白班(二班)中控主操赵某欣汇报调度,开始投料石脑油。当班内操赵某欣、车某鸿在中控室进行 DCS 操作,裂解班长陈某鹏、副班长何某浪,外操李某新在现场调整。11 时 40 分,裂解炉 HB-103 投料完成,投料负荷为 43 t/h,每股稀释蒸汽流量为 4.8 t/h,运行正常。12 时 30 分,裂解炉 HB-103 调整稳定,投料负荷为 44.8 t/h,每股稀释蒸汽流量为 4.5 t/h,运行正常。13 时 17 分, HB-103 炉第六组急冷器压力由 0.055 MPa 开始缓慢上升, 13 时 28 分上升至 0.132 MPa,同时稀释蒸汽流量略有下降,稀释蒸汽调节阀开度由 38.1% 开始变大,进料量略有上升趋势;13 时 30 分急冷器入口压力达到压力表上限 0.21 MPa,稀释蒸汽流量继续下降,稀释蒸汽流量调节阀开度升高至 40.7% 且继续增大,石脑油进料量上升。13 时 33 分,主操赵某欣发现第六组稀释蒸汽流量由 4.5 t/h 快速降低为零,稀释蒸汽调节阀开度增加至 100%,急冷器入口压力已超过压力表量程上限 0.21 MPa。主操赵某欣马上向工艺员常某科、工艺主任唐某荣汇报,工艺员常某科、工艺主任唐某荣接到主操赵某欣通知后赶赴中控室,同时主操赵某欣通过对讲机通知裂解班长陈某鹏、副班长何某浪,外操李某新到现场进行检查。13 时 37 分,当班班长陈某鹏发现 HB-103 裂解炉第六组急冷器位置现场出现爆炸燃烧情况,马上通过对讲机通知主操赵某欣,主操赵某欣向调度部门汇报并启动应急预案。13 时 40 分,所有在运裂解炉紧急停车退料。

3. 事故原因分析

（1）事故发生的直接原因。

HB-103 裂解炉裂解气急冷器存在结焦,开工后在原有结焦位置结焦面积继续扩大,导致裂解气压力上升,2# 裂解炉第六组稀释蒸汽受裂解气压力升高影响,稀释蒸汽压力开始自动增压,至 100% 后稀释蒸汽压力下降明显,2 min 后稀释蒸汽压力开始急剧下降至 0,导致 EB-103F 急冷器内换热管内孔急剧结焦,全部堵塞,从而导致急冷器进料管道内压力急剧上升,超过管道设计压力 0.35 MPa（正常工作压力 0.07 MPa）后。整个系统的压力控制失效,出来的乙烯、丙烯、乙烷、丙烷等混合蒸气与空气混合形成爆炸性混合物,遇裂解炉出口急冷器入口 800 ℃ 以上的高温（裂解炉出口温度为 842~862 ℃）热能引起爆炸燃烧。

（2）事故发生的间接原因。

茂名分公司化工分部裂解车间从业人员未严格执行本单位的《2#裂解装置裂解炉事故应急预案》等安全管理规定,在设备设施工况和参数出现异常状况后,应急处置工作不规范,应急处置不力。

4. 事故教训

（1）要强化检测方法手段,举一反三开展全面排查。

茂名分公司要针对本次事故中未能辨识系统存在的缺陷,对设备的验收技术手段落后、验收标准不高等问题,着力强化设备设施验收水平,采取技术手段提升验收检测的准确性,及时有效地发现清焦不干净等问题。要全面落实"一线三排"工作要求,对事故暴露问题进行举一反三,全面排查。立即对全厂可能出现结焦的设备开展四个全面排查:一是全面排查是否存在清焦未干净即投入使用的设备;二是全面排查是否存在未检验但录入已检验信息的设备;三是全面排查是否存在未联锁会存在生产风险的设备;四是全面排查是否存在发现隐患未整改到位并闭环的情况。对全面排查到的问题逐一整改,不打折扣,形成总结报告,并吸取教训,举一反三,建立健全长效防范机制,切实防范再出现同类问题。

（2）要强化安全教育培训,提升员工应急处置能力。

茂名分公司要结合本单位生产作业实际情况,采取有效措施加强对从业人员的安全生产教育培训和考核,尤其是从设备结构、HAZOP 分析、保护层分析（LOAP）、操作参数、异常处理等方面加强对一线操作人员的培训与考核。完善高危化工行业员工职业技能,从"五懂五会五能"（五懂:懂技术工艺、懂危险特性、懂设备原理、懂法规标准、懂制度要求。五会：会生产操作、会异常分析、会设备巡检、会风险辨识、会应急处置。五能：能遵守工艺纪律、能遵守安全纪律、能遵守劳动纪律、能制止他人违章、能抵制违章指挥）出发，确保岗位员工技能、安全、素质等培训工作扎实落地。定期组织开展专项应急演练，提升事故应急处理能力，通过实战演练让从业人员更加了解、熟悉相应的事故应急处理措施，增强事故预防和应急处理能力。

（3）要完善生产过程安全风险分析，按照安全风险分级采取相应的管控措施。

茂名分公司除了在安全仪表系统（SIS）上立即增设稀释蒸汽流量过低时联锁切断进料停车措施外，还应组织本单位的技术、安全、设备、电仪人员，并邀请裂解炉原设计单位设计人员，重新进行 HAZOP 分析和 LOAP 分析。通过风险分析，完善裂解工艺相应的自动化安全控制措施，确保裂解工艺生产的本质安全。同时，按照安全风险分级对炉、管件开展辨识，在检测工作中，对辨识出来的高风险炉、管件运用多种技术手段进行重点检测，确保高风险炉、管件潜在的隐患问题及时被监测发现。

（4）安全监管部门要加大执法监督力度，倒逼企业落实安全生产主体责任。

各地应急管理部门、市场监管部门要依职权加大对危险化学品生产单位的执法监督力度，规范检查内容，明确检查标准，提高执法检查的专业性、精准性和有效性，落实发现、纠正、整改、复查和跟踪等执法闭环管理措施；依法采取严厉执法手段，对企业违法违规行为责令整改，依法严肃处理；对存在失信行为和严重违法违规的企业及其主要负责人依法纳入安全生产领域联合惩戒"黑名单"，加大执法检查频次，以最严厉的执法手段倒逼企业认真落实安全生产主体责任。

7.2.2　加热炉

化工加热炉是将物料加热到所需温度，然后进入下一工艺设备进行分馏、裂解或反应等的设备。加热炉一般由辐射室、对流室、余热回收系统、燃烧器和通风系统等五部分组成。加热炉按照炉型可分为室式加热炉、台车式加热炉、连续式加热炉。其中室式加热炉属于间歇式恒温炉，炉膛不划分温度区域，要求炉温不随时间变化，结构简单。

下面为一个加热炉安全事故案例的分析结果。

1. 事故简介

2009 年 10 月 14 日，某公司加氢裂化装置中的氢气加热炉发生火灾。

2. 事故经过

2009 年 10 月 10 日 17 时 10 分，某公司加氢裂化装置循环氢压缩机 K102 因干气密封出现故障联锁停机，装置紧急泄压、停工。10 月 11 日循环氢压缩机 K102 修好启动，装置升温升压恢复生产。2009 年 10 月 14 日凌晨 4 时 6 分，氢气加热炉起火，装置紧急停工。5 时30 分炉内明火熄灭。事故造成氢气加热炉（F102）2 根炉管弯曲变形，其中 1 根炉管破裂，6根炉管不同程度地出现胀粗现象。

3. 事故原因分析

①紧急停工后，加热炉降温速度过快，导致加热炉第 10 根炉管上弯头附近环焊缝处原

有缺陷扩展,形成穿透管壁的小裂纹、再次开工后,少量氢气从环焊缝处泄漏,在炉膛上部空间发生稳定燃烧,造成炉管管壁局部超温,炉管强度降低。

②炉管(北侧)管壁温度超过工艺指标(600 ℃)时间累计为 50 h,平均温度在 735 ℃左右,最高温度 875 ℃。炉管出口温度中 A 路出口温度与停工前基本一致;B 路出口温度超出仪表量程,仪表指示 617 ℃,这一状况保持 48 h 以上。长时间超温,无相应的温度控制,导致炉管高温破裂,16 MPa 氢气大量泄漏起火。

4. 预防措施

①加强设备管理。对于高压加氢裂化装置这种高压、临氢、介质有腐蚀性、操作条件非常苛刻的加热炉炉管,停工时应严格对内壁进行清洗和钝化处理,在检修期间对炉管焊缝进行 100%无损探伤检查,提前发现影响下一周期安全运行的缺陷,及时进行处理。

②增设氢气加热炉出口单向阀。在氢气加热炉出口增设单向阀,防止因循环氢压缩机故障停机,蜡油窜入氢气加热炉。

③增加加热炉的炉膛、炉管管壁等部位的关键工艺参数报警功能。

④在装置开工操作过程中,要严格按照开停工方案进行升温升压,对加热炉的工艺参数要严格控制并及时调整,防止超温超压引起炉管的损伤。

⑤加强停工过程的消氢保护,严格控制加热炉降温的速度,防止因降温速度过快,对炉管造成损坏。

7.2.3 锅炉

锅炉是一种能量转换设备,向锅炉输入的能量有燃料中的化学能、电能、高温烟气的热能等形式,经过锅炉转换,向外输出具有一定热能的蒸汽、高温水或有机热载体。锅炉的主要工作原理是将燃料燃烧后释放的热能或工业生产中的余热传递给容器内的水,使水达到所需要的温度或生成一定压力的蒸汽。锅炉在"锅"与"炉"两部分同时进行,水进入锅炉以后,锅炉受热面将吸收的热量传递给水,使水达到一定的温度和压力或生成蒸汽,然后被引出应用。在燃烧设备部分,燃料燃烧不断放出热量,燃烧产生的高温烟气通过热的传播,将热量传递给锅炉受热面,而本身温度逐渐降低,最后由烟囱排出。

工业锅炉常见的事故有锅炉爆炸、缺水、满水、汽水共沸、炉管爆破、省煤器损坏、过热爆管、水位计损坏、水击、炉膛爆炸、烟道尾部再燃烧、炉墙及拱的损坏等。

下面是一例锅炉事故案例的分析结果。

1. 事故简介

2019 年 8 月 29 日 9 时 10 分左右,中卫联合新澧化工有限公司 2# 煤气发生炉运行过程中发生一起爆炸事故,造成 4 人死亡,3 人受伤,直接经济损失约 700 万元。该事故是因生产、设备、安全管理不到位,长期停运的 2# 煤气发生炉未经检修调试、未经验收合格就投入运行,造成煤气发生炉夹套锅炉爆炸的较大生产安全责任事故。

2. 事故经过

2019 年 8 月 28 日 23 时 20 分,中卫联合新澧化工有限公司对 2# 煤气发生炉点火启

炉。8 月 29 日 6 时 30 分,2# 煤气发生炉开始向后续工段送煤气;8 时,当班
工人交接班,夜班工人发现 2# 煤气发生炉夹套锅炉西南侧排污阀阀门渗
漏,东侧排污阀阀门关不严,空气流量计显示不正常,要求白班工人更换;8
时 43 分,风机加转速提负荷;9 时,煤气站主任、机修主任、一班操作工、仪表
工到现场,仪表工在 2# 炉一层进行检修作业,煤气站主任、机修主任、安全
员在 2# 炉一层进行巡检;9 时 7 分左右,煤气炉控制室副操发现电脑画面显示汽包液位为
101 mm(正常范围为 100~350 mm),便立即到现场查看汽包上的现场液位计,发现现场液
位计显示水位约在 30 mm,便返回中控室,用对讲机告知操作工汽包水位低;9 时 10 分左
右,2# 煤气炉夹套锅炉蒸汽管道发生爆炸,致使 2# 煤气发生炉炉体向上发生剧烈位移,
煤气炉受顶部煤仓阻挡将加煤斗、加煤阀压至炉内,煤气炉回落至基座呈倾斜状,炉体顶
部、底部钢板撕裂,部分管道设备附件呈分散状炸飞,导致人员伤亡事故发生。事故现场
图可扫描二维码 7-3。

二维码 7-3

3. 事故原因分析

(1)事故发生的直接原因。

①排污阀阀门关不严,空气流量计显示不正常,控制室液位与现场液位计示数不符,锅
炉的水位控制系统失效。

② 2# 煤气发生炉夹套锅炉严重缺水运行,违规操作补水,发生剧烈汽化造成夹套锅炉
爆炸,致使 2# 煤气发生炉炉体向上发生剧烈位移,煤气炉受顶部煤仓阻挡将加煤斗、加煤阀
压至炉内,煤气炉回落至基座呈倾斜状,炉体顶部、底部钢板撕裂,部分设备附件呈分散状
炸飞。

(2)事故发生的间接原因。

①安全生产管理职责不清,安全生产制度及规范不落实。公司的主要负责人只负责公
司资金和项目运转工作,没有按照《中华人民共和国安全生产法》第十八条的规定履行其安
全生产职责,没有对各部门和车间安全生产工作进行经常性的督促、检查,没有安排、组织对
各部门、各车间、各岗位安全生产责任制履行情况进行考核,公司安全管理制度、安全操作规
程和岗位人员安全生产责任制没有得到有效落实。

②检修作业制度不落实,票证管理不规范。该公司虽然制定了检修作业制度,但未按照
《工业企业煤气安全规程》(GB 6222—2005)的规定,制定专门的煤气设施大修、中修及重
大故障情况的记录档案管理制度和煤气设施日、季和年度检查制度。该公司常务副总经理
口头说要启动停止运行一年多的 2# 煤气发生炉,公司自上而下没有制定 2#煤气炉的开停
车方案和检修方案,没有对 2# 煤气炉进行全面的检查检修,排污阀、风机流量计、汽包水位
计、压力表、阀门等在 2# 煤气炉开车前均处于故障状态。

③隐患排查流于形式,整治不彻底。经调查,该公司没有按照《企业安全生产标准化基
本规范》(GB/T 33000—2016)要求建立安全隐患排查清单和安全隐患排查治理记录台账。
公司日常隐患排查由安环部和车间分级组织排查,安全隐患排查工作流于形式,且对排查出
的问题一部分口头告知生产或检修车间处理;一部分进行登记,由相关车间整改后,安环部

进行复查。2# 煤气发生炉启动前公司未组织专业性的检查,对 2# 煤气发生炉启动前和运行过程中排污阀、风机流量计、汽包水位计、压力表、阀门等存在的安全隐患,未组织安全风险分析辨识和原因分析并进行彻底处置,强行点火生产,导致设备带病运行引发事故。

④员工培训教育制度不落实,员工违规操作。该公司虽建立了三级安全培训教育制度,但没有严格落实。经调查询问员工,部分新员工公司级安全培训没有达到 24 h,培训形式就是把培训资料发放给员工自学,且没有具体反映培训过程的记录台账。由于安全培训教育不到位,公司相关管理人员及岗位操作工人对安全操作规程不熟悉,安全意识和安全技能不强,不能严格执行安全管理制度和安全操作规程,导致违章指挥、违章作业行为的发生,引发事故。

4. 事故教训

①要认真吸取"8·29"煤气发生炉爆炸较大事故教训,进一步建立健全各项安全生产责任制度,层层压实安全生产主体责任,严格遵守国家安全生产法律法规,有效防范生产安全事故的发生。

②要定期组织开展煤气发生炉安全风险辨识评估,进一步完善安全管理制度、操作规程、应急措施,特别是要完善专门的开停车检修方案。切实加强检修作业环节的安全管理,坚决杜绝违章指挥和违章作业行为的发生。

③要加强员工三级安全培训教育,特别是要将安全管理制度、岗位操作规程、应急处置知识等列入培训内容,提高员工生产安全事故防范意识,有效预防安全生产"三违"现象发生。

④要严格落实《危险化学品企业安全风险隐患排查治理导则》要求,认真全面开展自查自纠,实现隐患排查治理清单化,切实加强现场安全管理,及时治理消除事故隐患。

7.3 动力类设备控制失效安全事故根源与预防

7.3.1 泵

泵是输送流体或使流体增压的机械。它将原动机的机械能或其他外部能量传送给液体,使液体能量增加。泵主要用来输送水、油、酸碱液、乳化液、悬乳液和液态金属等液体,也可输送液气混合物及含悬浮固体物的液体。通常泵可按工作原理分为容积式泵、动力式泵和其他类型泵三类。除按工作原理分类外,泵还可按其他方法分类和命名:按驱动方法可分为电动泵和水轮泵等;按结构可分为单级泵和多级泵;按用途可分为锅炉给水泵和计量泵等;按输送液体的性质可分为水泵、油泵和泥浆泵等;按有无轴结构,可分直线泵和传统泵。水泵只能输送以流体为介质的物流,不能输送固体。

在化工和石油部门的生产中,原料、半成品和成品大多是液体,而将原料制成半成品和成品,需要经过复杂的工艺过程,泵在这些过程中起到了输送液体和提供化学反应的压力流量的作用。此外,在很多装置中还用泵来调节温度。

下面为一个泵安全事故案例的分析结果。

1. 事故简介

2021 年 10 月 22 日 23 时许,位于阿拉善高新技术产业开发区的内蒙古中高化工有限公司发生爆炸,造成 4 人死亡,1 人重伤,2 人轻伤,直接经济损失 795 万元。经调查认定,内蒙古中高化工有限公司"10·22"较大生产安全事故是一起生产安全责任事故。

2. 事故经过

2021 年 10 月 22 日 19 时左右,夜班人员准备处理 1#氧化蒸发釜(R1404a)到 1#刮板蒸发器(E1406a)管道堵塞问题,公司技术总监李某林安排将 1#氧化蒸发釜、3#氧化蒸发釜(R1404c)的物料通过临时管线用抽真空方式抽吸到 4#结晶釜(R1405d)。在把 1#氧化蒸发釜的物料抽吸到 4#结晶釜后,准备将 3#氧化蒸发釜的物料抽吸到 4#结晶釜时,发现临时连接管线堵塞,重新准备了一根临时管线连接到 3#氧化蒸发釜,连接好后未进行抽料作业,李某林安排对 3#刮板蒸发器(E1406c)再走一遍工艺流程。闫某俊上四楼把排液阀阀门打开,感觉到有真空,然后下到三楼。22 时 50 分左右,闫某俊在三楼从西向东准备观察 3#氧化蒸发釜的物料情况时,三楼操作工侍某琴告诉闫某俊,3#氧化蒸发釜的物料未下降,温度正常。23 时左右闫某俊突然听见声响,并见大量浓烟,就往外跑,感觉到楼面有震动。途经二楼时遇孙某从二楼车间跑出,同时看见车间内起火。闫某俊立即用对讲机通知中控人员聂某怡现场有人受伤,车间着火,请求立即呼叫救护车、消防车,通知公司领导。事故现场监控照片可扫描二维码 7-4。

二维码 7-4

3. 事故原因分析

(1)事故发生的直接原因。

蒸发出料泵管道堵塞,磁力循环泵由出料泵吸入空气造成泵腔内物料断流,泵腔内物料遇高温部件放热分解与空气混合后产生爆炸,爆炸所产生的压力造成再沸器下封头冲落到氧化蒸发釜釜底连接管道,导致釜底阀断裂,氧化蒸发釜内的高温物料泄喷后遇到爆炸残留明火,发生闪爆和物料燃烧。

(2)事故发生的间接原因。

①企业安全管理不到位。在事故管道发生堵塞时,临时采用软管短接而未履行工艺变更手续,未对变更产生的风险进行分析;随意摘除氧化蒸发釜温度与蒸汽调节阀(TV-R1404C)联锁,未对联锁摘除风险进行辨识,未采取有效防控措施。

②企业相关工作制度不合理。企业安全生产责任制存在缺项,未按要求落实全员安全生产责任制,同时企业未制定相应的安全教育培训制度,操作人员缺乏对突发生产安全事故的预判和处置能力。

③安全教育培训不到位。未对从业人员进行全面、系统的岗位操作规程、生产操作技能培训,特别是对新工艺、新设备培训不到位,相关岗位操作工对操作规程、应急处置措施不掌握、不熟悉,处理异常情况能力差,在蒸发釜真空度未达到工艺指标要求的情况下,未进行全

面分析,就将蒸发釜运行温度调整到 100 ℃以上。

④安全风险辨识防控能力不足。企业相关人员对工艺流程的安全风险辨识不全面,氧化蒸发釜(R1401A)发生出料管道堵塞问题,未对堵塞原因分析,采用倒料的临时措施,启用氧化蒸发釜(R1401C)进行投料,再次造成出料管道堵塞。从企业管理人员到岗位操作工,没有认识到问题的严重性,不了解异常工况下的应急处置方案,安全风险防控能力不足。

⑤隐患排查治理不彻底。未贯彻落实《危险化学品企业事故隐患排查治理实施导则》,隐患排查不彻底,未把内蒙古自治区安全生产大检查、危险化学品安全专项整治的安排部署、具体要求落实到企业生产过程中。

4. 事故教训

①吸取事故教训,落实属地责任。要加强危险化学品产业转移项目监督管理,在扎实组织开展安全设计诊断的同时,对于精细化工企业要出台安全防控指导意见,从源头管控、准入标准、企业设计、施工过程、工艺设备管理、自动化控制和从业人员等方面,有针对性地制定并落实安全防控措施。

②切实加强全过程安全管理,落实安全生产主体责任。企业要建立完善安全生产责任制,明确各部门、岗位、工种安全职责,建立责任制考核标准并保证全员落实;加强工艺变更管理,严格履行作业审批手续,及时对变更产生的风险进行分析辨识,并采取有效防控措施;严格按有关法律和设计要求,合理安排作业工序,杜绝"两班两倒",作业人员疲劳上岗现象;组织对生产车间和试生产项目开展一次全面的安全隐患排查,及时消除安全隐患。

③严格落实各项规章制度,强化安全教育培训。企业要建立健全并严格落实各项安全管理制度,杜绝违章指挥、违章作业和违反劳动纪律的现象。要严格执行三级安全教育培训制度,强化对企业一线岗位操作工岗位操作规程、危险有害因素、应急处置措施等应知应会知识的培训,使其懂规程、知危害、会应急,切实夯实企业本质安全基础。在采用新工艺、新设备、新技术、新材料时,要组织有关厂家专业技术人员对安全管理人员和操作人员进行系统培训,帮助其掌握相关操作知识和安全注意事项。

④完善应急体系建设,提升危险化学品事故应急处置能力。企业要修改完善企业生产安全事故应急预案,增强预案的可操作性和实用性,配备充足的应急物资和装备,加强应急救援队伍建设,强化政企联动,加强应急演练和现场处置演练。辖区内综合消防救援队伍和各类专业应急救援队伍要切实做好应急准备,进一步强化应急演练,加强危险化学品安全知识培训,遇有突发事故和紧急情况,立即采取应急处置措施,迅速、科学、妥善、安全地开展救援,严防次生事故,严防事故后果扩大升级。

⑤强化安全监管能力,继续开展危险化学品企业安全评估。要加强危险化学品监管人员安全教育培训,强化安全监管队伍、能力和装备建设,提高依法履职能力水平。同时要积极利用社会力量,通过政府购买服务的方式,对现有危险化学品生产企业全面开展安全风险评估,逐一排查,并按照"红橙黄蓝"实行分级分类管控,实施一企一策、精准治理,对存在问题隐患、限期整改不到位的,该减的减产,该停的停,该关的关,切实做到关闭取缔一批、整改提升一批、巩固发展一批。

7.3.2　压缩机

压缩机是一种用于压缩气体、提高气体压力和输送气体的机械。根据压缩气体的原理、能量转换方式,压缩机可分为容积式压缩机和动力式压缩机两大类。容积式压缩机可分为往复式压缩机和回转式压缩机,动力式压缩机可分为喷射式压缩机和透平式压缩机。容积式压缩机是依靠改变工作腔来提高气体压力的压缩机。动力式压缩机是依靠高速旋转的叶轮,提高气体速度,然后在扩压器中使一部分速度能转变为压力能的压缩机。

容积式压缩机主要有以下特点:

①机器转速的改变对工作容积的变化规律没有直接的影响,故压力与流量关系不大,工作稳定性较好;

②气体的吸入、排出与气体性质无关,故适应性强,易达到较高压力;

③机器热效率高(因为泄漏少);

④结构复杂,往复式的易损件较多;

⑤气体脉动大,易引起气柱、管道振动。

与容积式压缩机相比,动力式压缩机有这样一个特性:工作压力的较小变化会引起气体流速的较大变化。动力式压缩机具有可变流量、恒定压力的特性。相反,容积式压缩机则具有恒定流量、可变压力的特点。容积式压缩机甚至可以在低速时达到较高的压缩比,动力压缩机则是为大流量而设计的。

下面为一个压缩机安全事故案例的分析结果。

1. 事故简介

2018年3月12日16时14分,中国石油化工股份有限公司九江分公司(以下简称九江石化)60万t/a柴油加氢装置加氢原料缓冲罐V501发生爆炸事故,造成2人死亡,1人轻度灼伤,直接经济损失约338万元。事故调查组认定"3·12"爆炸事故是一起一般生产安全责任事故。

2. 事故经过

2018年3月12日,九江石化炼油运行一部加氢单元运行三班当班,当班人员有副班长杨某林,内操杨某春、段某齐,外操李某华、刘某、张某文。

14时58分,内操工作人员在DCS上发现循环氢压缩机C502B润滑油压低报警,打电话给外操室要求到现场确认。副班长杨某林接到电话后到现场检查确认,15时7分52秒,C502B润滑油压降至0.27 MPa,辅油泵启动(辅泵自启联锁值0.27 MPa)。设备员彭某锋接到报告后,到外操室和杨某林、张某文一起到压缩机现场调整。在调整过程中,润滑油压力在16时4分39秒下降至0.2 MPa(联锁停机值为0.2 MPa),机组联锁停机。同时加热炉F501高压瓦斯进炉快关阀门XCV501联锁动作关闭,加氢反应进料泵P501B联锁动作停泵。

杨某林等人检查加热炉F501高压瓦斯进炉快关阀门关闭情况,关闭热低分V515罐流向T501塔的减油阀门。16时10分左右,杨某林按照工艺

二维码 7-5

员指令,带领李某华赶往加氢反应进料泵 P501B,试图关闭泵出口阀时,加氢原料缓冲罐 V501 发生爆炸着火。事故现场图可扫描二维码 7-5。

3. 事故原因分析

（1）事故发生的直接原因。

循环氢压缩机 C502B 润滑油系统压力波动过程中,操作人员处置不当,导致循环氢压缩机 C502B 异常停机,加氢进料泵 P501B 联锁停泵,操作人员未掌握循环氢压缩机 C502B 联锁的复位操作方法,导致整个系统的控制失效。

在 P501B 联锁停泵后的处置过程中,因出口阀门未及时关闭,且与 P501B 关联的两台单向阀失效,系统内的高压氢气通过停止运行的 P501B（加氢进料泵）反窜入 V501（加氢原料缓冲罐）,导致 V501 发生超压撕裂,并引发爆炸和火灾。

（2）事故发生的间接原因。

①装置异常情况处理不当。循环氢压缩机联锁停机后,操作人员未掌握循环氢压缩机 C502B 联锁的复位操作方法,无法及时重启循环氢压缩机 C502B。面对循环氢压缩机 C502B 突发停机状况时,未按照《炼油运行一部生产安全事故处置卡 17》（1#加氢装置循环机自停应急处置行动方案）的流程下达指令,造成彭某锋执行重启循环氢压缩机、杨某林执行紧急停工两条处置路径的混乱局面。

②装置未实现本质安全。循环氢压缩机 C502B 联锁停机时,加氢原料进料泵 P501 联锁停机,但未在泵出口设置自动切断阀。压力容器原料罐 V501 在 DCS 接入了压力显示,但未设置压力报警。DCS 对物料反向流动的情况无法显示及报警。循环氢压缩机润滑油压力调整的关键阀门（润滑油泵回油阀）处未设置压力显示装置,未标明升降润滑油压力调整方向。

③岗位操作规程更新不及时,相关规程内容不完善。2017 年 12 月循环氢压缩机 C502B 投入使用,但关于循环氢压缩机的相关操作规程中,未根据 C502B 的实际情况,对操作规程中相关工艺参数要求进行更新。《炼油运行一部生产安全事故处置卡 17》（1#加氢装置循环机自停应急处置行动方案）未根据实际情况对 P501B 联锁停泵、F501 联锁停炉的情况进行及时更新。九江石化制定的《1#加氢装置岗位操作法》和炼油运行一部制定的《1#加氢装置 C502B 岗位操作法》及《炼油运行一部生产安全事故处置卡 17》（1#加氢装置循环机自停应急处置行动方案）中关于发生循环氢压缩机异常停机情况规定及处置内容不完善。一是未根据石化系统通报事故案例对关闭 V515 至 T501 手阀操作进行明确。二是未对实际已经知晓能够起到远程快速切断作用的远程控制阀 FICA503 的关闭操作进行明确。操作规程中未对通过回油阀调整循环氢压缩机润滑油压力的操作进行明确。相关操作规程中未对在双泵运行状态时,恢复单泵运行的操作进行明确说明。相关岗位操作规程中未对两名内操人员的职责分工进行明确说明。

④设备设施维护管理存在薄弱环节。2002 年 1#加氢装置经过改造后,原料泵出口安装了两个单向阀,虽然不属于强检阀,但两个单向阀自 2002 年装置改造后已使用 15 年,其间从未检修。事故后对两个阀门检查发现,因积炭导致阀门无法完全闭合,单个单向阀的内漏

量超过标准允许的范围约 5 万倍,导致在事故发生时处于失效状态,高压介质通过单向阀反窜至原料缓冲罐 V501。

⑤岗位技能培训不扎实。公司人力资源部和炼油运行一部培训负责人员对员工操作技能培训结果的考核和评估流于形式,导致 3 月 12 日运行一部人员相关操作技能掌握不到位,连续出现操作失误。

⑥内操人员工作不认真,未履行责任。杨某春、段某齐通知外操人员杨某林对循环氢压缩机 C502B 润滑油低压报警进行处置后,未对外操人员处置结果进行关注,未对润滑油压力高压报警发出相应的指令。杨某春、段某齐在 V501 发出液位高报警,通知将 1#常减压常二线来料改线后,未对 V501 液位变化进行关注,特别是未对压力变化进行关注,未发出相应指令。

⑦风险辨识和隐患排查不到位。公司对加氢进料泵出口存在的高压串低压安全风险缺乏辨识,各级工艺、设备、安全等部门应用 HAZOP 等分析工具进行风险辨识、评估和管控的能力不足,未全面辨识出 1#加氢装置在循环氢压缩机联锁停机后,加氢进料泵 P501B 出口两个单向阀不能闭合而可能造成高压窜低压的潜在风险,进而没有制定可靠的风险管控措施。

⑧炼油运行一部日常管理不到位。"3·12"事故中所暴露出的运行一部人员连续误操作,运行副部长张某平未按照应急处置流程下达指令,岗位操作规程更新不及时、不完善,设备维护管理存在薄弱环节,岗位技能培训不扎实,内操人员工作不认真等问题,说明炼油运行一部日常管理长期不在状态,工作末端落实不到位。

⑨应急管理不到位。在 3 月 12 日循环氢压缩机 C502B 发生异常停机时,外操作业人员未按照《炼油运行一部安全环保突发事件现场处置预案》的要求,立即通知现场无关人员撤离。《炼油运行一部安全环保突发事件现场处置预案》未明确压力容器超温超压情况的应急处置措施。

4. 事故教训

①进一步健全完善安全生产责任制,牢固树立科学发展、安全发展理念,始终坚守"发展决不能以牺牲人的生命为代价"这条红线。督促各级人员严格履行安全生产职责,严格落实各项安全生产规章制度。

②高度重视装置本质安全。一是要按照《危险化学品重大危险源监督管理暂行规定》(国家安全监管总局令第 40 号),进一步完善监测监控、报警联锁和控制设施措施,对比同类新老装置开展设计差异化排查,从设计源头完善装置自动化控制系统,提升装置本质安全。二是按照法律法规的要求,严格履行安全设施"三同时"手续,确保满足安全生产条件。三是完善 DCS 相关报警设置。四是从人机工程学的角度,完善现场操作岗位的显示仪表配置。

③强化设备设施维护保养管理。完善设备设施维护保养制度,防止带病运行,确保设备设施始终处于完好状态,要根据风险辨识分级情况对涉及风险管控的重点设备,强化日常检查、检测和维护管理;要将管道、阀门等附件纳入设备的同步检查、检测和维护管理,特别是

针对本次事故所暴露出的单向阀的问题,要加强对全厂范围的单向阀的检查维护管理。

④加强生产、设备等异常工况的安全管理。进一步提高工艺、设备、安全等专业风险辨识能力,及时消除装置存在的潜在风险。

⑤进一步完善操作规程。公司应根据工艺、设备的实际情况,及时更新操作规程,并在运行过程中,对操作规程可行性和有效性不断进行验证并加以完善。

⑥全面开展风险管控和隐患排查治理,扎实推进安全整治。进一步落实地方安监局《关于进一步加强化工和危险化学品生产经营单位重大生产安全事故隐患排查整治工作的通知》的要求,从装置设计、工艺技术、设备运行、人力资源等方面开展全面风险识别和隐患排查,及时消除存在的潜在风险,全面开展风险隐患排查治理行动,确保装置安全平稳运行。

⑦制定科学、具体、明晰、可操作性强的异常工况下的应急处置卡。建立切实有效的岗位培训和考核机制,强化岗位培训,提高岗位人员应对异常工况的处置水平和能力。要加强化工安全从业人员在职培训,提高在职人员的专业知识、操作技能、安全管理等素质能力。要强化新就业人员化工及化工安全知识培训。对关键岗位人员要进行安全技能培训和相关模拟训练,保证从业人员具备必要的安全生产知识和岗位安全操作技能,切实增强应急处置能力。

⑧严明纪律。强化对全员、全时、全过程、全方位执行工作纪律和落实岗位操作规程情况的监督检查,建立健全监督问责机制。

⑨切实履行企业主体责任。要从责任人员、责任范围、考核标准三个方面对公司安全生产责任制度进行全面梳理和完善,确保安全生产责任在公司每一个部门、每一名员工的日常工作中得到有效落实;切实强化安全生产管理机构和安全生产管理人员的履职保障,做到安全管理队伍有人、有权、有保障、有经费、有能力。

⑩建议九江石化针对本次事故所涉及的单向阀相关国家标准和行业标准不完善的问题进行梳理,向中国石油化工股份有限公司总部报告;建议九江市安全生产监督管理局对本次事故所涉及的单向阀相关法律、法规、标准不完善的问题,向应急管理部报告。

7.3.3 风机

风机是依靠输入的机械能,提高气体压力并排送气体的机械,它是一种从动的流体机械。风机是中国对气体压缩和气体输送机械的习惯简称,通常所说的风机包括通风机、鼓风机、风力发电机。

风机按产生压力的高低可分为容积式(往复式和回转式)风机、透平式风机(离心式、轴流式、混流式、横流式、喷射式);按使用材质的不同可分为铁壳风机(普通风机)、玻璃钢风机、塑料风机、铝风机、不锈钢风机等;按气体流动的方向可分为离心式、轴流式、斜流式(混流式)和横流式等类型;按气流进入叶轮后的流动方向可分为轴流式风机、离心式风机和斜流(混流)式风机;按照加压的形式也可以分为单级、双级或者多级加压风机。

一个风机安全事故案例的分析结果如下。

1. 事故简介

2013年7月21日22时40分左右,位于甘肃省张掖市民乐县生态工业园区内的甘肃锦世化工有限责任公司硫化碱车间发生一氧化碳中毒的较大事故,造成4人死亡,4人受伤。事故调查组认定此次事故是一起生产安全责任事故。

2. 事故经过

2013年7月21日17时左右,甘肃锦世化工有限责任公司硫化碱车间烘干工段主任刘某荣带领易某栋、张某、张某友4人在硫化碱车间烘干工段上夜班。22时35分左右,刘某荣安排易某栋、张某清理提升机地坑废料炉渣,易某栋进入地坑内清扫,刘某荣、张某负责监护。张某友在烘干炉出料口接废料。22时40分左右,张某发现易某栋晕倒在地坑内,刘某荣、张某和接废料的张某友下到地坑将易某栋救到地面。张某和张某友对易某栋进行人工呼吸,两三分钟后易某栋苏醒。张某友发现刘某荣不在跟前,走到地坑前看到刘某荣在地坑人行梯的底部昏迷。张某便和途经此处的硫化碱车间工人王某下到地坑试图将刘某荣抬出。张某又晕倒在地坑里面,王某从地坑中爬出打电话通知硫化碱车间主任贾某旺,张某友跑到铬铁车间去叫人。随后贾某旺叫上铬铁车间主任任某君开车赶往事故现场,途中任某君用手机给公司的值班总负责人、技术设备部部长刘某军,化工分厂副厂长张某仁,生产安全部部长朱某,公司总经理张某元报告了此事。公司总经理张某元在张掖市甘州区家中接到电话后,随即拨打了120急救电话,并电话通知在民乐的化工分厂副厂长杨某山赶往事故现场救援,同时电话向在张掖的公司董事长韩某伦汇报了此事。韩某伦直接赶往市医院联系抢救事宜,张某元立即赶往公司。任某君和贾某旺到达现场后用毛巾捂住口鼻下到地坑救人,贾某旺又晕倒在地坑里,任某君一人无法施救就从地坑中爬出。这时化工分厂副厂长张某仁和夜间值班的技术设备部的刘某军也赶到了现场。刘某军打电话安排库房管理人员往现场运送防毒面罩、氧气瓶等施救物资,并组织人员在提升机地坑架设风机,张某仁佩戴普通口罩下到地坑救人时晕倒在地坑。这时张某友叫来王某祥、易某亮、易某林、刘某生4人,同任某君下去将贾某旺拉了上来,刘某生、易某亮、易某林、王某祥晕倒在地面。这时各车间的管理人员都陆续赶到,由总工黄某平带领刘某福、田某、庞某贵、祁某溪、史某荣等人采取将口罩沾水、佩戴防毒面具、向地坑注入氧气、架设通风机等方式进行施救,将地坑中的刘某荣、张某、张某仁相继抬出。在救援过程中参加施救的刘某荣、张某、张某仁、刘某生、易某亮、刘某福、贾某旺、王某祥中毒昏迷。23时10分左右,公司立即用3辆车将所有中毒人员送往张掖市人民医院进行救治,途中分别转至赶来救援的张掖市人民医院120救护车,张某仁、刘某荣、张某、刘某生经张掖市人民医院抢救无效死亡,易某亮、刘某福、贾某旺、王某祥4人在张掖市人民医院住院治疗,目前,已痊愈出院。

3. 事故原因

(1)事故发生的直接原因。

①烘干机运行中引风机变频器跳闸,风机控制失效,引风量不足,烘干机内煤粉燃烧不充分,致使炉内产生一氧化碳等有毒有害气体,又无法排出,随炉头罗茨风机提供的压力通过提升机机壳倒流入负一层检修地坑,致使地坑内一氧化碳等有毒有害气体浓度过高,操作

人员在无任何防护措施的条件下违章作业造成中毒事故。

②重大工艺、设备设施变更未履行审批程序,新增加的烘干设备未经充分论证,未经正规设计,擅自进行技术改造,对此工艺存在的主要危险、有害因素未进行风险辨识,对引风机故障停机时可能发生的后果无正确的处置办法,是造成事故发生的直接原因之一。

③提升机负一层检修地坑未设置有毒气体报警仪,未设置强制机械通风设施,生产场所便携式防毒面具、空气呼吸器等中毒急救设施配备不齐全。生产工人和施救人员缺乏安全意识,施救措施不当,盲目救援,造成事故扩大。

（2）事故发生的间接原因。

①企业主体责任落实不到位。企业主要负责人未认真履行安全生产第一责任人责任,重大工艺、设备设施变更未履行审批程序,督促、检查本单位的安全生产工作不到位,未深入开展隐患排查治理、打非治违、安全生产大检查工作,未及时发现和消除事故隐患,未严格落实安全设施、设备管理和检修、维护、变更管理制度及操作规程,未对本单位危险化学品生产安全事故应急救援预案进行演练。

②安全培训教育不到位。"三级"安全教育培训内容针对性不强,未对烘干设备新上岗人员进行专门的安全教育培训,从业人员缺乏有毒有害气体防范相关知识,安全意识淡薄,违章作业。

③特殊作业管理不到位。提升机检修地坑未制定有限空间作业安全技术操作规程,未执行有限空间作业票制度,未对有限空间内有毒有害气体进行检测,违章作业。

④技术管理不到位。对技术改造的烘干设备安全技术特性不了解,对未经正规设计和非正常使用的烘干设备没有进行安全设计诊断和应用 HAZOP 分析。对烘干设备的引风机变频器闸刀等安全设备的使用、维护和检查不及时、不到位。在有较大危险因素的硫化碱车间烘干设备上未设置明显的安全警示标志,对事故预兆未及时采取措施。

⑤应急救援管理不到位。危险化学品应急预案针对性、操作性不强,预案未经演练,应急设备配备不符合要求,救援人员缺乏必要的施救常识,公司化工分厂副厂长张某仁、公司化工分厂硫化碱车间烘干工段主任刘某荣违章指挥,盲目施救。

⑥安全检查落实不到位。民乐县政府及民乐县生态工业园区管理委员会、民乐县安全生产监督管理局、民乐县工业和信息化局等相关部门属地监管、综合监管、行业监管责任落实不到位。对隐患排查、打非治违、安全生产大检查等工作不深入、不细致,未及时发现和消除事故隐患。

7.3.4 汽轮机

汽轮机也称蒸汽透平发动机,是一种旋转式蒸汽动力装置,其中高温高压蒸汽穿过固定喷嘴成为加速的气流后喷射到叶片上,使装有叶片排的转子旋转,同时对外做功。汽轮机通常在高温高压及高转速的条件下工作,是一种较为精密的重型机械,一般须与锅炉（或其他蒸汽发生器）、发电机（或其他被驱动机械）以及凝汽器、加热器、泵等组成成套设备,一起协调配合工作。

与往复式蒸汽机相比,汽轮机具有单机功率大、效率高、寿命长等优点。汽轮机中的蒸汽流动是连续的、高速的,单位面积中能通过的流量大,因而能产生较大的功率。大功率汽轮机可以采用较高的蒸汽压力和温度,故热效率较高。

一个汽轮机安全事故案例的分析结果如下。

1. 事故简介

2015 年 6 月 11 日 20 点 11 分许,位于浙江省嘉兴市海盐县沈荡镇工业园区的浙江恒洋热电有限公司汽轮机厂房内 2#汽轮机设备爆炸,在厂房内引发重大火灾,直接经济损失约 900 万元。

2. 事故经过

2015 年 6 月 11 日 20 点 10 分 9 秒,电站 DCS 记录的历史数据显示,在 2#机组发电机带 21 MW 左右负荷运行中的 2# 循环水泵发生断电,备用循环水泵没有自动联锁启动,造成 2# 机凝汽器循环冷却水中断,凝汽器压力从-80 KPa 开始上升,20 点 10 分 50 秒凝汽器压力上升到-64.63 KPa,触发停机信号,停机信号同时送 2# 机,关闭主汽门,发电机出口开关跳闸。

20 点 10 分 54 秒,发电机负荷从 21 MW 甩至 0,2# 机的转速从 2 993.73 r/min 开始上升,20 点 10 分 57 秒转速到 3 300 r/min,电气超速保护动作信号送出,但保安油压没有释放,汽轮机主汽门和调节汽门没有关闭。20 点 11 分 8 秒,转速继续提升至 4 490 r/min(超出转速表量程)以上,转速提升过程中机械超速保护(120%机械超速保护装置)也没有起作用,保安油压始终没有释放,造成主汽门和调节汽门不能关闭切断汽轮机进汽,发生严重的超速事故。20 点 11 分 12 秒 保安油压小于 1 MPa 时报警信号才出现,此时 2# 汽轮机前后轴承箱已发生剧烈爆炸。根据电厂汽轮机厂房监视录像记录,2015 年 6 月 11 日 20 点 9 分 29 秒(显示时间与 DCS 时间不同步),控制室运行人员发现 2# 发电机负荷瞬间甩至 0,其中一名运行主值跑出主控室去就地检查,在接近 2# 汽轮机头时前轴承箱就发生剧烈爆炸,所幸未伤及人员性命。事故现场图可扫描二维码 7-6。

二维码 7-6

3. 事故原因分析

①电厂循环水泵失电停泵,导致凝汽器冷却水中断是本次事故的诱因。

②在停机过程中,汽轮发电机组重要的安全保护装置控制失效,导致在汽轮机发生严重的超速事故。

4. 事故教训

①利用开事故教训停机契机,对机组电气超速进行试验,如机组连续运行 6 个月以上,需对机组进行电气超速试验,并做好记录。

②利用开停机时,对主汽门、高调门的严密性进行试验并做好记录。

③加强对不间断交流电源(UPS)的日常维护与管理,梳理存在的问题,及时进行整改,确保系统处于完好状态。

④进一步完善 DCS,将 UPS 正常信号引进中控操作画面,如不正常会自动报警。

⑤在发电机组正常运行情况下,应每周对系统辅助设备进行联络试验,如油泵系统、真空系统等联络试验,并做好记录。

⑥结合此次事故举一反三,修订完善《发电系统中控操作规程》,在《余热发电全线失电时应急操作》中增加中控紧急停止按钮操作步骤,规范操作行为,同时组织对中控操作人员等关键岗位人员进行培训,使其进一步掌握发电操作技能,特别是在异常紧急情况下的操作规范。

7.4 分离类设备控制失效安全事故的根源与预防

物质的分离操作是将混合物中具有不同物理、化学性质的物质,根据其颗粒大小、相态、密度、溶解性、沸点等不同特点而将其分开的一种操作过程。进行物质分离操作的机械设备被称为分离机械。分离一般采用过滤、蒸馏、重结晶、萃取、离心及吸附等方法,不同物性物质的分离方法不同。常见的分离设备有过滤机、离心机、蒸馏釜、闪蒸器、结晶釜、干燥器、精馏塔、萃取塔等。

7.4.1 蒸馏釜 ···□

蒸馏釜的原理是根据馏分沸点的不同,通过加热使所要求的馏分汽化,再通过冷凝收集,即可完成蒸馏。蒸馏釜是一种在化工生产中蒸馏所使用的釜。

在小型精馏塔中,蒸馏釜可直接设在塔的底部,釜中装料量可占釜容积的 80%~85%,对易起泡的物料取下限,不易起泡的物料取上限。蒸馏釜容积一般在 1 000~2 500 L,为了避免产生的蒸气上升时夹带过多的液体,釜内液面距离最下一块塔板的距离至少在 0.5 m 以上。大裂塔的蒸馏釜常常设在塔外,用管道与塔底相连,此时称为再沸器。

一个蒸馏釜安全事故案例的分析结果如下。

1. 事故简介

浙江省仙居县联明化工有限公司成立于 2006 年 4 月 12 日,是一家处置危险废物和生产油漆稀释剂的企业。2023 年 5 月 30 日 16 时 57 分,仙居县联明化工有限公司蒸馏釜发生一起爆燃事故,无人员伤亡,直接经济损失 372.6 万元。

2. 事故经过

2023 年 5 月 29 日 2 时 47 分,T04 车间当班车间主任陈某敬发现 R0111 蒸馏釜温度达到 140 ℃（140 ℃为废甲苯混合溶剂蒸馏阶段的高高报警值和温控联锁值）,温控联锁装置触发并自动关闭蒸汽阀,陈某敬就擅自用 AAAA 账号将 R0111 蒸馏釜温控联锁温度修改为 145 ℃,使 R0111 蒸馏釜在超过规定的 140 ℃温控联锁温度时仍然可以继续升温蒸馏。直至 5 月 30 日发生事故时,该温控联锁温度一直保持在 145 ℃。5 月 29 日 20 时,T04 车间夜班当班员工龚某军将上一班领用并暂存于车间现场的 62 桶（约 200 L/桶）废甲苯混合溶剂全部打入 T04 车间 R0107 预处理釜,加自来水 300 L 进行水洗（pH = 6.0）,然后将水洗好的物料(约 47 桶)通过 V0118 高位槽打入 R0111 蒸馏釜,并开始升温蒸馏,剩余物料(约 15 桶)留存于 V0118 高位槽,出馏分后调回流比,控制回流比 4∶1 蒸馏前馏分;至 30 日 8 时下班时共蒸出 14 桶前馏分,然后交班给 30 日白班班组(班组长杨某光)。

接班后,杨某光于 30 日 8 时 30 分左右将 V0118 高位槽中 15 桶物料放至 R0111 蒸馏釜继续蒸馏前馏分,10 时左右前馏分蒸馏结束(本班次蒸出前馏分 6 桶,共计 20 桶)。调回流比至 1∶4 开始蒸馏产品,一直蒸到事故发生。16 时 30 分左右,杨某光开始对车间现场进行例行巡查,16 时 45 分至 16 时 46 分,杨某光到 T04 车间,连续进行了两次查看 R0111 蒸馏釜和调节 R0111 蒸馏釜蒸汽阀的操作,然后离开车间;16 时 48 分,杨某光再次来到 T04 车间巡查,误将 R0110 釜的蒸汽阀当成 R0111 蒸馏釜的蒸汽阀,关闭了 R0110 釜的蒸汽阀,然后查看了 R0111 蒸馏釜内剩余物料情况后离开 T04 车间,去溶剂回收车间巡查。16 时 49 分 58 秒(自控系统显示时间),R0111 蒸馏釜温度为 141.59 ℃。16 时 57 分,T04 车间 R0111 蒸馏釜发生爆炸,继而引起火灾。事故现场图可扫描二维码 7-7。

二维码 7-7

3. 事故原因分析

废甲苯混合溶剂具有热敏感性,在 R0111 蒸馏釜温度超过 130℃时高限报警,自控操作员对报警未及时提醒,且因 R0111 蒸馏釜蒸汽切断联锁温度由原来的 140℃(废甲苯混合溶剂蒸馏阶段的高高报警值和温控联锁值)被提高至 145 ℃,温控联锁装置没有按原有设定值启动,高温报警及控制失效,最后引起 R0111 蒸馏釜内物料蒸过,引发 R0111 蒸馏釜爆炸,导致车间里蒸馏釜内和高位槽内存留的物料流出形成流淌火并引起 T10 仓库着火。

4. 事故教训

①企业要进行风险评估和安全整治。企业要认真梳理、完善安全管理制度,进一步明确各岗位人员职责,严格落实各项安全管控措施;要认真梳理、规范安全操作规程,及时解决自控系统存在的缺陷,加快装置自动化改造工作;要加强从业人员的安全教育培训,构建完善的安全风险分级管控和隐患排查治理双重预防体系,有效防范各类生产安全事故发生。

②相关部门要在危化领域继续深化开展"百日攻坚行动"和化工蒸馏系统安全专项整治,继续深化"执法+专家"模式,组织危化领域专家对危化企业进行一轮专家会诊、一轮指导服务;持续开展危化品领域安全大排查大整治行动,深化危化企业装置设备带病运行安全检查,深化精细化工企业"四个清零",完善高危细分领域安全风险防控长效机制;开展以企业危险废物入场检测、危险废物规范储存为重点的危险废物处置利用环节安全整治;强化部门协同,实施地毯式排查、清单式整改、闭环式管理、联动式处置,消除事故隐患,筑牢安全防线。

③持续推进以"十有两禁"为重点的化工园区整治提升,加快推进园区封闭化管理,加快推进公用工程和配套功能设施、危化品车辆专用停车场、消防设施等建设,力争化工园区达到较低安全风险等级;严格执行化工项目入园程序,有关部门要对危险化学品生产建设项目的可行性、先进性、安全性等进行联合审查和指导服务,强化安全风险防控,加强源头准入,夯实危险化学品生产企业安全基础,提升本质安全水平。

7.4.2　闪蒸器

闪蒸是指高压的饱和水进入低压的容器后,由于压力的突然降低,这些饱和水的一部分变成容器压力下的饱和水蒸气。物质的沸点随压力升高而升高,随压力降低而降低。这样就可以让高压高温流体经过减压,使其沸点降低,进入闪蒸器。这时,流体温度高于该压力下的沸点。流体在闪蒸器中迅速沸腾汽化,并进行两相分离。使流体达到汽化的设备不是闪蒸器,而是减压阀。闪蒸器的作用是提供流体迅速汽化和汽液分离的空间。

一个闪蒸器安全事故案例的分析如果如下。

1. 事故简介

2003 年 2 月 5 日凌晨 1 时 55 分,山西某化工厂三车间 Ⅰ 系列冷凝水闪蒸器 Nt112(以下简称 Nt112)发生爆炸事故,楼上当班职工柴某因操作室坍塌坠落至零米平面死亡。

2. 事故设备情况

爆炸设备(Nt112)是 Ⅰ 类压力容器,其性能参数如下。

该设备设计压力为 0.6 MPa,设计温度为 165 ℃,规格为 $\phi2\,500$ mm × 6 916 mm,壁厚 12 mm,容积为 30 m³,介质为蒸汽和冷凝水,主体材料为 A48CPR 进口钢(相当于国产 16MnR 钢)。设备本体有一块压力表,出汽管上有 2 个安全阀,当设备处于备用状态时与安全阀不相通,备用时 F1 阀门关闭。

设备相关工艺过程如下。

Nt112 前与高压冷凝水罐 NP112、NP113、NP114、NP122、NP123 连接(NP 为高压冷凝水罐的简称,其后数字为不同高压冷凝水罐的编号,其内压力均为 5.6 MPa,温度为 260~270 ℃),后与预脱硅系统相通。即压力为 5.6 MPa 的水经节流孔板进入冷凝水闪蒸器,减压降温后,一部分水变为蒸汽,通过冷凝水闪蒸器进入出汽管送预脱硅系统,管道压力为 0.6 MPa;一部分水仍呈液态,通过冷凝水出口至出水管进入热水槽,出水管上有排水管(阀)至地沟。

此设备已于 2002 年 11 月 12 日停止使用,即排水阀 F6 常开,其他阀门均关闭,直至事故发生一直处于备用状态。2003 年 2 月 4 日 9 时 15 分左右,当班操作工将排水阀 F6 关闭。

3. 事故原因分析

设备在停用期间,本应切断进水阀,打开排水阀 F6,使其处于常压状态。而 3 个进水阀(F3、F4、F5)经常压试水 1 个渗漏(滴水)、1 个泄漏(流水)、1 个不漏(不滴不流),虽关仍漏(2 个阀门不正常)为设备的带压、增压直至超压提供了压力源。排水阀 F6 被关闭(据上述时间推算,排水阀 F6 关闭时间长达 16 小时 40 分),无法卸压,这是导致超压爆炸的重要原因。

企业管理工作存在漏洞,白班职工违章关闭排水阀,而运行记录未注明,交接班时也未向接班职工说明,致使排水阀一直处于关闭状态。从爆炸后设备筒体的断口来看,绝大部分破口表面较为规则平整,且与母材成 30°~45° 夹角,属韧性断裂。这说明钢板是由于超压而撕裂的。在人孔破口处发现,有大约 100 mm² 的母材钢板严重减薄,实测最小壁厚为 6.3 mm (原设计壁厚为 12 mm),呈塑性变形特征。因为设备在制造过程中,人孔部位会产生应力集中,在运行时,受力状态比较复杂,使其成为整个设备的薄弱部位。又因爆炸后人孔接管带盖是单独飞出去的,由此推断,破点就在此处。Nt112 在备用期间与安全阀不相通,导致其内压力超过设计压力时,安全阀不能泄压,失去其应有作用,造成 Nt112 内压力不断升高,直至爆炸。

断裂拉力走向分析:Nt112 的人孔处破裂后,强大的内部压力的一部分力将人孔接管带盖抛出 57 m 远;另一部分力从人孔中心线偏下部沿环向拉伸扩展,直至将直径为 2.5 m 的圆筒全部撕断,形成底部一段;还有一部分力从破点沿纵向往上扩展,将中段圆筒纵向撕开成卷板状,当扩展到筒体环焊缝处时,因环焊缝强度大于母材,所以这部分力不得不改变走向,沿环焊缝熔合线环向继续扩展,把母材钢板全部撕断,将剩余的筒体又一分为二。这样就产生了爆炸后整个筒体分为三段的结果。设备爆炸时,内部压力瞬间降为零(表压)。饱和水迅速汽化,体积急剧膨胀,产生巨大的二次压力,爆炸时的超压与二次压力形成合力,强大的合力将上段抛起砸坏车间横梁和部分管道,使筒体顶部的出气管拔出飞落造成现场的惨景。

(1)事故发生的直接原因。

①该设备在停运期间,排水阀 F6 被关闭,进水阀严重泄漏,导致闪蒸器的压力控制系统失效,其内部压力逐渐升高,又不能排水卸压,致使其超压破裂,发生爆炸。

②冷凝水闪蒸器 Nt112,在停用关闭阀门 F1 的状态下与安全阀不相通,安全阀不能起到泄压作用,没能有效防止事故发生。

(2)事故发生的间接原因。

管理不严,职工违章关闭排水阀 F6,巡检不到位,交接班无记录,也未口头交接说明。

4. 事故教训

①要合理设置安全阀,使设备超压后能够及时泄放。

②备用设备隔离措施要严密。针对备用设备隔离不严的问题,必须加强设备检查和维护管理,全面掌握生产过程中设备状态,尤其是关键阀门的开关状态必须明确,必要时对开关阀门采取上锁措施。

③进一步完善监控仪表、仪器和设备。

7.4.3　精馏塔

精馏塔是进行精馏的一种塔式气液接触装置,其利用混合物中各组分具有不同的挥发度,即在同一温度下各组分的蒸气压不同这一性质,使液相中的轻组分(低沸物)转移到气相中,而气相中的重组分(高沸物)转移到液相中,从而实现分离的目的。精馏塔也是石油化工生产中应用极为广泛的一种传质传热装置。精馏过程所用的设备被称为精馏塔,大体上可以分为两大类:①板式塔,气液两相总体上做多次逆流接触,每层板上气液两相一般交叉流动;②填料塔,气液两相做连续逆流接触。一般的精馏装置由精馏塔塔身、冷凝器、回流罐以及再沸器等设备组成。进料从精馏塔中某段塔板上进入塔内,这块塔板被称为进料板。进料板将精馏塔分为上下两段,进料板以上部分被称为精馏段,进料板以下部分被称为提馏段。

一个精馏塔安全事故案例的分析结果如上。

1. 事故简介

2005 年 3 月 23 日中午 1 点 20 分左右,英国石油公司(BP)在美国得克萨斯州的炼油厂碳氢化合物车间发生系列爆炸,造成 15 人死亡,180 多人受伤。爆炸产生的浓烟对周围工作和居住的人们造成不同程度的伤害,直接经济损失超过 15 亿美元。这起事故的发生也成为美国过程安全管理的一个转折点。

2. 事故经过

2005 年 3 月 22 日,夜班班组得到了残液分离塔开车的指令,夜班班长在异构化装置的现场操作室进行开车前的灌塔操作,夜班内操在中控室进行另外两套装置的操作。夜班班长没有使用开车操作程序,没有对操作进行记录,这样就导致了下一班接班时没有任何记录文件。

3 月 23 日凌晨 2 时 15 分,开始给残液精馏塔进料;2 时 27 分,塔底液位开始上升;2 时 44 分,内操打开了再沸器流量调节阀,以建立再沸器循环;2 时 55 分,显示液位掉回到 3%,精馏塔底部液位又逐渐开始上升;3 时 9 分,液位指示器开始高液位报警,报警一直持续到事故发生,但是高液位报警开关一直没有报警。

6 时白班内操来接班,与夜班内操进行了交接,但是夜班内操并没有直接进行夜间进料的操作,所以对精馏塔的操作情况提供的信息很少,白班内操通过阅读操作日志,以为夜班只是给塔进料,并没有意识到再沸器、管道已经完成了灌液操作;9 时 27 分,塔内的压力降低到 0 kPa,操作规程要求在塔进料时保证塔内的压力比较低,以防止进料到最后塔内压力上升;9 时 40 分,白班内操打开塔底的液位控制阀,并保持 70% 开度 3 min,约有 12 000 bpd(桶/日)残液排出精馏塔,当内操关闭液位控制阀时,流量显示并没有变为 0,但是流量计故障,指示不对,实际上并没有残液排出精馏塔;9 时 51 分,操作员开始启动塔底循环泵进行塔底循环,并给残液精馏塔继续进料,此时精馏塔已经是高液位状态;9 时 55 分,操作员点燃了加热炉的火嘴,对进料进行加热,对塔底物料进行加热;10 时 10 分,20 000 bpd 残液加入精馏塔,塔底流量计错误地显示 4 100 bpd 残液从塔底液位控制阀排出,但是操作工意识到液位控制阀是关闭状态(CSB 根据相关证据确认,塔底是没有流量的,精馏塔只是进料没有出料);11 时 16 分,操作工点燃了加热炉的另外两个火嘴,此时精馏塔的液位指示为 93%(约 2.64 m),但是 CSB 调查发现,塔内的实际液位约为 20 m;11 时 50 分,操作工增加了加热炉的燃料气流量,塔底液位计指示为 88%(2.6 m),并且液位还在下降,实际上此时塔内的液位为 30 m;12 时 41 分,由于塔内液位的上升以及进料塔内的氮气被压缩,导致塔内压力上升到 228 kPa,操作工认为塔内压力上升是由于塔底加热温度过高造成的,外操打开塔顶安全的旁通手阀进行泄压;12 时 42 分,操作工和白班班长认为应该降低加热炉的加热负荷,于是降低了加热炉的燃料气流量,此时液位显示为 80%(约 2.4 m),但是实际液位约为

43 m,操作员给塔底液位控制阀开度为 15%,并且在接下来的 15 min 内 5 次开这个阀门,直到 13 时 2 分,这个阀门的开度为 70%,实际上塔底残液采出直到 12 时 59 分才开始有流量。

13 时 2 分,塔底采出的残液流量为 20 500 bpd,与进料量相等;13 时 4 分,塔底采出的残液流量为 27 500 bpd,此时操作工不知道 52 m 高的塔内的液位已经达到 48 m,但是液位计读数继续下降,此时降为 78%(约 2.4 m);13 时 14 分,由于塔内充装过多的残液且升温太快,精馏塔开始溢流,塔内液体进入塔顶的气相管线外流;精馏塔开始加热后,塔内顶部温度低,底部温度高,见二维码 7-8 中图 B 所示,气泡和汽化的蒸气从塔底上升,与冷的物料进行换热,气体凝结,残液被加热,在 12 时 59 分,塔底开始采出残液时又通过进料预热换热器进一步给进料加热,导致在事故发生时塔内的绝大多数残液都被加热了,只是在塔顶还有少量的未被加热的残液,相关示意图可扫描二维码 7-8。

二维码 7-8

由于残液从塔溢流进入塔顶气相管线,在管线内产生了液柱的静压,加上塔内的压力超过了塔顶安全阀设定值,安全阀起跳后残液进入了放空系统。基于安全阀的设定值、事故发生后安全阀的测试和控制系统的数据,第一个安全阀起跳的时间在 13 时 13 分 56 秒,第二个安全阀起跳的时间在 13 时 14 分 10 秒,第三个安全阀起跳的时间在 13 时 14 分 14 秒,在中控室和现场控制室的操作工都看到了精馏塔的压力上升到 343 kPa;13 时 15 分,内操降低了加热炉的燃料气用量,内操认为塔内压力升高是不凝气太多或者缺少回流造成的;13 时 16 分,内操完全打开了塔底液位控制阀把塔底残液送至储罐;13 时 17 分外操启动了回流泵;13 时 19 分,操作工通过步话机知道放空罐烟囱溢流了,根据目击者描述,残液从烟囱喷出高达 6 m,在听到步话机报告放空罐溢流 15 s 后,内操和白班班长开始停止燃料气进料,事故后调查发现燃料气进料阀是在爆炸前 5 s 关闭的;13 时 20 分 4 秒,数百个警报响起,导致操作工没有足够时间在爆炸前去启动紧急警报就发生了爆炸。

从烟囱喷出的高温残液在烟囱周边扩散,当时时速为 8 km 的西北风加剧了可燃气体的扩散,过火面积约为 18 581 m²。事故现场图可扫描二维码 7-9。

二维码 7-9

3. 事故原因分析

(1)事故发生的直接原因。

①异构化装置的开车程序要求在开车时阀门应处于开的位置,以便残液从塔底部去储罐。然而阀门被一名操作工关闭,塔底液位计发生故障,塔底液位开关发生故障,导致塔内液位控制失效,持续进料 3 h,塔液位过高和压力过高,最终导致安全阀起跳,残液进入放空系统。

②放空罐的容积不足以容纳从安全阀释放的物料,没有对安全阀及放空系统进行安全评估。

③把不安全的放空罐及烟囱直接对空排放是不安全的,BP 没有从一些类似事故中吸取教训,对放空罐进行整改时把放空罐接入火炬。

④活动板房离处理危险物料的装置太近。

（2）事故发生的间接原因。

① BP 集团经营经理执行的成本控制、生产经营等压力指标严重影响了得克萨斯州炼油厂的过程安全绩效。

② BP 董事会没有有效监管 BP 的安全文化和重大事故调查程序，董事会没有成员负责评估和验证 BP 的重大事故危害预防程序的执行情况。

③错误地将低人员受伤率作为安全绩效指标，而没有做好过程安全绩效指标和健康的文化。

④ BP 机械完整性管理的缺陷导致得克萨斯州炼油厂的工艺设备运转失效。

⑤ BP 得克萨斯州炼油厂人员在监管安全及程序要求时，即使没有满足仍然会签字。

⑥ BP 得克萨斯州炼油厂缺乏报告和学习文化，员工没有被鼓励去报告安全行为和一些不安全行为；关于事故、隐患的学习资料通常没有安排专门学习。

⑦安全竞赛、目标和奖励都集中在改进人身安全和行为安全，而不是过程安全和安全管理系统，很多安全理念和程序都是有缺陷的，得克萨斯州炼油厂的管理者在安全方面没有起到带头作用。

⑧在对得克萨斯州炼油厂的检查、研究和审核中找出了许多根深蒂固的安全问题，但是 BP 得克萨斯州炼油厂不同层次的领导都认为是太晚了而无法解决。

⑨ BP 得克萨斯州炼油厂没有有效地评估涉及人员、安全理念或者组织机构的变化对过程安全的影响。

4. 事故教训

要确保工厂的领导层有时间专注于日常运转，而不是被过多的竞争需求分心。管理者要了解他们所管辖的区间和工厂中发生了什么情况。

①有必要寻求正确的、显示进程安全趋势的衡量标准。不要被人身事故衡量标准误导，这种标准有一定作用，但在这种大规模的事故中起不到警示作用。

②在规程缺乏更新或是有章不循的情况下，规程就会失效。

③双向交流很重要。如果员工认为领导者并没有倾听，或是不认真对待他们的担忧，那么很快他们不会再向领导者提及这些隐忧了。我们必须相互信守承诺。这是重建信任的第一步，也是尊敬并培养员工责任感的唯一途径。这就需要与员工保持接触，时刻警醒，保持责任感并注意倾听员工意见。

④调查生产事故很重要，缺乏事故遏制措施同样会造成严重的伤害，调查事故遏制措施缺失也需要同样被重视。要全面地记录事故，并且交流经验教训。

⑤有效的反馈是很有价值的，它能让我们从事故中汲取教训，获得并形成更好的操作规程。

⑥禁止非工作人员停留在加工区域。密切注意可能被爆炸冲击的区域。保证那些加工区域附近必需的临时设施有抗爆能力。保证人员安全最好的办法是不让他们进入易爆炸区域。

总之，得克萨斯城炼油厂爆炸是长年累积的结果，未来需要配套的、持续的措施加以整改矫正。

7.4.4 萃取塔 ·· □

萃取塔又名抽提塔,是一种在化学工业、石油炼制、环境保护等工业部门常用的液液质量传递设备。液液萃取是质量传递的一种方式,其将混合物溶液中某一种或几种化合物组分,用另外一种液体(称作溶剂,与混合物溶液的溶剂互不相溶)提取出来,使其得到分离、富集、提纯,这种过程称作萃取、抽提、液液萃取。溶剂萃取过程所采用的设备叫作萃取器,有一次和多次萃取、间隙和连续萃取过程之分。连续多次萃取采用的萃取器是一种塔式设备,被称为萃取塔,其利用重力或机械作用使一种液体破碎成液滴,分散在另一种连续液体中,进行液液萃取。萃取塔的类型包括填料萃取塔、筛板萃取塔、转盘萃取塔、振动筛板塔、多级离心萃取塔等。

一个萃取塔安全事故案例的分析结果如下。

1. 事故简介

2018年5月31日凌晨,在广东新会美达锦纶股份有限公司一生产车间内,因萃取塔发生故障,24岁男性员工冯某斌被严重烫伤,经抢救无效死亡。

2. 事故经过

2018年5月30日12时,新会粤新热电有限公司供应新会美达锦纶股份有限公司的蒸汽因设备故障停工,9条聚合生产线全部停车,至31日0时50分恢复蒸汽供应,各生产线按正常程序开车。

5月31日凌晨约4时20分,8线重新开车过程中,因8线萃取工序的萃取塔排水的流量偏低,并且萃取塔高水位浮球没有报警,当班值班长安排冯某斌检查8线萃取塔顶部水位状况。4时29分,冯某斌在现场电话告知值班长:萃取塔水位超出,塔面有水外溢情况。双方通话长约1 min,其间没有听到冯某斌提及危害到身体的情况。当时电脑控制画面上的高水位浮球也无异常报警信号,值班长立即调低萃取塔入水阀门和输送切片工艺水阀门,减少萃取塔入水量。4时40分,当班2名操作工在四楼电梯口处听到冯某斌的叫喊声,发现冯某斌在三楼洗手间用自来水冲洗,才知道冯某斌在检查过程中被萃取水烫伤的情况。事故后果图可扫描二维码7-10。

二维码 7-10

3. 事故原因分析

(1)事故发生的直接原因。

因萃取塔内的高水位控制浮球失灵,导致无报警,萃取塔水位超出正常范围,水位控制失效。当萃取塔水泡之间的水柱压力小于气泡压力时形成沸腾,导致高温工艺水从萃取塔顶部喷出。

(2)事故发生的间接原因。

公司管理不到位,员工检查时未穿防护服装。

4. 事故教训

①必须加强设备检查和维护管理,全面掌握生产过程中设备状态。

②合理设置安全阀与泄放阀,使设备超压、超水位后能够及时泄放。

③加强风险管理和应急知识的培训,提高作业人员的风险意识和应急自救能力。

7.4.5 离心机

离心机是利用离心力分离液体与固体颗粒或液体与液体的混合物中各组分的机械。离心机主要用于将悬浮液中的固体颗粒与液体分开,或将乳浊液中两种密度不同又互不相溶的液体分开;它也可用于排除湿固体中的液体。特殊的超速管式分离机还可分离不同密度的气体混合物。

工业离心机是化工行业的主要设备之一,根据工艺要求,一般可分为几个不同转速运行以达到分离效果。按工艺用途可将离心机分为过滤式离心机、沉降式离心机。过滤式离心机的主要原理是通过高速运转的离心转鼓产生的离心力(配合适当的滤材),将固液混合液中的液相加速甩出转鼓,而将固相留在转鼓内,达到分离固体和液体(俗称脱水)的效果。沉降式离心机的主要原理是通过转子高速旋转产生的强大离心力,加快混合液中不同比重成分(固相或液相)的沉降速度,把样品中具有不同沉降系数和浮力密度的物质分离开。

一个离心机安全事故案例的分析结果如下。

1. 事故简介

1995 年 3 月 4 日下午 2 时 20 分,江苏省溧水县(今溧水区)南京华晶化工有限公司化工分厂磺酸车间 1 号离心机在运行过程中解体,造成 3 人死亡的重大死亡事故,经济损失达 10.415 万元。

2. 事故经过

1995 年 3 月 3 日上午 8 时,化工分厂 1 号离心机调速电机控制器内保险丝烧断,经电工曹某荣(经培训取证)检查发现,主要是调速电机上的测速器受潮、渗水引起短路所致。控制器经拆出,由电工曹某荣在电炉烘干一天。3 月 4 日上午,于某宏(车间副主任)指派电工史某方(经培训取证)去安装测试。史某方使用万用表 12 × 1 K 挡测量控制器的绝缘程度,指针不动,认为可装并装好,之后在空试电机时发现调速电机不转,控制器失灵,随即换上一只新控制器,经快慢反复调试正常后交给班长徐某伙试机,转速额定 50~100 r/min。上午 10 时左右开始投料生产,由操作工陈某根、徐某根一组投料 4 次,出成品约 400 kg,未发生异常现象,在第 5 次投料完毕后,即下午 2 时 20 分左右,离心机突然解体,外套和机座、机脚向西南方向飞出,离心机内衬向东北方向飞出,将当班正在操作的陈某根、徐某根 2 人砸伤,并把距离离心机 4 m 远的吸收工徐某全同时砸伤。事故发生后,车间人员立即向厂部汇报,全厂全力救护伤者并及时送往县人民医院抢救。徐某全于当日下午 4 时抢救无效死亡,徐某根经县人民医院紧急包扎后在送往南京的途中死亡。陈百根于 3 月 5 日上午 6 时在南京第一人民医院经全力抢救无效死亡。

3. 事故原因分析

根据对事故的调查分析和专家组的技术鉴定报告,调查组认为这起事故是由于设备老化、腐蚀严重且设备的完好性尤其是安全性(安全系数几乎没有)不能承受离心机工作时突然增大的离心力,因而最终解体。

(1)事故发生的直接原因。

①1号离心机完好程度差,无法保证系统的安全运行。一是不锈钢铆钉数量不足,且铆钉在腐蚀条件下强度下降,紧固能力降低至原设备设计要求的 1/3 左右。二是转鼓上应有三道腰箍,而实际上没有,这使得转鼓的抗离心力强度严重下降。转鼓旋转接头的焊缝遇一定的离心力时发生崩绽、断开。三是支承转鼓的 3 只摆杆(3 足)内的缓冲弹簧因腐蚀严重,不能起到调节重心、加强稳定的作用,使得离心力在局部增大。

②因调速电机及电气线路等原因,离心机经常处于较高的转速并有突然增速的条件。一是控制电机的调速器所指示的转速与实际不符,电机实际转速高于调速器所指示转速 20% 左右,并带动离心机增速 20% 以上。离心机的增速使得离心机的离心力得到增大。二是插座短路或断路打火使调速电机转速突然增大,使得离心机的离心力突然增大。

以上两个方面的原因,导致在下午上班后,离心机在运行过程中,线路发生短路或断路打火,控制器控制失效,电机增速带动离心机的转速增大,离心力成倍增大(速度是影响离心力最突出的因素)。转鼓由于紧固螺栓断裂以及没有腰箍开始绽缝(焊缝处),转鼓外缘从圆形向凸轮和漏斗状变化,由于高速旋转的转鼓和物料既产生了很大的离心力,又产生了一个向上方的分力,导致转鼓与鼓底的分离,并击坏了离心机外罩及罩上方的限量周圆罩,因而向一侧飞出并击断了一侧的支承脚飞离了工作平台,飞出的部分虽是向一侧呈曲线状飞离,同时本身还进行着自转,因而增大了作用力和破坏力,导致 3 人被当场砸伤。

(2)事故发生的间接原因。

①公司设备管理职能部门软弱无力,缺乏专门的技术人员及必要的管理手段。公司对新增设备及配件没有严格的入厂检验制度与技术审批制度,对离心机的技术性能和危险性认识不足,也没有充分考虑到磺酸车间离心机的维修、改造能力。公司对离心机等设备的选型、维修、改造、保养、使用等环节没有科学的规定,公司、分厂、车间在设备管理体系方面职责不明。

②岗位操作规程不健全,操作工没有严格的岗位操作规程可循。

③安全教育不力,职工的安全意识较差。职工来自农村,文化低,素质差,没有接受过正规的培训和技术教育。企业明知职工技术素质较低,但未切实开展培训等工作。

4. 事故教训

①要进一步提高对安全生产的认识,认真学习贯彻国务院、省、市发布的一系列关于加强安全生产工作的文件。企业在转换经营机制过程中,安全工作只能加强,不能削弱。在新建项目、新增设备过程中,要高度重视安全工作并采取切实有效的措施,加强安全工作,特别对技术较复杂、危险性大的设备,更要把安全生产工作摆在重要位置,努力消除设备的不安全状态和人的不安全行为,杜绝各类事故的发生。

②必须建立健全以企业法定代表人为第一责任人的安全生产责任制,细化各部门和各级各类人员的安全责任,做到"横向到边、竖向到底",尤其是车间、工段领导的安全责任要落实到人、工作到位。

③化工企业对员工素质要求较高,公司应全面开展、落实安全教育培训工作,努力提高全厂干部职工素质,尤其是安全素质,要将干部职工安全教育工作制度化、经常化。重点设备、特种设备的操作人员应先教育培训后上岗作业。

④鉴于离心机属于连续性生产设备,又在强腐蚀的条件下工作,对这类设备要实行定期强制检修更新制度,做到该降级、限制使用的降级、限制使用,该淘汰、报废的坚决淘汰、报废,并制定离心机从选型、安装、使用、维修、改造等环节的管理制度,以防止类似事故发生。

⑤公司应根据国家有关安全标准、规定,原化工部制定的《化工企业安全管理制度》及南京市有关化工企业安全管理规定,对公司的安全规章制度进行一次全面检查并加以修订、完善和补充。要重点制定危险性较大的设备、场所、岗位的安全规定并使之落到实处。

7.4.6　过滤机 ···□

过滤机是指用来进行过滤的机械设备或者装置,是工业生产中常见的通用设备。用过滤介质把容器分隔为上、下腔即构成简单的过滤器。悬浮液加入上腔,在压力作用下通过过滤介质进入下腔成为滤液,固体颗粒被截留在过滤介质表面形成滤渣(或称滤饼)。液体通过滤渣层和过滤介质必须克服阻力,因此在过滤介质的两侧必须有压力差,这是实现过滤的推动力。增大压力差可以加速过滤,但受压后变形的颗粒在大压力差时易堵塞过滤介质孔隙,过滤反而减慢。过滤机按获得过滤推动力的方法不同,分为重力过滤机、真空过滤机和加压过滤机三类。过滤机应用于化工、石油、制药、轻工、食品、选矿、煤炭和水处理等领域。

一个过滤机安全事故案例的分析结果如下。

1. 事故简介

辽宁省大连天源基化学有限公司(以下简称天源基公司)成立于2002年12月12日,主要进行原料药物及药物中间体、高分子材料及添加剂、生物工程产品、精细化学品的开发与生产。2018年9月12日,该公司发生膜过滤器上安装的转子流量计突然爆裂伤人事故。该事故是一起一般安全事故,且存在瞒报行为。

2. 事故经过

2018年9月12日4时许,天源基公司三车间NPH(N-Nitroso-N-phenylhydroxylamine,N-亚硝基-N-苯基羟基胺)岗位操作工于某洋发现浊液不往R102反应釜中进,于是将膜过滤器大泵、小泵和清液阀门关闭。当于某洋用0.2 MPa的氮气反吹膜过滤器时,他贴近观察转子流量计,转子流量计玻璃外壳突然爆裂,加氢液喷洒到其面部及身体。

3. 事故原因分析

(1)事故发生的直接原因。

①膜过滤器转子流量计玻璃管老化,快速打开转子流量计,玻璃管超压爆裂,导致带压的加氢液喷溅出来。

②于某洋在未按膜过滤岗位安全操作规程穿戴劳动防护用品的情况下,贴近观察膜过滤器转子流量计。

（2）事故发生的间接原因。

①天源基公司对设备及仪表检查、维护管理不到位,发生爆裂的转子流量计从 2010 年 8 月使用至发生事故前,从未进行过拆卸检定或维护保养,由于玻璃管强度退化导致受压破损;膜过滤岗位安全操作规程不完善,未明确规定氮气反吹压力控制参数,未明确应缓慢开启转子流量计上游阀门,以防止浮子突然上冲损坏玻璃管的操作要求。

②天源基公司的安全检查管理不到位,未及时发现并制止于某洋未按《膜过滤岗位安全操作规程》穿戴劳动防护用品的行为。

4. 事故教训

①主要负责人、安全管理人员应强化对安全生产法律法规的贯彻执行,严格落实安全生产责任制和各项安全管理制度,加强对本公司安全工作的督促和检查。如发生生产安全事故,应按照国家规定立即如实向安监部门进行报告。

②应进一步完善安全风险辨识和管控措施,加强对设备及仪表的定期检定、维护保养、日常巡检;进一步完善膜过滤岗位安全操作规程,加强对从业人员的安全教育,提高工人安全防范和应急能力,规范劳动防护用品的使用和管理,强化安全主体责任意识。

③建议金普新区安监部门加强对天源基公司安全生产的监管力度,增加执法检查频次,加大执法力度,督促企业自觉贯彻落实安全法律法规和安全主体责任。

7.4.7　干燥机

干燥机是一种利用热能降低物料水分含量的机械设备,用于对物体进行干燥操作。干燥机通过加热使物料中的湿分(一般指水分,也可指其他可挥发性液体成分)汽化逸出,以获得规定湿含量的固体物料。

按工作压力干燥机分为常压干燥机和减压干燥机(真空干燥机)两类。

按加热方式干燥机分为对流式、传导式、辐射式、介电式等类型。对流式干燥机又称直接干燥机,是利用热的干燥介质与湿物料直接接触,以对流方式传递热量,并将生成的蒸气带走。传导式干燥机又称间接式干燥机,它利用传导方式由热源通过金属壁向湿物料传递热量,生成的湿分蒸气可用减压抽吸、通入少量吹扫气或在单独设置的低温冷凝器表面冷凝等方法移去。这类干燥机不使用干燥介质,热效率较高,产品不受污染,但干燥能力受金属壁传热面积的限制,结构也较复杂,常在真空下操作。辐射式干燥机是利用各种辐射器发射出一定波长范围的电磁波,被湿物料表面有选择地吸收后转变为热量进行干燥。介电式干燥机是利用高频电场作用,使湿物料内部发生热效应进行干燥。

按湿物料的运动方式干燥机可分为固定床式、搅动式、喷雾式和组合式。

按结构干燥机可分为厢式干燥机、输送机式干燥机、滚筒式干燥机、立式干燥机、机械搅拌式干燥机、回转式干燥机、流化床式干燥机、气流式干燥机、振动式干燥机、喷雾式干燥机以及组合式干燥机等。

一个干燥机安全事故案例的分析结果如下。

1. 事故简介

2022年6月16日,甘肃省兰州新区秦川园区甘肃滨农科技有限公司固体废料处理车间(污泥处理工段)发生爆炸事故,造成6人死亡,8人受伤,直接经济损失4190.45万元。甘肃滨农科技有限公司"6·16"较大爆炸事故是一起生产责任安全事故。

2. 事故经过

6月10日,桨叶式空心干燥机(以下简称干燥机)冷凝器内部循环水管泄漏,维修人员对冷凝器进行更换,干燥机处于停车状态。6月15日,当班操作人员发现冷凝器循环水管故障,在未停车的状态下,关闭干燥机夹套加热盘蒸汽阀门,对冷凝器进行维修,于当日22时30时故障排除后,再次开启干燥器夹套加热盘的蒸汽阀门,其间空心轴内加热管蒸汽阀门未关闭,桨叶搅拌和加热未停止。

6月16日8时至12时,乙班班长和本班3名操作工进行板框压滤机作业和干燥机作业。13时28分,乙班班长和本班3名操作工用蒸汽软化出料阀门,拆卸放料阀,对手轮及助力器进行检查。14时56分,乙班1名操作工将一个吨袋推入接料口,准备接料,此时已到放料时间。15时6分,乙班班长带领本班3名操作工临时对干燥机下方的卸料阀进行维修。16时许,控制室中控工接到乙班操作工停止抽真空泵的通知。

16时54分至18时56分,乙班操作工从干燥机出料口推出8袋母液固废。此时母液固废干燥时间比正常时间延长了4h(正常出料时间应为当日15时左右)。

18时56分38秒,干燥机出料口附近出现白烟和火焰。18时56分41秒,污泥间发生第1次爆炸。18时56分42秒,污泥间发生第2次爆炸。事故现场图可扫描二维码7-11。

3. 事故原因分析

(1)事故发生的直接原因。

二维码7-11

事故发生当天,母液固废经过干燥机内真空干燥,达到放料状态后,干燥机放料阀控制失效,干燥机未能正常出料。当班人员在干燥机未停车、持续加热的情况下,对卸料阀进行维修,导致母液固废在干燥机内加热时间延长约4h。干燥机持续加热,母液固废所含的氯酸钠与有机物反应放热,进一步引起有机物的分解放热,外部加热和内部反应分解放热共同引起干燥机内部超温和超压失控,发生爆炸(第1次爆炸),爆炸使干燥机破碎解体,并在周边数米内形成局部空间的高温、高压状态,并伴随火光、强烈冲击波及高温金属碎片的产生,以上局部空间内的爆炸综合效应随即引爆临时堆存在干燥机东侧约5m的8袋干燥后的含有氯酸钠、有机物和盐的母液固废中的部分物料(第2次爆炸)。

(2)事故发生的间接原因。

甘肃滨农科技有限公司污水处理工艺、安全风险辨识防控、安全生产责任制和教育培训等方面存在的问题缺陷,是导致本起事故的间接原因。如:污水处理工艺未按要求设计建设;随意过量添加氧化物导致隐患加剧;缺失异常工况处置、应急操作内容;设备维修管理存在缺陷;安全教育培训工作不落实;安全生产管理混乱。

4. 事故教训

①地方政府安全发展理念落实得不深不细。兰州新区、秦川园区党工委和管委会以人民为中心的发展思想树立不牢,落实"人民至上、生命至上"、安全发展理念不深入,在推动经济社会发展中,没有守牢看住安全红线,没有统筹好发展和安全两件大事,将放松对企业的监管当作政策红利,对一些企业未批先建放任不管,存在重发展、轻安全的现象,安全发展理念没有真正落实。在化工产业安全准入、建设项目安全监管方面措施不过硬。对安全生产基础差、安全生产风险高的企业没有采取系统有效的安全保障措施,对精细化工企业项目安全风险管控不到位,没有采取有效的安全保障措施,未对企业风险隐患排查治理形成闭环管理。

②党政领导干部安全生产责任落实不到位。兰州新区、秦川园区党工委和管委会未认真履行安全生产、环保监督管理职责。对安全生产工作重视程度不够,秦川园区应急管理局安全监管力量不足等突出问题长期没有得到切实解决。未督促生态环境和应急管理等有关职能部门加强日常监管,对事故企业试生产过程中环保、安全监督检查不力,没有认真组织开展环保设施安全风险排查,对环保设施可能存在的安全风险没有评估,对事故企业擅自增加环保设施的违法违规问题没有及时发现、查处。

③危险废物监管责任落实不到位。兰州新区、秦川园区政府已在各部门安全生产职责中明确了危险废物监督管理的有关职责,但生态环境部门未能有效履行危险废物安全监管职责,对"三个必须"的理解、重视程度不够。兰州新区安委会安排部署了相关安全生产专项整治行动,但在实际工作中,生态环境部门未开展废弃危险化学品处置安全风险辨识,对环保设施、危险废物存在的风险隐患和可能造成的严重后果估计不足。兰州新区、秦川园区应急管理部门落实综合监管职责不到位,督促危险废物监管部门履行职责不力。

④企业安全生产主体责任不落实。甘肃滨农科技有限公司法律意识、安全意识淡漠,不落实国家关于环保设施建设和使用方面的法律法规规定,严重违法违规建设、投用环保处理设施。管理制度不健全,未严格执行制定的设备管理等规章制度,对固废车间(污泥工段)存在的违规操作、教育培训制度不落实、工艺管控措施缺失等隐患问题失察失管,对下属各部门、车间及岗位责任制不落实的问题疏于管理,对环保关联设备、"三废"处置配套设施和消防救援、应急管控等设施设备安全风险辨识不足,隐患排查整治不到位,导致安全生产隐患增加、风险上升。

7.5　储运设备控制失效安全事故的根源与预防

7.5.1　储罐

储罐是一种用于存储大量液体或气体的容器。储罐通常具有较大的容量和壁厚,可以承受高压和高温。储罐通常用于存储石油、化学品、天然气等危险品,因此需要具有防爆、防火等安全措施。储罐的设计和制造需要遵循相关的标准和规范,以确保其安全可靠。

储罐按形式可分为立式储罐、卧式储罐等;按结构可分为固定顶储罐、浮顶储罐、球形储罐等;按大小可分为大型储罐(50 m³以上,多为立式储罐)、小型储罐(50 m³以下,多为卧式储罐)。

一个储罐安全事故案例的分析结果如下。

1. 事故简介

2014年7月1日凌晨1时20分左右,位于宁夏中卫工业园区内的宁夏瑞泰科技股份有限公司(以下简称瑞泰公司)啶虫脒生产车间N-(6-氯-3-吡啶甲基)甲胺贮罐发生爆炸,造成4人死亡,1人受伤,直接经济损失约500万元。事故调查组认定此次事故是一起非责任事故。

2. 事故经过

2014年6月23日上午,瑞泰公司啶虫脒工段副段长李某忠发现第14批合成的粗品啶虫脒颜色发红,立即向段长王某、副总经理刘某维做了汇报。刘某维责令生产技术部副主任杨某清协助农药车间查明原因。从6月24日起,啶虫脒合成工序停止生产。经过3天的排查及小试验证,到28日瑞泰公司认定粗品啶虫脒颜色发红的原因为N-氰基乙亚胺酸甲酯中含有杂质。

啶虫脒合成工序停车期间,N-(6-氯-3-吡啶甲基)甲胺合成工序正常生产(6月23日至27日),共生产4批次(批号:23#~26#)。6月28日,由于N-(6-氯-3-吡啶甲基)甲胺接近储存极限,合成工序被迫停止生产。6月30日凌晨2时,啶虫脒合成工序投料开车,使用的N-(6-氯-3-吡啶甲基)甲胺于6月26日18时4分开始由贮罐打入高位槽,到事故发生,啶虫脒合成工序反应尚未结束。储罐内的N-(6-氯-3-吡啶甲基)甲胺采用盘管加热保温方式贮存。

2014年7月1日凌晨1时11分,啶虫脒合成工序当班班长王某、操作工高某等人在二楼控制室用餐,闻到刺鼻难闻的气味。11分20秒,操作工高某走出控制室,开启排风机,回到控制室打开南面的窗户,发现一楼东侧的N-(6-氯-3-吡啶甲基)甲胺储罐排气管附近逸出白烟,立即将这一情况向王某做了汇报。14分20秒,王某从二楼由西向东下至一楼。15分23秒,高某、姬某云前后离开主控室由西向东行进。15分35秒左右,N-(6-氯-3-吡啶甲基)甲胺储罐发生爆炸,致使王某当场身亡,并波及包装车间和工具间,造成3名劳务人员(李某琴、杨某和王某华)身亡。

3. 事故原因分析

(1)事故发生的直接原因。

贮罐内的N-(6-氯-3-吡啶甲基)甲胺处于长时间保温状态,发生了缩聚反应,产生的大量热量和气体不能及时排出,储罐压力急剧上升,导致容器超压发生爆炸。

(2)事故发生的间接原因。

①N-(6-氯-3-吡啶甲基)甲胺是合成杀虫剂啶虫脒的重要中间体,目前国内外均未见涉及N-(6-氯-3-吡啶甲基)甲胺的热稳定性和安全性的报道,该化合物也不在国家《危险化学品目录》中,也未发现关于国内外同行业发生此类事故的报道和相关信息,相关单位在可

研、安评、设计、生产过程中未能完全预见其潜在的风险。

②瑞泰公司1 000 t/a 啶虫脒生产线是目前国内外最大的一条啶虫脒农药生产线,生产规模由原来江苏扬农化工集团有限公司(以下简称扬农集团)的100 t/a 放大到现瑞泰公司的1 000 t/a,中间体 N-(6-氯-3-吡啶甲基)甲胺贮存由塑料桶(200 L)常温固态(凝固点为37 ℃左右)保存改为不锈钢贮罐(5 300 L)保温(依据经验,盘管通 70 ℃热水)液态保存;操作方式由人工定量灌装、自然冷却搬运、储存、溶化、抽料到合成釜,改为流水线自动输送到合成釜。改进后,虽然减少了人工操作,改善了作业现场环境质量,保护了员工健康,但是设计时未能预见 N-(6-氯-3-吡啶甲基)甲胺长时间液态保温储存时缩聚所产生的风险,也没有采取相应的防范措施。

③瑞泰公司和扬农集团在文件中使用不规范名称(苄甲胺)标识化合物 N-(6-氯-3-吡啶甲基)甲胺,容易造成对化合物属性的误判,有可能导致可研、安评、设计的疏漏。

④扬农集团在设计时,没有按危险物品必须有防火间距(安全距离)的要求考虑 N-(6-氯-3-吡啶甲基)甲胺生产装置与包装间和工具间等的安全距离。

4. 事故教训

该事故给国家和人民生命财产造成了重大损失,教训深刻。为防止类似事故再次发生,事故调查组提出如下建议。

①国外已见拜耳公司(Bayer AG)生产的 N-(6-氯-3-吡啶甲基)甲胺沸点为 100~103 ℃的报道,但国内外均未见涉及 N-(6-氯-3-吡啶甲基)甲胺的热稳定性和安全性的报道。建议相关部门和单位对 N-(6-氯-3-吡啶甲基)甲胺的危险特性进行全面分析辨识,并尽快制定其安全性方面的标准规程。

②瑞泰公司及其该项目相关的可研、安评、设计等单位必须对该项目重新进行安全性、可靠性分析论证,并提出相应的对策及措施。

③强化从业人员的安全教育培训。特别要提高广大员工的风险辨识和隐患排查能力,增强从业人员遵章守法的自觉性和安全生产的责任心。

④要求各企业对已知名称化合物尽量避免使用非通用名称或有歧义的名称,以避免对相关属性的误判。

⑤政府相关部门在行政审批制度改革中,必须坚持该取消、下放的一定取消、下放,同时对一些事关国家和人民生命财产安全的重点项目特别是高危企业的建设项目必须严格安全准入关,并切实做好事中、事后监管工作。

7.5.2 管道

管道由管道组成件、管道支吊架等组成,用以输送、分配、混合、分离、排放、计量或控制流体流动。常见的管道按材质分为碳素钢管、低合金钢管、合金钢管、铜及铜合金管、钛管、塑料管、玻璃钢管、衬里管等等。金属管道按制管方式分为无缝钢管、有缝(焊接)钢管。焊接钢管工艺相对简单,成本较低,但强度低于无缝钢管。较小口径的焊管多采用直缝焊,较大口径的焊管多采用螺旋缝焊。无缝钢管由于其出色的性能,在 DN15~DN500 之间成为化工行业用得最多的管子。按设计温度(DT)、设计压力(DP),管道可分为低温管道(DT ≤ −20 ℃)、高温管道(DT ≥ 350 ℃)、低压管道(DP ≤ 1.6 MPa)、中压管道(1.6 MPa < DP ≤ 10 MPa)、高压管道(10 MPa < DP ≤ 100 MPa)、超高压管道(DP > 100 MPa)。

一个管道安全事故案例的分析结果如下。

1. 事故简介

河南省濮阳市中原大化集团公司(以下简称大化集团)前身是河南省中原化肥厂(建于1985年),1997年经改制后成立。2008年2月23日,大化集团新建年产30万t甲醇项目,在生产准备过程中发生氮气窒息事故,造成3人死亡,1人受伤。

2. 事故经过

2008年2月23日上午8时左右,山东华显安装建设有限公司安排对气化装置的煤灰过滤器(S1504)内部进行除锈作业。在没有对作业设备进行有效隔离、没有对作业容器内氧含量进行分析、没有办理进入受限空间作业许可证的情况下,作业人员进入煤灰过滤器进行作业。10点30分左右,1名作业人员窒息晕倒坠落作业容器底部,在施救过程中另外3名作业人员相继窒息晕倒在作业容器内。随后赶来的救援人员在向该煤灰过滤器中注入空气后,将4名受伤人员救出,其中3人经抢救无效死亡,1人经抢救脱离生命危险。

3. 事故原因分析

煤灰过滤器(S1504)下部与煤灰储罐(V1505)连接管线上有一膨胀节,膨胀节设有吹扫氮气管线。2月22日装置外购液氮汽化用于磨煤机单机试车。液氮用完后,氮气储罐(V3052,容积为200 m³)中仍有0.9 MPa的压力。2月23日在调试氮气储罐(V3052)的控制系统时,连接管线上的电磁阀误动作打开,使氮气储罐内氮气窜入煤灰过滤器(S1504)下部膨胀节吹扫氮气管线,由于该吹扫氮气管线的两个阀门中的一个没有关闭,另一个因阀内存有施工遗留杂物而关闭不严,氮气窜入煤灰过滤器中,导致煤灰过滤器内氧含量迅速降低,造成正在进行除锈作业的人员窒息晕倒。

4. 事故暴露出的问题

这是一起典型的危险化学品建设项目因试车过程安全管理不严,严重违反安全作业规程引发的较大事故,暴露出当前危险化学品建设项目施工和生产准备过程中安全管理明显不到位的问题。

①施工单位山东华显安装建设有限公司安全意识淡薄,安全管理松弛,严重违章作业。该公司对装置引入氮气后进入设备作业的风险认识不够,在安排煤灰过滤器(S1504)内部除锈作业前,没有对作业设备进行有效隔离,没有对作业容器内氧含量进行分析,没有办理进入受限空间作业许可证,没有制定应急预案。在作业人员遇险后,盲目施救,使事故进一步扩大。

②大化集团安全管理制度和安全管理责任不落实。大化集团在年产30万t甲醇建设项目试车引入氮气后,防止氮气窒息的安全管理措施不落实,没有严格界定引入氮气的范围,没有采取可靠的措施与周围系统隔离;装置引入氮气后对施工单位进入设备内部的作业要求和安全把关不严,试车调试组织不严密、不科学,仪表调试安全措施不落实。

③从业人员安全意识淡薄的现象仍然十分严重。作业人员严重违章作业,施救人员在没有佩戴防护用具情况下冒险施救,导致事故发生及人员伤亡扩大。

5. 事故教训

①地方各级安全监管部门要高度重视危险化学品建设项目安全监管工作。要针对危险化学品建设项目试车、试生产过程容易发生生产安全事故的特点,采取切实措施,加强对危险化学品建设项目建设单位的安全监管,监督建设单位选择安全生产业绩好、有相应施工资质的施工单位进行施工,明确要求建设单位对建设项目施工和试车过程的安全负总责。

②建设单位在与施工单位签订施工合同时,要明确建设单位、施工单位各自的安全管理职责,建立健全各项安全生产规章制度,指定专职人员检查安全生产规章制度的执行情况。要避免建设项目施工层层转包。在施工安装阶段,建设单位要安排专人监督检查施工质量和施工安全,及时发现和纠正施工单位的不安全行为,确保施工安全。

③建设项目进入生产准备阶段后,建设单位要统筹安排施工和试车进度,加强施工、试车的组织协调,每天在安排施工、试车工作时要特别注意协调好安全问题。施工单位要自觉服从建设单位的指挥,严格执行建设单位的有关安全规定和要求。

④试车过程引入公用工程和化工物料后,要严格进入受限空间作业、动火作业等危险作业的安全管理,进入受限空间作业前,要对作业设备进行有效隔离,对作业容器内氧含量和有毒有害气体进行分析,按要求办理进入受限空间作业许可证,要有完善的应急预案,并安排专人监护。

⑤加强风险管理和应急知识的培训,提高作业人员的风险意识和应急自救能力。施工单位进行作业前,务必使作业人员了解作业的危险因素、危害后果,掌握防范措施、自救和互救方法,防止在危害因素不明或防护措施不可靠的情况下冒险作业和盲目施救,造成事故发生及伤亡人数扩大。

7.6 SIS 的应用

7.6.1 SIS 简介 ···□

2014 年,国家安全生产监督管理总局发布了《关于加强化工安全仪表系统管理的指导意见》(安监总管三〔 2014 〕116 号); 2020 年初,国务院安全生产委员会印发了《全国安全生产专项整治三年行动计划》,相关附录里再次强调了安全仪表系统的重要性。

1. SIS 的定义

SIS 是安全仪表系统(safety instrumented system)英文单词首字母缩写,又称为安全联锁系统(safety interlocking system),主要涉及工厂控制系统中报警和联锁部分,对控制系统检测的结果实施报警动作,实现调节或停机控制,是工厂企业自动控制中的重要组成部分。它对装置或设备可能发生的危险采取紧急措施,并对继续恶化的状态进行及时响应,使其进入一个预定义的安全停车工况,从而使危险和损失降到最低程度,保证生产设备、环境和人员安全。

2. SIS 的基本组成

SIS 的基本组成包括测量仪表、逻辑运算器和最终元件、关联软件及部件,即检测单元、控制单元和执行单元。目前,仪表保护系统(instrument protective system,IPS)、安全联锁系统(SIS)、紧急停车系统(emergency shutdown device,ESD)、高完整性压力保护系统(high integrity pressure protective system,HIPPS)和火气保护系统(fire alarm and gas detector system,F&GS)等都属于安全仪表系统的范畴。

3. SIS 的基本特点

①以 IEC 61508 为基础标准,符合国际安全协会规定的仪表的安全标准规定。

②覆盖面广,安全性高,有自诊断功能,能够检测并预防潜在的危险。

③采用多重冗余结构。SIS 一般采用多重冗余结构以提高系统的硬件故障裕度,单一故障不会导致 SIS 安全功能丧失。

④应用程序容易修改,可根据实际需要对软件进行修改。

⑤自诊断覆盖率大,工人维修时需要检查的点数比较少。

⑥响应速度快,从输入变化到输出变化的响应时间一般在 10~50 ms,一些小型 SIS 的响应时间更短。

⑦可实现从传感器到执行元件所组成的整个回路的安全性设计,具有 I/O 短路、断线等监测功能。

4. SIS 的系统结构

SIS 的主流系统结构主要有 TMR(三重化)、2004D(四重化)两种。

① TMR 结构:它将三路隔离、并行的控制系统(每路称为一个分电路)和广泛的诊断系统集成在一个系统中,用三取二表决提供高度完善、无差错、不会中断的控制。TRICON、ICS、HollySys 等均是采用 TMR 结构的系统。

② 2004D 结构:2004D 系统由两套独立并行运行的系统组成,通信模块负责其同步运行,当系统自诊断发现一个模块发生故障时,中央处理器(CPU)将强制其失效,确保其输出的正确性。同时,安全输出模块中 SMOD 功能(辅助去磁方法)确保在两套系统同时故障或电源故障时,系统输出一个故障安全信号。一个输出电路实际上是通过四个输出电路及自诊断功能实现的。这样确保了系统的高可靠性、高安全性及高可用性。

5. SIS 的功能及作用

SIS 的设计是为了应对生产过程中发生的危险情况。在工艺过程或生产装置中发现潜在的危险工况或出现各种危险条件时,SIS 必须按照预先设定的程序,及时输出安全保护指令,使工艺过程或生产装置回到安全状态,以防止任何危险的发生或减轻事故后果,最终保证人员、设备和环境的安全。

SIS 应具备高的可靠性、可用性和可维护性。当 SIS 本身出现故障时仍能提供安全保护功能。

6. SIS 与 DCS 等过程控制系统的区别

DCS 是分布式控制系统(Distributed Control System)的英文单词首字母缩写,在国内自控行业又称之为集散控制系统。所谓的分布式控制系统,是相对于集中式控制系统而言的一种新型计算机控制系统,它是在集中式控制系统的基础上发展、演变而来的。

①DCS 用于生产过程的连续测量、常规控制(连续、顺序、间歇等)、操作控制管理,保证生产装置的平稳运行;SIS 用于监视生产装置的运行状况,出现异常工况时迅速处理,使危害降到最低,使人员和生产装置处于安全状态。

②DCS 是"动态"系统,对过程变量进行连续检测、运算和控制,对生产过程进行动态控制,确保产品的质量和产量。SIS 是"静态"系统,正常工况时,始终监视生产装置的运行,系统输出不变,对生产过程不产生影响;非正常工况时,它将按照预先的设计进行逻辑运算,使生产装置安全联锁或停车。

③从控制系统本身的安全可靠性来看,SIS 比 DCS 在可靠性、可用性上要求更严格。

④在流程工业生产运行过程中,DCS、SIS、F&GS 共同构成一整套完整的自动控制与安全保护系统,它们既相辅相成,又相对独立。

⑤DCS 作为基本过程控制系统,主要对生产指标进行实时连续的监控和调节,同时对工艺风险起到第一道防护和报警提示的作用;SIS 系统对工艺风险起到第二道防护作用,其结果是安全联锁停车,使工艺装置回到安全状态,避免事故的发生;F&GS 的作用是降低事故发生后的危害程度。

7.6.2　SIS 应用案例 ··□

中国的化工行业在规模化发展中融入了智能化技术的应用,在规模不断扩大的同时,化工工艺的技术含量得到了极大的提高。化工行业要想解决其安全问题,降低事故的发生率,就要不断完善其自动化安全仪表措施,以提高化工工艺的安全性。目前,SIS 已经被广泛应用于石化等流程工业领域,是工厂企业自动控制中的重要组成部分。

1. SIS 应用案例一

河南平煤神马东大化学有限公司搬迁项目设计规模为 15 万 t/a 离子膜烧碱、11 万 t/a 液氯、7 万 t/a 盐酸、4 万 t/a 次氯酸钠、25 000 km³/a 压缩氢气。根据《危险化学品重大危险源监督管理暂行规定》(原国家安全生产监督管理总局令第 40 号)及《关于加强化工安全仪表系统管理的指导意见》(安监总管三〔2014〕116 号)等文件,对属于"两重点一重大"范畴的化工装置及化学品储存,需新增安全仪表系统(SIS),一期项目于 2021 年 1 月投入运行,在项目设计过程中进行了安全仪表系统的设计。

首先运用 HAZOP 分析方法对工艺装置进行工艺过程危险分析,找出潜在的危害,结合风险矩阵,得出危害事件发生的风险等级,风险等级高的联锁回路进入安全仪表系统。依据 HAZOP 分析结论中涉及安全联锁的部分,依据保护层分析(Layer of Protection Analysis, LOPA)标准,进行保护层分析,确定安全联锁的安全完整性等级(Safety Integrity Level, SIL)。安全仪表系统独立于基本过程控制系统(如 DCS 等),独立完成仪表安全功能。

根据 LOPA 报告中 SIL 定级情况,以下联锁进入 SIS。

①电解工序单台槽盐水流量低低(SIL1)6 m³/h,停对应单台电解槽整流器;

②电解工序单台槽循环碱液流量低低(SIL1)5 m³/h,停对应单台电解槽整流器;

③电解工序氯气总管压力高高 2 取 1(SIL2)30 kPa,联锁停所有电解槽整流器;

④电解工序氢气总管压力高高 2 取 1(SIL2)34 kPa,联锁停所有电解槽整流器;

⑤电解工序氯氢总管的压差高高 2 取 1(SIL2)9 kPa,联锁停所有电解槽整流器;

⑥电解工序氯氢总管的压差低低 2 取 1(SIL1)0 kPa,联锁停所有电解槽整流器;

⑦电解工序急停所有整流器按钮(硬)打开,联锁停所有电解槽整流器;

⑧氯气液化及包装工序液氯储槽液位高高 2 取 1(SIL2)2 100 mm,联锁关闭液氯储槽进氯开关阀;

⑨氯气液化及包装工序液氯储槽附近氯气报警器 6 取 3(SIL2)3×10^{-6},联锁关闭所有液氯储槽出氯开关阀和联锁启动事故风机;

⑩氯气液化及包装工序紧急关阀按钮联锁(硬)打开,联锁关闭所有液氯储槽进氯和出氯开关阀。

单台电解槽联锁图见图 7-1,电解槽整流器全停联锁图见图 7-2,液氯储存区联锁图见图 7-3。

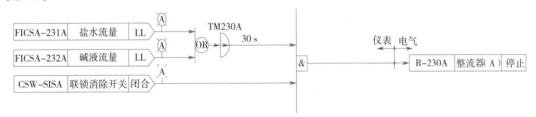

图 7-1 单台电解槽联锁图

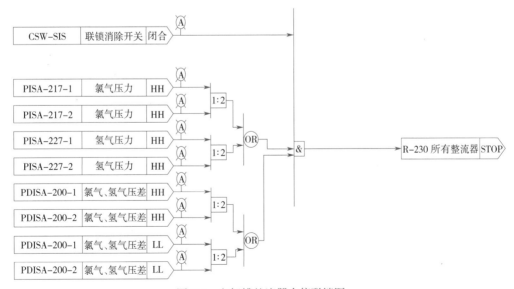

图 7-2 电解槽整流器全停联锁图

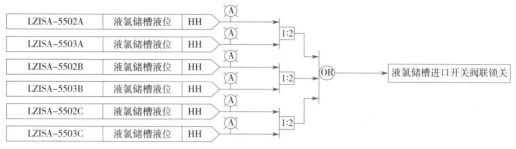

图 7-3　液氯储存区联锁图

SIS 与原有 DCS 完美集成,具有很高的可靠性和可用性。SIS 在生产装置的开车、停车阶段,运行及维护期间,为人员健康、装置设备及环境提供安全保护。无论是生产装置本身出现的故障危险,还是人为因素导致的危险以及一些不可抗因素引发的危险,SIS 都能立即做出反应并给出相应的逻辑信号,使生产装置安全联锁或停车,阻止危险的发生和事故的扩散,将危害降到最小。

2.SIS 应用案例二

天津渤化工程有限公司针对降黏树脂生产中的聚合反应,对工艺流程中重要的监控点进行了 HAZOP 分析,设计了聚合反应装置的安全仪表系统(SIS)及完整的联锁控制,对聚合反应工艺中重要的参数进行监控、联锁,从而使整个系统处于安全可控状态。

为保证聚合反应装置的安全生产,在进行 HAZOP 分析后,设置了联锁控制优先级别更高、与装置安全等级相适应的安全仪表系统(SIS),用于生产装置紧急事故切断和联锁控制,作为工业过程中更为重要的安全控制措施。SIS 的联锁控制独立于 DCS 设置,可与 DCS 进行通信,但 DCS 不能通过数据链向 SIS 写入数据。针对降黏树脂工艺聚合反应,以下内容将聚合反应釜内温度、压力、聚合单体流量、引发剂加入量、聚合反应釜夹套冷却水进水阀形成联锁关系,在聚合反应釜处设立紧急停车系统。当反应超温超压、搅拌失效或冷却失效时,能及时加入聚合反应终止剂。

以下结合具体工况对聚合装置 SIS 设计做进一步详细说明。

①当压力检测元件 10 检测到聚合釜压力大于或等于 1.0 MPa 时, SIS 动作:控制器 11 控制报警器 12 报警,同时开关相关阀门。图 7-4 中关闭引发剂流量控制阀 13、分散剂流量控制阀 14 和第一根部阀 15,关闭氯乙烯单体(VCM)流量调节阀 16 和第二根部阀 17,关闭聚合釜 1 夹套 9 热水进水温度调节阀 18 及热水回水切断阀 19,打开聚合釜夹套冷水进水温度调节阀 20 及冷水回水切断阀 21,不加入紧急终止剂。

②当压力检测元件 10 检测到聚合釜压力大于或等于 1.15 MPa 时, SIS 动作:控制器 11 控制报警器 12 报警,同时开关相关阀门。图 7-4 中关闭引发剂流量控制阀 13、分散剂流量控制阀 14 和第一根部阀 15,关闭氯乙烯单体(VCM)流量调节阀 16 和第二根部阀 17,关闭聚合釜夹套热水进水温度调节阀 18 及热水回水切断阀 19,打开聚合釜夹套冷水进水温度调节阀 20 及冷水回水切断阀 21。同时加入紧急终止剂:图 7-5 中紧急终止剂加入控制阀 23 打开,通过高压氮气瓶中的高压氮气将紧急终止剂推入到降黏聚合釜 1 中。

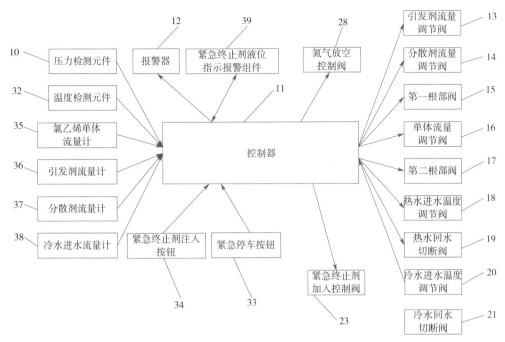

图 7-4 降黏树脂生产用安全仪表系统的控制原理

③当温度检测元件 32 检测到聚合釜温度高于预设值时(图 7-5 中 3 个温度检测点任一处达到），SIS 动作:控制器 11 控制报警器 12 报警,同时开关相关阀门。图 7-4 中关闭引发剂流量控制阀 13、分散剂流量控制阀 14 和第一根部阀 15,关闭氯乙烯单体(VCM)流量调节阀 16 和第二根部阀 17,关闭聚合釜夹套热水进水温度调节阀 18 及热水回水切断阀 19,打开聚合釜夹套冷水进水温度调节阀 20 及冷水回水切断阀 21。同时加入紧急终止剂:图 7-5 中紧急终止剂加入控制阀 23 打开,通过高压氮气瓶中的高压氮气将紧急终止剂推入到降黏聚合釜 1 中。

④当电机状态监测组件检测到搅拌电机故障时, SIS 动作:控制器 11 控制报警器 12 报警,同时开关相关阀门。图 7-4 中关闭引发剂流量控制阀 13、分散剂流量控制阀 14 和第一根部阀 15,关闭氯乙烯单体(VCM)流量调节阀 16 和第二根部阀 17,关闭聚合釜夹套热水进水温度调节阀 18 及热水回水切断阀 19,打开聚合釜夹套冷水进水温度调节阀 20 及冷水回水切断阀 21,同时加入紧急终止剂。

⑤当现场紧急终止剂注入按钮 34 被按下后, SIS 动作:控制器 11 控制报警器 12 报警、同时开关相关阀门。图 7-4 中关闭引发剂流量控制阀 13、分散剂流量控制阀 14 和第一根部阀 15,关闭氯乙烯单体(VCM)流量调节阀 16 和第二根部阀 17,关闭聚合釜夹套热水进水温度调节阀 18 及热水回水切断阀 19,打开聚合釜夹套冷水进水温度调节阀 20 及冷水回水切断阀 21,同时加入紧急终止剂。

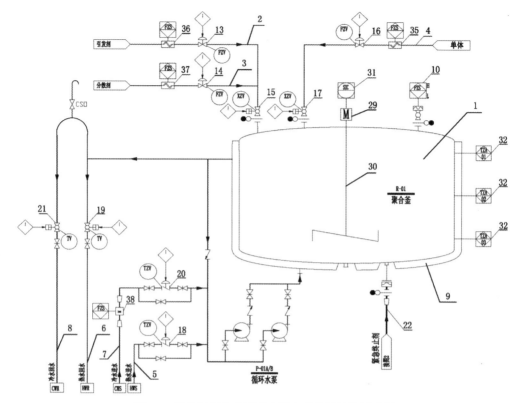

图 7-5　降黏树脂生产用安全仪表系统的结构示意图

⑥辅操台上的紧急停车按钮 33 被按下后,当聚合釜压力小于 1.0 MPa 时, SIS 动作:控制器 11 控制报警器 12 报警,同时开关相关阀门。图 7-4 中关闭引发剂流量控制阀 13、分散剂流量控制阀 14 和第一根部阀 15,关闭氯乙烯单体(VCM)流量调节阀 16 和第二根部阀 17,关闭聚合釜夹套热水进水温度调节阀 18 及热水回水切断阀 19,打开聚合釜夹套冷水进水温度调节阀 20 及冷水回水切断阀 21,不会加入紧急终止剂。当聚合釜压力大于或等于 1.0 MPa 时, SIS 动作:控制器 11 控制报警器 12 报警,同时开关相关阀门。图 7-4 中关闭引发剂流量控制阀 13、分散剂流量控制阀 14 和第一根部阀 15,关闭氯乙烯单体(VCM)流量调节阀 16 和第二根部阀 17,关闭聚合釜夹套热水进水温度调节阀 18 及热水回水切断阀 19,打开聚合釜夹套冷水进水温度调节阀 20 及冷水回水切断阀 21,加入紧急终止剂。降黏聚合釜紧急终止剂加入控制方案如图 7-6 所示。

⑦引发剂进料流量、分散剂进料流量、单体加入流量、冷水流量达到报警值时, SIS 只报警,不会开关相关阀门,也不会加入紧急终止剂。

通过这一系列安全联锁,当反应过程中出现异常时,无需人为判断, SIS 可以根据压力状态等的实时检测,第一时间及时做出正确反应,使反应处在可控状态,避免压力过高造成反应容器的冲击和损坏,同时消除由于反应失控造成严重的人员和财产损失的可能性。

降黏树脂生产装置于 2019 年 11 月顺利开车。其安全仪表系统随装置一并运营,目前运行正常。自投产以来,安全仪表系统为企业的人身设备安全和环境安全提供了可靠的保障。

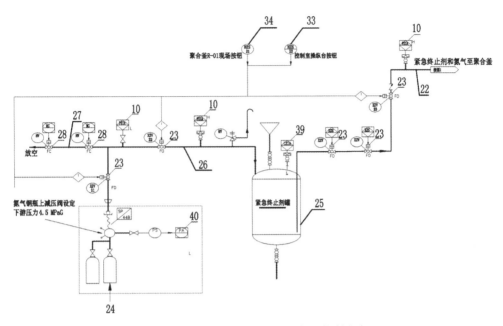

图 7-6　降黏聚合釜紧急终止剂加入控制方案

7.6.3　SIS 应用展望 ···□

随着我国化学工业的发展,化工产品的种类越来越多,生产方法越来越多样化,化工装置日益向规模大型化,生产过程连续化、自动化的方向发展。同时化工装置往往涉及易燃、易爆和有毒介质,且部分反应过程在高温、高压状态下进行,具有较高的危险性。SIS 作为本质安全的重要手段之一,可降低化工装置的事故风险,在化工装置中的应用越来越广泛。

随着工业自动化技术的不断发展,SIS 的技术成熟度也在不断提高,目前能够实现高精度、高可靠性的安全控制,有效地保障了工业生产的安全。随着人们工业安全意识的不断提高, SIS 的应用范围也在不断扩大。如今, SIS 已应用于石油、化工、制药、食品等各个行业,为工业生产的稳定运行提供了有力保障。随着人工智能技术的不断发展, SIS 的智能化趋势也越来越明显。通过引入人工仪表系统能够实现自学习、自适应,提高生产过程的安全性和可靠性。

未来 SIS 的发展趋势将是智能化、集约化和自动化,这是化工业发展的必然趋势。通过智能化传感器和数字阀门的使用,最大限度减少行业对人力、物力和财力的投入。智能化的 SIS 能通过自行诊断来维护自身的稳定运行。同时采用可视化界面,操作简单方便,在日常操作过程中可降低工作人员的工作强度。

未来 SIS 的发展趋势如下。

①定制化服务的发展。随着工业安全需求的多样化, SIS 的定制化服务将得到更广泛的应用。定制化服务能够更好地满足不同企业的安全需求,提高 SIS 的适用性和可靠性。

②人工智能技术的深入应用。人工智能技术将在 SIS 中得到更深入的应用,进一步提

高 SIS 的智能化程度,使其能够更好地适应各种复杂的安全控制需求。

③云技术的应用。随着云技术的不断发展,SIS 系统将与云技术进行融合,实现数据存储、分析和处理的云化,进一步提高数据处理能力和效率。

④物联网技术的应用。随着物联网技术的不断发展,SIS 系统将与物联网技术进行深度融合,实现远程监控、数据共享等功能,进一步提高工业生产的安全性和效率。

本章参考文献

[1] 王延平,张德全,姜春明,等.加氢裂化装置氢气加热炉火灾事故分析[J].炼油技术与工程,2019,49(2):59-64.

[2] 曲中直.加热炉的安全管理及事故预防对策分析[J].全面腐蚀控制,2022,36(2):100-102.

[3] 魏丛跃.浅谈安全仪表系统评估[J].中国仪器仪表,2023(11):31-34.

[4] 王万力.安全仪表系统在氯碱装置中的应用[J].中国氯碱,2023(10):38-42,52.

[5] 朱萍,金利文.安全仪表系统在化工装置中的设计和应用实例[J].化工生产与技术,2014,21(4):38-40,11.

[6] 李家帅.安全仪表系统在降粘树脂中的应用[J].天津化工,2021,35(4):101-104.

第8章

运输设备安全事故的原因与预防

随着我国化工产业的不断发展,为了满足不同地区对化工产品的需求,需要对化工产品进行远距离输送。但是化工产品的特殊性使得运输过程中存在一定的风险,可能会导致严重的安全事故。因此,在化工产品运输过程中,必须准确识别危险元素,加强科学预防,防止运输安全事故的发生。虽然危化品水路运输、铁路运输及管道运输的运输量连年增长,但公路运输仍占 80% 以上。据统计,2013—2018 年,全国共发生公路运输危化品事故 2 181 起,死亡 256 人,造成的经济损失、环境污染难以估量。

近年来,我国加大对危险化学品及其运输的管理,规定企业要加强人员培训,培训内容包括相关法律法规、技术标准和规范、安全操作规程、运输途经地的监管要求、车辆安全驾驶、安全设施使用、文明驾驶规定等,培训应满足《危险货物道路运输规则　第 1 部分:通则》(JT/T 617.1—2018)要求;购置危化品运输车辆应确保其符合《机动车运行安全技术条件》(GB 7258—2017)及其修改单、《危险货物道路运输营运车辆安全技术条件》(JT/T 1285—2020)、《危险货物运输车辆结构要求》(GB 21668—2008)等技术要求,并在车身不同位置设置相应安全标识、标志标牌,运输爆炸品和剧毒品的车辆还应满足《道路运输爆炸品和剧毒化学品车辆安全技术条件》(GB 20300—2018)及其修改单的要求;重视危化品装载、运输、卸载全流程管控,以《危险货物道路运输规则　第 4 部分:运输包装使用要求》(JT/T 617.4—2018)和《危险货物道路运输规则　第 6 部分:装卸条件及作业要求》(JT/T 617.6—2018)及其修改单替代原有的《汽车运输、装卸危险货物作业规程》(JT 618—2004);交通运输部联合其他部门相继发布《危险货物道路运输安全管理办法》(交通运输部令 2019 年第 29 号)及《道路危险货物运输管理规定》(交通运输部令 2019 年第 42 号)等规章制度。2023 年 11 月 10 日,《交通运输部关于修改〈道路危险货物运输管理规定〉的决定》(交通运输部令 2023 年第 13 号)对《道路危险货物运输管理规定》进行了第三次修正,并正式公布、施行。

虽然通过上述方式降低了危化品运输的事故发生率,但仍有部分工作人员存在侥幸心理,越过“红线”而酿成悲剧。如何进一步降低危险事故的发生率,提高对危险化学品运输事故的处理能力,成为必须严肃讨论的问题,也具有重大的现实意义。本章通过对危化品公路运输事故进行案例分析,剖析事故发生的原因,并提出了预防措施。

8.1 运输过程中人为因素引发事故的预防

在化工安全事故中,由人为因素造成的事故数占事故总数的 70%~80%。这一数据表明,大多数事故是由于人们在工作中的疏忽酿成的。一些从事危险化学品运输的工作人员,如驾驶员、押运员、装卸管理人员,对危险化学品相关的法律法规、化学品的理化性质等知识了解较少,甚至没有这方面的知识,对所装运的危险化学品的危险性也知之甚少,甚至缺乏常识。一旦货物发生泄漏或引起火灾等事故,他们不知如何处置,不能在第一时间采取有效措施,制止事态扩大。还有些驾驶员、押运员责任心和安全保护意识不强,对有关危险化学品安全运输的规定缺乏了解,经常疲劳驾驶,盲目开快车、强行会车、超车,还有的酒后驾车,极易引起撞车、翻车事故。

高建丰等人采用故障树-层次分析法对槽车液化气泄漏事件发生的主要影响因素进行量化描述和分析,利用层次分析法,通过 Matlab 软件计算各影响因素的重要度分值。重要度分值排在前三位的是未及时发现问题、操作失误、未及时检修管线系统,均属人为不安全行为因素。

8.1.1 疲劳驾驶引发事故的预防 ·······································□

近年来我国运输行业的竞争日益激烈,为了节约运输成本,驾驶人员被迫长时间处于超负荷驾驶状态,疲劳驾驶是影响驾驶员行车安全的重要因素,由疲劳驾驶引发的交通事故数量占高速公路事故总数的 10%。疲劳驾驶主要表现为在连续长时间的驾驶后,驾驶员的身体机能和心理出现失调,使得驾驶员的警觉性、注意力、判断力下降,因而导致交通事故的发生。疲劳驾驶的危害极大。每个驾驶员都要从自我做起,拒绝疲劳驾驶,这不仅是对生命及财产的保护,还是具有社会责任感的一种体现。

（1）事故简介。

2021 年 4 月 21 日 1 时 50 分左右,驾驶人蓝某度驾驶粤 M85091 重型半挂牵引车牵引粤 M2683 挂号半挂车沿 205 线岐岭镇往华城镇方向行驶至国道 G205 线 2 668 km + 50 m（五华县岐岭镇三多齐路段）时,追尾碰撞驾驶人韩某停放在路边维修的辽 H25255 重型牵引车牵引的辽 H5879 挂号半挂车,造成 2 人受伤和双方车辆损坏,辽 H25255 重型牵引车牵引的辽 H5879 挂号半挂车上装载的货物少量泄漏。事故造成直接经济损失约为 33.25 万元。其中粤 M85091 重型半挂牵引车牵引的粤 M2683 挂货车的损失大约为 7 万元,驾驶人蓝某度医疗费用为 3 000 元;辽 H25255 重型牵引车牵引的辽 H5879 挂货车的损失为 3 万元,驾驶人韩某医疗费用为 5 000 元;辽 H25255 重型牵引车牵引的辽 H5879 挂货车危险品泄漏损失约为 21 万元,其他经济损失约为 14 500 元。

（2）事故原因。

①蓝某度长时间疲劳驾驶（2021 年 4 月 20 日 19 时至 2021 年 4 月 21 日 1 时 50 分,连

续驾驶时间超过 4 h,无副驾司机),对夜间行驶存在的安全风险认识不足且未能有效控制行车速度,当前方出现障碍时,未按操作规程安全驾驶,从而和前方停靠的车辆发生碰撞;韩某在需要停车排除故障时,未按规定设置警告标志等措施扩大示警距离,以及驾驶安全设施不全或者机件不符合技术标准等具有安全隐患的机动车,是造成事故的直接原因。

②双方驾驶员安全意识淡薄。未遵守道路交通安全法律法规的规定文明驾驶是造成事故的间接原因。

③环境因素。驾驶员所处的环境容易引发视觉疲劳。事发高速公路比较宽阔、平坦,交通干扰较少,容易使人出现精神放松、注意力下降的情况。

(3)预防措施。

①强化主体责任落实,严查严处各类交通违法违规行为。主管部门要认真履行监管职责,切实落实国家、省、市整治"两客一危一货"重点监管企业的工作部署和要求,督促危化品运输企业落实安全生产主体责任,严格遵守和执行安全生产法律法规与技术标准,完善内部安全管理制度,确保各项制度和措施执行到位;严格落实动态监控平台值班制度,强化实时监管,对监控平台报警的车辆和驾驶人员,要督促企业及时给予警戒、处理,杜绝动态监控不到位现象的发生;特别要加强夜间驾驶危化品车辆的管理;要加大对超速、疲劳驾驶、未按规定路线行驶、违规停靠等违法行为的处罚力度。

②强化应急能力建设,提升现场应急处置水平。提高危险物品事故报告处理能力,相关部门应当及时了解危险货物品名和特性,危险物品运输单位、生产经营单位的应急联系方式,事故危害程度、伤亡情况,可能受到事故影响的单位和人员,指导事故报告人采取可能的应急措施,必要时撤离现场人员。

③强化安全培训教育,提高从业人员的业务能力。运输企业要加强对从业人员道路交通安全法律法规、安全行车常识、典型事故案例等内容的宣教培训,细化应急响应事件的措施,做好预案备案、定期演练、向主管部门报送演练情况等工作;加强应急教育培训,切实落实道路危险货物运输驾驶人、押运人员的事故报告和应急处置措施,保证从业人员具备必要的应急救援知识。

8.1.2 操作失误引发事故的预防···□

一些危险化学品运输一线人员由于技术水平不高、工作不够严谨等原因,也存在着极大的安全隐患。

1. 案例一:金誉石化有限公司液化气泄漏事故

(1)事故简介。

2017 年 6 月 5 日凌晨 1 时左右,位于山东省临沂市临港经济开发区化工园区东区的金誉石化有限公司,其储运部装卸区的一辆液化石油气运输罐车在卸车作业过程中发生液化气泄漏,引起重大爆炸着火事故,造成 10 人死亡,9 人受伤,直接经济损失 4 468 万元。事故现场图可扫描二维码 8-1。

二维码 8-1

（2）事故原因。

①过度疲劳。由于一些危险化学品运输企业过分强调经济效益,把安全置于效益之后,"重效益,轻安全"的现象在不少危险化学品运输企业中不同程度地存在。这些企业对驾驶人的安全教育和准驾资格审查的重视程度不够,对驾驶人的录用、解聘、调(换)班次比较随意。为了节省成本,大多数司机除了驾驶车辆外还充当装卸工,由于长时间的奔波身体机能达到极限,这时执行操作极易出现失误,引发事故。

②操作流程不规范。工作人员在操作过程中总是存在侥幸心理。大多数化工产品运输企业都同时承担运输易燃液体、易燃固体等多种不同化学性质的危险化学品的任务,但其操作规程和应急处置预案往往只有一个,没有根据所运输的不同危险化学品的化学性质制定不同的操作性强的规程和相应的应急处置预案,使得操作规程和应急预案缺乏应有的可操作性。有的危险化学品运输企业对危险化学品事故应急处置能力不强,甚至没有应急救援预案;有的虽有预案但缺乏实际演练,一旦突发事故,极易造成慌乱,不能把危险和危害降至最小。

③疏于培训,安全意识不强。有些企业对员工培训不到位,限于走流程、走过场,未把安全培训落到实处。

（3）预防措施。

①加强企业管理。化工产品运输企业要将效益和安全并重,在追求企业利润的同时,更要注意履行对社会的责任。化工产品运输企业应高度重视交通运输安全,其在治理危险化工产品运输安全问题中起到关键作用。为此,危险化学品运输企业要全面落实交通安全部门主管、企业主责的工作要求,排查并消除本单位危险化学品交通运输安全隐患,严防危险化学品交通运输事故的发生。

②加强人员培训。化工产品的运输、押运以及装卸属于技术风险性比较高的特殊工作。驾驶人和押运人员等人员是保证化工产品运输安全的关键,因此需要配备安全意识强、责任心强、富于职业操守、业务技能精湛的人员。这就离不开科学合理、持之以恒的教育与培训。

2. 案例二:运输甲醇的汽车罐车爆炸事故

（1）事故简介。

2005 年 10 月 12 日 17 时 10 分左右,一辆卸载完甲醇的汽车罐车驶往山东省微山县某处停车场,在倒车时突然发生爆炸,车内包括司机在内的 2 人当场死亡,1 名路过的老人和 1 名小孩也不幸遇难。据当地的目击人讲,爆炸前司机为了驾驶罐车穿过某一楼房的过道,反复倒车 30 多分钟,倒车时汽车罐体上部的呼吸孔与建筑物横梁曾不停地产生碰撞。

（2）事故原因。

①该汽车罐车内的介质为甲醇,属于易燃液体,其闪点为 11.11 ℃,沸点为 64.8 ℃,爆炸极限为 6.7%~36%,在 21.2 ℃时蒸气压力在 100 mmHg(约 13.3 kPa)。甲醇在运输过程中,由于易燃液体电阻率较大,易产生静电,当静电积聚到一定程度,遇到一定的条件时就会放电,引起着火和爆炸。

②倒车时司机心急且操作过猛,导致罐内介质摩擦产生高温和静电火花,引起罐内可燃

液体燃烧爆炸。

③该司机驾驶该罐车曾多次顺利地通过此过道,这次事故主要是因为该罐车为空罐,加上过道的路面刚刚垫过,从而造成高度不够,但未能引起司机的重视,忽略了罐车内残存物质易燃易爆的属性。

（3）预防措施。

①加强安全防范意识,汽车罐车的司机和押运员应熟悉必要的安全基本知识和有关规定,并取得上岗资格。

②汽车罐车应有可靠的接地链,以便随时导除静电。

③当气温达到30 ℃以上时,应考虑采取降温措施或夜间行驶。

④汽车罐车应按规定停放在安全可靠的位置。

⑤通过隧道、涵洞、立交桥等地带时须注意标高,限速行驶。

⑥在恶劣的路面上行驶时,应减速前进,减轻震动和冲击。

⑦汽车罐车应按照有关规定进行定期检验。

运输甲醇等易燃液体的常压罐车,虽然不同于承压类的锅炉压力容器,但仍应引起人们的高度重视。常压罐车内的介质有许多是有毒、易燃、易爆的危险液体,且常压罐车是流动性的,一旦出现险情会给无辜的人们带来危害。驾驶危险化学品的汽车罐车司机和押运员,应该吸取血的教训,引起足够的重视,避免类似的事故再次发生。

8.1.3　安全意识不足引发事故的预防 ··□

从事危险货物公路运输的相关人员都必须接受有关法律法规、安全知识、专业技术和应急救援知识的培训,经过考核合格后方能持证上岗。运输危险化学品的驾驶员、装卸人员和司押人员必须对所运输的危险化学品的物理、化学性质有充分的了解,知悉所载货物的危险等级和危害性质,以及包装容器的使用特性,掌握发生意外时的应急措施。在装卸危险化学品时,必须要有专业管理人员在场,在装卸管理人员的监督和指挥下才能进行危险货物的装卸。国家对危险化学品从业人员有着明确的安全要求。《危险货物道路运输规则》(JT/T 617—2018)规定了汽车运输危险货物的托运、承运、车辆和设备、从业人员、劳动防护等基本要求,适用于汽车运输危险货物的安全管理。危险化学品车辆的驾驶人员或押运人员在运输货物时,都应当随身携带道路运输危险货物安全卡,运输危险货物的驾驶人员、押运人员和装卸管理人员应持证上岗。可以根据安全卡的内容采取相应的应急措施。

（1）事故简介。

2017 年 8 月 7 日 13 时 46 分左右,山东省滨州高新区辖区内 205 国道与高新区新四路交叉口以北约 50 m 处,发生一起危化品运输罐车自行爆炸事故,波及周边车辆和行人,共造成 5 人死亡(其中 3 人当场死亡, 2 人抢救无效死亡), 11 人受伤,直接经济损失约 1 100 万元。事故现场图可扫描二维码 8-2。

二维码 8-2

（2）事故原因。

①操作人员安全意识薄弱。经过调查,淄博齐鲁化学工业区物流有限公司所属危化品运输罐车(鲁 CB8615/鲁 COH68 挂),在运输甲基叔丁基醚后,未经蒸煮或清洗置换,又违规运输可与甲基叔丁基醚发生反应的过氧化二叔丁基。由于气温高达 34 ℃左右,加之车辆长途运输过程中存在颠簸、物料震荡、与罐壁摩擦等因素,过氧化二叔丁基与罐内残留的甲基叔丁基醚充分混合发生放热反应,或过氧化二叔丁基在上述条件下自身急剧分解发生放热反应,致使罐体内气相空间压力逐渐增大,最终发生爆炸。

②淄博齐鲁化学工业区物流有限公司存在严重违法违规行为。违规对融资经营危化品运输车辆只挂靠不管理,日常安全检查、教育培训不到位,所属车辆司机、押运员对公司道路运输经营许可证的范围不清楚,超资质范围营运。在获得淄博天盛化工有限公司关于过氧化二叔丁基安全技术说明书后,未了解相关安全信息,未核实车辆不具备运输过氧化二叔丁基的条件,超资质违规装载、运输过氧化二叔丁基。

③淄博天盛化工有限公司装卸环节安全管理缺失。日常安全教育培训流于形式,未对过氧化二叔丁基安全技术说明书组织有针对性的安全教育培训,未严格执行安全技术说明书中用聚乙烯桶作为过氧化二叔丁基包装物的运输要求。对进入厂区装卸危化品的运输车辆的资质审查缺失,未明确对外来车辆运输资质的审核程序和要求,未检查车辆混装危化品前是否蒸罐清洗,多次违规给不具备安全运输条件的危化品罐车充装 5 类危险货物过氧化二叔丁基。

（3）预防措施。

①提高管理部门监督。公司相关部门应该落实到位,对每一次运输的相关从业人员都应该进行安全培训及应急处理培训,针对运输的相关产品特殊性进行说明,持证上岗。

②加强个人安全意识。生命至上,每个人都不应该把生命交给别人,在作业过程中对自己、对他人担负起社会责任,从内心深处认真对待每次运输工作,从思想意识上杜绝隐患发生。

8.1.4　车辆超速引发事故的预防 ···□

车辆超速可使驾驶员反应距离延长,加大车辆磨损,并容易对驾驶车辆失去控制。而在运输危化品时,驾驶员为了完成公司的任务,有时会放松对车速的控制,进而引发事故。

（1）事故简介。

2020 年 6 月 13 日,发生在沈海高速温岭段的槽车爆炸事故,造成 20 人死亡,175 人入院治疗,其中 24 人重伤,直接经济损失 9 477.815 万元。事故现场图可扫描二维码 8-3。

二维码 8-3

（2）事故原因。

①谢某驾驶车辆从限速 60 km/h 路段行驶至限速 30 km/h 的弯道路段时,未及时采取减速措施导致车辆发生侧翻,罐体前封头与跨线桥混凝土护栏端头猛烈撞击,形成破口,在冲击力和罐内压力的作用下快速撕裂、解体,罐体内液化石油气迅速泄出、汽化、扩散,遇过

往机动车产生的火花爆燃,最后发生蒸气云爆炸。

②驾驶员培训制度未严格实施。运输公司未按规定配备专职安全生产管理人员;公司未按规定提取、使用安全生产专项经费,未认真开展驾驶员、押运员安全教育,未按规定开展应急演练,未对驾驶员违法驾驶行为进行严格处理。

③未认真履行全球定位系统(GPS)动态监控监管职责。道路管理局未严格执行《道路运输车辆动态监督管理办法》(交通运输部令2022年第10号)第三十五条规定,在负责具体实施道路运输管理工作中,对道路运输企业未按规定上传道路运输车辆动态信息,未按规定配备专职监控人员等监管不力。

(3)预防措施。

①监管部门要强化监管意识。按照"管行业必须管安全、管业务必须管安全、管生产经营必须管安全"的原则,拧紧行业部门安全生产责任链条,特别是交通运输、公安交管等部门要强化对危化品道路运输的监管,紧盯薄弱环节,分析研判安全风险,采取有效防控措施,严厉打击运输违法违规行为,坚决做到重大风险隐患一抓到底、彻底解决,严防失管漏管引发事故。

②运输企业要强化责任意识。要健全并执行安全生产管理制度,深入开展风险隐患治理;要坚决落实"谁辨识风险、谁控制风险、谁对风险后果负责"的主体责任,把风险管理贯穿全员全过程全方位。

③运输企业要切实加强车辆安全管理。严格执行标准规范,按要求配备专职监控人员,实时分析、及时纠正处理车辆超速行驶、疲劳驾驶等违法行为以及擅离规定线路、非正常行车等行为;严格按照规定采购合格运输车辆,定期做好日常检查和维护保养,始终保持营运车辆技术状况良好。

④运输企业要全面提升从业人员安全素养。切实加强从业人员的安全培训、教育和管理工作,着力提升企业员工法治意识、安全意识和安全技能,新招从业人员必须经培训合格后方能上岗。

⑤推动危化品运输安全社会共治。强化宣传引导、保险服务、信用管理、协作自治等机制建设,加大工作力度,完善危化品运输安全社会共治体系。加大对危化品运输安全宣传力度,拓展媒体宣传渠道,营造浓厚氛围,提升全民安全素养和意识,特别注重对重大隐患举报奖励制度的宣传和执行,鼓励社会群众举报重大事故隐患和安全生产违法行为。对安全条件不达标、违法违规行为较多、安全教育学习不到位的企业、车辆、人员纳入安全"失信名单",在运力限制、充装限制、行业执业等方面采取惩罚措施,直至吊销相应许可。强化社会自治机制,推动设有化工园区和危化品进出口港区的县域建立危化品运输行业安全协作社会组织,积极发挥政策咨询、技术研究、教育宣传等作用,提升行业自治能力。

8.1.5 车辆超载引发事故的预防

运输化学品的车辆超载,会使车辆的惯性增大,制动距离延长,危险性增加。如果严重超载,会因轮胎负荷过大、变形过大,造成爆胎、突然跑偏、刹车失灵、翻车等事故。

（1）事故简介。

2014年7月19日2时57分,湖南省邵阳市境内沪昆高速公路1 309 km + 33 m处,一辆自东向西行驶、运载乙醇的车牌号为湘A3ZT46的轻型货车,与前方停车排队等候的车牌号为闽BY2508的大型普通客车(以下简称大客车)发生追尾碰撞,轻型货车运载的乙醇瞬间大量泄漏起火燃烧,致使大客车、轻型货车等5辆车被烧毁,造成54人死亡,6人受伤(其中4人因伤势过重医治无效死亡),直接经济损失5 300余万元。

（2）事故原因。

①车辆超载。严重超载的轻型货车,未按操作规范安全驾驶,忽视交警的现场示警,未注意观察和及时发现停在前方排队等候的大客车,未采取制动措施,致使轻型货车以85 km/h的速度撞上大客车。

②大客车未按交通标志指示在规定车道通行,遇前方车辆停车排队等候时,作为本车道最末车辆未按规定开启危险报警闪光灯。

③乙醇泄漏被引燃。轻型货车高速撞上前方停车排队等候的大客车尾部,车厢内装载乙醇的聚丙烯材质罐体受到剧烈冲击,导致焊缝大面积开裂,乙醇瞬间大量泄漏并迅速向大客车底部和周边漫延,轻型货车车头右前部由于碰撞变形造成电线短路产生火花,引燃泄漏的乙醇,火焰迅速沿地面向大客车底部和周围蔓延,将大客车包围,造成严重伤亡。

（3）预防措施。

①进一步强化安全生产红线意识。牢固树立科学发展、安全发展理念,始终坚守"发展决不能以牺牲人的生命为代价"这条红线,坚持"管行业必须管安全、管业务必须管安全、管生产经营必须管安全"的原则,推动实现责任体系"三级五覆盖",进一步落实地方属地管理责任和企业主体责任。要高度重视道路交通尤其是危险货物运输和道路客运安全,认真研究事故防范和工作改进措施,强化危险货物运输和道路客运监管,避免类似事故重复发生。

②加大道路危险货物运输"打非治违"工作力度。各部门要注重协调配合,加强联合执法,搞好日常执法,形成联动机制,打击危险化学品非法运输行为,整治无证经营、充装、运输,非法改装、认证,违法挂靠、外包,违规装载等问题。加强对危险化学品运输车辆的检查和对无资质车辆运载危险货物行为的排查,依法查处危险化学品运输车辆不符合安全条件、超载、超速和不按规定路线行驶等违法行为,并将信息及时通报交通运输部门。交通运输部门要进一步加强对危险化学品运输车辆和人员的监督检查,严查无资质车辆非法运输危险化学品以及驾驶人、押运人不具备危险货物运输资格等行为,加强对危险化学品运输车辆的动态监管,发现超限、超载等违法行为及时查处。

③加强对车辆改装拼装和加装罐体行为的监管。对机动车生产、销售、改装、检验、登记、维修、报废等各个环节要全面治理。禁止使用移动罐体(罐式集装箱除外)从事危险货物运输,查处罐体不合格、罐体与危险货物运输车不匹配的安全隐患。强化路面巡查监管,对查纠到的非法改装车要查明改装途径,对涉及的企业要移交有关部门依法严肃处理。

8.1.6　违法改运引发事故的预防 ··□

根据相关规定,任何单位或者个人不得拼装机动车或者擅自改变机动车已登记的结构、构造或者特征,未经允许改装车辆上路属违法。改装车上路存在一定的安全隐患,如涉及电路改变,若改装水平不够,容易留下火灾隐患;如果改变汽车底盘结构,就会影响到车辆的轮胎、悬架、刹车系统;如果选用的配件质量差,容易增大行驶过程中发生事故的可能,一旦发生交通事故,后果不堪设想。

（1）事故简介。

2008 年 6 月 27 日,崔某从关某处购买 16 t 二硫化碳,安排具备从业资格的杨某和王某为驾驶员,让无从业资格证的袁某随车押运,准备将货物运往湖南省株洲市四方园化工有限公司。6 月 27 日 16 时, 3 人驾驶蒙 E34183 罐车从滑县县城东南的停车场开出。22 时许,到达武安市康二城镇二硫化碳生产点。6 月 28 日 6 时, 3 人开始装车。10 时许,装完车后, 3 人用篷布将罐车蒙住,伪装成其他普通运输车辆,先由王某驾驶出发上路,经邯郸上京珠高速,进入河南境内,又经濮鹤高速转入大广高速。由于用篷布遮盖,豫冀收费站和安阳市公安局高速交警大队均未能发现。16 时许,该车进入大广高速滑县服务区。稍作休息后,换由杨某驾驶,继续沿大广高速南行。21 时 30 分,该车驶入周口境内距扶沟服务区 1.5 km处,二硫化碳发生泄漏并燃烧, 3 人下车后拦车,要求其他车辆远离事发地点。事故造成大广高速周口段被关闭 52 h,周边 8 500 多名群众被紧急疏散,没有造成人员伤亡,但直接经济损失约 200 万元。

（2）事故原因。

①经勘验检测和专家分析,事故直接原因是将成品油运输罐车违法改运二硫化碳,因长期腐蚀,罐壁变薄,罐体前壁下中部扳边处破裂,造成二硫化碳泄漏,遇到高温或者火花即刻燃烧,导致事故发生。

②安阳市永兴化工有限责任公司及其主要负责人崔某在没有取得危险化学品经营许可证情况下,违法经营二硫化碳,购买成品油运输罐车,违法运输二硫化碳,是导致事故发生的主要原因。

③关某开设的二硫化碳生产点,长期为安阳市永兴化工有限责任公司提供非法产品二硫化碳。

④滑县工商局违法核发安阳市永兴化工有限责任公司工商营业执照,为该公司及其单位主要负责人崔某违法经营二硫化碳提供条件。

⑤滑县安监局对安阳市永兴化工有限责任公司违法经营二硫化碳行为失察。

⑥滑县瓦岗寨乡党委、政府对停薪留职的崔某放松管理,对安阳市永兴化工有限责任公司违法经营二硫化碳行为未加以重视,也未加以制止。

⑦内蒙古自治区莫力达瓦达斡尔族自治旗荣兴运输外运车队对安阳市永兴化工有限责任公司挂靠危险货物运输罐车只收取相关费用,不进行安全管理,采取了放任自流的态度。

（3）预防措施。

①有关部门需要加强对危险化学品运输单位和运输从业人员的监督检查。对没有取得资质、假借或者套用资质、超越资质等非法、违法运输行为,要依法严厉打击。要利用道路信息系统收费站口和 GPS 定位系统,加强对营运车辆的监控和检查,杜绝危险化学品非法、违法运输行为。对运输易燃、易爆、易挥发、强腐蚀性液体的危险化学品运输车辆,进入干线公路或者高速公路时,要逐车检查。

②要加强对危险化学品生产、经营和使用领域的综合整治。有关部门在依法严格监管的同时,对非法生产、非法经营、违法使用危险化学品的单位或者个人,要加强联合执法,实施综合治理,进行严厉打击。对未经批准或者没有取得安全生产许可证、经营许可证,擅自从事危险化学品生产、经营的单位或者个人,该处罚的坚决予以处罚,依法追究其刑事责任。

③加强危险化学品道路运输执法监督检查。完善安全监管、公安、交通、环保、质监等部门共同参与的危险化学品道路运输执法检查机制,加大道路运输安全执法检查的力度,严厉打击违法改运危险化学品的行为。

8.2　运输车辆故障引发事故的预防

槽车由车底盘和罐体两大部分构成,在罐体上设有安全阀、阀门箱、紧急切断装置、液位计、温度计、压力表、装卸阀门、人孔、导静电接地装置、防冲板、铭牌等部件。安全阀位于罐体上部,是一种通过自动开启以排放气体来降低容器内压力的安全泄压装置。紧急切断装置用于发生泄漏时进行紧急止漏,包括手动油泵、串联阀、紧急卸油阀、液相紧急截止阀、气相紧急截止阀等部件。手动油泵和串联阀位于阀门箱内,紧急卸油阀位于罐体尾部,在发生泄漏时可以利用手动油泵和紧急卸油阀关闭位于罐体内部的液相和气相紧急截止阀。罐体尾部的液位计能方便准确地测得罐体内的液面高度。装卸阀门位于阀门箱内,包括液相和气相快速接头,以及液相和气相手动球阀。人孔位于罐体顶部或尾部,供检修和内部清洗用。防冲板位于罐体内部,用于减小运输中介质对罐体的运行压力,增加槽车运行的稳定性。

槽车系统的组成部分或元素在运行过程中往往会产生不同类型的故障。因此,找出系统中各组成部分或元素可能发生的故障及其类型,了解各种类型故障对邻近部分或元素的影响以及最终对系统的影响,可以有效避免或减少这些影响带来的安全隐患。

8.2.1　储罐压力引发事故的预防 ··□

槽车在运输过程中,有可能出现储罐压力升高的现象,一旦超出槽车安全阀限定值,会导致超压而使储罐破裂,使运输的产品泄漏,从而带来较为严重的安全事故。储罐内压力升高的原因包括储罐温度升高、充装过满、槽车的压力表存在故障、槽车运输过程中过多颠簸或摇晃、储罐内化学品反应放热。无论哪种情况,都存在发生安全事故的隐患。

（1）事故简介。

2007年6月2日上午9时58分,司机陈某、押运员兼司机张某开槽车到广西柳州盛强化工有限公司装过氧化氢。灌装工按常规对车辆的"三证"及罐体外观进行了检查,未发现异常情况。因为该车是第一次来装过氧化氢,为慎重起见,灌装工吩咐押运员用水分别对2个罐体进行灌水冲洗。之后开始灌装过氧化氢,2个集装箱罐共装了39.6 t浓度为50%的过氧化氢溶液,13时33分运往深圳。17时,槽车驶到323国道路段一坡顶处,司机陈某从后视镜中看到拖车上靠近驾驶室的第1个罐体顶部的人孔盖有液体溢出,即将车子停靠到公路右侧检查。陈某与押运员张某爬到罐顶上,打开快开式人孔盖查看,发现里面的液体在冒气泡,如开水般沸腾并溢出,流到地面冒起白烟且越来越激烈。19时左右,第1个罐体发生剧烈爆炸,罐体全部解体,挂车大梁弯曲变形,牵引车车头损坏,大量过氧化氢喷出。消防中队到达后,用消防水车对第2个罐体喷水冷却。至6月3日凌晨2时左右,当第2个罐内的过氧化氢快排放完时,罐体突然发生爆炸,罐体中部膨胀变形,人孔盖板被炸飞。此次事故除运输车辆及罐体损坏外,所幸未造成人员伤亡。

（2）事故原因。

①过氧化氢的自身性质。过氧化氢属爆炸性强氧化剂,本身不燃,纯品化学性质稳定,但接触催化杂质时会发生分解反应放热,过氧化氢的温度和浓度越高,分解速度越快。在密封条件下,过氧化氢大量的潜热使水迅速蒸发,生成高温水蒸气,此时水蒸气的体积相当于液体水的数十倍至数百倍,可使容器内的过氧化氢、氧气和水蒸气产生高温高压导致容器爆炸。此外,过氧化氢与许多无机化合物或杂质接触后都会迅速分解,放出大量的热量、氧气和水蒸气而导致爆炸。

②罐体不符合贮存要求。承运单位的2个集装箱罐是按工作介质为轻质燃油的技术标准进行设计和制造的,制造时未经固化处理,内表面焊缝未经打磨,焊接飞溅物、焊渣(金属氧化物)等未彻底清理,内表面未做抛光和钝化处理。罐体靠封头环缝下部左右两侧各装设有1个排料阀,其法兰密封垫用普通橡胶板制作。经取样,用柳州盛强化工有限公司浓度为50%的过氧化氢溶液做浸泡试验,此材料与过氧化氢一接触即发生明显的反应,产生大量气泡。

③管理疏漏。罐装过氧化氢前未对罐体适宜性进行技术性检查,没有对其是否符合装载过氧化氢的要求做出判断。对罐内是否存在有害残留物没有有效的检验手段。产品出厂未提供《化学品安全技术说明书》和化学品安全标签。运输人员未接受培训就取得了资格证书,其中既有发证机关的管理疏漏,也与承运单位的不重视有关,致使运输人员缺乏相关知识,对突发事故束手无策。

（3）预防措施。

①运输过氧化氢的罐体应按过氧化氢的特殊要求进行设计和制造,罐体材质应使用超低碳奥氏体不锈钢,内表面应经抛光和钝化处理。排气孔的泄放量应根据罐体容积进行计算确定,排气管上应带有防尘装置,罐体上应设有测温装置。人孔、出料阀法兰密封垫应采用聚四氟乙烯或钝铝等与过氧化氢不发生催化作用的材料。

②充装单位对前来装运过氧化氢的罐体应进行技术性检查,对罐体材质和结构、制造工艺不符合装载过氧化氢要求的应不予充装。

③执行充装前取样检验制度。在每次罐装过氧化氢前,均应对罐内的残留物取样进行定性分析,凡残留物不是过氧化氢或混入杂质的,必须对罐内进行彻底清洗。

④专罐专用。过氧化氢生产企业应与使用单位或经销单位约定,尽可能使用固定的槽罐装运,实行专罐专用;如使用社会车辆运输,则应对罐体提出相应的技术要求。

⑤产品出厂时必须随车提供《化学品安全技术说明书》,在罐体上应有安全标签。

⑤司机和押运员必须经过正规的危险化学品安全知识、危险化学品运输安全知识培训,并经考核合格,掌握危险化学品相关安全知识后方可持证上岗。

8.2.2 储罐破损引发事故的预防 ···□

为了确保在用槽车、储罐在安全、可靠的条件下进行装卸和运输,保障运输安全和利益,要求制造储罐和管道的材料必须符合国家要求,有检验证书、设备合格证和用于运输的安全许可证。各种配件也要符合国家要求,并有显著标识。在使用储罐运输前,要检查储罐是否有划伤、撞痕、变形、渗漏等现象,避免事故的发生。

（1）事故简介。

1987 年 6 月 22 日 14 时 5 分,安徽省阜阳地区亳州市化工厂,在对液化气槽车充装完后,液化气罐尾部向外冒白色雾气,接着“轰”的一声巨响,液化气储罐发生爆炸。爆炸后重 77.4 kg 的储罐后封头飞出 64.4 m 远,直径为 0.8 m、长 3 m,重达 770 kg 的罐体挣断 4 根由 8 号钢丝制成的固定绳,向前冲去,摧毁驾驶室,挤死 1 名驾驶员,2 名充装人员当场死亡。

（2）事故原因。

①液化气储罐制造质量低劣。该储罐的纵、环焊缝均未开坡口,所有的焊缝均未焊透,10 mm 厚的钢板,熔合深度平均为 4 mm,经 X 光拍片检查,全部不合格。该罐原是一台固定式容器,自行改制为汽车储罐,但因无整体底座,无法与汽车车厢连接,而且只装了压力表和安全阀,其他附件均未安装。

②压力容器使用管理混乱。该罐投入使用后从未进行过检查,厂方对罐体质量情况一无所知。爆炸前,罐体上已出现多处裂纹,有的裂纹距外表面仅 1 mm。

③充装违反规定。充装前充装人员未认真检查车辆和相关证件。充装没有记录。

（3）预防措施。

①对压力容器开展深入的安全大检查,对制造质量低劣、存有安全隐患的压力容器,要采取严格措施进行处理,缺陷严重的要坚决停用。对超期未检验的压力容器要进行检验,对自行改造、不符合要求的压力容器要进行更新。新压力容器必须有出厂合格证,必须由具有压力容器制造许可证的单位制造,以杜绝质量低劣的压力容器投入使用。

②严格液化气体的充装管理。充装前必须对储存容器进行检查,不合格的不能充装。充装时要认真计量,防止过量充装。

8.2.3　安全阀破损引发事故的预防

安全阀是承压类特种设备安全防护系统的重要组成部分,被称为超压保护的重要一道防线。槽车大多采用弹簧式安全阀,它由阀体、阀盖、弹簧、压盘、活塞和密封元件等组成。安全阀是一种自动泄压装置,当槽车内部压力升高到设定值时,安全阀就会动作,如果压力回落,安全阀就可以重新关闭。但是如果压力一直在升高,那么安全阀将一直处于打开状态,及时排放部分介质,降低罐内压力,避免发生爆炸事故。

安全阀在长期的服役过程中可能会产生一些故障,不能有效地起到安全防护的作用。因此,要提前监察、检测安全阀的故障状态,并进行相应的干预,做好安全阀的修理和校验工作,以降低设备运行风险和节约维修时的人力、物力和财力,这对于保障承压设备的安全运行有重要意义。

（1）事故简介。

2022 年 4 月 8 日上午 6 时 40 分,安徽省宿州市灵璧县危险化学品货物运输有限公司一辆装载 22.5 t 液氨的汽车罐车（车牌号为皖 L22659、挂车牌号为皖 L2693、核定充装量为27.3 t）于河南开封建许化工厂充装液氨后,向安徽六国化工股份有限公司输送。进入铜陵市境内后,由于驾驶员、押运员道路不熟,误驶入铜陵市铜官山化工有限公司后门,在进入汽车磅房时,由于车辆超高,罐车的安全阀被汽车磅房的上部水泥横梁碰断,罐体内液氨快速挥发,从安全阀口向外部大量泄漏,喷出的汽化氨气柱高达 4 m 左右,并发出刺耳的气流噪声。经核算该罐车充装了 22.5 t 液氨（从充装单位核实）,堵后卸载 20.65 t,事故泄漏液氨1.85 t。事故发生之后,宿州市环保部门和水务公司对全市空气质量和自来水长江取水口水质开展监测,大气环境、长江水质未受到影响。

（2）事故原因。

①对危险化学品运输没有指定时间和指定路线,罐车驾驶员、押运员不熟悉运输路线,因而误入无关厂区。

②罐车驾驶员、押运员安全素质不高,安全意识不强。偌大的罐车,其潜在的危害程度很大,而他们仅凭经验,侥幸操作,造成罐车撞到房梁之上。

③门卫没有履行安全警卫职责,没有留心询问,误以为是装载氨水的槽车,盲目放行进入厂区。

④铜官山化工有限公司为使用危险化学品的单位,经常出入危险化学品运输车辆,而该厂地磅房没有限高标志,没有安全警示标志。

④尽管危险化学品运输车辆装有 GPS 卫星定位装置,但对该罐车的运行没有起到监控作用。

（3）预防措施。

①加强法制建设,尽快解决液化气体罐车充装、卸装单位市场准入问题。通过市场准入这个手段,促使充装、卸装单位完善条件、加强管理,确保将充装、卸装等影响罐车安全运输因素最多的重要关口纳入有效监管范围,使之得到有效控制。

②严格运输环节的监管,规范液化气体罐车交通运输行为。目前迫切需要从法规上解决承载危险化学品的汽车罐车按照指定路线、指定时间行驶,避开人员密集等重要场所的问题。

③加强对危险化学品运输企业和挂靠单位的监管,特别是要做好驾驶员、押运员的安全教育培训工作,严格考试与证件发放。发挥交管部门 GPS 卫星定位监控的作用,实现动态监控。

8.2.4　液位计引发事故的预防

在槽车中,常用的液位计包括机械式液位计、浮球式液位计、超声波液位计、雷达液位计等。马志荣等对某外输大型站库雷达液位计现场故障进行了总结,以 2017 年为例,该站液位计出现故障共计 16 次,其中因雷达头通信板烧坏、线路接头损伤等造成的雷达数据传输故障多达 7 次,占总故障的 43.75%;液位误差故障共计 6 次,占总故障的 37.50%。可见,数据传输故障与液位误差故障是造成液位计显示故障的主要因素。通过实际调查总结发现,岗位人员技能培训不到位、现场一次表失效、无法提供数据比对、设备老化、系统软件需更新、上罐电缆老化、拆解维修过的接头密封不严等,都会使液位计发生故障。

(1)事故简介。

2009 年 12 月 16 日上午 10 时 30 分,一辆新奥新 K 挂 0905 槽车在充装的过程中,车尾排空阀发生泄漏排空现象。此车司机要求装 21.5 t(此车以前装过此吨位),当时中控室显示吨位是 20 t,过两三分钟后,装车工毕某旭发现此车压力表从 0.05 MPa 涨到 0.4 MPa,车尾的排空阀有少量的液化天然气雾气冒出,立即通知中控室停止装车并及时关闭液相进液阀。由于处置及时,事故未造成人员伤害和财产损失。

(2)事故原因。

①装车流量计显示流量与实际流量相差较大。由于流量计是远传控制,存在一定误差(仪表显示流量和实际流量相差 400~900 kg),装车工只是根据司机要求的装车量,通知中控室装车。中控室显示的是流量计的流量,不是实际流量,造成超量装车。

②槽车的液位计不准确。司机凭经验看压力表判断液位,造成超量装载。同时排空阀没有关到位,造成泄漏现象。

(3)预防措施。

①加强装车站的安全管理,检查各台待装车辆的车况是否良好。

②装车前,务必校验流量计的准确性。

③提升装车工的操作规范性。安全无小事,不能只凭经验判断,任何仪器都有可能出现故障,要按照规范操作,做好仪器的检查工作,降低风险。

8.2.5　紧急切断装置引发事故的预防

由于化工产品具有易燃、易爆、有毒等特殊性,在运输和使用过程中极易发生事故,一般运输的槽车都需要安装紧急切断装置(即紧急切断阀,又叫作安全切断阀)。在遇到突发情况的时候,阀门会迅速关闭或者打开,以避免事故发生。切断阀是常闭式结构,主要安装在储罐出口处,作为开关切断型阀门,通常是关闭的。在装车卸车时通过气压或油压将其打开,排压后自行关闭。因此,紧急切断装置一旦发生故障,会造成严重的安全事故。

（1）事故简介。

2002 年 7 月 8 日 2 时 09 分,山东省聊城市莘县化肥有限责任公司发生液氨泄漏事故。这起事故共泄漏液氨约 20.1 t,导致 13 人死亡,24 人重度中毒,直接经济损失约 72.62 万元。

（2）事故原因。

①液相连接导管破裂。液相连接导管破裂排除了人为破坏因素。从发生事故前的记录看,液相连接导管的工作压力、温度及使用期限均未超出规定范围,是在正常使用条件下发生的破裂。

②紧急切断装置失灵。事故发生后,氨库西侧约 64 m 处的紧急切断阀很快被关闭,防止了液氨储槽中液氨的继续泄漏。虽然驾驶员对罐车上的紧急切断阀采取了紧急切断措施,但该装置失灵,致使罐车上液氨倒流泄漏,导致事故影响进一步扩大。

③液氨罐区与周围居民区防护间距不符合规范要求。

④安全管理制度和责任制落实不到位。

（3）预防措施。

①落实安全管理制度,定期对槽车安全附件进行检验,对不合格的零部件应及时修理或更换。

②阀门制造质量不可忽视,设备的高质量是安全的重要保证。

③严格遵守操作规范。

8.2.6　车辆爆胎引发事故的预防 ···□

爆胎的原因包括胎压过低或过高、定位不准、安装错误、扎破等,特别是对于危化品运输车辆,超载也是造成爆胎的原因之一。车辆爆胎后,会偏离行驶方向,存在重大的安全隐患。

（1）事故简介。

2005 年 3 月 29 日,康某驾驶一辆号牌为鲁 H00099 的罐式半挂车,从山东省临沂沂州化工有限责任公司装载液氯运往南京金陵化工二厂。当日 18 时 40 分许,康某行至京沪高速公路淮安段下行线（北京往上海方向）K103+300 m 处时,左前轮爆胎,造成车辆失控,撞坏高速公路中央防撞隔离护栏后冲入对向车道,槽罐车与牵引车脱离,侧翻在上行线（上海往北京方向）行车道内。此时,马某驾驶的一辆号牌为鲁 Q08477 的半挂货车由南向北驶来,因两车距离过近,避让不及,鲁 Q08477 半挂货车车体左侧与瞬间侧翻的槽罐车顶部发生碰刷,致使位于槽罐顶部的液相阀、气相阀 8 根螺栓被全部切断,液氯随即发生大量泄漏。本次事故一共造成事故现场附近淮阴、涟水两县区的 3 个乡镇 11 个行政村受灾, 29 人中毒死亡, 1 996 人中毒（其中 436 人住院治疗, 1 560 人留院观察）, 10 500 多名村民被迫疏散, 15 000 头家畜和家禽中毒身亡（尸体随后被深埋）,约 2 万亩（13.33 km²）农作物绝收。经环境评估,这些土地在 6~24 个月内无法耕种,京沪高速宿迁至宝应约 110 km 的路段封闭了

20 h, 直接经济损失达 1 700 余万元。

（2）事故原因。

①鲁 H00099 槽罐车出厂标示吨位为 15 t, 在挂牌时公安部门出具的允许吨位也是 15 t, 但质检部门监制的槽罐容量却是 40 t, 说明各部门之间的信息互通存在缺失。

②按照国家规定, 从事危险化学品运输的企业不允许社会车辆挂靠, 但该运输公司所属的 105 辆车全部是挂靠车, 表明运输企业管理部门存在严重失察行为。

③按照有关规定, 运输危险化学品的车辆每次上路前都要办理各种通行证, 但鲁 H00099 槽罐车只在当月月初办理过一次, 之后的所有出车都未再办理新的通行证, 说明交管部门存在失职现象。

④鲁 H00099 槽罐车至少有 6 个轮胎已经报废或者临近报废, 却仍在从事危险品的运输。济宁科迪化学危险货物运输中心曾被当地安全生产监管部门下发过两次整改通知书, 但却依然没有制止违法上路的情况。

（3）预防措施。

①危险化学品道路运输企业应认真落实安全生产主体责任, 遵纪守法, 努力提高安全管理水平, 杜绝违法运输行为, 严把驾驶员和押运员上岗的最后一道关, 严禁无证上岗。

②严格检查车辆的安全性能, 严禁带病上路, 加强对驾驶员和押运员安全应急知识的培训, 提高他们现场应急处置的技能并定期进行考核。

8.3 化学品装卸过程引发事故的预防

化学品的危险性体现在多个方面, 包括易燃性、爆炸性以及腐蚀性等, 特别是在装卸过程中隐藏着较大的风险和事故隐患, 严重威胁着周边群众的人身安全。因此, 要使装卸车程序化, 各环节管理规范化, 进一步细化现场监护人和司乘人员的职责, 使装卸车过程更安全。

8.3.1 装车时引发事故的预防 ···□

装卸化学品时, 不同货物混装、混运, 外包装不符合要求, 易引发事故。活泼性高的化学品, 存在发生聚合反应的隐患, 而聚合反应是快速的放热反应, 若处理不当, 会造成爆炸、中毒、冻伤等重大恶性事故。

（1）事故简介。

2002 年 12 月 2 日 16 点 11 分, 车牌号为苏 BK5820、容积为 22.7 m³ 的乙醛专用槽车, 在中国石化扬子石油化工有限公司化工厂醋酸车间乙醛装车平台开始装乙醛, 16 点 50 分, 装车结束, 共装乙醛 15 t。在关闭槽车进料阀后加盲板时, 发现槽车温度、压力上升, 槽车压力上升至 8 Pa, 温度达 70 ℃左右, 伴有 "咔嚓" 的响声。操作人员武某立即向车间领导汇报, 同时将槽车尾气盲板拆除, 并将压力卸至 6 Pa, 关闭放空阀, 进料阀加盲板。幸运的是, 该事故未引起火灾、爆炸, 无人员伤亡。

（2）事故原因。

①未按要求进行分析。纯醛中间贮罐中的乙醛本身不合格,在向成品罐进料前,未按要求进行分析或分析的数据有误。很可能是金属离子、氯离子超标,中间贮罐向成品球罐送料时,在输送泵叶轮搅动下,引起了聚合反应。

②贮存时间过长。乙醛在球罐中贮存时间过长,没有及时倒罐后再装车。有的乙醛贮存达半个月以上,乙醛变质, H^+ 增多,乙醛在室温和 H^+ 存在时,发生聚合反应生成微溶于水的液体三聚乙醛,在 0 ℃或 0 ℃以下时聚合成不溶于水的固态四聚乙醛。

③在槽车内聚合。槽车本身带有杂质,槽车中 Fe^{3+} 超标,可能导致槽车中乙醛发生聚合反应。

（3）预防措施。

①加强工艺管理,控制好压差。加强对乙烯原料的监控,从根源上杜绝乙醛聚合反应的发生,减少反应波动。出现乙烯质量问题后,增加成品中重金属及氯离子分析。严格按乙醛装置工艺技术规程和乙醛装置操作法操作,调整好工艺参数,控制好各反应器的压差,避免催化剂的夹带。

②加强巡检,优化报警设置。增加贮罐处巡检的次数,及时观察现场中间贮罐、球罐温度和压力的变化情况,检查现场罐区喷淋电磁阀前后的保护阀是否处于全开状态,以便在紧急情况下,中控室随时开启喷淋开关,给槽车和贮罐冷却降温。进一步完善乙醛贮罐监控系统,将现场贮罐温度、压力引入 DCS,并设定报警值,动用历史曲线分析温度走势情况,实现实时监控,确保更高的安全系数。

③规范装车作业。装车工必须经技术培训,掌握装车作业人员职责,取得上岗资格证后方可操作。装车前槽车贮罐应做好氮气置换和氧含量分析,氧含量应小于 1%（体积分数）,根据槽车容积、乙醛密度及 90%的充装系数,认真核定装车数量,严禁超装。超装会造成槽车气体空间减少甚至没有气体空间,以致槽车内氧气浓度增大,随着环境的变化,易发生聚合、爆炸事故。装车前应认真填写罐装检查确认表,经装车工确认后方可装车。

④加强人员培训。不断提高职工的预防能力和应变能力,遇到紧急情况,才会做到心中有数,知道应该先干什么,后做什么。

8.3.2　卸车过程引发事故的预防

在卸车过程中,各种危化品往往对环境比较敏感,操作人员如未按规程操作,或者某些配件损坏,都会引发安全事故。

（1）事故简介。

2017 年 6 月 5 日凌晨 1 时左右,山东省临沂金誉物流有限公司驾驶员唐某驾驶豫 J90700 液化气运输罐车经过长途奔波、连续作业后,将车停在临沂金誉石化有限公司 10 号卸车位准备卸车。在打开气相阀门对罐体进行加压时,车辆罐体压力从 0.6 MPa 上升至 0.8 MPa 以上。当罐体液相阀门打开一半时,液相连接管口突然脱开,大量液化气喷出并急剧汽化扩散,液化气泄漏长达 2 分 10 秒,很快与空气形成爆炸性混合气体,遇到点火源发生爆炸,造成事故车及其他车辆罐体相继爆炸,罐体残骸、飞火等飞溅物接连导致 1 000 m³ 液化气球罐区、异辛烷罐区、废弃槽罐车、厂内管廊、控制室、值班室、化验室等区域先后起火燃烧。现场 10 名人员撤离不及当场遇难,9 名人员受伤,直接经济损失 4 468 万元。

（2）事故原因。

①肇事罐车驾驶员长途奔波、连续作业,在午夜进行液化气卸车作业时,没有严格执行卸车规程,出现严重操作失误,致使快接接口与罐车液相卸料管未能可靠连接,在开启罐车液相球阀时瞬间发生脱离,造成罐体内液化气大量泄漏。

②现场人员未能有效处置险情,导致泄漏后的液化气急剧汽化,迅速扩散,与空气形成爆炸性混合气体达到爆炸极限,遇点火源发生爆炸燃烧。液化气泄漏区域的持续燃烧,先后导致泄漏车辆罐体、装卸区内停放的其他运输车辆罐体发生爆炸。爆炸使车体、罐体分解,罐体残骸等飞溅物击中周边设施、厂内管廊、液化气球罐、异辛烷储罐等,致使 2 个液化气球罐发生泄漏燃烧,2 个异辛烷储罐发生燃烧爆炸。

③公司日常安全管理混乱。公司安全检查和隐患排查治理不彻底、不深入,安全教育培训流于形式,从业人员安全意识差,该公司所属驾驶员（肇事罐车驾驶员）装卸操作技能差,实际管理的河南牌照道路运输车辆违规使用未经批准的停车场。

④危化品装卸管理不到位。企业组织连续 24 h 作业,10 余辆罐车同时进入装卸现场,超负荷进行装卸作业,装卸区安全风险偏高,且未采取有效的管控措施;液化气装卸操作规程不完善,液化气卸载过程中没有具备资格的装卸管理人员现场指挥或监控。

（3）预防措施。

①按照法律法规要求对装卸作业及管理人员进行培训。《危险货物道路运输管理办法》（交通运输部令 2023 年第 13 号）规定,装货人应当按照相关法律法规和《危险货物道路运输规则》（JT/T 617—2018）的要求,对本单位相关从业人员进行岗前安全培训和定期安全教育。岗前安全教育培训不合格的人员,不得上岗作业。

②应该有针对性地对装卸管理人员和作业人员进行培训,培训内容包括危险货物运输有关法律法规,危险货物分类和危险货物的物理化学性质,罐体与车辆标记和标志牌,运输文件、单证、罐式车辆的使用要求,罐车装卸安全操作程序,个人防护方法、事故预案、逃生路线方法以及急救措施。

③对业务主管部门、安全管理部门以及车间管理人员等要进行相应的培训。

8.3.3 混合装卸化学品引发事故的预防 ···□

不少化学危险品不仅本身具有易燃烧、易爆炸的危险,而且与其他危险化学品混合或接触时往往产生高热、着火、爆炸。因此,在生产、贮存和运输危险化学品过程中,对于化学品混合装卸的危险性,预先进行充分研究和评价是十分必要的。

1. 案例一:平板挂车混装危化品引发的爆炸事故

（1）事故简介。

2016 年 7 月 25 日晚,长沙市雨花区某快运服务部八十四站郴州线路货运代理站的员工开始向平板挂车装载货物。刘某驾驶叉车输送货物,曹某负责从叉车向平板挂车上递货,肖某、陈某负责在平板挂车上堆码货物。21 时左右,站在平板挂车已码好货物上方的陈某发现,靠近驾驶室方向、距离平板挂车高低板 4~5 m 位置的货物下有闪光,于是大喊"着火了"。听到喊声的肖某走近火光部位,将上面的货物往车下推,但此时火光部位开始发生爆炸,火花四处飞溅,肖某腹部被轻微灼伤。肖某见火势无法控制,迅速跳下平板挂车,陈某因动作较为迟缓,在跳离平板挂车时背部被大面积灼伤。随后车上其他货物被引燃开始剧烈燃烧,火势迅速蔓延至安置房 3 区 14 栋北 1 单元,当时该单元的 2 楼住有刘某的妻子、岳母、岳父、5 岁的儿子和 2 位亲戚。听到"起火了"的叫喊声后,刘某的妻子、岳母和 5 岁的儿子迅速跑入该单元的楼梯间往楼梯口逃生(楼梯口正对着平板挂车),却因烟气中毒在逃生途中窒息死亡。刘某的岳父和 2 位亲戚在刘某及邻居的协助下,从 2 楼房间南面的窗台逃离现场。事故发生后,平板挂车上的货物全部被烧毁,停放在平板挂车附近的 1 台小型面包车被引燃烧毁。

(2)事故原因。

初始起火点位于平板挂车靠近驾驶室方向、距离高低板 4~5 m,码放氯酸钠和齐鲁油漆的位置。监控视频显示,21 时左右,平板挂车前端靠近驾驶室方向,货物中间突然火星四射,随后爆炸燃烧。氯酸钠为强氧化剂,受强热或与强酸接触时即发生爆炸,与还原剂、有机物、易燃物等混合可形成爆炸性混合物。齐鲁油漆为易燃液体类危险化学品。由于氯酸钠和齐鲁油漆上下、并排重叠混装码放,齐鲁油漆包装桶受上层货物挤压、操作人员踩压及堆码拖动,致使油漆桶变形、破裂,导致油漆泄漏,泄漏出来的油漆与氯酸钠接触,加上高温(堆放货物受太阳暴晒热量积聚所导致的较高温度)和摩擦撞击(上层货物挤压、操作人员踩压及堆码拖动)的影响,发生剧烈的氧化还原反应。反应释放出的热量积聚,导致局部温度快速上升,进而导致油漆燃烧、氯酸钠分解,造成燃烧加剧并引起爆炸。

(3)预防措施。

①危险化学品运输企业、车辆、押运员、装卸员必须取得相应资质。

②装载介质与罐体喷涂介质、车辆道路运输证载明介质一致。

③危险化学品装载匀称均衡、整体固定,做到一车一货,不同危险化学品不能混装,不得超载。

④危险化学品装载后,危险化学品的名称、形状、数量、处置方法、企业联系方式等要书面记录,随车携带。

⑤液体危险化学品罐车装载完毕后,应将紧急切断阀关闭,确保无损坏、无渗漏。

⑥选择合理的、通行条件较好的行驶路线,远离城镇、居民区,不进入危险货物运输车禁止通行区域。运输剧毒化学品车辆要按照公安机关批准的时间、路线行驶,不得随意变更。

2. 案例二:H 型发泡剂爆燃事故

(1)事故简介。

2009 年 9 月 1 日,山东省临沂市一辆车牌号为鲁 QB3000 的货车(一般运输资质,无危险货物运输资质)装载了 3 t 耐火泥、200 套茶具和 2 套机械设备后,又从江苏省宜兴申利化工有限公司装载了8 t H型发泡剂(属危险化学品,为易燃固体,受撞击、摩擦、遇明火或其他点火源极易爆炸)后运往临沂。9月2日7时,该货车将上述货物运至金兰物流基地F3区的临沂市运恒货物托运部,11时起开始卸货,14时左右所有货物卸完,然后驶离金兰物流基地。卸下的混装货物堆积在托运部营业室门口,仅留60 cm左右宽的通道进出。15时30分左右,堆积的H型发泡剂起火,火势迅速扩大并发生爆燃,造成正在运恒货物托运部营业室内领取工资、提货和收款的18人死亡,另有10人受伤。

(2)事故原因。

①调查分析,现场存放的可燃物H型发泡剂起火并发生爆燃造成火灾事故,事故现场通道不畅导致事故人员伤亡扩大,但起火的原因未知。

②现场调查还发现如下主要问题:一是山东金兰现代物流发展有限公司只有道路运输经营许可证,而其管辖的运恒货物托运部实际从事危险货物配送和储存活动;二是运恒货物托运部尚未取得工商营业执照,属非法经营,且现场管理混乱,安全意识差,卸下的危险化学品堵塞营业室唯一通道;三是运输车辆本身无危险货物运输资质,承运的货物却为危险货物,且与普通货物(耐火泥、茶具、机械设备)混装。

(3)预防措施。

①危险化学品单位要建立健全安全生产责任制,生产、经营、储存危险化学品的场所要符合相关要求,安全管理措施要到位。涉及危险化学品的单位要建立和完善事故应急救援预案并配备相应的救援器材,定期开展事故演练,切实提高事故应急处置能力。

②危险化学品行业属于高危行业,危险化学品单位应按照《中华人民共和国安全生产法》等相关法律法规的要求,配备相应的安全管理人员。危险化学品单位负责人、安全管理人员、作业人员都应经过相应的培训并考核合格。

③危险化学品经营、运输单位要加强安全管理,严格落实岗位职责。对进出站车辆实施严格安全检查,防止非法运输超载、超装、混装危险货物的车辆进出,保证经营、运输安全。

8.4　环境因素引发事故的预防

化学产品在运输期间会经过很多区域,会受到这些区域环境的影响。如运输车辆在行驶期间,可能会遇到表面不平整的路面,甚至是破损比较严重的路面,在这样的路面上行驶,车辆会产生剧烈的震动,造成内部化学品的碰撞。容纳危险化学品的容器属于危险易碎物品,绝不允许剧烈碰撞,而这样的路况无疑对危险化学品的保护是不利的。再如外界的天气状况比较差,危险化学品在运输期间可能更容易诱发交通事故:大雾天气会降低路面的可见度,延长驾驶员的反应时间,影响驾驶员的路况判断,使得交通事故的发生率急速上升;而下雪天,路面的光滑度增加,使得车辆容易打滑,并且延长了刹车时间,容易诱发一系列安全事故。这些交通问题都会影响化工产品的安全运输,绝不容忽视。

8.4.1　天气情况引发事故的预防 ··· □

雨、雪等天气因素受地域性影响较为明显,对汽车运输的影响较大,容易造成事故。

（1）事故简介。

2010 年 4 月 26 日 20 时 47 分,吉林分公司通化配送中心执行从吉林佐安油库至辽宁宽甸运送 16 t 0#柴油的任务。当车辆行驶至集锡公路 303 线 19 km（集安五女峰）处时,由于雨天路面湿滑,山路连续下坡,刹车失控,车辆冲破绿水桥护栏,侧翻到公路下约 8 m 的河床上。事故造成罐体前仓破裂,2.9 t 柴油泄漏,引发通沟河水体石油类污染事故。

（2）事故原因。

①事发路段为沥青路面,双向单车道,路面宽 6.65 m。事发现场是下坡道,路坡顶至事发现场长 1.2 km,共有 6 个 S 形弯道,被当地交警部门列为事故多发路段。

②事发时天气是雨夹雪,路面湿滑,刹车失控。

（3）预防措施。

①加强车辆检查。危险化学品运输车辆在执行运输任务之前,需要认真检查车上盛装危化品的容器、包装固定情况以及车本体（制动系统、转向系统、行驶系统）状况,对于连续 S 形弯道及陡坡,车辆应具有良好的刹车系统。

②提前了解运输路线和天气情况。运输危险化学品之前,需要了解运输路线的路况及天气预报,如非急需的话,尽量避免在复杂天气条件（如雾天、雨雪天、雷暴雨天）下的运输。

③正确选择运输路线。针对每次运输任务,事先要对全程进行环境风险识别,尽可能选择避让复杂地形或环境敏感区的运输路线,无法避让时,采取切实可行的防范措施。

8.4.2　道路交通情况引发事故的预防 ·· □

公路的地形对行车速度有直接影响,不同地形对车辆的限速不同,是造成交通事故的关键因素。

（1）事故简介。

2000 年 10 月 24 日早晨 6 时 10 分,当时 205 国道往紫金山金矿的公路因为修建,只有单行道,一辆从安徽安庆开过来的皖 H30399 汽车槽车在拐进矿区的 5 km 处突然坠落山涧,槽车载有 10.7 t 浓度为 33%的剧毒化学品氰化钠溶液。车里有 2 名司机、1 名押运员,幸好 3 人紧紧抱住车厢,只受了轻伤。其中 1 名司机从车内爬出来时,发现装有氰化钠的槽罐出口盖已被撞开,槽罐内氰化钠溶液正在流出。司机赶快脱下衣服去堵,可是怎么也堵不住,而且他自己的手有伤口,也中毒了。于是他赶紧顺着山谷跑向村庄,告诉人们山里小溪已被有毒物污染,不能饮用,并迅速向紫金矿业公司有关人员和消防环保等部门求救。事故造成 7 t 剧毒化学品氰化钠溶液（33%）流入小溪,引起 90 多名村民中毒,多人症状严重,另有多名疑似中毒。

（2）事故原因。

①凌晨有露水,路滑。

②司机疲劳驾驶。

（3）预防措施。

①加强危险化学品管理。各生产、使用、贮运单位一定要严格执行《危险化学品安全管理条例》（国务院令第 591 号）及相关规定，做好危险化学品的安全管理。

②加强对剧毒品运输的管理。对氰化钠这样的剧毒品，运输途中应由公安部门开道和护送，以防类似事故发生，还可防止不良分子故意破坏。

③加大处罚力度。对运输危险化学品的驾驶员和押运员违反规定造成事故的严加惩处。

④加强对危化品运输车驾驶员和押运员的职业教育，杜绝疲劳驾驶。

⑤加强对运输路线和天气的了解。运输危险化学品之前，需要了解运输路线的路况及天气预报，对于复杂天气和复杂路况尤其要注意，切实把危化品运输的应急预案落到实处。

危险化学品运输事故严重影响社会安全，不仅威胁群众生命安全，还会引发其他自然灾害。通过有效的制度对相关企业进行约束，并要求企业对驾驶员、操作人员等相关人员进行培训后才可上岗，尽最大可能消除盲目、大意而带来的隐患。同时，相关部门通过联动机制，严格执行有关规定，对运输车辆、设备状况及相关手续进行评价，优化应急预案，通过全流程监管，从根本上将事故的隐患消除。

本章参考文献

[1] 张春艳,曹钧,茆文革. 危化品道路运输安全风险分析及事故防控对策研究[J]. 化工管理,2020(34):75-77.

[2] 曹建,施式亮,鲁义,等. 2013—2018 年罐车公路运输危化品事故分析[J]. 中国安全科学学报,2020,30(2):119-126.

[3] 高建丰,郑豫,倪铠,等. 基于故障树-层次分析法的槽车液化气泄漏事故致因分析[J]. 油气田地面工程,2021,40(3):44-49.

[4] 交通运输部公路科学研究院,中瑞交通安全研究中心. 2015 年中国道路交通安全蓝皮书[M]. 北京:人民交通出版社,2016.

[5] 冯力群. 槽车安全阀与桥梁发生碰撞泄漏事故的案例分析[J]. 消防技术与产品信息,2008(3):48-50.

[6] 吕剑薇. 危险化学品运输风险及合理应对方式研究[J]. 科技资讯,2019,17(17):194,198.

[7] 张代发. 驾驶疲劳量表的修订及应用[D]. 大连:辽宁师范大学,2021.

[8] 马志荣,李勇,祝守丽,等. 雷达液位计显示系统故障分析与解决措施[J]. 化工自动化及仪表,2020,47(1):71-79,87.

第9章

中毒窒息安全事故的预防

安全生产是经济持续发展的根本保证,化工安全生产是安全生产的重要组成部分,具有生产原料特殊、工艺过程复杂、潜在危险性大等特点,其涉及的危险化学品易燃易爆、有毒有害,要想有效预防和控制事故,就需要了解事故发生的规律。

通过对 2000—2020 年事故调查报告等资料的不完全统计,以国内外化工企业发生的228 起生产安全事故为例,国内发生化工企业生产安全事故 193 起,国外发生化工企业生产安全事故 35 起。2011 年事故数量最多,达到 23 起,2020 年事故数量有所减少,为 8 起,但仍不容忽视。事故总量呈上升后趋于平稳趋势, 如图 9-1 所示。

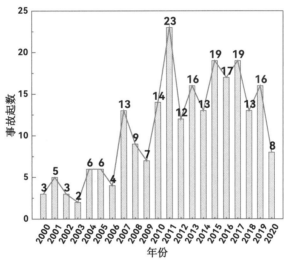

图 9-1　2000—2020 年国内外化工企业生产生产安全事故数量

这 228 起化工事故,按照事故类别进行分类,从表 9-1 中可以看出,只有爆炸、中毒和窒息事故基本每年都会发生,其他类型事故只有个别年份发生,且发生频率较低,说明化工生产安全事故的发生类型主要以爆炸、中毒和窒息事故为主,因此这两类事故是化工行业进行事故预防和控制的重点。

表 9-1 2000—2020 年国内外化工企业生产安全事故类型数量统计表

年份	爆炸	中毒和窒息	火灾	机械伤害	泄漏	灼烫	坍塌	小计
2000	3	0	0	0	0	0	0	3
2001	5	0	0	0	0	0	0	5
2002	1	1	1	0	0	0	0	3
2003	0	2	0	0	0	0	0	2
2004	4	1	0	0	0	1	0	6
2005	4	1	0	0	1	0	0	6
2006	1	1	2	0	0	0	0	4
2007	10	3	0	0	0	0	0	13
2008	5	3	1	0	0	0	0	9
2009	2	2	3	0	0	0	0	7
2010	7	2	3	2	0	0	0	14
2011	13	6	4	0	0	0	0	23
2012	6	5	1	0	0	0	0	12
2013	7	7	2	0	0	0	0	16
2014	9	4	0	0	0	0	0	13
2015	7	8	3	0	0	1	0	19
2016	5	6	6	0	0	0	0	17
2017	8	4	4	1	1	0	1	19
2018	8	5	0	0	0	0	0	13
2019	9	6	0	0	0	1	0	16
2020	4	2	2	0	0	0	0	8

化学毒物对人员的伤害作用主要体现以下方面。

①毒性伤害大。

②中毒途径多。如呼吸道吸收、皮肤接触、消化道误食等直接中毒,执行任务时接触污染服装引起的间接中毒等。

③危害进展快。毒气云团扩散迅速。

④毒效时间长。尤其是再生毒气云团可持续几十分钟至几小时,甚至几天。

⑤危害范围广。常造成几十平方米至几十平方千米的空气污染。

⑥防护救治难。不仅有单纯毒物中毒,还有因化学反应引起次生化学毒物造成的中毒以及燃烧、爆炸引起的烧伤、爆震伤、骨折等复合伤,救治难度大。

前面已讲过爆炸和火灾等事故,本章主要讲述中毒和窒息方面的安全事故预防。

9.1　关于 H₂S 安全事故的预防

硫化氢（H₂S）是化工行业不可或缺的重要原料，其用途非常广泛，主要用于合成荧光粉，也可用于金属精制、农药、医药、催化剂再生等领域。H₂S 为易燃危化品，与空气混合能形成爆炸性混合物，遇明火、高热能引起燃烧爆炸。H₂S 具有急性剧毒，吸入少量高浓度 H₂S 可于短时间内致命。据统计，1992 年 1 月至 2017 年 12 月全国共发生 275 起 H₂S 中毒事故，共造成 967 人死亡，3 248 人受伤，事故年发生率为 10.6 起/年，事故造成人员年死亡率为 37.2 人/年。其中特别重大事故 1 起，死亡 243 人；重大事故 1 起，死亡 11 人；较大事故 147 起，死亡 562 人；一般事故 126 起，造成 151 人死亡。H₂S 已成为中毒事故的第一杀手。

1992—2017 年的 H₂S 中毒事故涉及制造业、采矿业等 9 大国民经济行业类别。其中制造业发生的 H₂S 中毒事故占比最高，占事故总数的 59%。其原因主要是制造业中石油、煤、燃料加工企业以及化工制造业企业生产工艺过程复杂，其中石油及燃料加工涉及原油、汽油、液化烃、硫化氢等，化工制造涉及硫化氢等化工原料、生产物。采矿业和水利、环境和公共设施管理发生的 H₂S 中毒事故占比次高，均占事故总数的 10%。一方面是由于采矿业工作环境密闭易中毒，另一方面是由于水利、环境和公共设施管理环境易产生硫化氢。因此，有关 H₂S 中毒事故的各行业都应重视硫化氢泄漏、中毒风险。

事故案例一：2022 年 6 月 15 日 9 时 17 分许，在吉林省松原市宁江区雅达虹工业集中区污水处理厂发生一起 H₂S 中毒和窒息事故，造成 3 人受伤，其中 2 人重伤，1 人轻伤。

2022 年 6 月 15 日 8 时 30 分，交班组长潘某龙、接班组长黄某进行了交接班，接班班组成员为张某、张某发、于某洋，双方填写了"雅达虹污水处理厂交接班记录（厂区）"。值班记录中有沉砂池运行情况、细格栅运行情况、曝气机运行情况、推流器运行情况、搅拌机运行情况、污泥泵运行情况等共计 16 项内容和进水流量计示数、出水流量计示数、接班电表数、电能消耗等数据，以及工艺调整执行情况、下一班次注意事项等内容，一切正常。接班后，黄某去给长青热电厂开供水阀门，于某洋去脱泥间检查设备，张某与张某发到综合池和生化池进行巡视。张某与张某发在巡视过程中发现综合池外回流储池液位与综合池外回流泵流速不匹配，于是 2 人来到综合池外回流排泥阀门井准备调试外回流阀门。当时该井没有井盖，井周围无任何安全警示标志，井内有一个梯子直通井底，井底有管线和外回流排泥阀门，2 人下井前未向公司领导和班组长进行汇报，未对井内气体进行检测，也未采取任何安全防护措施。事故现场图可扫描二维码 9-1。

二维码 9-1

9 时 17 分许，张某顺着梯子下井，刚到井底就晕倒了。张某发看见张某晕倒后就立即呼喊，同时下井去救张某，此时于某洋与黄某正在去往脱泥间的路上，听见呼喊后，两人立即赶到操作井，发现张某、张某发都晕倒在了井下。2 人看到后，立即跑到办公楼内叫人，其间黄某拨打了 119 救援电话。到办公楼后，黄某马上向生产副厂长崔某宇进行汇报，崔某宇听到张某、张某发晕倒在井里后,立即让工人拨打了 119 和 120 电话并安排工人到路边进行引导,这时办公楼里的工人都知道了,有的去拿绳子,有的去拿轴流风机赶去救人。文员代某广听到后,拿着防毒面具赶到了操作井,戴上防毒面顺着梯子下到井底后,没过多久也晕倒了。

（1）事故发生的直接原因。

①工人违章作业。张某未遵守有限空间作业"先通风、再检测、后作业"的原则,进入操作井内进行外回流阀门调试作业时,没有配备检测仪器和防毒面罩、安全绳索等防护用品,导致事故发生。

②盲目施救导致事故扩大。在张某中毒晕倒后,张某发、代某广没有及时采取报警等措施,在未对井内进行检测通风、未佩戴呼气器具和未采取其他安全防护措施的情况下,盲目施救,致使张某发重伤、代某广轻伤。

（2）事故发生的间接原因。

污水厂管理人员违反《工贸企业有限空间作业安全管理与监督暂行规定》(2013 年 5 月 20 日原国家安全生产监督管理总局令第 59 号公布,自 2013 年 7 月 1 日起施行;根据 2015 年 5 月 29 日原国家安全生产监督管理总局令第 80 号修正)第二十一条的规定,既未制定应急救援预案,也未对作业人员进行应急救援演练,导致事故伤亡扩大。

事故案例二: 2017 年 11 月 18 日 19 点 15 分左右,大连某石化公司厂区内硫黄装置现场进行换热器清洗,施工方在倒入清洗剂过程中,产生硫化氢,造成 9 人中毒,其中 3 人死亡。

从事故单位性质看,绝大多数化工企业为中小型私营企业。私营企业重效益、轻安全,抢工期、抢产量, 安全投入不足的现象比较明显;技术力量薄弱,技术装备落后,安全管理和操作技能人才短缺;安全管理水平整体不高,风险辨识管控、隐患排查治理、人员培训教育等重点环节依然薄弱。另外,化工企业多数是连续生产,工作强度大,从业人员较为紧缺,在快速城镇化过程中,一大批安全技能"零基础"的进城务工人员成为产业工人,很多汇集到中小私营化工企业,而这些中小型私营企业往往是较大事故的高发企业,安全管理水平亟待提高。

H_2S 中毒事故如此严重,那么应该如何预防呢? 首先要快速发现 H_2S 泄漏,下面介绍 H_2S 的快速检测方法。

9.1.1　常用 H_2S 快检仪器 ···□

1. 便携式 H_2S 检测仪

便携式 H_2S 检测仪借助化学传感器对 H_2S 进行感应,测定结果为 H_2S 在某一瞬间流经传感器的体积,这一数值为无量纲数值。检测仪传感器电解池中包含三个电极,分别为工作电极、参比电极和对电极,对其施加适当的极化电压,薄膜即可将其与外部隔开。以此为基础,被测气体透过薄膜与工作电极接触时,能够引起氧化还原反应,同时传感器输出电流,H_2S 浓度越高,电流越大,经由数字转换器将电流转换成数值显示出来。

2. 固定式 H_2S 检测仪

固定式 H_2S 检测仪由控制器和探测器组成,一般将主机安装在中心控制室,探头则安装在污水处理过程中易出现 H_2S 泄漏的位置,比如提升泵房、管道间、沉砂池、曝气池、沉淀池及附属阀门井、加药间等。该类检测仪可 24 h 持续监测 H_2S 浓度,并将信息传输至中心控制室,一旦探头检测到 H_2S 超过限值范围,即会发出声光警报。

9.1.2 H_2S 危险点 ···□

结合事故案例,本节总结了化工企业 H_2S 事故的几个危险点。

1. H_2S 气柜

近几年接连发生的 H_2S 事故多与煤气柜、氯乙烯气柜泄漏或闪爆事故有关。采用气柜储存高毒物质的风险应引起高度重视。国内仍有部分钡盐企业将碳化工段排放的含 H_2S 气体先存入气柜系统缓冲,再经风机送至硫黄装置。如某企业 H_2S 气柜容量达到了 2 000 m³(最大储量为 1.214 t,最高压力为 4 kPa),但企业既未给气柜设置柜位高、低限报警与联锁,也未对气柜泄漏制定有效的应急处置措施。更令人担心的是,企业或行业对湿式气柜储存 H_2S 的风险认识不足,缺少彻底消除气柜泄漏这个重大风险源的决心。

2. H_2S 钢瓶

H_2S 钢瓶是 H_2S 储存、运输、使用的方式之一,但 H_2S 钢瓶充装与使用中的风险并未引起足够重视。个别企业的 H_2S 充装间、钢瓶储存间缺少有效的防泄漏措施,对 H_2S 泄漏后的事故风机、碱液循环泵等应急处理设施只设单泵、二级用电负荷,而且 H_2S 缓冲罐底部凝结液、吸收塔循环泵管道低点排放口均为单阀。个别企业将 H_2S 气钢瓶放置在敞开的罩棚下,使用 H_2S 钢瓶时的出口管线上缺少紧急切断措施。一旦发生 H_2S 泄漏,缺少有效的措施阻止其扩散。

3. H_2S 发生器

云南省某化肥公司在一次进行脱砷精制磷酸试生产时,操作人员向磷酸槽加入硫化钠水溶液。在该过程中,进料阀门突然不能关闭,硫化钠水溶液持续流入磷酸槽,使磷酸槽中的硫化钠严重过量,产生的大量 H_2S 气体从未封闭的磷酸槽上部逸出,导致部分现场作业人员和赶来救援的人员先后中毒,造成 6 人死亡,29 人中毒。

企业脱砷精制磷酸工艺会采用 H_2S 作为脱砷剂,需要先生成 H_2S。目前仍有部分企业未吸取事故教训,仍使用类似于上述事故的非密闭式 H_2S 发生器。发生器的硫化钠加料斗加料时需打开,无法实现密闭加料。而下游的脱气罐孔盖又设计为活动式,且 H_2S 管道采用聚丙烯材质,对 H_2S 泄漏缺少有效的保护措施。还有企业在装有 3 台 H_2S 分气包的净化厂房设置了控制室、外操休息室,等于把危险置于员工身边而不顾。

4. 生产过程中副产 H_2S

甘肃省某化工企业曾使用五硫化二磷、三混甲酚在反应釜内生产 25 号黑药,反应中放出 H_2S 气体,通过真空系统吸到碱液池吸收。因反应釜抽真空设备损坏停用,1 名操作人员佩戴过滤式防毒面具在正压状态下冒险作业时,从反应釜搅拌轴封处泄漏的 H_2S 气体致其中毒,其他人员未佩戴任何劳动防护用品盲目施救,造成3人死亡。山东一家以二硫化碳为原料生产促进剂 M 的企业,其硫化釜的压力高达 4 MPa,但加料过程却是采用打开人孔盖手工加料。每次硫化反应后,手动开阀泄压,将 H_2S 气体泄压到缓冲罐,再打开孔盖加入下一批物料。高压管线上阀门频繁开启,最终发生人员伤亡事故。

5. 硫化物与酸反应产生 H_2S

2020 年 9 月 14 日,甘肃省某企业污水处理厂当班人员违反操作规程,将盐酸快速加入含有大量硫化物的废水池内进行中和,致使大量 H_2S 气体短时间内快速逸出。当班人员在未穿戴安全防护用品的情况下冒险进入危险场所,发生 H_2S 中毒事故,造成 3 人死亡。

还有一些企业在处理废液时,常将碱性硫化物与酸性废液同池处理。四川省瓮福达州化工有限责任公司"3·3"较大气体中毒事故、河北省大名县福泰生物科技有限公司"4·1" H_2S 较大中毒事故等,都是同上原因。

9.1.3　H_2S 安全事故的预防 ··□

H_2S 安全事故发生的根本原因在于工作人员安全意识不强,安全措施、防护措施落实不到位,安全技能不足,违章行为时有发生。石化行业具有高温高压、易燃易爆、有毒有害等特点,检修往往又离不开动火、高处、进入受限空间等作业,客观上具备了发生火灾、爆炸、中毒、化学灼伤、高处坠落、物体打击等事故的条件。要保证作业的安全,预防事故发生,应从以下几个方面入手。

1. 设备管理、施工质量

加强自采购设备、材料的管理,加强施工质量的控制,重点控制关键设备的安装质量、涉 H_2S 等有毒有害介质管线的焊接质量等,保证设备的本质安全,杜绝将设备隐患带到运行装置。

2. 安全教育、技能培训

专业技能是搞好安全工作的基础。在开展专业技能培训时,应注重安全技能的培训,应更贴合现场实际。任何一台设备都不是孤立的,都是与装置或介质紧密相连的。在设备检修技能培训时,不能只是讲解检修步骤,更要关注检修前的安全措施。"三级安全教育"重点要前置,更加注重班组级安全教育,尤其是危险源的分布及应急处置,必须作为班组级安全教育的重点。

组织定期培训,普及防范知识。相关政府部门要加大宣传防范 H_2S 等有毒气体泄漏中毒的力度,提高社会公众和企事业单位防范意识。特别是在每年的 H_2S 事故高发月(4、5、7月)期间,需再次对事故高发人群(操作工、检修工)进行安全培训。当有 H_2S 中毒事故发生时,无论事故大小,各省市安监局都应对事故进行通报,从而让企业吸取事故教训,加强对员工的教育培训,防止 H_2S 中毒事故的发生。

3. 危害识别、风险评价

防止能量意外释放的前提是要识别能量的来源。对危险源的分布要广泛宣传,使每一名职工清楚 H_2S 富集的区域、设备和管线等。作业前的危害识别尤为重要,不能流于形式。

作业票的办理是进行作业前危害识别的具体表现形式。因此,必须严肃看待作业票,坚决不能简单地认为只是一张纸、走走过场。

4. 能量隔离、个体防护

对能量进行限制,对危险源进行有效隔离,可从根本上杜绝事故的发生。如通过加装盲板、关闭阀门、放空、排空等对工艺介质进行隔离、封闭;切断电气设备上下级电源开关,防止停电设备突然带电等,使作业对象独立于运行系统之外;采取洞口封堵、加装护栏等措施防止高空坠落。

个体防护是保护作业人员人身安全的最后屏障,应配备必要的应急装备,减少伤亡。在 H_2S 中毒事故造成的死亡人数中,因盲目施救造成的死亡人数占总死亡人数的比例高达38%。因此,企业必须根据应急救援的需要,为涉及 H_2S 等有毒气体的岗位配备防毒面具、空气呼吸器、防静电工作服等个体防护装备以及气体检测监控仪器,以保证作业人员安全作业,一旦发生事故能安全逃生和营救。要杜绝未穿戴防护装备就盲目施救,造成人员伤亡扩大。

5. 安全确认、作业监护

作业前充分进行危害识别,制定完善的安全措施,重点要做好落实和确认。不能想当然,不能把自己的安全交给别人把关,必须亲自进行确认。所有作业必须严格执行监护制度,重大风险作业执行双监护。监护人不在现场(包括需要双监护的其中一人不在现场),不得进行作业。监护人员应严格履行职责,而不是现场的"旁观者"。

6. 预案演练、正确应急

做好应急预案的演练工作,使每名作业人员知道如何正确进行应急处置。在开展应急救援前,首先要保证救援人员自身的防护措施完备,杜绝盲目施救导致事故扩大。

建立健全事故应急救援预案,定期演练。根据 H_2S 等有毒气体的特点,制定有针对性的应急预案,明确紧急情况下如何正确处理 H_2S 泄漏、火灾、中毒事故。现场作业人员、管理人员等都要熟知预案内容和救护设施使用方法。要增加演练频次,使作业人员真正做到临危不乱,提高自救、互救及应急处置的能力。一旦发生事故,要严格按照应急预案进行快速、有效、科学、安全施救,防止因处置、施救不当导致伤亡扩大。

7. 安全意识、杜绝违章

所有人员应通过安全学习和技能提升,提高自身安全意识。所有人员都应清楚,安全工作最大的受益者是作业人员自己,违章作业可能直接导致死亡事故的发生。对于每项工作而言,所有人员都有安全责任,每名作业人员都应该及时发现问题、解决问题,而不能将其归结为监护人、班长、安全管理人员等其他人的职责。

规范作业程序,严格执行作业程度。H_2S 中毒事故易发生在密闭或有限空间内,因此在进入易产生或积存 H_2S 的设施、场所时,要严格执行先检测通风、后作业的原则。未有效通风,气体采样分析不达标时严禁作业,建议现场检测完毕后交监护员签字确认安全后方可进行作业。一旦发现未按程序作业的,必须严惩,从而杜绝违章作业。

8. 定期检查更新设备及装置

由统计可知,设备及装置故障造成的 H_2S 泄漏中毒事故占比高达 35%,因此需要加强重视。企业在长期的生产运行过程中,不可避免会出现设备腐蚀、磨损等各种因素导致的设备故障,引发 H_2S 气体泄漏中毒。因此,企业应定期进行设备及装置大检查,对于出现故障的设备要及时进行维护和更新,并对每个设备的每次检查及维修信息都要记录在案,从而排除事故因素,降低此类事故的发生率。

9.2 关于 HCl 的安全事故

氯化氢(HCl)学名氢氯酸,水溶液俗称盐酸,极易溶于水,是一种无色、非可燃气体,有极刺激气味,在空气中呈白色的烟雾,同时有强腐蚀性,能与多种金属反应产生氢气,遇氰化物产生剧毒氰化氢(HCN)。HCl 是现代工业生产排放的废气之一,因此也是大气污染源之一。

HCl 对人体的危害很大,HCl 吸入后大部分滞留在上呼吸道黏膜,并被中和一部分,对局部黏膜有刺激和烧灼作用,引起炎性水肿、充血和坏死。盐酸属强酸,可使蛋白质凝固,造成凝固性坏死。其病理变化是局部组织充血、水肿、坏死和溃疡。严重时可引起受损器官的穿孔、瘢痕形成、狭窄及畸形。皮肤受 HCl 气体或盐酸雾刺激后,可发生皮炎,局部潮红、有痒感,或出现红色小丘疹以至水泡;若皮肤接触盐酸液体,则可造成化学性灼伤。

近些年,因 HCl 泄漏导致的中毒、窒息事故较多。

事故案例一:2017 年 5 月 5 日上午 8 时 10 分,位于湖北省应城市东马坊街道办事处东城化工园的东诚有机硅有限公司(以下简称东诚公司)保温工段 2#保温釜在作业过程中发生 HCl 气体泄漏事故,造成附近少数居民和东马坊学校部分学生共 22 人感觉不适,送往医院输液治疗。

2017 年 5 月 5 日上午 7 时 29 分,东诚公司保温工段 2#保温釜在进料完毕开启搅拌后,按照工艺流程启动蒸汽自动阀的自动程序,保温釜夹套进蒸汽开始升温。约 8 时整交接班,接班后操作工张某英在中控操作室监控工艺参数,保温岗位操作工杨某元在现场对各保温釜工艺参数进行正常巡查。杨某元在检查中发现 2#釜釜温(约 89 ℃)未达到保温要求的温度(92~95 ℃),于是联系中控操作室的张某英,要求调整蒸汽自动阀的自动程序升 1℃,张某英进行了自动程序的二次升温。8 时 8 分,操作工杨某元打开夹套放空阀检查,发现夹套蒸汽压力不够,于是他在既未检查 2#釜釜温(当时釜温已有 96 ℃),又未通知中控室的情况下,擅自开启现场蒸汽自动阀管线上的旁通手动阀门进行升温,然后他到 5#保温釜进行压粉作业,但未及时关闭旁通手动阀门,导致该阀门处于开启并继续加热状态。中控室的张某英发现 2#釜的温度持续升高时,便用对讲机通知杨某元,杨某元随即紧急打开真空阀进行抽负,但此时温度已经超高过多。8 时 10 分,釜内温度升高至 119 ℃(最高至 156 ℃),釜内压力骤升至 350.2 kPa,HCl 气体夹杂着约 10 kg 的乙基氯化物物料将保温釜人孔盖石棉垫冲破,导致混合有害气体逸出。整个过程持续时间约为 2 min。

事故发生的直接原因如下。

在 2#保温釜操作过程中,操作工杨某元未严格执行公司的安全操作规程(公司规定:保温釜加温时,必须由中控室的操作工在蒸汽自控阀上调整,严禁动用现场蒸汽手动阀门调节),擅自开启现场蒸汽自动阀管线上的旁通手动阀门进行升温,且未及时关闭,导致保温釜超温引起釜内超压,致使保温釜人孔盖石棉垫被冲破,造成 HCl 气体混合约 10 kg 乙基氯化物物料泄漏。

事故案例二:2015 年 7 月 14 日凌晨 3 时 10 分左右,位于广东省韶关市曲江区乌石镇的韶关市广氮化工有限公司(简称广氮化工公司)盐酸储罐区发生一起因盐酸储罐罐体底部破裂及罐体倒塌引发的盐酸泄漏事故,事故导致盐酸罐区内约 168 t 盐酸泄漏,直接经济损失约 100 万元,所幸未造成人员伤亡。

2015 年 7 月 14 日凌晨 3 时 10 分左右,广氮化工公司夜班值班员谢某在值班间闻到盐酸罐区有气味,立即通知广氮化工公司安全员周某,2 人一起赶到盐酸储罐区时,发现盐酸罐区内 4004#盐酸储罐倒塌,盐酸储罐内储存的 160 t 盐酸全部泄漏,盐酸冲破围堰到处流淌,立即打电话通知现场值班经理周某。值班经理周某(当时正在距离罐区约 200 m 的宿舍区休息)立即赶到现场,首先向广氮化工公司总经理陈某及谭某报告事故情况,然后于 3 时 23 分左右向安监局报告事故,向曲江区消防大队请求救援,在救援队伍到来之前使用罐区储存的石灰、片碱等应急物品中和现场泄漏的盐酸。

(1)事故发生的直接原因。

广氮化工公司近年来经营困难,对设备设施的安全管理措施严重不足,对事故储罐缺乏正常的保养与检测,使事故储罐的隐患无法发现及处理;事故防泄漏措施(围堰)不符合相关安全技术规范要求,形同虚设,是事故发生的直接原因。

(2)事故发生的管理原因。

①广氮化工公司安全生产管理混乱,是事故发生的主要原因之一。广氮化工公司安全生产管理混乱,安全生产规章制度不健全、不规范,规章制度未落实;未建立隐患排查治理制度,无隐患排查治理台账;风险辨识不全面,对储罐倒塌危险未进行辨识,缺乏防范措施。

②广氮化工公司对安全生产工作重视不够,是事故发生的重要原因。广氮化工公司安全生产责任落实不到位,安全生产责任体系不健全,未对事故储罐采取任何保护措施。

③地方安全生产监督管理部门对安全设施维护和安全生产职责划分不清、责任不明。对企业隐患排查治理和应急预案执行工作督促指导不力,对设施安全运行跟踪分析不到位;安全生产大检查存在死角、盲区,特别是在全国集中开展的安全生产大检查中,隐患排查工作不深入、不细致,未发现储罐的安全隐患。

预防此类事故的发生可以从以下几点入手。

(1)操作注意事项。

①严格保证密闭,提供充分的局部排风和全面通风。

②操作人员必须经过专门培训,严格遵守操作规程。建议操作人员佩戴过滤式防毒面

具(半面罩),戴化学安全防护眼镜,穿化学防护服,戴橡胶手套。

③避免产生烟雾。防止气体泄漏到工作场所空气中,避免与碱类、活性金属粉末接触,尤其要注意避免与水接触。

④搬运时轻装轻卸,防止钢瓶及附件破损。

⑤配备泄漏应急处理设备。

(2)HCl泄漏处理措施。

①少量泄漏:检查吸收系统风机是否停止运转,如果运行正常,加大风机变频使反应槽内形成负压;当开风机效果不明显时,吸收岗位人员检查有无液封、泄漏等问题,依据实际情况联系转化岗位人员做临时停车处理。

②大量泄漏:迅速联系转化岗位人员做停车处理,同时加大风机变频,迅速撤离泄漏污染区域,并电话通知班长,要求岗位外来施工人员向上风向撤离;戴自给正压式呼吸器,穿防酸碱工作服,不要直接接触泄漏物,尽可能切断泄漏源;依据泄漏实际情况开关循环泵,调节相关阀门、储槽液位;简短处理之后联系机修工到现场应急抢修。

(3)预防措施。

①操作人员必须严格遵守操作规程,巡回检查时注意各设备的运行状况,早发现早处理。

②加强对酸区的隐患排查工作,对跑、冒、滴、漏必须及时处理。

③岗位上必须配备泄漏应急处理设备及物质。

(4)储存注意事项。

①应储存于阴凉、通风的库房,远离火种、热源,库温不宜超过30 ℃。

②应与碱类活性金属粉末分开存放,使用带内衬的钢质储罐时,需经常检查内衬是否完好。

③切忌混储,储区应备有泄漏应急处理设备。

9.3 关于卤素安全事故的预防

卤素单质很少直接用在人们的日常生活中,一般作为工业原料来合成不同用途的含卤化合物。由卤素形成的化合物可分为无机卤素化合物和有机卤素化合物,工业上应用的卤素化合物多为有机卤素化合物。有机卤素化合物具有一些优异的使用性能,如阻燃、易溶解、反应活性高等,因此被广泛用于生产阻燃剂、助焊剂、制冷剂、溶剂、有机化工原料、农药杀虫剂、漂白剂、羊毛脱脂剂等。然而有机卤素化合物本身是有毒的,在人体中潜伏可导致癌症,且其生物降解率很低,因此在生态系统中会产生积累。一些挥发性有机卤素化合物对臭氧层有极大的破坏作用,且会对环境和人类健康造成严重影响,因此被列为对人类和环境有害的化学品,禁止或限量使用,是世界各国重点控制的污染物。

由于卤素在化工行业应用较广,且性质特殊,近些年发生了多起安全事故,影响较大。

下面我们以典型事故案例进行说明。

9.3.1 F₂安全事故的预防

氟气(F_2)是一种极具腐蚀性的气体,有剧毒。氟是电负性最强的元素。F_2化学性质最活泼,除具有最高价态的金属氟化物和少数纯的全氟有机化合物外,几乎所有有机物和无机物均可以与F_2发生反应。大多数金属都会被F_2腐蚀,碱金属在F_2中会燃烧,甚至连黄金在受热后,也能在F_2中燃烧。铂在常温下不会被F_2腐蚀,高温时仍会被腐蚀。如果把F_2通入水中,它会把水中的氢夺走,放出氧气。工业上F_2可作为火箭燃料中的氧化剂、卤化氟的原料、冷冻剂、等离子蚀刻剂等。H_2与F_2的化合反应异常剧烈,反应生成氟化氢(HF)。

F_2的用途广泛,具体如下。

①可制造氟化物:利用F_2和水的反应,F_2可用于制备氢氟酸;F_2还可用于制备氟化钠,氟化钠可作为木材防腐剂、农业杀虫剂、酿造业杀菌剂、医药防腐剂、焊接助焊剂、碱性锌酸盐镀锌添加剂等。

②可制造含氟塑胶:利用F_2和塑胶的反应,F_2可用于制备含氟塑胶。含氟塑胶具有耐高温、耐油、耐高真空及耐酸碱等特点,已应用于现代航空、导弹、火箭、宇宙航行、舰艇、原子能等尖端技术及汽车、造船、化学、石油、电信、仪器、机械等工业领域。

③可用于原子能工业:利用F_2从铀矿中提取铀235,因为在铀的所有化合物中,只有氟化物具有很好的挥发性能,用分馏法可以把铀235和其他杂质分开,得到十分纯净的铀235,铀235是制造原子弹的原料。

④可用于航空工业:由于F_2氧化性很强,液化的F_2可作为火箭燃料中的氧化剂。

⑤可用于其他方面:F_2可用于金属的焊接和切割、电镀、玻璃加工等领。此外,F_2还可用于生产药物、农药、杀鼠剂、冷冻剂和等离子蚀刻剂等。

F_2的最高容许浓度为0.1 ppm。氟是剧毒性气体,能刺激眼、皮肤、呼吸道黏膜。当F_2浓度为5~10 ppm时,对眼、鼻、咽喉等黏膜开始有刺激作用,作用时间长时可引起肺水肿。与皮肤接触可引起毛发的燃烧、接触部位凝固性坏死、上皮组织碳化等。慢性接触可引起骨硬化症和韧带钙化。吸入F_2的患者应立即转移至无污染的安全地方安置休息,并保持温暖舒适。眼睛或皮肤受刺激时迅速用水冲洗之后就医诊治。

由此可见,F_2非常危险,在工业生产过程中也发生过较多涉F_2的安全事故。

事故案例一:晶圆代工龙头企业——中国台湾地区的台湾积体电路制造股份有限公司(简称台积电)供应商之一的极光先进激光股份有限公司,2023年8月15日上午11时传出管制气体F_2钢瓶的外泄事件。事故现场图可扫描二维码9-2。因为F_2是3级管制有毒气体,所以整个厂区立刻疏散净空,止阀冷却,当地消防局也紧急派出人车到场。事后调查无人员受困或伤亡。该公司员工300多人立刻撤出,并进一步处理之后,气体外泄事件已经解决。在厂内外泄的气体侦测值已降为0,并且由消防人员着装入室后,确认阀体、钢瓶没有其他泄漏状况,公司员工也没有人员受困或伤亡的情况。

二维码9-2

事故案例二：2021 年 12 月 16 日，印度化学品制造商古吉拉特氟化工有限公司的一家含氟化工厂发生爆炸，并引发火灾，造成 5 人死亡，至少 15 人受伤。该工厂位于潘奇马哈尔区，主要生产制冷剂。据当地媒体报道，当地时间上午 10 点左右，现场发生了爆炸，几千米外都能听到。事故现场图可扫描二维码 9-3。

二维码 9-3

由于氟相关化工生产过程涉及危险化学品种类多、易挥发、毒性高、腐蚀性强，还有火灾、爆炸等危险因素，需要采取以下风险防范措施。

（1）科学选型，合理布置，确保建筑物安全。

氟化工车间的厂房屋顶应留有排风孔以满足房间内通风换气的要求，避免易燃易爆气体在房间内积聚，并采用轻质不可燃屋顶，以满足发生爆炸事故时泄压面积的要求，保证事故发生时建筑物的安全。同时厂区要合理布置，保证生产车间、储存设施、公辅设施、办公设施合理分区，减小事故的影响。

（2）采用自动控制技术。

安装可燃或有毒气体检测报警系统，监控生产过程中发生的泄漏。对主要机泵、设备工艺参数实时监控，设置高低限报警功能模块。在紧急状态下启动安全程序，以保证设备和人员的安全。逐步提高自动化水平，实现加料系统自动控制，不仅能降低操作人现场操作频次和劳动强度，而且能使系统更平稳，为安全生产提供更可靠的保障。

（3）加强设备管理。

加强对生产设备的管理，定期更换生产设备和储存设备，保证生产设备和储存设备处于良好的状态，消除事故隐患，将泄漏事故发生率降至最低。可采用设备保养承包责任制，各种设备的现场维护分配到人，工艺巡检分配到岗，同时建立立体交叉的巡检网络。整个氟化工艺由班组的工艺管理人员、机修人员、电工、工艺操作工等人员不定时交叉巡检，及时发现设备故障并处理，要求小设备维修不隔班，大设备维修不隔天。

（4）加强事故应急演练，提升应对突发事件的能力。

小的安全事件如果不能及时处置，就会酿成事故，小事故也会变成大事故。要想抓住"黄金 3 分钟"，对局部泄漏和小事故进行合理、及时的处置，就要制定切实可行的事故应急救援预案和 F_2、氟化物等中毒的防范措施，并按规定进行培训和演练。

（5）采用微负压系统。

生产过程全流程密闭，并采用微负压系统，保证有毒有害物料处于密闭的设备和管道系统中。

（6）实施有效的安全管理，提高安全管理水平。

通过完善班组规章制度，让安全管理过程有章可循、有法可依；建立人性化班组，提高班组的凝聚力、战斗力；明确安全目标，责任落实到人，形成人人抓安全、大家管安全的氛围；加强班组成员的业务技能培训，针对新职工，采用技术人员现场讲解的方式与老职工传、帮、带的方式对新职工进行培训，提高新职工技能；针对老职工，注重理论知识和操作技能的进一步优化提高，做到培训日常化，提高班组成员的工艺操作技能；加强个人防护用品的穿戴和标准化管理规范,定期举行消防应急演练,强化职工的安全意识和应急处置能力,保障氟化工艺的安全生产。

虽然 F_2 使用过程、氟化过程存在毒性、腐蚀性、爆炸、火灾和粉尘等危险因素,但通过实行各项安全预防措施和及时有效的监管制度,严格工艺纪律,可降低安全风险,有效遏制重大事故的发生。

9.3.2 Cl_2 安全事故的预防

氯气(Cl_2)是生产漂白粉、农药、光气等的基本工业原料,在烧碱工业中,其应用是极为广泛的。Cl_2 拥有极强的污染性,同时也是剧毒物质,一旦发生泄漏,将会导致人身、财产损失和设施损坏,严重破坏泄漏源周围的生态环境。

Cl_2 是一种具有强烈刺激性味道黄绿色的气体,其液化条件是在室温下压缩到 608~811 kPa,或者在大气下冷却到 -40~-35℃。液态 Cl_2 是黄绿色的,其相对密度是 1.47。气态 Cl_2 的相对密度比空气大,如果没有风力作用,Cl_2 将会长时间在低洼部位潜藏。Cl_2 的氧化性是极强的,可以和水、碱溶液、多种金属及非金属发生化学反应,并能与多种有机、无机化合物进行取代和加成反应。在干燥状态下,Cl_2 的活跃性较低,但是在潮湿状态下,Cl_2 可以和绝大多数金属发生反应。

Cl_2 的毒性很强,吸入呼吸道后,会在呼吸道中发生水合作用,从而生成新生态氧和氯化氢。新生态氧对人体的细胞产生了很强的氧化作用,Cl_2 浓度太高或在 Cl_2 中长时间暴露会引起肺部的深层损伤,从而导致细支气管炎、肺炎、中毒性肺水肿等。Cl_2 的刺激也会引起肌肉的痉挛,导致呼吸困难,使低氧状况恶化;Cl_2 会引起上呼吸道炎症性水肿、充血、坏死。大气中 Cl_2 的最大允许浓度是 1 mg/m³。

现阶段较为常见的氯化工业产品主要有氯甲烷、三氯甲烷以及三氯化氮等有机合成原料和其他各种有机溶剂。近年来,随着我国精细化工与医药行业的不断发展,氯化工艺在医药、农药、氟塑料、制冷剂等方面得到了更加广泛的应用。

Cl_2 是化工生产过程中一种重要的原料,因其具有强烈的毒性和腐蚀性,一旦发生泄漏将会给生产工人以及周边环境带来较大的安全危害。

事故案例一:2022 年 7 月 3 日,约旦内政大臣马赞·法拉亚召开新闻发布会,向外界通报约旦南部的亚喀巴港口 Cl_2 泄漏事故原因调查的结果。他表示,事发时发生泄漏的储气罐正处于港口装卸作业中,一个装有 25 t 高浓度 Cl_2 的储气罐突然坠落到货轮甲板上,引发爆裂,导致大量 Cl_2 泄漏。调查显示,储气罐的重量已超过港口装卸设备承载量的 3 倍以上,承重部件断裂导致氯气罐坠落泄漏。事故导致至少 14 人死亡,265 人受伤。事故现场图可扫描二维码 9-4。

二维码 9-4

法拉亚表示港口在处理危险物品时缺少相关的安全预防措施,存在工作失误,并承诺将对港口作业安全措施进行整改。此外,对相关涉事人员的处理方案和对事故受害者的赔偿将由司法部门决定。

　　事故案例二：2004 年 4 月 15 日晚，位于重庆市江北区的重庆天原化工总厂发生 Cl_2 泄漏事件，16 日凌晨发生局部爆炸，造成 9 人失踪死亡，3 人受伤，15 万名群众被疏散。事故现场图可扫描二维码 9-5。

二维码 9-5

　　2004 年 4 月 15 日晚上 7 时，天原化工总厂的一名操作工在作业过程中发现氯冷凝器液化过程有异常。这名操作工将液氯转移到了 5 号储存罐内，并将事件上报。天原化工总厂里的技术人员接到报告后来到现场检查故障原因，技术人员初步判断是 2 号氯冷凝器穿孔，才会在液化过程中出现异常。晚上 9 时30 分左右，技术人员断开 2 号氯冷凝器的工作，将氯冷凝器中的剩余 Cl_2 全部排出，并对冷凝器进行清洁。技术人员在作业过程中操作失误，擅自使用泵抽取残存的 Cl_2，这一行为使得冷凝罐中的液氯和三氯化氮比例失衡。4 月 16 日凌晨 0 时 35 分左右，天原化工总厂的一个车间里突然发出几声巨响。化工厂内一个车间的冷凝管破裂，管内的盐水流入了装有13 t 液体 Cl_2 的气罐内。盐水和 Cl_2 反应发生巨大的爆炸，这起爆炸事故导致大量的 Cl_2 泄漏。

　　该事故中 Cl_2 泄漏的主要原因是氯罐及相关设备陈旧，处置时发生爆炸的原因是工作人员违规操作。原来的事故处理方案是让 Cl_2 在自然压力下，通过铁管排放，但专家组怀疑，当专家组成员离开现场回指挥部研讨方案时，天原化工总厂违规操作，让工人用机器从氯罐向外抽 Cl_2，以加快排放速度，结果导致罐内温度升高，引发爆炸。当时 8 个氯气罐中的4、5、6 号罐已全部爆炸，1、2、3 号罐是空罐，未发生爆炸，7、8 号罐已发生移位。

　　爆炸发生后，消防人员对爆炸现场进行了紧急处理。消防人员采用消防用水与碱液在外围 50 m 处形成两道水幕进行稀释，稀释后的水进入了天原化工总厂的下水道，有全面的消毒措施。爆炸现场的 Cl_2 已经很少，爆炸时弥漫在现场的黄色气体已基本被稀释。

　　从以上两起典型的 Cl_2 事故，我们可以看出 Cl_2 泄漏有以下三个特点。

　　①突发性强，泄漏迅速。Cl_2 泄漏事故的突发性与 Cl_2 生产的特殊性有关，如果生产过程中的某个环节稍有疏忽，很容易在极短时间内导致大量 Cl_2 外泄从而造成严重危害。

　　②杀伤力大，易扩散并造成大面积毒害。从以往 Cl_2 泄漏后的毒害情况看，厂房周围绿化植被的叶子当时就会干枯，严重时甚至会死亡。

　　③消漏环境差，处置难度大。这主要表现在三个方面：一是生产 Cl_2 的管道具有较高的压力，难于消漏；二是泄漏部位形状不规则增加了消漏的难度；三是穿着正压式空气呼吸器以及防护服会对消漏作业带来不便。

　　针对涉氯工艺或使用 Cl_2 的工艺存在以下危险特性。

　　（1）氯化产物的危险特性。

　　大多数情况下，氯化反应得到的产物都表现出较大的毒性与刺激性，如果发生泄漏问题，很容易导致中毒事故。当氯乙烯被工作人员不慎吸入后，会产生麻醉作用，当氯乙烯浓度处于 20%~40% 时，甚至会让人立即死亡。暴露在氯乙烯浓度不超过 10% 的环境下也会对人体器官造成损害，如果不及时采取措施会导致呼吸停止。同时很多氯化反应的产物表现出极强的易燃性，如果发生泄漏，很可能引发火灾。

（2）氯化反应原料的危险特性。

在实际生产过程中，次氯酸、三氯化磷、盐酸、液态氯都是使用频率较高的氯化剂。Cl_2 自身具有极大的毒性，是一种剧毒气体，一般情况下存储压力较高，如果出现泄漏，必然会导致十分严重的事故。空气中 Cl_2 的最大允许浓度是 1 mg/m³，如果空气中 Cl_2 浓度达到甚至超过 90 mg/m³，会让身处其中的人出现肺部烧伤；如果 Cl_2 浓度达到 3 000 mg/m³，仅仅吸入少量气体即会导致死亡。同时该气体表现出极强的氧化性，能够与可燃气体产生爆炸性混合物。盐酸以及气态 HCl 等的腐蚀性极大，会对相关设备带来非常大的危害。由此可见，大部分氯化反应原料都表现为强氧化性、强腐蚀性等，在实际生产过程中往往蕴含了非常多的安全风险，必须予以充分重视。

（3）氯化反应过程的危险特性。

氯化反应是一种放热反应，其速度会随着温度的升高而逐渐加快，在这一过程中也会逐渐释放更多热量，由此可能导致飞温问题的出现，从而发生泄漏或爆炸事故。比如对于环氧氯丙烷的生产来说，首先需要预热丙烯，等温度提高到 300 ℃ 左右后实施氯化，在实际反应过程中温度会逐渐增加至 500 ℃ 左右，因此通常来说氯化反应设备必须设置配套的冷却系统。为防止流速过快、反应温度提升速度过快导致的爆炸事故，必须对氯气流量予以有效管控。同时若氯化反应原料自身存在杂质，在实际反应时会极大提高爆炸或者火灾的概率。比如用 HCl、乙炔生产氯乙烯时，由于乙炔爆炸极限较为宽泛，若 HCl 中混杂有氧气，乙炔和氧气混合之后很可能形成爆炸性混合物；若 HCl 中混杂有游离氯，它能够与乙炔发生反应后形成氯乙炔，导致爆炸事故。

化工企业 Cl_2 存储、使用中存在较大风险，我们可以从工艺和管理角度出发，预防事故发生，避免 Cl_2 泄漏危害人员生命健康。

1. 氯化工艺安全防护策略

（1）物质危险性防护。

首先是氯化工艺生产过程中涉及 Cl_2、氯化反应的各种具备燃爆性的化学物质必须坚持做到从防止跑、冒滴、漏的四个角度着手实施防护。作业现场应当设置对应的防爆防火设施。如区域防爆主要对电气安全进行防护，防止火花、火种等存在于生产现场。与此同时，应当在作业现场附近设置阻火器，经常使用的一些设备也应当实施防静电接地处理。

其次是 Cl_2 防护。Cl_2 作为氯化工艺生产中的主要原料，是实施安全防护管理的关键一环。在实际生产作业中应禁止发生跑、冒滴、漏的现象，开展好日常管理工作，对保冷处理相关活动予以严格规范。当液氯发生泄漏问题之后需要及时对其实施封堵。另外，还应当第一时间启动倒罐转输流程，从而保证堵漏工作的实效性。如果在实际生产环节没有选择上下布置的办法来配备液氯倒罐和备用罐，应当依靠自流来实现完全倒罐的目的。向备用罐倒罐，对设备以及操作专业性都提出了非常严格的要求，要选择专用转输设备确保倒罐作业有序开展。实践中液下泵式倒罐泵的应用相对普遍，倒灌泵表现出较强的性能，为一级用电负荷。

最后是在 Cl_2 工艺生产活动中，与 Cl_2 直接接触的物质如果内部含有铵盐、氨或者含氨化合物等杂质,容易生成三氯化氮,对三氯化氮的安全防护策略要求做到对整个作业环节进行监管,建立完善的监控体系,根据三氯化氮的具体产生量来评价危险等级,第一时间开展好排污处理作业。

（2）氯化工艺过程中的安全防护。

氯化工艺自身的反应过程属于安全防护的关键要点,应当对可能存在的潜在危险及时发现并处理,能够应用自动控制 DCS 或者独立的自动控制 SIS,促进安全防护水平不断提升。对于反应釜内部压力和温度等要做到实时报警与联锁,对于反应物料的比例、紧急切断进料和紧急冷却系统等都应当进行联锁。除此之外,要保证搅拌作业的稳定性,对事故处理系统实施优化,对氯化反应釜还要配备釜夹套冷却水进水阀。对于紧急停车系统来说,需要集中优化调整紧急放空阀、安全阀以及高压阀,配备单向阀和液位计,保证紧急切断装置在自身运行过程中真正发挥出实际效果,促进安全防护有效性不断提升。同时必须给反应釜、Cl_2 缓冲罐的 Cl_2 进出管道、液氯罐的 Cl_2 进出管道等配备紧急切断装置,如果发生液氯泄漏,能够及时启动应急系统,同时对氯气进料阀进行切断处理。如果液氯罐中的液位超过规定值且达到报警值,则能够借助于紧急切断装置来对液氯进料阀入口管道第一时间予以切断,实现有效的安全防护。唯有对氯化反应过程的安全防控系统不断完善,才能够为氯化工艺生产带来充分的安全保障。

2. 氯化工艺的安全管理措施

（1）全面落实安全技术措施。

近年来氯化工艺逐渐朝着原料细化的趋势迈进,相关设备也开始变得更加高效化、小型化,生产控制工艺从过去的手工+半机械化控制逐渐演变为全过程自动化控制,但实际反应过程却基本相同。氯化工艺一般涉及生产工艺与控制工艺两个方面。控制工艺是按照生产工艺的实际需求进行设置的,氯化生产工艺基本上包含原料制备、物料纯化、收尘冷凝、产物收集以及尾气处理五个环节。生产过程应当选择 DCS,作业人员能够做好重点环节的操作,确保作业人员远离易燃易爆现场,同时借助安全联锁报警系统,如果氯化反应过程中的温度、压力或者液位大于报警值便会第一时间发出报警,这在很大程度上降低了事故发生概率。液氯选择不超过 45 ℃的温水进行加热汽化,避免使用蒸汽或者明火加热。液氯气罐以及缓冲罐必须做到定期排污和清洗,避免三氯化氮积蓄后引发爆炸事故。

（2）积极开展安全教育培训。

化工及其相关行业在生产过程中表现出较高的危险性,一旦发生安全事故很容易造成严重后果。所以,需要由专家带头,结合化工及其相关行业的实际特征,对典型化工事故开展深入分析和研究,从而编制更具有针对性的安全培训大纲。对不同岗位操作人员需要具备的安全知识、技术标准和安全防护措施予以明确后,制定科学的安全培训机制,确保所有工作人员都能积极参与安全培训,考核通过后才能正式上岗。在实际生产活动中,工作人员需要严格遵循相应的规范标准进行操作,主动树立安全第一的思想,借助持续的自我约束与规范来降低安全事故发生概率,在企业内部营造良好的安全学习氛围,从而为广大职工带来充足的安全保障。

（3）贯彻落实各项安全措施。

化工企业必须充分遵循"有利于运行，有利于检修"的基本要求做好危险因素防控工作，提前找出并消除安全隐患，创设安全和谐的作业环境。如针对存在跌落风险的平台、升降口以及坑池等，应当做好栏杆以及盖板的搭设；要求登高开展设备检修维护的区域尽可能设置钢斜梯，如果选择钢直梯则应当配备完善的防护设施。针对部分存在尘毒的设备，需要结合其实际特征和日常管理维护标准，做好局部密封、整体密封等措施。如果不能够密闭，需要配置好对应的排风罩。生产作业车间如果是利用自然通风，需要在合理位置予以布置，禁止把辅助建筑物规划在进风一侧。作业点操作时间较长，温度等参数超过规范值时，应当及时实施局部送风。另外，还应当根据安全规定为作业人员配备齐全的安全防护设备，确保其按照规范使用。

在 Cl_2 储存、氯化工艺中存在很多隐藏的危险性因素，稍有不慎便会导致安全事故的发生，带来严重后果。因此，在实际工作中需要贯彻执行安全管理制度，同时在开展安全管理工作的过程中必须坚持定期排查，坚持"安全第一、预防为主"的安全管理理念，制定有针对性的安全防护策略，做好安全教育培训，为氯化工艺生产带来有力的安全保障。

根据国内外多起 Cl_2 泄漏事故经验，由于 Cl_2 的化学性质较为活泼，毒性和腐蚀性极强，因此 Cl_2 泄漏事故通常呈现突发性、强危害性和难于处置等特点。如何有效、快速地处置此类事故，减少事故造成的危害和损失，是急需解决的课题。

1. 及时排查 Cl_2 泄漏点，设定警戒区范围

Cl_2 泄漏事故发生后，岗位人员必须马上深入泄漏区域查明泄漏点的装置、管道或储罐损坏的情况，以便采取相应的处置措施。在排查的同时，要携带氨水对 Cl_2 管道及法兰部位排查，警戒区的范围也应根据监测结果不断进行调整。

2. 稀释驱散

在 Cl_2 泄漏的厂房应佩戴好防护用品，立即打开泄漏厂房的窗户进行通风，并利用消防水枪或 Cl_2 补消器在上风方向驱散空气中的 Cl_2 气雾，为下一步应急处理创造有利条件；对于无法及时处置的 Cl_2 泄漏，应对生产装置采取紧急停车措施，减少 Cl_2 的生产与泄漏，并对生产系统充入氮气进行置换。

3. 组织疏散，应急救人

救援人员要根据 Cl_2 泄漏扩散的范围，对警戒区内的人员进行疏散。将中毒人员救出危险区后，对于轻微中毒人员，要送至空气新鲜的上风向处，眼或皮肤接触 Cl_2 时应立刻用清水彻底冲洗；对于困在泄漏区域内的严重中毒者，必须穿戴好正压式空气呼吸器，迅速深入泄漏区域将中毒人员营救出来，及时输氧并送往医院抢救治疗。

3. 紧急停车或关阀堵漏，消除事故源

当发生 Cl_2 泄漏事故时，应迅速关阀堵漏，或采取系统紧急停车。针对不同的泄漏情况，处置方法又有所不同。在处置 Cl_2 泄漏事故的应急过程中，必须遵循"全面掌握泄漏情况，打有准备之仗"的处置原则，它要求 Cl_2 生产装置的员工对事故现场全面掌握，熟悉 Cl_2 泄漏情况，以做出科学合理的应急方案；平时制定出 Cl_2 泄漏事故抢险救援的应急预案与处

置程序,并加强演练,争取做到快速反应,正确处置。通常情况下,Cl_2泄漏事故造成的损失与泄漏时间的长短成正比,要最大程度地减少人员伤亡和财产损失,就必须争取泄漏初期浓度较低、便于处置的宝贵时间,尽最大能力做到反应及时,处置准确迅速。

对于Cl_2泄漏事故,Cl_2生产岗位人员必须熟悉相应的处置方法和生产装置工艺原理,加大应急预案演练力度,加强消漏检修小组的应急能力,充分利用相关安全防护用品,提高处置Cl_2泄漏事故的能力和水平。

9.3.3　Br_2安全事故的预防 ···□

溴素(Br_2),亦称溴,是唯一一种在常温常压下呈液态的非金属元素,其在室温下会挥发成红棕色的蒸气。溴的沸点为58.78 ℃,比重为3.12(20 ℃/4 ℃),凝固点为-7.27 ℃,蒸气密度(g/L)为7.139。溴微溶于水,互溶于氯仿、醚、甲醇等有机溶剂,可溶于浓盐酸。溴几乎能与所有的元素单质发生反应,生成相应的化合物,并放出大量的热。

溴是一种强氧化剂,而且毒性极高。其与皮肤接触可能会造成严重的灼伤,其与眼睛接触可能会引起失明。溴对黏膜组织和上呼吸道具有很强的破坏力,溴接触可能会引起咽喉和支气管痉挛、发炎和水肿,以及化学性肺炎和肺部水肿。低浓度溴蒸气会引起眼睛感染、疼痛和发炎。浓度较高的溴则会引起面部痉挛和恐光症,溅到眼睛中会引起严重的灼伤和/或失明,软组织灼伤可能会很深,愈合速度很慢。

山东是溴素的集中产地,产量约占总溴产量的80%。溴素的应用主要集中在江苏、浙江、山东和上海等地,其中浙江用溴量高达3万t/a,主要厂家集中在临海、黄岩、椒江、上虞、宁波、衢州和东阳等地,其中过千吨用溴大户有20余家。设备、管道及容器的腐蚀以及工程材料选用不当,会引发溴素泄漏和灼伤事故,造成一定的环境污染和人员伤害。虽然溴素泄漏事故概率小,一旦发生,其后果十分严重,可能带来人员伤亡和环境毒害风险。因此,研究快速、准确、有效的溴素泄漏应急处置措施具有重要的意义。

事故案例一:2009年3月29日上午8时40分左右,浙江省杭州市富阳区向新化工有限公司十溴二苯醚生产车间的溴化反应釜垫片处发生溴素泄漏事故。经及时救援和处置,反应釜中的溴素被转移至溴素应急罐中,消除了险情,未造成人员伤亡和重大经济损失。

初步分析,事故的主要原因是机修工未按规范要求安装阀门,擅自采用小口径螺栓代替正常螺栓安装阀门(阀门孔径不配套),造成法兰连接间的密封垫片密封不严,并在生产过程中未实施旋紧加固等检查方法,使管线结合部位受力不均、螺栓松动导致密封不严,造成物料溴的渗漏。

事故案例二:2011年9月1日,俄罗斯西伯利亚的车里亚宾斯克市火车站发生溴气泄漏事故,40多人中毒住院。据查,一节车厢载有2 000多瓶5 L装溴气,其中8~10个玻璃瓶被打破并造成泄漏。目击者称,在短短数小时内,车里雅宾斯克市火车站上空被一团刺鼻的棕色烟雾所笼罩,好几个城区都能闻到难闻的气味,许多居民的眼睛难受并有中毒的初步症状——恶心与呕吐。消防队员用了近6 h才清理完事故现场,有4名消防员出现灼伤和中毒症状。

二维码9-6

事故现场图可扫描二维码9-6。

事故案例三：2018年5月9日14时许，地处山东省寿光市营里镇的寿光域盟化工有限公司一溴素罐罐体发生倾斜，引发部分溴素泄漏，现场出现大片红色烟雾并伴有声响。事故现场图可扫描二维码9-7。所幸此次泄漏未造成人员伤亡。5月10日，查明溴素泄漏原因，系工厂一溴素灌因地基土层疏松塌陷导致罐体倾斜，引发溴素泄漏。

二维码9-7

如何预防溴素泄漏或防止溴素在使用过程中出现安全事故呢？

首先，需从工艺出发降低安全风险。在制溴生产过程中，为达到工艺操作控制的安全稳定，采用DCS，通过传感器、控制器将工艺系统中的压力、温度、流量等信号传输到计算机控制系统中，形成自动控制和安全联锁，减少人为操作。这样一方面可降低误操作和违章操作带来的安全风险；另一方面可减少人员与危险物质直接接触频次，有效降低安全风险。

其次，可通过安全技术措施预防事故发生。安全技术措施是指运用工程技术手段消除物的不安全因素，实现生产工艺和机械设备等生产条件本质安全的措施，是生产组织设计的重要组成部分。危险化学品泄漏在化工生产中最容易导致事故，也是比较容易出现的故障，因此安装检测报警器及时发现泄漏就显得尤为重要。在溴素生产区域，按不同危险化学品分布，需分别安装氯气、溴、二氧化硫三种声光报警探头。特别是在储溴钢瓶区、气化缓冲区、工艺涉溴点应安装多个检测探头。当探测到0.3 ppm浓度的氯气时，现场立即发出声光警报，提醒室外人员注意。同时报警信号传输到控制室内触发室内报警，操作人员根据泄漏量的大小和部位采取相应的处置措施。

最后，在钢瓶出口处安装气动紧急切断阀和单向止逆阀。当系统中发生较大溴素泄漏事故时，可通过启动紧急切断阀的方式实现钢瓶与系统的有效阻断，切断溴源。当系统压力高于钢瓶压力时，止逆阀能有效防止系统物质倒入钢瓶发生危险。

由于溴素一旦发生事故，其严重性难以预料，因此制定有针对性的事故处置措施十分必要，可从以下几方面着手。

1. 疏散与隔离

首先在方圆60 m内隔离出一个溴素泄漏区域，通过疏散措施，迅速将人群保护在上风向，远离低洼地段。隔离疏散距离可以避免人员受到溴素蒸气的危害。在有条件的情况下，隔离疏散距离应分段测定溴素浓度，风速、气温等气象条件和溴素泄漏量的大小，并据此做动态调整。

2. 液态溴的处置

在事故现场，根据溴素泄漏、蓄积成池、池内挥发的事故特点，采用固体熟石灰粉，对流淌的泄漏溴素围堤作堰，防止流散面积扩大，并用石灰粉覆盖，有效地吸附大量的溴素。还可以向石灰粉覆盖物喷洒雾状水，以促进石灰粉与溴素的化学反应，极大地抑制溴雾的产生。

3. 气相溴雾的处置

在溴素泄漏事故中,大量汽化的红色溴雾,如果不受控制地飘向人群密集区,将会酿成大面积人员中毒事件。一瓶 400 kg 液氨可处置 16 t 的溴素,但是禁止使用液氨来处置溴素。正确的方法是推出液氨钢瓶,置于上风向,打开气相阀门上氨气专用减压阀(减压至0.15~0.2 MPa),解开耐压软管,手持软管末端的硬杆喷管,将气相氨气喷入溴雾中,此时可立即生成白色溴化铵烟雾。必须指出的是,氨气本身是易燃有毒的危险品,不可滥用,当不产生白色烟雾,又能闻到氨味时,须立即停止喷氨作业。

4. 救援人员防护

参加事故救援的人员需穿戴专用防护工作服,包括护目镜、呼吸保护装置、尼龙衬里的氯丁橡胶雨衣(裤子和上衣)、安全帽、丁腈橡胶手套和橡胶长筒靴。应当特别指出的是,在含溴气的环境下,要戴上有效的全面罩呼吸器(带有酸性气体滤芯或滤毒罐)。当已知溴气浓度高于 10 ppm 时,应穿戴自给式正压空气呼吸器。

9.4　关于烃及卤代烃类安全事故的预防

9.4.1　氯乙烯安全事故的预防 ··□

氯乙烯,无色、易燃,有醚样气味,微溶于水,是一种工业常用的基础化工原料,它的主要用途是制造聚氯乙烯。聚氯乙烯(PVC)是日常生活中常用塑料的原料。聚氯乙烯本身无毒,但合成它的氯乙烯单体具有毒性。

氯乙烯对环境的影响是十分严重的。

①水体和土壤污染。氯乙烯是一种持久性有机污染物,一旦进入土壤或水体中,由于它拥有比较长的半衰期,可以在土壤和水体中存留较长的时间,极有可能对环境中的生物健康造成威胁。如果存留的氯乙烯进入食物链,最终会影响人类和其他生物的健康。

②空气污染。当氯乙烯被释放进入空气中时,极有可能与空气中的其他物质发生化学反应,产生臭氧和二氧化氮等空气污染物。这一类空气污染物是温室效应、气候变暖的元凶,其对环境影响循环如图 9-2 所示。

氯乙烯不仅自身有毒,而且燃烧后会生成多种有毒物质。燃烧后的氯乙烯主要生成三种物质,即氯化氢、光气和二噁英,其反应示意如图 9-3 所示。

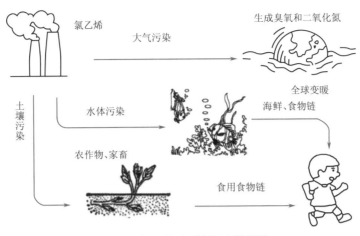

图 9-2 氯乙烯对环境影响循环图

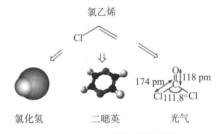

图 9-3 氯乙烯反应示意图

光气是在第一次世界大战中使用的化学武器,具有剧烈的毒性,会引发呕吐和呼吸困难的症状。光气在空气中不稳定,遇水反应会生成氯化氢。氯化氢溶于水形成盐酸,当氯化氢进入云、雨和水雾中,就会形成酸雨。酸雨的腐蚀性极强,可以改变土质,导致植物枯萎,也会腐蚀建筑物。部分酸雨会被人体吸入引发肺水肿。

在氯乙烯燃烧分解生成的有毒物质中,二噁英的危害也不容小觑。二噁英被称作"世界上最危险的化学物质之一",其毒性是砒霜的 900 倍,在环境中也难以降解。二噁英经常以微小颗粒的形式存在于空气中,易从呼吸系统进入人体。空气中的二噁英颗粒也会因为沉降作用进入水体和土壤中。

事故案例一:2023 年 2 月 3 日,美国俄亥俄州一列火车的 50 节车厢脱离轨道,翻车的火车上有 5 辆油罐车载有极易燃的液态氯乙烯,共计 10 万美制加仑(1 美制加仑 ≈3.79 L),约为 378 t。俄亥俄应急管理局评估,这些液态氯乙烯会变得不稳定并有爆炸的危险,随后紧急救援人员开始给油罐车放气,将氯乙烯倒入沟槽,并将其点燃。当地的空气和水源目前已经遭到污染,点燃后的氯乙烯在空中聚集成毒云,并以酸雨形式沉降到地面上。事故现场图可扫描二维码 9-8。

二维码 9-8

在该事故中氯乙烯排放时车厢燃起大火,冒出浓烟。由于事故发生地点在俄亥俄州东巴勒斯坦城,临近宾夕法尼亚州的匹兹堡市,居民疏散工作从东巴勒斯坦市一直延续到了宾夕法尼亚州的居民社区,当天脱轨事故现场附近有约1 900名居民撤离。致癌毒水已流入五大湖,事故地点100 km外开始出现家禽和生物死亡。

事故案例二:2019年4月24日2时34分,位于内蒙古自治区乌兰察布市卓资县旗下营工业园区的内蒙古伊东集团东兴化工有限责任公司氯乙烯气柜泄漏,扩散至电石冷却车间,遇火源发生燃爆,造成4人死亡,3人重伤,33人轻伤。事故现场图可扫描二维码9-9。

二维码9-9

事故调查组认定,事故发生的直接原因是事故发生当晚风力达到7级,狭管效应可能导致事故现场产生8级以上大风,由于强大的风力以及企业未按照相关规定进行全面检修,事发前氯乙烯气柜卡顿、倾斜,开始泄漏,压缩机入口压力降低。操作人员没有及时发现气柜卡顿,仍然按照常规操作方式调大压缩机回流,进入气柜的气量加大,加之调高速度过快,氯乙烯冲破环形水封泄漏,向低洼处扩散,遇火源发生燃爆。

氯乙烯泄漏预防可参考H_2S泄漏事故预防措施。生产氯乙烯最危险的工序为生产过程,而氯乙烯最主要的生产工艺为乙炔法,在乙炔法生产聚氯乙烯工艺中,转化器是整个装置的核心设备。我们可采用如下措施预防氯乙烯转化器事故。

(1)转化器设备制造质量。

转化器管板和列管材质应按要求选取,一般管板选用16Mn材质,列管选用10号钢;列管应有足够的腐蚀裕量,每根列管应选用整管,应避免选用对接管;转化器制作质量应把好关,在转化器壳体处应设膨胀节,防止应力使转化器泄漏;新转化器在装触媒前及做水压试验后,应模拟运行工况通热水循环检查有无泄漏,防止由于温差的变化造成设备泄漏。一般新转化器在投运半年内,由于制造的缺陷易出现泄漏,在运行管理上应加强对转化器的巡回检查,要尽量在转化器泄漏的初期发现泄漏,以防止对其他转化器的腐蚀。

(2)转化器新触媒的装填和翻倒。

由于汞触媒具有很强的吸水性,为了防止水分与氯化氢接触形成酸,造成设备的腐蚀,投运前须对触媒进行干燥处理。通常采用的方法是在壳程正常通热水循环,在管程通氮气将水分带走,待排出气体的含水量达标后将转化器投入运行。转化器触媒在进行翻倒抽换时,也应按新触媒置换的方法,置换至转化器排出气中氯化氢体积分数小于0.4%。

(3)转化热水系统水质的控制。

①在用水方面,转化热水应采用脱盐水,防止换热设备结垢影响换热效果,同时避免设备腐蚀。

②转化热水除供转化器使用外,通常还供精馏系统、转化预热器及其他用热工序使用。转化器及预热器如果出现泄漏,热水pH值会下降至酸性,对设备造成腐蚀,所以应定期检测热水槽内热水pH值及换热设备(特别是预热器)壳程热水pH值,通常将热水的pH值控制在7~8。

③在热水槽内投加高温缓蚀剂,定期检测热水中铁离子及氯离子含量;定期对转化器进行排污检查,如果转化器长时间排水浑浊或水显红色,说明转化热水系统腐蚀较重,须查找造成腐蚀的根本原因。

（4）转化热水系统的热平衡。

转化补充水虽采用脱盐水,钙离子、镁离子、氯离子含量很低,但如果转化热水系统的热量未平衡好,将造成大量热水汽化,增加了补充水量,同时造成热水槽内离子的富集;高温缓蚀剂正常使用时要求氯离子质量分数$<100 \times 10^{-6}$,如果超出此值,就需要对转化热水进行置换,从而造成高温缓蚀剂的流失。

目前转化器热水系统普遍采用自循环工艺。传统的热水自循环工艺如图 9-4 所示,可将其改进成如图 9-5 所示的优化工艺。

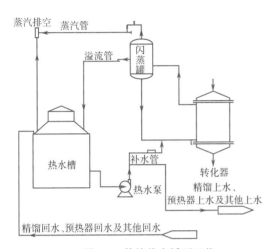

图 9-4　传统热水循环工艺

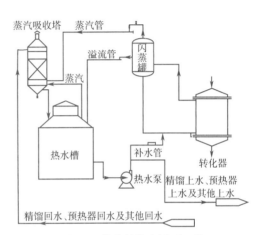

图 9-5　优化的热水循环工艺

从图 9-4 可以看出,转化器的大量反应热靠水的汽化带走,造成转化热水槽的蒸发量很大,补水量增加,且热量没有很好地得到利用,最终造成热水槽中钙、镁及氯离子的富集速度加快。采用如图 9-5 的改进工艺,将转化器及热水槽蒸汽用热水回水进行有效吸收,既有效回收了热量,确保热水槽温度在规定值,又有效避免了热水的汽化,使热水槽内不富集有害离子。

（5）转化器及其他换热设备的巡回检查。

建立完善的巡回检查制度,定时对转化器及其他换热设备进行巡回检查,及时发现转化器的泄漏,防止泄漏量的增大对整个热水系统换热设备造成腐蚀。

一旦氯乙烯发生泄漏,必须清楚采取哪些措施。氯乙烯泄漏可能形成蒸气云,应立即向有关政府部门报告。应急救援一般是指针对突发、具有破坏力的紧急事件采取预防、预备、响应和恢复的活动与计划。根据美国、加拿大和墨西哥的研究和《危险化学品事故应急救援指南》(ERG2000),如有氯乙烯大量泄漏,考虑从下风向至少撤离 800 m;如有储罐着火,向四周隔离 1 600 m,也可以从一开始就向四周隔离 1 600 m。我们可从以下三个方面入手。

①紧急疏散:对于少量泄漏,紧急隔离中心半径为 50 m,以分厂采取措施为主;对于大量泄漏,紧急隔离中心半径为 50 m 至下风侧 100 m,以企业消防队采取措施为主;对于特大泄漏,紧急隔离半径首次为 300 m,检测数据后可以再次扩大范围,以社会力量采取措施为

主；紧急隔离半径超过 1 000 m 的，在卫生防护间距内以环保和卫生监督部门采取措施为主。

②预防措施：氯乙烯泄漏后应采用可燃气体检测仪检测大气环境中氯乙烯的浓度，若在 2%以下，应佩带 3 号防毒面具；若大于 2%，应佩带正压空气面具；氯乙烯与空气混合物的爆炸极限为 3.6%~31.0%，此时主要防止产生火花的作业和操作。

③消防安全措施：关闭阀门，切断气源，消杀火势；用水喷淋保护使火场中的容器冷却，用水喷淋保护去关闭阀门的人员；必要时，对残余气体或泄漏出的气体用水蒸气或雾状水增湿，防止形成爆炸性混合气体。

9.4.2 丙烯腈安全事故的预防

丙烯腈是一种重要的有机合成单体，在丙烯产品系列中产量居第二，仅次于聚丙烯，是三大合成材料（纤维、橡胶、塑料）的重要化工原料，主要用来生产聚丙烯腈纤维（腈纶）、丙烯腈-丁二烯-苯乙烯（ABS）树脂、丁腈橡胶、丙烯腈-苯乙烯（AS）塑料，丙烯腈经过二聚和加氢可以制得己二腈、丙烯酰胺等。除此之外，丙烯腈聚合物与丙烯腈衍生物也广泛应用于建材及日用品中。

丙烯腈在我国属于安全监管总局重点进行监管的化学品，有剧毒，因此对其储存和使用有着非常严格的要求。同时，随着国家对环境保护重视程度的日益提高，工业废气排放标准越来越严格，《石油化学工业污染物排放标准》（GB 31571—2015）中规定丙烯腈排放限值为 0.5 mg/m^3。

丙烯腈的沸点为 77.35 ℃，极易挥发，30 ℃下丙烯腈装车装船产生废气的饱和浓度可以达到 300 g/m^3，针对高浓度丙烯腈废气的治理，去除率需要达到 99.999 9% 才能满足排放标准。

2022 年我国丙烯腈行业产能约为 380.9 万 t，产量为 322.2 万 t，2022 年丙烯腈行业产能利用率约为 84.59%。如此大的丙烯腈生产量，发生泄漏、中毒和爆炸等安全事故在所难免。

事故案例一：2015 年 8 月 22 日 20 时 48 分，山东润兴化工科技有限公司电解车间在试生产时，发生一起爆燃中毒事故，造成 1 人死亡，9 人受伤，直接经济损失约 430 万元。事故现场图可扫描二维码 9-10。

二维码 9-10

2015 年 7 月 22 日 16 时，山东润兴化工科技有限公司电解车间开始单开 1 套电解系统断续试生产。8 月 19 日，试生产连续进行，每天还增加 1 套电解系统试生产，至 8 月 21 日，共有 3 套电解系统投入试生产。8 月 21 日，经公司领导集体决定，调度室主任张某伟令早班人员将 800 m^3 准电解液加入第 4 套电解系统滗析器内，20 时中班人员加入 22 t 丙烯腈。8 月 22 日 9 时，调度室主任张某伟在中控室发现试生产的 3 套电解系统压力为 28 kPa，于是向分管生产的副总经理苗某清反映压力偏高；14 时，张某伟又向苗某清反映，如果开通第 4 套电解系统，系统压力可能会使防爆膜爆破，经商议决定开通第 4 套电解系统降低配风；16 时，张某伟将决定降低配风情况报告总经理吕某和技术总工王某智，2 人同意降低配风，同时电解车间中班人员接班，班长张某荣、李某、徐某禄负责巡查已进行试生产的 3 套电解系统，王某、王某涛在中控室监控；19 时 50 分，张某伟计算出，在保持总风量一致条件下，配风量由 200 m³/h 降为 120 m³/h；19 时 55 分，将配风量调至 120 m³/h；20 时 20 分，张某伟将电解电流提升到位，第 4 套电解系统开始运行，随着电解出氧气的增多，4 台滗析器压力均开始上升；20 时 48 分，压力升至 29 kPa，滗析器突然爆炸并引燃物料。爆炸导致正在电解车间附近巡检的维修工张某涛当场死亡，爆炸冲击波使 4 个滗析器、中控室、化验室和办公楼门窗玻璃受到不同程度损坏，并导致正在原料车间、化验室等工作的 9 名作业人员受伤。

事故发生的直接原因：自试生产以来，滗析器气相空间中丙烯腈、氢气等混合气体含量始终处于爆炸极限范围。滗析器进气管管径为 100 mm，尾气出口管径为 80 mm，造成气相出口气流过快，摩擦产生静电，滗析器内衬聚丙烯（PP）材料，造成静电积聚。滗析器上部气相空间中达到爆炸极限浓度的丙烯腈、氢气等混合气体，遇静电放电发生爆炸。

事故案例二：2005 年 6 月 28 日 13 时 25 分，由江苏省连云港运往镇江大港途中的 25 t 丙烯腈槽罐车，行至丹阳后巷 318 省道处，因受第三方货车强行超车挤碰而侧翻在路沟，发生呼吸阀泄漏。罐内丙烯腈以雾状向大气扩散。由于气象条件因素，丙烯腈毒气主要在事故现场扩散，约 17 时 30 分开始，由场外到场内进行检测，空气中丙烯腈浓度最高达 7 mg/m³。截至 20 时 50 分左右，丙烯腈浓度在 2 mg/m³ 内，事故得到了基本控制，成功地完成了现场处置。

在丙烯腈的生产、使用、储存和运输等环节中，丙烯腈的生产环节最为危险，产生安全事故的概率最大。丙烯腈的生产采用丙烯氨空气氧化法，生产工序主要由氧化、回收和精制组成，生产过程中存在火灾、爆炸、电气危害、毒物危害、噪声危害等危险和有害因素，其中，主反应器的火灾、爆炸危险性极高。因此，采取有效的安全技术措施和个体防护措施，可以使危险源和危害源得到较好的控制，降低火灾、爆炸危险性和毒物危害性，最终减轻对人员的伤害。

丙烯腈装置在生产过程中所使用的原材料、中间产品和最终产品绝大多数属于可燃气体或低沸点可燃液体，易燃易爆物料品种多、数量大，火灾危险性高的丙烯、氨、丙烯腈、乙腈、氢氰酸等物料，其危险特性如表 9-2 所示。在操作过程中，各种工艺设备、管线中可燃气体若泄漏到空气中或空气漏入含有可燃气体的设备、管道内，都可以形成爆炸性混合物，遇明火则极易导致燃烧和爆炸事故。其中，反应器是整个装置的主要生产设备，且反应的原料丙烯、氨、空气具有形成爆炸性混合物的基础条件，反应为强放热反应，因此反应器安全保障设施的完善对于安全生产尤为重要。

表 9-2　物料危险特性表

物质名称	闪点 / ℃	引燃温度 / ℃	爆炸极限（体积分数）/%	火灾危险性分类
丙烯	−108	460	2.0~11.7	甲
丙烯腈	−5	480	3.0~17.0	甲
乙腈	2	524	4.4~16.0	甲

续表

物质名称	闪点/℃	引燃温度/℃	爆炸极限(体积分数)/%	火灾危险性分类
氨	—	651	16.0~25.0	乙
氢氰酸	17.8	538	5.6~40.0	甲
丙烯醛	-26	220	2.8~31.0	甲

反应器反应的原料丙烯、氨、空气具有形成爆炸性混合物的基础条件,反应放热提供热能源,具备燃烧、爆炸三要素,当工艺控制失调、参加反应气体比例达到爆炸范围时,由床温即可引爆或引燃,此类事故在开停工过程中更易发生。如某丙烯腈装置在开工预热时,因系统的氮气置换不彻底,加热炉点火造成反应器内的可燃气体爆鸣。

丙烯氨氧化为强放热反应,保持反应器内正常热量平衡是安全稳定操作的关键。当遇到自动控制系统故障,如突然停电、停水、停气(压缩空气)或仪表局部失灵等,有发生高温烧坏催化剂和设备的危险。在自动化程度不高和安全保护措施不够完善的固定床反应器的操作中,发生事故的可能性更大。如某厂固定床反应器,两次发生反应器列管腐蚀泄漏,造成丙烯、氨、空气进入热载体——熔盐(硝酸钾、亚硝酸钠的混合物)中着火,引起熔盐分解,发生爆炸事故。

根据前面所述,为预防丙烯腈合成反应器火灾、爆炸、中毒等安全事故的发生,可以采取以下措施。

①在丙烯腈氧化反应系统设置报警、自动停车和紧急停车设施,防止由于突然停电、停水、停气(压缩空气)而发生高温烧坏催化剂或设备的危险。

②装置的开车、停车、检修和事故状态下的排放气均集中到火炬气总管中,引至高架火炬焚烧,火炬设长明灯。

③反应器的冷却水泵输送的脱盐水可以撤出反应热,若遇断电停泵,会使反应器爆炸。反应器撤热泵应采取2用1备,供电电源设双回路,并有可靠的备用电源。

④反应器需设氮气吹扫管道,其集气室和出料管道设蒸汽接管,当系统中出现爆炸性混合物时注入蒸汽,这也是停车后保证系统安全的措施。

⑤针对装置生产过程中甲类火灾危险性物质大量存在,具备燃烧、爆炸三要素,火灾、爆炸危险性较大的特点,应编制火灾、爆炸事故应急救援预案。

如果丙烯腈发生泄漏,该采取哪些措施进行处理呢?

①快速响应,科学决策。公安、消防、安监、环保等部门及专家应立即从上风口侧向接近现场,进入临战状态。成立应急指挥部,进行现场指挥,听取专家意见,决策应急方案。实施交通管制和建立警戒区域,消防车布阵待命,排险小分队进入现场侦检。

②划定区域,紧急疏散。迅速划定重危区、轻危区和波及区、指挥区,建立警戒区域,严格控制各区域,进出人员、车辆逐一登记。相关部门负责紧急疏散轻危区和波及区的群众,专人引导,疏散人员到上风方向的安全区。在初始没有防毒面具的情况下,佩戴口罩或用湿毛巾捂住眼睛和呼吸道。

经检查确定是连续型少量泄漏还是大量泄漏。丙烯腈泄漏的特点是连续释放,但流量流速不变,有毒气体呈扇形向下风向扩散。风向决定毒气云团的扩散方向,风速决定毒气云团在下风方向的扩散范围,泄漏量影响毒气对人的危害程度。综合泄漏量、风向和风速的三因素,制定区域示意图,同时分地段测试毒气浓度,初步确定防护距离如图 9-6 所示。

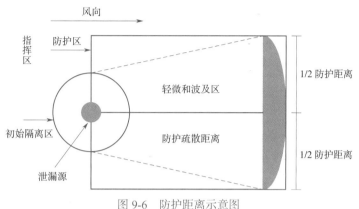

图 9-6　防护距离示意图

以泄漏源为中心、半径为 120 m 的圆周区为重度危害区,只允许少量抢险队伍进入;距泄漏中心下风向 800 m 的扇形区域为轻度危害区,禁止与应急抢险无关的人员进入,必须紧急疏散公众;距泄漏中心下风向 1 500 m 扇形区域为波及区域,应疏散公众;距重度危害区外上风或侧风口的 500 m 为指挥区,只允许指挥部和应急人员进入。

③果断处置,控制泄漏。排险队员应佩戴防化服和呼吸器,立即用准备好的工具实施堵漏;如为槽罐车泄漏,再次制定处置方案,采用倒罐的方法进行消除,如调集一辆空槽罐车利用防爆排吸泵将泄漏槽罐车内丙烯腈安全倒入空罐,然后将泄漏槽罐车起吊在平板车,拖到专门的场所处置。重点是防止因静电和振动火花引起爆炸。

一是消防车做好喷雾状水幕掩护;环保部门实施浓度监测;倒罐作业时,落实防爆措施,使用防爆泵等,确保平稳流速而控制管道聚集静电,有专人监护。

二是调用硫酸亚铁,撒在事故路沟和田沟中,对泄漏的丙烯腈进行处置。

三是倒罐结束后,为保护农田不受污染,制定空槽罐车现场清洗方案,打开事故空槽罐车顶盖散发余气,经检测浓度达标后,用湿棉布包扎钢丝缆进行起吊作业,用平板车将槽罐车拖到专门的场所处置。

四是清理污染物,撤离现场。经多次检测确认泄漏现场空气中丙烯腈浓度达标后,进行撤离前的现场清理,对少量残液,用砂土等吸收后进行无公害处置,低洼、沟渠等处用硫酸亚铁处置。然后清点人员、车辆及器材,撤除警戒,安全撤离。

9.4.3　燃气安全事故的预防 ···□

天然气是较为安全的燃气之一,它不含一氧化碳,也比空气轻。我国天然气主要作为城市燃气,以及用于化工领域、工业领域和发电。2021 年,中国宏观经济实现"十四五"良好开局,全国天然气表观消费量为 3 726 亿 m^3,同比增长 12.7%。2021 年,中国天然气占一次能源消费总量的比例升至 8.9%,较上年提升 0.5 个百分点。从消费结构看,工业用气占天然气消费总量的 40%,发电用气占比 18%,城市燃气占比 32%,化工化肥用气占比 10%。

通过收集燃气行业 2012—2022 年工程建设及日常运维过程发生的 26 起中毒和窒息事故信息(不包括用户端用气不当引发的中毒事故),统计死亡人数 46 人,伤 11 人,其中 18 起事故发生在阀井,6 起发生在基坑,2 起发生在储罐,分别占事故比例的 69.23%、23.08%、7.69%。这些事故的发生均与安全技术措施落实不到位有关。

2020 年 11 月,重庆市某工程公司对燃气管道实施氮气置换作业时,阀门井内法兰存在泄漏,1 名作业人员在未经气体检测的情况下进入井内拆除注氮管,导致窒息死亡。2021 年 7 月,北京市某燃气公司燃气闸井的井室内出现甲烷报警,3 名员工进入内部实施检修时发生窒息死亡,事后检测内部气体浓度发现,井底 1.2 m 高处氧含量仅为 12%,二氧化碳含量为 5.52%,可燃气体达到爆炸下限的 21%,甲烷浓度为 6 777 mg/m^3。作业人员进入前,并未有效实施吹扫置换和气体检测,未做好相关防护和应急准备是导致事故的主要原因。

良好的风险评估是确定防护措施的关键依据,应当识别需纳入有限空间管理作业场所的种类,辨识涉及的危险化学品,参考化学品安全技术说明书(MSDS)判断危险特性,分析有限空间自身以及关联设备存在的危险源,评估作业活动可能带来的负面作用,结合正常、异常和紧急三种状态判断潜在的事故风险,确定安全防护技术措施,可较好地预防燃气安全事故的发生。

1. 有效隔断有毒有害介质

(1)排净、清洗。

容器、窨井等有限空间在作业前应当排净内部的危险介质,针对介质的理化性质确定清除方案,将有限空间清理干净。常见的储罐清洗方法有水清洗、化学中和、水蒸气蒸煮等。

(2)可靠隔离。

作业前必须切断外界危险源对作业空间的影响,而且不能仅依靠关闭阀门、使用液封等简单措施,必须通过拆除局部管段,断开有限空间与其他设备的连接,或者采用在管道法兰处增设盲板的方法实现彻底隔断,严禁拆卸带有压力的管道设施。

对于在有限空间内部实施气体保护焊、气焊气割等需要使用外源气体的作业活动,使用前必须认真做好相关设备的完好性检查,并将气瓶设置在有限空间外部。使用后除了要关闭气体炬枪上的阀门,还应安排监护人关闭气瓶的出气阀,实施双重保险。长时间停止使用时,必须及时将炬枪、胶管撤出有限空间。

(3)置换吹扫。

作业空间内部存在有毒有害气体时,事先应当吹扫排净。特别是对于存在可燃气体的容器类有限空间,必须使用惰性气体进行置换,之后再用空气将之吹扫至合格标准。在置换吹扫过程中,严禁向有限空间输送富氧空气或纯氧,氧气浓度升高会增大燃烧爆炸的风险。

（4）通风换气。

对于自然通风换气效果不良的有限空间,应当采用机械通风设备将外界新鲜空气强制换入,可设置作业期间能够全程运行的局部岗位通风并辅以全面通风。当有限空间内部存在密度大于空气的气体时,抽风机的吸风口应设置在有限空间的下部。当有限空间内部存在与空气密度相同或小于空气密度的气体时,还应在有限空间上部增设抽风机吸风口,确保新鲜空气循环通畅。

2. 应用可靠的气体检测技术

（1）确保取样结果的准确性。

进入有限空间及可能存在危险气体侵入风险的空间内作业前必须实施气体检测,选择检测类别和度量范围均能满足需求的气体检测仪。移动式气体检测仪常见度量单位包括%VOL（指体积分数）、% LEL（爆炸下限百分比）、ppm（浓度的百万分比）。VOL 和 LEL 类检测仪可用于可燃气体测爆环节, ppm 类检测仪的灵敏度较高。由于我国相关标准给出的有毒有害物质职业接触限值的范围所用单位均为 mg/m³,所以使用 ppm 类检测仪时,需要进行单位换算,其换算公式如下:

$$1 \text{ mg/m}^3 = M/22.4 \times 1 \text{ ppm } [273/(273 + T)] (p/101\ 325)$$

其中:M——气体分子质量;

T——温度;

p——压力。

关于有限空间内部气体浓度允许标准方面,氧气浓度范围应控制在 19.5%~21%,富氧环境下不应大于 23.5%,有毒气体浓度不超过《工作场所有害因素职业接触限值 第 1 部分:化学有害因素》（GBZ 2.1—2019）规定的范围,可燃气体浓度同时还必须满足小于 20% LEL 行业安全标准。对作业空间实施气体取样检测时,取样位置应具有代表性,要为泵吸式气体检测仪安装专用取样导管,便于取样人员在外部对有限空间的上、中、下各部位进行检测,具体实例如图 9-7 所示,并根据有毒有害气体比重在合适的位置进行重点检测。作业空间内部存在淤泥、残渣等情况时,应当使用长杆工具将其充分搅动后再进行检测,确保能够准确分析出内部气体的实际情况,以便有针对性地制定处置方案和防护措施。

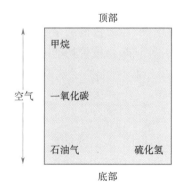

图 9-7 不同比重气体在有限空间可能聚集的情况列举

（2）取样频率的可靠性。

作业前 30 min 内实施气体检测分析,作业时使用便携式气体检测仪进行连续监测,作业中断重新进入有限空间前应当进行复测,确保整个作业过程中氧气和有毒有害气体浓度始终控制在安全范围。

3. 合理使用防护用品

（1）隔离式呼吸防护用品。

需要重点做好有限空间作业过程的呼吸防护。鉴于隔离式呼吸防护用品过滤能力的局限以及有限空间的高风险状况,必须谨慎评估是否安全适用。在氧气浓度满足要求且有毒气体浓度始终未超 GBZ 2.1 限值标准的情况下,可以佩戴隔离式防毒面具进行作业,否则应将呼吸系统的防护标准升级至与有限空间完全隔绝的程度。

（2）隔绝式呼吸防护用品。

对于经过充分处理但氧气或有毒物质浓度确实无法达到标准要求的有限空间,作业人员必须佩戴隔绝式呼吸器,同时拴系可以快速获得救援的安全绳。常见的隔绝式呼吸器包括长管呼吸器、正压式空气呼吸器和紧急逃生空气呼吸器等。隔绝式呼吸防护用品可以为作业人员提供独立的呼吸气源,能够有效保障呼吸安全,但结构通常相对复杂,必须正确掌握使用要点,尤其是自供气式呼吸器的使用时长受到气瓶储气容量的影响,适合用于应急救援或短时间作业,具体应根据实际情况合理选择。

（3）皮肤接触防护用品。

皮肤是人体中毒的主要侵入途径之一,直接接触危险化学品容易受到腐蚀烧灼伤害,因此应当结合有限空间内部可能存在化学物质的危险特性及清洗置换程度评估职业暴露水平,并考虑异常情况和突发情况时的安全防护需求,确定配备相应类型的防护服。防化服防护等级包括 A 级气密性防化服、B 级大量喷溅型防化服、C 级少量喷溅型防化服。

4. 重视作业监视设备

（1）视频监控系统。

由于部分有限空间内部结构复杂,存在视角不佳、进出口与作业点距离过远等不利条件,监护人员可能无法直接观察作业人员的状态,此时可采用视频系统对作业活动进行监护。通常在有限空间内使用无线防爆布控球采集作业现场信息,通过传输终端与有限空间出口的画面显示设备组成无线自组网,经过传输网络与后端监视控制设备构成完整的体系,满足画面监视和对讲联络的需求,并且融合报警功能。设置作业监视设备时,必须符合防触电和环境防爆的要求。此外,由于作业空间狭小、人员进出不便,增设的相关设备不能影响紧急疏散与应急救援。

（2）跌倒报警设备。

随着个性化安全仪器的开发和推广,有限空间作业人员可佩戴具有跌倒报警功能的便携式气体报警仪,人员突然倒下后报警仪会发出警示音,提醒监护人员立即介入,提高意外情况发生时的快速反应效率。

中毒和窒息事故在燃气行业工程建设及日常运维过程中发生频次高、危害性大,应当在明确风险的基础上制定风险控制措施,进行气体检测,有效隔断引起危险介质聚集的外源因素和内源因素,实施通风换气,正确选配呼吸防护用具和监督报警设备,做好作业监护和救援准备,预防发生不可接受的后果。

9.5 关于芳烃及衍生物类安全事故的预防

9.5.1 苯安全事故的预防 ···□

纯苯是主要化工原料之一,与国民经济与生活密切相关,能够合成环己烷、烷基苯和苯乙烯等,其可以合成多种化工产品,如合成纤维、合成橡胶等,还可以制作农药、医药和香料等产品,给工农业生产和人民生活带来极大的便利。随着国内经济不断发展,化工等产业生产规模不断扩张,我国纯苯行业市场需求量不断增加。数据显示,2021 年,我国纯苯行业市场表观需求量达 1 747.4 万 t,同比增长 18.91%。苯是一种中等毒性的有机物,如果在应用中没有采取合理的防护措施,可能引起苯中毒事件。

事故案例一:2014 年 11 月 5 日,位于浙江省衢州市的巨化集团发生苯泄漏事故,造成多人中毒和不适,其中 2 人经抢救无效不幸遇难,另有 7 人送医院接受治疗。发生泄漏的是巨化集团苯库 4 号苯槽,该苯槽本已计划安排检修。当时苯已排空,充入水,使用蒸汽进行蒸煮。在蒸煮过程中,槽顶开裂,蒸汽夹带残余苯泄漏,导致 2 死 7 伤。上午 7 点 30 分,泄漏点已堵住,事故现场已控制。环保检测站第一时间在下风口布点进行监测(苯),按相关法规共监测 4 个样。8 点,下风口西面 100 m 处的监测点位略有超标,9 点 15 分后恢复正常,其他点位检测均正常。废水全部收集排入事故应急池,未对外部环境造成影响。事故原因可能是储罐材质问题、当初焊接质量问题,或操作不当等问题。

事故案例二:2009 年 8 月 9 日,新疆维克拉玛依市独山子石化公司苯乙烯装置发生苯中毒事故,致 1 人死亡。2009 年 8 月 9 日下午 5 时 32 分,苯乙烯装置乙苯单元脱轻组分塔在苯循环升温过程中,脱轻组分塔釜底泵出口单向阀入口端法兰处突然泄漏,液体苯大量喷出。事故现场图可扫描二维码 9-11。1 名现场操作工闻声赶到,关停釜底泵。随后车间人员带着 5 套防化手套和防毒面具来到现场,并关闭了泵进出口阀门,之后 5 人撤离泄漏区。之后又有 2 人戴空气呼吸器紧固泄漏处螺栓,泄漏停止。当时有人发现 1 名参与关阀作业的操作工昏倒在下风处的 R1 管廊的西侧泵旁,该员工经送往医院抢救无效死亡。

二维码 9-11

(1)事故发生的直接原因。

脱轻组分塔釜底泵出口单向阀第一道法兰垫片因施工残留的石棉板被苯溶剂浸透冲出,致使法兰密封失效,大量苯发生泄漏。在关闭釜底阀门过程中,员工没有佩戴正压式呼吸器,只佩戴了巡检使用的防毒面具,防毒面具防毒罐被高浓度苯击穿,在撤离中晕倒在下风处,长时间接触苯,造成中毒致死。

（2）事故发生的间接原因。

施工单位质量管理不严格,施工质量把关不严,监理单位不尽责,导致部分垫片安装质量不合格,为工程建设项目埋下安全隐患。部分员工应急知识掌握不全面,应急演练缺乏针对性,自我保护意识和防护能力不强,在紧急情况下不能正确使用个人防护用品,造成事故后果扩大。

苯主要通过呼吸道进入人体,也可能因为误食或皮肤吸收致病。苯中毒有急性和慢性之分,预防措施如下。

①在生产中,尽可能采用先进的技术和工艺流程,改造现有设备,改进操作方法,采用自动化生产、远程控制、免开放式生产,消除毒物逸散的条件;选用合适的设备材质,采用质量良好的配件和优良的焊接工艺,将苯泄漏可能性控制在最低范围。

②采用无毒或低毒溶剂甲苯、二甲苯替代苯,将苯的职业危害消灭在源头,实现本质化安全。例如:油漆或喷漆稀料中的苯,可用低毒或无毒的酯类和醇类溶剂代替;在皮鞋、橡胶、塑料工业中,可用汽油代替苯作为黏合剂的稀释剂;在彩色印刷油墨生产中,可用汽油或水代替苯溶剂;在制药工业中,可用酒精代替苯作为萃取剂。

③合理通风排毒,降低空气中毒物浓度,是预防苯中毒的关键。对生产中逸散出的苯毒物,根据具体情况设置局部或全面机械通风设备。

④加强工人的职业安全卫生培训和个人防护,提高工人的自我保护意识;急需进入检修时需使用正压式空气呼吸器,并应有人在现场监护。

⑤员工就业前,应进行职业健康检查,防止患有职业禁忌证的人员从事苯作业;定期组织接触苯毒物的员工进行体检,发现健康异常的员工,应进一步复查或提交有诊断资质的医疗卫生机构,必要时调离岗位,脱离苯作业。

⑥加强环境监测与健康监护。企业应定期对作业环境中的苯浓度进行监测,确保苯浓度低于国家卫生标准。

9.5.2　苯胺安全事故的预防

苯胺在工业领域中有多种用途。应用于染料制造:苯胺是制造染料的重要原料之一,用于合成各种颜色的染料,用于纺织品、油漆、油墨和塑料制品等的着色。应用于药物合成:在制药领域,苯胺被用于合成多种药物,包括一些抗生素和止痛药物。应用于橡胶生产:苯胺可用作橡胶的防老化剂,有助于延长橡胶制品的寿命。应用于化妆品制造:用于一些化妆品的生产,如染发剂和指甲油。

在染料、制药、橡胶、炸药、合成树脂、油漆及塑料等工业生产中,吸入高浓度苯胺或者皮肤直接或间接接触苯胺都会引起中毒。如生产设备或包装容器跑、冒、滴、漏,可使苯胺污染地面后挥发;排放含该品的热性废渣、废水时,其高浓度蒸气可在短时间内被人体大量吸入;在运输搬运过程中,苯胺会污染作业人员的衣物、皮肤而引起中毒。

事故案例一:1987年9月11日上午11时左右,上海市嘉定区某市属制药厂退热冰车间工人朱某在常规操作加入苯胺时,由于管道陈旧,导致管道爆裂,苯胺沾染其衣服和皮肤。

朱某经洗澡换衣后继续工作,下班后感到头晕、恶心,继而出现口唇、指甲发绀等症状即送医院救治,诊断为急性苯胺中毒。

事故发生的原因:生产设备陈旧,年久失修和缺乏必要的安全检查,未及时发现事故隐患;职工缺乏安全卫生意识和教育,皮肤污染稍做清洗后认为已无大碍而继续工作,导致重复接触;管道爆裂后苯胺气体在车间内逸散又加重了呼吸道的吸收。

事故案例二:上海市金山区某乡办染化厂主要生产靛蓝染料,用苯胺作为原料。1994年4月16日上午8时15分,顾某和李某2名机修工进入一口缩合反应锅内对锅中的搅拌器进行焊接,共操作约5 h。至下午2时30分检修结束时,两人均感到头晕、乏力等不适;下午3时15分,两人的口唇、指端、耳垂等部位相继出现青紫,即送医院救治,结合职业史及有关症状诊断为急性职业性苯胺中毒。

事故发生的原因:车间两口缩合反应锅排空管因无阀门控制,致使一口正在正常生产的反应锅中的苯胺气体倒灌入正在检修的另一口反应锅内;检修工忽视压力容器检修安全操作规程,使用防护面具不当。

从以上两个苯胺中毒案例可以看出,类似事故是可预防、可减少、可避免的。我们可采取以下措施。

①工艺改革和技术革新。采用新技术、新工艺,并使生产装置和生产工艺做到密闭化、机械化、自动化,从而根除工人中毒的可能性,实现本质安全化。

②加强通风,隔离操作。使操作间远离生产设备,工人在通风良好的操作间通过微机进行操作,避免直接接触毒物。

③做好储运预防措施。储存仓库要通风良好,照明、通风设施采用防爆型,开关设在仓外;包装容器坚固,不易破损;装有物料的包装桶盖子一定要盖紧,即便包装桶倒下,毒物也不能流出;夏季运输,要防止日光曝晒。

③加强培训,做好个体防护。对新入厂作业工人进行三级安全卫生教育,让工人了解这类毒物的危害、中毒表现、如何防护、如何维护和使用各种防护设施等,一旦发生泄漏事故知道应如何处理;发给工人必要的防护器具,并教会他们正确使用。

⑤作业环境监测。定期监测作业环境中空气的毒物浓度并建档,将检测结果及时登记并公布于众。

⑥健康监护。苯的氨基、硝基化合物作业工人都应在就业前进行体检,在岗工人每年体检一次。

9.5.3 苯酚安全事故的预防

苯酚是最简单的酚类有机物,是合成阿司匹林、香料、防腐剂、聚碳酸酯和酚醛树脂的起始原料,在化工、染料、医药等工业中用途广泛,需求量大。世界苯酚新增产能主要集中在中国,2023年中国的苯酚总产能为635.8万t,占世界产能的39.1%。苯酚的生产、使用、储存和运输等方面的安全问题不容忽视。苯酚具有毒性和腐蚀性,属第6类危险化学品。苯酚对皮肤黏膜有强烈腐蚀性,可损害肝肾功能,抑制中枢神经。慢性中毒表现为头晕、头痛、咳嗽、食欲减退、恶心、呕吐,严重者引起蛋白尿、皮炎。急性中毒可致头晕、头疼、乏力、视物模糊、肺水肿等。苯酚对环境也会造成危害,如危害水生环境,类别为 2 类。我国《地表水环境质量标准》(GB 3838—2002)明确规定Ⅰ、Ⅱ类水体中挥发酚(主要指苯酚)含量小于 0.002 mg/L,Ⅲ类水体中含量不得超过 0.005 mg/L。

事故案例一:2020 年 6 月 6 日 14 时 32 分,山东莱芜润达新材料有限公司发生一起苯酚中毒窒息事故,造成 1 人死亡,直接经济损失约 130 万元,事故现场图可扫描二维码 9-12。

二维码 9-12

2020 年 6 月 6 日上午 8 时,环氧树脂车间员工正常上班。车间主任兼二班班长李某强安排操作工吴某全对 R002 反应釜及其附属设备设施进行检查,准备下午投料生产;操作工张某负责环氧树脂精制生产。13 点 30 分,吴某全在没有汇报班长李某强的情况下到现场协助,在没有确认 R002 反应釜底部取样阀是否关闭的情况下,到车间三层对 R002 反应釜进行苯酚投料。此时,操作工张某在精制工序正常上班,李某强在办理出入库手续和现场巡查。14 点 32 分 55 秒,吴某全从车间三层进入二层半去关闭 R002 反应釜底部取样阀时,其面部、身上沾染了泄漏的苯酚;14 点 33 分 7 秒从二层半出来,14 点 33 分 14 秒摘掉手套进入二层,14 点 33 分 26 秒由二层跑出并脱掉上衣,迅速下楼跑向仓库南侧水龙头(在跑的过程中脱掉了裤子和鞋子)进行冲洗。操作工张某和王某昌发现吴某全从车间出来,光着上身向东跑,至仓库南水龙头冲洗,便过去询问情况。吴某全告诉张某二层半有阀门未关闭,张某立即去二层半关闭阀门,防止苯酚继续泄漏。王某昌通知了车间主任(二班班长)李某强,李某强立即赶到现场,帮助吴某全冲洗身上的苯酚,同时安排吴某坤拨打了 120 急救电话。14 时 48 分 30 秒急救车赶至现场,将伤者吴某全送往新矿集团莱芜中心医院,18 时 4 分,吴某全经抢救无效死亡。

该事故发生的直接原因:合成岗位操作工吴某全违反《8100 树脂安全操作规程》第 3.1.1 条、《投料安全技术操作规程》(工艺)第二条的规定,在设备设施检查不到位、未关闭取样阀的情况下,未按照投料过程中必须双人现场操作的规定投料生产,造成苯酚泄漏;发现物料泄漏后,未及时上报,且未佩戴劳动防护用品装置,应急处置不当,导致其面部、身上沾染苯酚,致使其苯酚中毒窒息死亡。

事故案例二:2001 年 6 月 27 日,吉林市某石化公司苯酚车间内操关某接班后发现中和酚回收岗位离子交换树脂脱酸器内阻力增加,便通知外操刘某到二层平台更换过滤器。刘某打开过滤器瞬间冒出一股物料(50%苯酚、32%丙酮、13%异丙苯),溅到刘某的裤子和脚面上,造成其轻度脚面部灼伤。此时关某也来到现场,在地面看刘某更换过滤器,被冒出的物料溅到右额头处,关某立即到事故间进行冲洗,一会儿刘某也来事故间进行冲洗。关某回到控制室后告诉班长冒料了及自己和刘某的灼伤情况,班长和副班长立即来到现场。凌晨 1 时 45 分控制室用对讲电话向现场了解情况,副班长车某到外操室接电话,正巧刘某也从外操室出来。车某问刘某怎么了,刘某回答说被物料烧了一下,接着向现场方向走去,没走几步突然倒地,班长孙某看到后,将刘某抱起,立即通知急救站叫救护车送往医院。刘某经抢救无效于 2 时 20 分死亡。

该事故的直接原因:作业人员违章作业,忽视安全违章带压操作,且未戴防护用具。

针对以上因苯酚引起的安全事故,为确保苯酚生产、使用、储存等过程的安全,需采取有效措施降低风险,预防事故发生。

①本质安全化设计。从根源上预防安全事故发生,在工艺设计、工程设计和施工等环节入手,提高装置安全性,如使用过氧化氢代替空气氧化、设备结构和设备材质合理等。

②密闭输送苯酚并采取防静电措施。物料输送管道系统应根据物料特性选择钢管或塑料管(原则规定不能使用塑料管,但特殊情况除外);无论是何种管道均应用法兰或螺栓牢固连接,以防脱落,泄漏物料,禁止使用橡皮套连接塑料管输送苯酚等有机化合物;对钢管的法兰部分要做好静电跨接,一对法兰上如果有 6 只以上(含 6 只)螺栓可不需要静电跨接,4只以下(含 4 只)均要静电跨接(为了对称,正常没有 5 只,如果有 5 只也需跨接);静电跨接线要使用 4 mm² 的铜芯电线,塑料管在输送有机溶剂或易产生静电的其他物料时应该做好静电连接,连接方法是在管道内部设置细铜钱。

③联锁泄爆措施。为了使釜内物料在温度失控、产生气体、形成压力的情况下,能够及时卸压,对于常压反应设备也应该根据反应的具体情况安装紧急卸压设施,在釜的顶部要安装安全阀。对可能比较剧烈的反应过程应安装爆破片,爆破片的连接管出口必须伸到室外安全地点或抽风管口,不能直接指向道路或操作平台,以防物料喷溅伤人。有滴加反应过程的应该严格控制滴加速度。

④劳保措施。在操作岗位安装鼓风机或抽风机,这样既可保护操作者健康,又可降低操作岗位可燃气体浓度,防止达到爆炸极限。为了防止设备内物料在有压力的情况下产生气体泄漏,扩散至操作室伤害操作人员,应该对操作室安装鼓风机;引进室外高空新鲜空气至操作室,使操作室处于微正压状态。散发有毒有害气体的设备应设置在当地常年主导风向的下风侧,便于气体的扩散或抽空,也便于操作者合理操作,减少气体污染伤害。

在操作苯酚时,应戴上化学防护眼镜、化学防护手套、防护服等个人防护用具,避免苯酚直接接触或喷溅到皮肤、眼睛等人体部位。

⑤正确应对苯酚大量泄漏事故。苯酚大量泄漏时要立即通知周围人员迅速往上风向撤离现场;迅速佩戴正压式呼吸器,关闭(或严密)有毒有害泄漏阀门;在无法关闭苯酚事故阀门时再迅速通知下风向(或四周)单位及人员撤离或做好防范工作,并根据物质特性喷洒处理剂进行吸收、稀释等处理。

9.5.4 苯乙烯安全事故的预防 ·····□

苯乙烯单体是一种重要的化工原料,是苯的衍生物中用量最大的,主要用于生产合成橡胶和塑料。苯乙烯生产工艺主要有三种,分别为乙苯脱氢工艺、SM/PO 工艺和 C8 抽提法,其中乙苯脱氢工艺是目前世界上苯乙烯工业中应用最为广泛的工艺,当前世界上 80%左右的苯乙烯产能采用该工艺,14%的苯乙烯产能采用 SM/PO 工艺。2022 年,我国苯乙烯产能继续高速扩张,国内苯乙烯总产能达到 1 759.2 万 t,占据世界总产能的 41%。未来,苯乙烯的产能增速将趋于稳定,平均增长率预计在 5~10%。

　　苯乙烯对人眼和上呼吸道有刺激和麻醉作用,高浓度苯乙烯会强烈刺激人眼及上呼吸道黏膜,会使人出现眼痛、流泪、流鼻涕、打喷嚏、咽痛、咳嗽等症状,继而引发头痛、头晕、恶心、呕吐、全身乏力等急性中毒症状。眼部受苯乙烯液体污染,可致灼伤。苯乙烯慢性中毒可致神经衰弱综合征,有头痛、乏力、恶心、食欲减退、腹胀、忧郁、健忘、指颤等症状。苯乙烯对呼吸道有刺激作用,长期接触可引起阻塞性肺部病变。苯乙烯遇明火、高热或与氧化剂接触,有燃烧、爆炸的危险;遇酸性催化剂(如路易斯催化剂、齐格勒催化剂、硫酸、氯化铁等)可发生剧烈的聚合反应,放出大量热量。

二维码 9-13

　　当地时间 2020 年 5 月 7 日凌晨 2 时 30 分左右(北京时间 5 月 7 日 5 时 0 分左右),位于印度安得拉邦维沙卡帕特南市的 LG 聚合物有限公司在准备复工期间发生苯乙烯有毒气体泄漏事故,造成 10 人死亡,1 000 多人就医,周边 3 000 多人被疏散,超过 5 000 人受到有毒气体影响,身体感到不适。事故现场图可扫描 9-13。

　　事发后,当地政府随即在推特上发表气体外泄信息,并公布事发化工厂的影响范围,要求附近民众待在家中不要出门,并佩戴口罩或是拿湿衣物掩住口鼻以免吸入有毒气体。

　　8 时 30 分左右,维沙卡帕特南市政公司开始在该地区洒水,以减小毒气泄漏的影响;8 时 40 分左右,当地政府和印度海军人员被迫采取行动,疏散了附近 5 个村庄的居民。气体泄漏的最大影响范围在 1~1.5 km,但气味扩散到 2~2.5 km。9 时 50 分,3 000 余人被疏散,170 多人已被转移到医院;10 时 10 分,印度总理莫迪就泄漏事件与当地官员及国家灾害应急部队(NDRF)进行了沟通,并密切关注事态发展。据 NDRF 的一名官员称,周边疏散工作已基本完成。

　　该事故的直接原因:由于新冠疫情封锁措施,储罐中苯乙烯无人看管,发生聚合反应,在储罐内部产生热量,导致气体泄漏。

　　生产苯乙烯的原料主要为苯和丙烯等,为易燃、易爆、有毒化学品,其工艺生产路线和原料特性决定了存在多种不安全因素。预防苯乙烯中毒事故的措施如下。

　　①在一定温度条件下,尤其在氧存在条件下,苯乙烯单体可自聚甚至爆聚,从而导致整个生产系统失控,堵塞生产设备,使整个系统停车,甚至更严重。故需在高效阻聚剂选用、反应器形式优化和精馏塔结构优化等方面进行预防。

　　②苯乙烯物料输送过程中可能产生静电,若处理不好,可能会产生泄漏。故装置必须做好接地,接地标准应符合《石油化工静电接地设计规范》(SH/T 3097—2017)。

　　③选择高精度的 DCS,对苯乙烯生产系统实行计算机操控,并可迅速准确地对工艺数进行检索、跟踪处理及做出应急反应,确保装置稳定运行。

　　④在苯乙烯生产、储存系统中,设有多个软、硬联锁,当某一工序异常时,联锁将按一定程序进行动作,避免和阻止泄漏、中毒和爆炸等事故的发生和蔓延。

　　⑤对苯乙烯生产系统、存储系统压力进行严格控制,在有可能超压的重点部位组合安装安全阀及爆破片,防止苯乙烯聚合使安全阀失效,确保在压力超高时将物料排放到安全的地方,确保人身、设备及环境的安全。

⑥在可能发生苯乙烯、丙烯、氢气和乙苯等物料泄漏（或蒸汽放出）及火灾地区周围设置多个可燃气体检测器、自动灭火设施及报警通信系统，一旦发生类似异常情况，可立即采取有效的应急措施，保护人身、设备安全。

⑦若发生苯乙烯中毒事故，需做到以下几点：迅速将泄漏污染区人员撤离至安全区，并进行隔离，严格限制出入；切断泄漏点；佩戴好防护面罩、手套；收集漏液，并用砂土或其他惰性材料吸收泄漏苯乙烯残液，并转移到安全场所；切断被污染水体，用围栏等物限制洒在水面上的苯乙烯扩散；将中毒人员转移到空气新鲜的安全地带，脱去污染外衣，冲洗污染皮肤，用大量水冲洗眼睛，淋洗全身，漱口；大量饮水，不能催吐，立即送医院；加强现场通风，加快残余苯乙烯的挥发，并驱赶蒸气。

9.6　关于碳氧化物窒息的安全事故

9.6.1　CO 安全事故的预防

一氧化碳（CO）是一种无色无味的气体，是碳和氧的化合物。一氧化碳有很多用途，但也有很多危害。在化学工业中，CO 是一碳化学的基础，可用于制备甲酸、甲醇、乙醛、乙酸、乙二醇等有机化合物。例如，CO 和氢氧化钠在高温高压下可以反应生成甲酸钠，这是一种广泛应用于纺织、皮革、染料等行业的原料。在冶金工业中，CO 可以作为还原剂，用于精炼金属，如钢铁、镍、铜等。例如，在高炉中，焦炭与空气反应生成 CO，然后 CO 与铁矿石中的氧化铁反应还原出铁。在材料工业中，CO 可以用于生产多晶金刚石箔，这是一种具有高硬度、高导热性和低摩擦系数的新型材料，可用于制作刀具、磨具、电子器件等，生产过程是将 CO 和 H_2 混合，在高温高压下通过催化剂使之沉积在金属基底上，形成金刚石晶体。在燃料工业中，CO 可以作为燃料使用，如水煤气、合成天然气等。水煤气是一种由 CO 和 H_2 等组成的可燃性混合气体，可用于供暖、发电、制造合成氨等。

事故案例一：1999 年 7 月 28 日 16 时左右，山东省济南石化集团股份有限公司甲酸生产装置因故障全系统停车进行检修。检查发现合成反应器喷管损坏，需进入反应器内进行维修。7 月 29 日上午 8 时左右，打开合成反应器下部两个人孔进行通风，并从上部人孔加水进行冲洗。17 时左右，应公司安全处要求打开最上部人孔进行通风。17 时 15 分左右，安全处有关人员用可燃气体及氧气测定仪测定可燃气体不合格。此后，在 17 时 15 分至 19 时 45 分的一段时间内，每隔 15 分钟测定一次。19 时 45 分左右经测定：氧气为 21%；可燃气体爆炸极限百分比为 12%~18%。安全人员认为合格，随后签发进罐入塔证，并注明要佩戴长管呼吸器。20 时左右，化建公司 2 名架子工进入反应器内进行扎架子作业，2 名操作工及化建公司 1 名临时工在器外进行监护。因不方便操作，2 名架子工未戴呼吸器。大约 13 min 后，塔内传出求救声，监护人员及现场 6 名检修人员情急之下未戴呼吸器进塔救人，先后中毒，有 7 人勉强爬出。最后有 2 人戴上呼吸器将塔内 4 人救出，立即进行现场急救并及时送往医院抢救,此时大约为 20 时 40 分。化建公司 1 名架子工和 1 名临时工经抢救无效后死亡,其余人员脱离危险。

经调查取证分析,反应器未打开所有人孔进行通风,仅用水进行了冲洗。

该事故发生的直接原因如下。

①设备未进行有效隔绝。该反应器共有 16 条管线与之连通,物料分别有一氧化碳、甲醇等。操作人员只是关闭阀门而未加盲板,阀门不严致使一氧化碳进入反应器。

②置换、处理措施不当。该反应器未进行彻底置换,未打开所有人孔进行通风或进行强制通风,用水冲洗只能将甲醇等洗掉,而不能将一氧化碳洗去。

③分析方法不全面。进罐入塔应分析有毒有害物质浓度及氧气含量,而安全处有关人员只分析了氧气含量,未分析有害气体浓度,动火标准不能作为进罐入塔的依据。

④操作人员违章作业。作业人员不按要求佩戴防护器具,救护人员不戴防护器具进塔救人导致事故扩大,监护人员监督不力等均属违章行为。

事故案例二:2008 年 1 月 19 日,吉林石化公司化肥厂发生合成气中毒事故,造成 2 人死亡。

2008 年 1 月 19 日 12 时 12 分,吉林石化公司化肥厂调度室接到合成氨车间值班长汇报,怀疑其装置区内低压蒸汽管网中窜入了合成气,造成个别单元生产不正常。化肥厂调度室立即启动了应急预案,先后通知厂内各用汽单位停止使用低压蒸汽。12 时 30 分,合成氨车间判断装置内低压蒸汽发生器 E2411 发生内漏,并开始组织将该换热器产生的低压蒸汽切除、排向火炬。

在处理合成氨装置生产波动的过程中,14 时 50 分,调度室接到水汽车间报告,发现水汽车间 2 名巡线工刘某成、林某文在厂内二空分区域采暖换热站内中毒倒地。调度室立即安排救护队赶往现场,将 2 人送往医院,但经抢救无效死亡。

事故后经调查表明,当日午饭后 11 时 40 分左右,刘某成、林某文 2 人离开水汽车间调度室一直未归,而当时车间值班长并未给 2 人安排特定工作。其间车间值班长和班组其他成员多次打手机进行联系,均无人应答。14 时 40 分左右,2 名操作工来到二空分区域采暖换热站,该换热站的大门处于关闭状态。2 人进屋后,发现林某文在换热站的一个闲置房间内跪地,身体成蜷曲状,口中有呕吐物。2 人立刻将其抬至室外进行现场急救,而后又在另一个闲置房间内发现刘某成手握手机,呈侧卧状,口中有呕吐物,也将其抬至室外进行现场急救,同时向调度室报告。

该事故发生的直接原因:刘某成、林某文 2 人在换热站内长时间吸入 CO,导致中毒死亡。

经过现场调查分析认为,1 月 19 日 12 时 12 分,因低压蒸汽发生器 E2411 内漏,导致合成气窜入了全厂低压蒸汽管网。由于低压蒸汽管网的用户中,部分伴热装置及用汽设备的冷凝液难以回收,这部分冷凝液就直接排入厂区地下排水管网,而二空分区域采暖换热站内的地漏与厂区地下排水管网是连通的,因此当蒸汽发生器 E2411 发生内漏,致使合成气窜入低压蒸汽管网后,通过用汽设备直接进入厂区地下排水管网,又经地漏窜入换热站内,最终导致事故发生。

事故案例三：2022年11月13日,山东省菏泽市一化工企业发生一起中毒事故,造成2人死亡。事故发生的直接原因是煤仓内余煤长时间密闭堆积发生阴燃,阴燃产生的CO散发至煤仓下料处,逸出后导致人员中毒事故发生。

石油化工、合成氨、合成甲醇、炼油、炼钢及煤的开采等过程,都可能接触到CO,企业该如何预防避免CO中毒事故的发生呢?

①应定期检修设备、排查隐患,防止煤气发生炉及管线泄漏;采用和推广密封、密闭等先进技术,从根本上杜绝或减少各种煤气设备、设施的泄漏。

②加强设备密闭和作业场所通风,在易产生CO的车间配备相关报警设备;采用和推广煤气安全监测和监控技术,在煤气危险区域,有条件的企业应采用CO区域监控技术;在易泄漏煤气的地点应配置固定式或便携式一氧化碳检测仪;进入煤气设备内作业,必须检测一氧化碳浓度,确保不高于允许浓度,并加强通风。

③制定操作规程并严格按规程组织作业,在CO高浓度区域,要落实监护措施。作业前,要进行安全技术交底;如需动火作业,则应办理动火作业证,并由专业人员监测CO浓度,确保在安全的范围内作业。

④作业人员进入危险区作业时,要做好自身安全防护;采用和推广煤气自动化、机械化技术,尤其是在煤气中毒事故频率较高的作业区域,应根据条件尽可能采用自动化、机械化设备来取代人工危险作业。

⑤有明显神经系统疾病、心血管疾病和严重贫血的人员及年龄较大的人员,不要在易产生CO的岗位上作业。

⑥采用煤炉取暖的作业场所值班人员,需警惕CO聚积引发中毒,夜间值班人员必须严格按要求取暖。

⑦发现作业人员中毒后,应将其移离中毒现场至空气新鲜处,松开其衣领,使其保持呼吸畅通,并注意保暖。有条件的应尽早给予吸氧。经现场急救处理后,应将中毒人员迅速转送至有高压氧治疗条件的医院。

⑧救援人员进入CO浓度较高的作业场所时,应使用自给式空气呼吸器,并携带CO报警器,穿上防护服;在当前的实际情况下,应突出强调个体防护,在煤气危险区域或经常有煤气泄漏的场所作业,或者进行人工煤气危险作业时,应严格佩戴空气呼吸器等保护用具。

⑨企业应对作业人员进行安全培训,普及自救和互救知识。

9.6.2 CO₂安全事故的预防

二氧化碳(CO_2)是无色、无味、弱酸性、常温下不可燃的气体。CO_2的密度为1.997 g/L,约为空气密度的1.5倍。通常情况下,CO_2性质稳定,无毒性,不燃烧,不助燃。正常大气中CO_2浓度为377 ppm。低浓度CO_2可兴奋呼吸中枢,在缺氧条件下,可增强CO_2的毒性作用。轻症中毒者有头晕、头痛、乏力、嗜睡、耳鸣、心悸胸闷、视力模糊等不适,呼吸先兴奋后抑制,可有瞳孔缩小、脉缓、血压升高或意识模糊症状,及时脱离现场者,恢复比较顺利。

CO_2 浓度过高可致呼吸中枢抑制、体内 CO_2 潴留、呼吸性酸中毒和中枢麻醉窒息，重症中毒者常于进入现场时瞬间电击样瘫倒或昏迷，若不及时救出易导致窒息死亡。

CO_2 中毒事故在国内外时有发生。1978 年 5 月 24 日，甘肃某矿在掘进放炮时引起气体喷出，一昼夜达 24 万 m^3，经测定，其中 CO_2 含量为 96.6%，造成 177 人中毒，其中 90 人死亡，为中华人民共和国成立以来伤亡人数最多的 CO_2 中毒事故。1986 年 8 月 21 日晚间，约有 109 m^3 的火山气体从非洲喀麦隆的尼尔斯湖（火山口形成的深渊）中释放出来，其中有大量的 CO_2，导致 1 700 多人死亡，是迄今为止死亡人数最多的 CO_2 中毒事件。CO_2 职业中毒事故也时有发生，1975—2000 年，美国 CO_2 灭火系统泄漏事件共发生 51 起，造成 72 人死亡，145 人受伤。

2008 年 12 月 18 日，宁夏某化工厂 1.8 万 t 双氰胺水解车间因检修反应釜发生一起急性 CO_2 职业中毒事故，造成 1 人当场死亡。12 月 17 日 14 时左右，水解操作工张某发现双氰胺水解车间 2 号反应釜存在问题，即通知双氰胺车间中央控制室将釜内反应料放到二次缓冲罐中，放完物料后将 2 号反应釜搅拌器固定套底盘拆除，同时将该反应釜顶部观察口打开，进行自然通风。18 日约 9 时 30 分对 2 号反应釜进行检修，张某进入反应釜罐内，其余 2 人负责从底部和顶部配合张某传递工具及监护。张某在 2 号反应釜罐用时约 15 min 检修完毕，将工具传递罐外，釜外 2 人离开现场。大约 3 min 后，2 人回到 2 号反应釜，发现张某趴在搅拌叶上，2 人立即下到釜内将张某救出，送厂医务室抢救，并通知 120 急救中心。医务室抢救约 20 min 后急救中心医生赶到现场，确定张某已死亡。

事故后的现场检测数据表明，张某死因为急性 CO_2 中毒，当时 2 号反应釜内 CO_2 浓度超过标准 11 倍，这是造成张某窒息死亡的直接原因。

从此次事故调查的情况来看，造成中毒事故的主要原因有以下几点。

①企业没有指定切实可行的职业卫生操作规程，作业工人在设备检修时安全措施不到位，反应釜检修没有开启顶部尾气排空风机将罐内 CO_2 排空，致使 2 号反应罐内 CO_2 浓度高达 198 000 ppm。

②车间内无机械排风设施。

③企业对工人的培训流于形式，工人缺乏对有毒有害物质的防护意识。

④企业虽然制定了职业病危害事故应急救援预案，但没有组织工人进行学习和演练，致使工人在遇到事故时不知道如何应急处理。

预防 CO_2 中毒事故的关键在于确保工作环境的通风良好，并采取适当的安全措施。

①加强通风以降低 CO_2 浓度。在进入长期密闭的空间前，应先排出污浊空气，换进新鲜空气，确保空气中的 CO_2 浓度达到安全要求。

②有人守护并佩戴安全设备。进入密闭工作环境时，旁边应有人守护。进入人员应系上保险带，以便在发生危险时能够及时被救。

③停止工作并通风。如在工作中出现头晕、心慌、气短、气喘、恶心呕吐等症状，应立即停止工作，再次通风排出污浊空气，换进新鲜空气以降低 CO_2 浓度。

④避免盲目进入。如发现有人中毒且未预先系上保险带时，一定不要急着进入抢救，首

先用鼓风机等多种方法向空间内鼓风,避免造成多人连续中毒的事故。

9.7 关于酯类中毒的安全事故

9.7.1 甲酸甲酯安全事故的预防··□

甲酸甲酯(methyl formate,MF)又名蚁酸甲酯,被称为碳一化学的基本结构单元,是重要的甲醇衍生物,也是重要的化工原料之一,具有广泛的用途。甲酸甲酯可代替甲基叔丁基醚(MTBE),作为高辛烷值的汽油添加剂;可用作杀虫剂、谷类作物熏蒸剂、烟草处理剂、杀菌剂以及果品干燥剂等;常用作磺酸甲基嘧啶、磺酸甲氧嘧啶、镇咳剂右美沙芬等药物的合成原料;常用作硝化纤维素、乙酸纤维素的溶剂;作为有机合成的原料,可用于制备甲酸、乙酸、乙二醇、乙酸酐、丙酸甲酯、丙烯酸甲酯、乙醇酸甲酯、N,N-二甲基甲酰胺、碳酸二甲酯和甘氨酸等一系列用途广泛的化工产品。

2021年6月12日0时10分许,贵州省三强兴兴化工贸易有限公司(以下简称贵州三强公司)租赁的位于贵阳经济技术开发区丰报云村三组的生产、储存危险化学品作业场所,在运输罐车卸料过程中发生甲酸甲酯混合液挥发蒸气泄漏中毒和窒息较大事故,造成9人死亡,3人受伤,直接经济损失1 084万元。

2021年6月11日中午,管理员张某某在贵州三强公司位于丰报云村的生产、存储作业场所安排公司员工陆某某、何某某、张某某、蒲某某4人先将院坝里面1#储罐与运输罐车停车位置之间的卸料软管连接好,将卸料软管一端直接插入1#卧式储罐顶部导入孔。21时许,员工张某某、蒲某某2人即回房屋负一层房间睡觉。23时许,李某某驾驶一辆黑色轿车到该生产、存储场所。23时5分,运输罐车的从业人员张某某驾驶鄂N08550-鄂N0889挂运输罐车开始从丰报云村通村公路路口驶入贵州三强公司在丰报云村三组的生产、存储场所。23时13分,运输罐车倒车到丰报云村民房门口院坝前。23时23分,员工张某某、李某某、陆某某、何某某4人走到运输罐车车尾部位,运输罐车的从业人员张某某、刘某某2人从驾驶室下车。23时40分,在员工陆某某、何某某帮忙下,刘某某垫好密封垫片,张某某将卸料软管另一端与运输罐车液相快装接头对接牢固,并打开运输罐车液相阀阀门开始卸载罐体内甲酸甲酯混合液,张某某、刘某某便回到运输罐车驾驶室休息。一两分钟后,员工张某某、李某某、陆某某、何某某4人发现1#储罐上部导入孔口有白雾状气体冒出来,张某某、李某某用一个塑料杯装来用鼻子闻闻,未发现异常,便扔掉杯子,不予理会并继续卸载。在卸载甲酸甲酯混合液过程中,运输罐车的从业人员张某某、刘某某在运输罐车驾驶室内休息,员工陆某某、何某某在运输罐车和1#储罐之间,张某某、李某某在运输罐车车尾附近。卸载约10分钟后,整个院坝就像起雾一样,居住在隔壁丰报云村三组民房内的王某某从屋里出来走到运输罐车车尾部位对员工张某某、李某某说:"赶紧关了,气味太重了,人受不了。"张某某答复:"快了,忍耐一下,还有十多分钟就放完了。"他并没有关闭运输罐车液相阀阀门。王某某见张某某、李某某不关闭运输罐车液相阀阀门,便往民房方向走回去。

2021年6月12日0时2分,王某某在离开运输罐车车尾七八米远的地方倒地昏迷;员工张某某、李某某发现后走过去查看情况,并叫喊陆某某去关闭运输罐车液相阀阀门,陆某某将运输罐车阀门关闭好后,在驾驶室内休息的张某某听到车外有喊声,便从驾驶室下来往员工张某某、李某某、王某某3人所在位置方向走过去。0时6分,正在试图将王某某拖离现场的张某某、李某某相继倒地昏迷,接着刚走到何某某附近的运输罐车的从业人员张某某也跟着倒地昏迷。

事故发生的直接原因:未经危险化学品生产、储存许可的贵州三强公司作业点6名作业人员违规作业,将卸料软管一端连接至运输罐车阀门,另一端直接插入危险化学品储罐顶部导入孔进行敞开式卸料,卸入储罐内的甲酸甲酯混合液挥发蒸气从顶部导入孔溢出并在地势低洼、窝风的作业现场沉积蔓延,致使现场作业人员和相邻民宅人员中毒和窒息死亡。

甲酸甲酯由于其危险性和有毒有害性,被列入我国《危险化学品目录》。在生产、储存、运输和使用时,需要遵循特定的技术规范,也需要采取相应的预防措施。

①甲酸甲酯的使用、操作、储存等应由经过专业培训并持有相关证书的人员操作。只有专业人员操作,才能避免一些难以预知的事故。

②尽量隔离甲酸甲酯的生产、使用以及储运等地段,如果不得已处于人口集中区,那么必须建造具有足够强度、具备防火防爆等特性的设施。

③应选取可替代的、更安全的生产工艺,并建立有效的技术处理措施。如建立室内的工业排放废气除尘系统,选取符合工艺要求的过滤材料以及采用特殊的废气处理设备。

④在生产时,现场要保持通风,生产设备要确保密闭,操作人员要穿着防护工作服,最大限度杜绝甲酸甲酯与皮肤的反复或者长时间接触。工作人员除了要穿着防护服外,还需要佩戴防护眼镜,防止甲酸甲酯与眼睛接触。如果在高浓度的蒸气环境下操作,防护措施还要升级,应佩戴防毒面具。一旦防护服沾到水或者受到甲酸甲酯污染,需要立即脱去,以避免出现燃烧的潜在危险。

⑤储存甲酸甲酯的容器要符合相应的标准,控制开关要灵敏有效。搬运时要轻拿轻放,避免剧烈的撞击,以免损坏罐体、引发泄漏或者爆炸。

⑥当人体接触到甲酸甲酯液体或者蒸气时,要根据暴露的部位,立即采取一定的应急措施。当进入眼睛后,要马上用清水冲洗;接触到皮肤后,要马上用清水、肥皂清洗;如果大量吸入后,要立即转移到空气清新处,必要时辅助人工呼吸等措施急救;如果不慎大量吞服,可以采取大量喝水的方式进行催吐。要记得事后去医院检查,如果情况严重,可以同时拨打急救电话,为抢救争取足够的时间。

9.7.2 硫酸二甲酯安全事故的预防 ···□

硫酸二甲酯是一种用于医药、染料和香料等工业的重要化工原料,是无色、略带葱头味的油状可燃液体,其挥发性强,挥发气体比空气密度大,难溶于水,但在碱液中会迅速水解。硫酸二甲酯是一种高毒性和高腐蚀性化学物质,被列入2003年国家卫生部颁布的《高毒物品目录》,其毒性作用与糜烂性毒剂芥子气相似,比氯气的毒性大 15 倍,在第一次世界大战中曾被用作化学毒剂。随着我国化工产业的快速发展,硫酸二甲酯泄漏事故时有发生,这给社会安全带来了隐患。如何预防硫酸二甲酯中毒事故发生,在发生硫酸二甲酯泄漏事故时,如何科学地实施救援,及时消除危害,同时保障救援人员的安全,值得研究探讨。

结合近年来发生的一些硫酸二甲酯泄漏事故案例,对硫酸二甲酯泄漏事故发生的不同环节进行了统计,结果表明,发生在生产环节的事故占 49.30%,使用环节的事故占 32.90%,运输环节的事故占 8.20%,其他环节的事故占 9.60%。由此可见,硫酸二甲酯泄漏事故将近一半发生在生产环节,主要是由于设备老化、高温或违章操作等原因所致;其次是发生在使用环节,主要是由于生产或储存容器受损而引起;再次是发生在运输环节,因违章驾驶或使用非法运输工具所致。因此此类泄漏事故的应急处置预案应当主要针对生产、使用和运输环节来制定。

2006 年 6 月 25 日凌晨 1 时 30 分左右,某制药公司 102 车间甲基化岗位职工张某发现硫酸二甲酯 1 号计量罐(又称高位罐)中的硫酸二甲酯已用完,张某开启进料阀门向计量罐中补料。在补料过程中,张某离岗进行其他操作。当张某返回计量罐时,发现硫酸二甲酯计量罐物料加满后溢出,顺排气管流出的硫酸二甲酯已经溢出防溢桶,并且流到工作平台上,造成 200 kg 的硫酸二甲酯外溢。于是张某立刻关闭了进料阀门,并将岗位备用的一桶氨水冲洒到操作台,抛洒碱面与泄漏的硫酸二甲酯液体进行中和。处理过程中硫酸二甲酯和碱面混合物流下平台。随后甲基化岗位职工王某以及车间夜班职工相继赶来,开始使用碱面进行清理。在此期间,受该岗位设备、环境温度的影响,溢出的硫酸二甲酯已经出现蒸发现象,施救人员都不同程度地吸入了剧毒的硫酸二甲酯蒸气,但均没有察觉。

事故发生后,公司值班人员立即赶到现场组织岗位员工进行疏散。2 时 10 分左右,全体员工疏散完毕。经询问张某、王某等人的身体情况,均反映没有异常。为安全起见,4 时左右,张某、王某到医院进行观察,此时张某略感身体有些不适,但没有坚持留院治疗,返回家中。大约 9 时,张某发现身体状况异常,被送往医院进行救治。医院根据病情对张某、王某实施了手术救治。

硫酸二甲酯的挥发气体为无色无味的剧毒气体,且对人体造成伤害的潜伏期较长(6~8 h)。为防止其他员工身体受害,25 日上午,相关的其他 19 名员工分别被送到市区医院进行体检、观察,其中 2 人因距离事故发生地点较近受到的伤害较重,也实施了手术救治。事故最终造成张某 1 人死亡,3 人住院手术治疗,其余入院观察人员到 6 月 28 日全部出院,经济损失 20 万元。

事故调查组对硫酸二甲酯泄漏现场多次勘查,查阅该公司有关工艺操作规程及技术资料,询问当事人,查对原始生产记录,分析判定该起事故的原因如下。

①工艺管道设计存在缺陷。硫酸二甲酯高位罐真空排气管设计在室内直接排放(高位罐下面),不符合设计安全规范要求。

②操作人员违规操作。一是操作规程规定进料时,应首先关闭硫酸二甲酯高位罐真空排气阀,再打开真空进气阀。操作人员未按操作规程进行操作。二是操作规程中规定此岗

位进料时应有2人操作,实际情况只有1人,且进料过程中操作人员擅自离岗。

③发生事故后的应急处理措施不当。硫酸二甲酯安全技术说明书中规定的泄漏应急处理方法是采用沙土、蛭石或者其他惰性材料吸收或用泡沫覆盖,以降低硫酸二甲酯蒸气危害。硫酸二甲酯的禁忌物包括氧化剂、强碱、氨和水。而根据该公司编制的102车间甲基化岗位安全预案,在硫酸二甲酯泄漏后应急处理措施中规定使用氨水或碱液(碳酸钠)进行中和处理。此处置措施不当。

接触硫酸二甲酯液体或吸入其挥发气体均可引起神经系统、呼吸系统及内脏器官的严重损害。人在硫酸二甲酯挥发气体浓度为500 mg/m³ 的环境中停留10 min 即可导致死亡。预防和处理硫酸二甲酯中毒事故的措施如下。

1. 通用要求

①操作人员必须经过专门培训,严格遵守操作规程,熟练掌握操作技能,具备应急处置知识。

②密闭操作,提供充分的局部排风;远离火种、热源,工作场所严禁吸烟;生产、使用及储存场所应设置泄漏检测报警仪,配备两套以上重型防护服;工作场所配备洗眼器、喷淋装置。操作尽可能机械化、自动化;操作人员应佩戴自吸过滤式防毒面具,戴化学安全防护眼镜,穿胶布防毒衣,戴橡胶手套。储罐等容器和设备应设置液位计、温度计,并应装有带液位、温度远传记录和报警功能的安全装置;重点储罐需设置紧急切断装置,避免与氧化剂、碱类接触。

③搬运时要轻装轻卸,防止包装及容器损坏。配备相应品种和数量的消防器材及泄漏应急处理设备。

2. 操作方面的预防措施

①打开硫酸二甲酯容器时,确定工作区通风良好且无火花或引火源存在,避免释出的蒸气进入工作区的空气中;避免直接接触硫酸二甲酯,操作人员应佩戴必要的防护用品;避免吸入有毒气体,应戴上防毒面具。

②严禁利用硫酸二甲酯管道做电焊接地线;严禁用铁器敲击管道与阀体,以免引起火花。

③生产区域内,严禁明火和可能产生明火、火花的作业;生产需要或检修期间需动火时,必须办理动火审批手续,要有可靠的防火、防爆措施;一旦发生物品着火,应用干粉灭火器、二氧化碳灭火器、砂土灭火。

④在硫酸二甲酯环境中作业还应采取以下防护措施:根据不同作业环境配备相应的硫酸二甲酯检测仪及防护装置,并落实人员管理,使硫酸二甲酯检测仪及防护装置处于备用状态;作业环境应设立风向标;供气装置的空气压缩机应置于上风侧;重点检测区应设置醒目的标志、硫酸二甲酯检测仪、报警器及排风扇;在可能发生硫酸二甲酯中毒的主要出入口应设置醒目的中文危险危害因素告知牌,在作业的场所应设置醒目的中文警示标志;进行检修和抢修作业时,应携带硫酸二甲酯检测仪和正压式空气呼吸器。

⑤生产车间和作业场所应配备相应滤毒器材、空气呼吸器、防尘器材、防溅面罩、防护眼镜和耐碱的胶皮手套等防护用品。

⑥生产设备的清洗污水及生产车间内部地坪的冲洗水须收入应急池,经处理合格后方可排放。

⑦充装时使用万向节管道充装系统,严防超装。

3. 储存方面的预防措施

①储存于阴凉、干燥、通风良好的专用库房内,应防止雨淋和曝晒,远离火源、热源;工业用硫酸二甲酯自出厂之日起,保质期为 6 个月,逾期需重新检验,检验结果符合要求时,方可继续使用;库房温度不超过 32 ℃,相对湿度不超过 80%。

②应与氧化剂、酸类、食用化学品分开存放,切忌混储;储存区应备有合适的材料收容泄漏物;储存区设置围堰,地面进行防渗透处理,并配备倒装罐或储液池。

③注意防雷、防静电,厂(车间)内的储罐应按《建筑物防雷设计规范》(GB 50057—2010)的规定设置防雷设施。

④定期检查硫酸二甲酯的储罐、槽车、阀门和泵等,防止滴漏。

⑤严格执行剧毒化学品"双人收发,双人保管"制度。

9.7.3 亚硝酸甲酯安全事故的预防 ·····□

亚硝酸甲酯是硝基甲烷的同分异构体,其结构式分别如式(1)和式(2)所示。亚硝酸甲酯是一种氧化剂和热敏性炸药;亚硝酸甲酯的灵敏度在金属氧化物的存在下增加,可与无机碱形成爆炸性盐;可与空气形成爆炸性混合物;可用作火箭推进剂,是一种单组元推进剂;比亚硝酸乙酯爆炸更猛烈,即使在冷藏条件下储存,低级亚硝酸烷基酯也可能分解并爆裂容器。

$$CH_3—O—N=O \tag{1}$$

$$CH_3—N\underset{O}{\overset{O}{<}} \tag{2}$$

亚硝酸甲酯在常温常压下是一种易燃易爆、无色无味、有毒、比空气重的气体,且受热、遇光易分解。人吸入后能和血液中的红细胞形成高铁血红蛋白,使其失去携带氧的能力,轻度中毒者表现为嘴唇、指甲发绀。由于白天光线强、气温高,该物质受热遇光易分解;而晚上气温低、光线弱,不易分解,易引起工人中毒。无风或有雾天气易引起中毒,主要是因为在这种情况下气体不易扩散,容易聚集。在没有泄漏点时,亚硝酸甲酯气体基本上是从室外的废气排放管口向外扩散的,再加上该气体无色无味,往往不易察觉它的存在,在无风或有雾天气,比空气重的该气体越靠近地面处浓度越大,从而越靠近废气排放管,从事工作时间越久的工人,发生中毒的危险性就越大。

2018 年 12 月 8 日 20 时 30 分左右,河南能源化工集团洛阳永龙能化有限公司(以下简称洛阳永龙能化)发生一起亚硝酸甲酯中毒事故,造成 3 人死亡,1 人受伤,直接经济损失约280 万元。

2018 年 12 月 8 日 18 时 20 分,洛阳永龙能化乙二醇厂化工三班亚钠岗位现场操作人员杨某通知亚硝酸钠溶解釜需要上料,外包劳务工负责人韩某营接到通知后安排上料。19

时,亚硝酸钠外包劳务工韩某玉、杜某林、赖某友、周某山相继到厂,19时12分开始备料,19时30分完成第一釜备料;19时40分溶解釜投甲醇,19时45分补甲醇结束,19时47分停溶解釜搅拌;19时48分启动P805泵将溶解釜料打入反应釜R801B,20时反应釜进料完成,溶解釜留存液位491 mm。20时3分,溶解釜再次注水开始第二釜备料,20时7分注水结束,20时10分启动溶解釜搅拌,此时液位1 075 mm,达到上料条件。20时15分外包劳务工4人又相继到场,开始第二釜投料。

20时17分左右,乙二醇厂亚硝酸甲酯制备装置安全阀、爆破片出现泄漏,有毒气体通过亚硝酸钠配料间西侧风机孔洞、南侧穿墙管线孔隙进入加料平台溶解釜配料作业人员处。20时31分8秒,外包劳务工周某山中毒晕倒,另外三名外包劳务工随即上去进行施救;20时32分29秒,另一名外包劳务工杜某林中毒晕倒;20时39分7秒,在施救过程中另外2名外包劳务工赖某友、韩某玉相继中毒晕倒。

20时42分1秒,中控人员齐某涛发现溶解釜无人员上料,通知现场操作人员杨某查看情况。20时45分19秒,杨某到达现场,发现外包劳务工韩某玉、杜某林、赖某友、周某山均倒地,立即呼救并进行施救。20时46分8秒,董某宗赶到现场;20时46分50秒,2人一起将倒地4人转移至配料间风机口处,同时通知中控人员、公司值班领导。20时51分,当班班长张某民与杨某、胡某、董某宗、齐某涛配备空气呼吸器,将4名外包劳务工全部由配料间转移至现场开阔处进行紧急现场救援,生产副厂长胡某、值班技术员王某荣、班长张某民随即相继拨打120急救电话、调度室电话请求支援。21时4分,大家将4名外包劳务工送至孟津县公疗医院,并告知医院进行有针对性的抢救。21时31分,韩某玉经救治送入ICU监护室,翌日6时21分,送往洛阳市中心医院进行治疗,体征稳定。杜某林、赖某友、周某山3人经全力抢救无效,于12月8日22时54分死亡。

事故发生的直接原因:通过查看DCS数据资料、调取监控视频、现场勘查、询问有关人员、对反应釜进行气密性试验等,认定乙二醇厂亚硝酸甲酯制备装置安全阀、爆破片出现泄漏,有毒气体亚硝酸甲酯泄漏后由亚硝酸甲酯制备装置三层平台(层高11.5 m)下沉,通过亚硝酸钠配料间西侧风机孔洞(二层平台层高4.7 m)、南侧穿墙管线等孔隙进入亚硝酸钠加料平台溶解釜配料作业人员处,这是导致4人亚硝酸甲酯中毒的直接原因。

亚硝酸甲酯危险性高,可以采取以下措施预防此类中毒事故的发生。

①对亚硝酸甲酯制备装置泄漏危险源进行辨识与风险评估,依据有关标准、规范,组织工程技术和管理人员或委托具有相应资质的设计、评价等中介机构对可能存在的有毒气体亚硝酸甲酯泄漏风险进行辨识与评估(如进行HAZOP分析等),结合实际设备失效数据或历史泄漏数据,对风险分析结果、设备失效数据或历史泄漏数据进行分析,辨识出可能发生泄漏的部位,结合设备类型、物料危险性、泄漏量对泄漏部位进行分级管理,提出具体防范措施。

②《安全阀安全技术监察规程》(TSG ZF001—2016)附录E2.2规定:安全阀的校验项目包括整定压力和密封性能。相关企业应委托有资质的检测机构对介质为有毒有害、易燃易爆气体的安全阀进行整定压力试验和密封性试验。

③《爆破片装置安全技术监察规程》（TSG ZF003—2011）B5 规定：对盛装易燃易爆介质或毒性程度为中度以上危害介质以及贵重介质的承压设备，应当在爆破片装置的泄放侧设置泄放接管，将介质排放到安全地点，并且应当进行妥善处理，不得直接排入大气。

④《石油化工企业设计防火标准》（GB 50160—2008）（2018 年版）第 5.5.7 条第二款规定：对可燃气体设备，应能将设备内的可燃气体排入火炬或安全放空系统。亚硝酸甲酯既是有毒气体又是可燃气体，该气体应在事故处理装置处理后再排入火炬系统。

⑤《化工企业安全卫生设计规范》（HG 20571—2014）第 5.1.4 条规定：对于毒性危害严重的生产过程和设备，应设计事故处理装置及应急防护设施。对涉及亚硝酸甲酯的反应釜、缓冲罐、换热器、中和槽安全阀放空管、超压自动放空线、水洗塔安全阀放空管、反应釜等设备爆破片排放管不应直接放空，应设置事故处理装置及应急防护设施。

⑥《石油化工可燃气体和有毒气体检测报警设计标准》（GB/T 50493—2019）第 3.0.1 条规定：既属于可燃气体又属于有毒气体的单组分气体介质，应设有毒气体探测器。亚硝酸甲酯是有毒气体，泄漏后有扩散至作业岗位的危险，现场应设置有毒气体检测报警装置。

9.8　其他中毒的安全事故

9.8.1　氟化氢安全事故的分析与预防 ···□

氟化氢为无色、有强腐蚀性、剧毒的气体，极易溶于水，其水溶液称氢氟酸。氢氟酸对皮肤有强烈的腐蚀性和很强的渗透作用，并对组织蛋白有脱水剂溶解作用。氢氟酸接触皮肤后可迅速穿透角质层，渗入深部组织，溶解细胞膜，引起组织液化、坏死，形成较难愈合的溃疡，如不及时处理可深达骨膜及骨质，同时可引起全身中毒，甚至可造成死亡。

事故案例一：2007 年 6 月 5 日中午，赣南某氟化氢生产厂当班工人听到转炉内发出异响，立即报告了当班班长，当班班长报告了车间主任和工程师，当他们还在现场分析查找原因时，导气箱上部与转炉脱离，形成了氟化氢的泄漏口，在场人员立即启动应急救援预案，上报事故，疏散周围居民。

采取的应急措施有：启动固定式氟化氢吸收装置，抽取转炉里的氟化氢通入碱液中；调来移动式氟化氢吸收装置，抽取泄漏到事故现场空气中的氟化氢通入碱液中；穿上自给氧式全身防化服，在 10 min 内用棉被将泄漏口堵上。事故未造成人员伤亡。事故后经环保部门对周边水和空气取样分析，结果表明酸度和氟化物均未超过国家标准。

事故发生的原因：氟化氢（氢氟酸）的腐蚀性相当强，因此转炉内壁必须衬一层合金防止炉体腐蚀，合金块之间必须焊接。该厂正常检修是每 4 个月 1 次，每次都会将衬底更换。但事故前最后一次检修时，测得衬底厚度还比较大，所以未更换衬底，正是这个疏忽导致了此次事故的发生。

防腐衬底的焊缝被腐蚀后，在搅拌棒顶端不断刮擦下发生了卷曲，且越来越严重，最后被搅拌棒上的叶片刮倒,将搅拌棒一端提起又落下。搅拌棒在掉下的过程中砸到导气箱突出转炉端面部分,导气箱被强力推出。造成此次事故的最终的原因是防腐衬底的焊缝被腐蚀,这是氟化氢工业生产史上第一次出现这样的情况。

事故案例二:2018年12月18日上午10时20分左右,江苏省如皋市众昌化工有限公司17#厂房东半部分的氟胞嘧啶合成车间的氟化氢冷凝回收岗位R-05冷却釜及外置循环冷却器由于设备冷脆超压爆裂,导致液氮和氟化氢泄漏事故,造成3人中毒死亡,1人受伤。

2018年12月16日,众昌化工有限公司组织试车,启动电解制氟;12月17日8时35分,向反应釜压入400 kg氟化氢,9时15分加入200 kg胞嘧啶,11时35分继续加入200 kg氟化氢,11时52分向反应釜压入400 kg氟化氢,12时5分加入200 kg胞嘧啶,14时继续加入200 kg氟化氢,然后持续反应,完成成盐、氟化工序的投料试运行。

12月18日上午,操作工陆某月、徐某勇、陈某林,技术顾问张某(事发前在车间内)在17#厂房东半部分的氟胞嘧啶合成车间氟化工段二层开始调试氟化氢冷却系统,他们用氮气将液态氟化氢压入氟化氢回收罐V-408。10时6分至10时9分,向R-05冷却釜泵入氟化氢,DCS显示15%液位(约150 L)。启动外循环泵,对氟化氢冷却效果进行调试,外置循环冷却器和R-05冷却釜采用直接通入液氮作为冷媒直接深冷,现场氮气系统声音较大。10时20分左右,外置循环冷却器外壳、R-05冷却釜碳钢夹套以及冷媒输送碳钢管道突发碎裂,R-05冷却釜内筒底部脱落(因有出料管道支撑,故未落地),内外贯通,导致冷却釜内氟化氢和夹套内的液氮同时泄出。设备外保温材料随同钢板碎片散落至车间二层及一层,车间二层、三层的窗户玻璃受冲击导致损坏。

氟化氢是化工生产的重要原料和产品,其生产、储存、运输和使用过程中都有发生事故的案例。因此做好氟化氢的风险评估,对有效防范风险事故发生、确定安全范围以及风险事故发生后如何采取应急措施都具有十分重要的意义。

①重大危险源辨识。依据《危险化学品重大危险源辨识》(GB 18218—2018)表1、表2中所列有毒、易燃、爆炸性危险物质,氟化氢的临界量为1 t,而作为生产厂,其厂内罐区内氟化氢存储量普遍会超过临界量,因此为重大危险源。

②需对其进行物质危险性识别。氟化氢化学性质极活泼,具有很强的吸水性、强腐蚀性,能与碱、氧化物以及硅酸盐(能腐蚀玻璃和破坏其他含硅物质)等反应,在一定条件下能与水自由混合成氢氟酸(溶于水时激烈放热而成氢氟酸)。此外,氟化氢还具有高度刺激性、毒性,能与大多数金属反应,产生氢气而引起爆炸。

③需进行最大可信事故及风险类型分析。最大可信事故是指在所有预测的概率不为零的事故中,对环境(或健康)危害最严重的重大事故。氟化氢生产过程中涉及的有毒有害物质较多,可根据其生产过程危险性识别确定其最大可信事故。

④进行风险计算和评价。风险值是风险评价表征量,包括事故的发生概率和事故的危害程度,可定义为

$$风险\left(\frac{后果}{时间}\right)=概率\left(\frac{事故数}{单位时间}\right)\times 危害程度\left(\frac{后果}{每次事故}\right)$$

式中：风险的单位多为"死亡人数/年"。

在计算风险事故时，不仅要考虑事故的发生概率，还应考虑当地地形、不利气象条件出现的概率及下风向的人口分布。

⑤需对整体进行风险防范措施分析。例如：氟化氢装置区、罐区以及其他存在潜在危险需要经常观测处，应设置浓度超标报警装置；氟化氢储罐应按装料系数装存物料，避免因装料过满发生泄漏；罐区内进料、出料管道及下水管道均应设截断阀；各反应装置设置联锁系统，以及时发现和解决反应故障；厂区设置事故情况有毒物质应急监测设备；厂区内设防护面具、氧气呼吸器、防护手套、防护眼镜、防护工作服等；在厂区内设置风向标，以便在事故状态进行有效的疏散和撤离。

9.8.2 氮气安全事故的分析与预防 ·····□

氮气为窒息性气体，在常温常压下无色无味，不易为人所发觉，常被称为"隐形杀手或沉默杀手"。氮气进入人体的途径为呼吸道。在空气的组成中，氮气占78%左右，氧气占21%左右，其他混合气体占1%左右。但当空气中氮气浓度过高，即氧气含量下降至19.5%以下时，人体吸入氧气分压下降，会引起缺氧窒息。进入缺氧环境，人体动脉内的血液会在5~7 s内降到过低水平，紧接着在10~12 s内产生晕厥，2~4 min内如果得不到氧气供给就会死亡。

此外，少量（如吸入一口）高浓度氮气（氮气含量在90%以上）的吸入可迅速导致人体出现昏迷，严重者会因呼吸心跳停止而死亡。吸入浓度不太高的氮气时，也会引起胸闷、气短、疲软无力，继而有烦躁不安、极度兴奋、乱跑、叫喊、精神恍惚、步态不稳的表现，可能进入昏睡或者昏迷状态。暴露于氮气危害环境中的人员，在出现明显的征兆之前，其生命可能已经出现危险状态，应立即脱离现场，移送到空气新鲜处，并迅速进行医疗救护。

2019年2月，某环氧树脂生产企业因反应釜温度监测仪损坏进行设备检测维修，反应釜释放反应产物后，作业人员打开人孔冲洗反应釜残留液体，清洗时间约30 min，再采用氮气吹扫以置换反应釜中有毒气体。经6 h左右自然通风后，在未检测氧气含量及有毒有害物质浓度的情况下，1名作业人员没有佩戴任何个人防护用品进入反应釜，不久晕倒。另有2名釜外作业人员因缺乏安全意识，未进行个人防护，盲目施救，先后在反应釜中晕倒。消防人员到场后将3名中毒人员救出。后虽积极进行院前急救和院内中毒救治，但因缺氧时间过长等原因，该事件最终造成1死2伤的后果。

事发次日，在对事故发生企业现场及相关人员进行调查后发现，3名作业人员违反操作规程，将原本24 h空气置换时间缩短为6 h。反应釜为直径2 m、高3 m的椭圆形密闭容器，上方有40 cm × 60 cm可开关式人孔，对侧有氮气管道，釜内无照明设施，无强制通风设施。

调查人员在事故发生次日对反应釜内空气进行采样,检测结果显示:双酚 A、环氧氯丙烷、氢氧化钠、甲苯浓度均低于检出限(未检出),但氧浓度仅为 10%,显著低于正常空气中氧含量。依据事故现场调查和采样分析结果,排除其他有毒有害气体中毒可能,判定该事件为一起急性单纯窒息性气体中毒事件。依据如下。

①反应釜采取水冲洗+氮气置换有毒气体,再用空气置换氮气,作业人员因缺乏安全意识和专业培训,将空气置换时间由规定的 24 h 缩短为 6 h,患者有单纯氮气窒息性气体接触的机会。

②反应釜为密闭容器,自然通风不充分,无机械通风设备。

③患者出现乏力、头晕、头痛、意识障碍、昏迷等中枢神经系统缺氧损害的临床表现。

缺氧窒息事故的发生是由多种因素共同引起的,有限空间作业是其中一个重要因素,稍有不慎就有可能会发生安全事故,造成难以估量的人员伤亡以及经济损失。

9.8.3　二氧化硫安全事故的分析与预防

二氧化硫(SO_2)是一种较常见的刺激性气体,无色透明,有剧毒,易溶于水。SO_2 职业接触多见于燃烧含硫煤、含硫矿石冶炼、硫化橡胶、制冷、漂白、熏蒸杀虫、石油精炼行业以及某些有机合成行业。SO_2 还是最常见的工业废气和大气污染成分之一。SO_2 主要经呼吸道吸入,在眼和上呼吸道的潮湿组织表面很快溶解,生成具有腐蚀性的亚硫酸、硫酸和硫酸盐,对眼和呼吸道产生强烈的刺激作用,此外还可对接触者的心脏和皮肤等组织和器官产生严重损害。

1997 年 11 月 5 日 11 时 20 分,江西某厂氯磺酸分厂硫酸工段在检修硫酸干燥塔过程中,因指挥协调不当及违章作业,发生一例急性 SO_2 中毒死亡事故。

事发当日,因硫酸生产不正常,决定停车检修。由工段长负责组织干燥塔内分酸管堵漏工作。经对干燥塔长时间喷淋冲洗、取样分析合格后,工段长安排副工段长进塔堵漏,操作工在塔外协助并监护。堵漏工作完毕后,副工段长出塔在平台上休息,其间不慎将安全帽掉落在塔的下层。此时因焙烧炉温度已降至 560 ℃以下,需要空烧升温,工段长见副工段长和操作工都在塔外平台上,就指挥炉工启动风机,空烧升温。半小时后,仍在塔外休息的副工段长再次穿上雨衣,戴上防毒面具,爬进人孔准备钩取掉落的安全帽,即发生中毒倒入塔内。后经施救人员救出,抢救无效死亡。

据事故发生后现场采样分析,干燥塔内 SO_2 浓度高达 13 000 ppm,超过车间空气中 SO_2 最高允许浓度(15 ppm)的 885 倍。在如此高浓度的环境中,过滤式防毒面具已从根本上失去防护作用。指挥者在检修人员未撤离现场前,违章指挥交叉作业,致使 SO_2 气体大量泄漏入干燥塔内,使原作业环境完全改变;操作者在明知已经开始空烧,塔内环境改变的情况下,未按规定要求重新进行安全分析,再次进入干燥塔,导致急性 SO_2 中毒窒息,是造成该死亡事故的直接原因。

除 SO₂ 引起的直接中毒以外,还有一起比较有代表性的、由氯化亚砜泄漏应急处理不当,导致以 SO₂ 为主的急性混合型气体群体中毒事故案例。2006 年 5 月,由于某厂 6 名工人卸车时操作不慎,装有 300 kg 氯化亚砜($SOCl_2$)的塑料桶从货车上坠落地面破裂,液体外泄。工人闻到刺鼻气味,当即用塑料管套接高压龙头用水冲洗。据现场工人反映,用水冲洗时,整个厂区空气中可见烟雾弥漫,氯化亚砜随水流向低洼处居民小区,冲洗时间持续约 15 min。当时正值南方夏季,气温 34 ℃,相对湿度 75%,偏北风,水流污染带约 150 m。事故发生 2 h 后,市疾控中心驱车前往现场调查,根据泄漏化学物特性,对附近几户居民居室空气和洼地冲洗废液进行取样检测。居室空气中仍可检出微量 SO₂,冲洗废液中检出 SO₂ 浓度 1.0 mg/L,氯化物浓度 0.8 mg/L,氯化亚砜因无检测方法未检测。

根据氯化亚砜发生化学反应的理化特性,结合现场监测结果分析,认定该事故为一起以 SO₂ 为主的急性混合性气体中毒事故。氯化亚砜为无色或淡黄色发烟液体,加热至 140 ℃ 以上分解成氯气、SO₂ 和氯化硫,遇水分解成 SO₂ 和盐酸。发生氯化亚砜泄漏时,应尽可能切断泄漏源,防止其进入下水道、排洪沟等限制性空间;少量泄漏时可以用沙土或者其他不燃材料吸附或吸收,大量泄漏时可构筑围堤或挖坑收容。这起案例中以 SO₂ 为主的急性混合性气体中毒事故的直接原因,就是该厂工人处置不当,用水冲洗泄漏的氯化亚砜。

这起事故虽未造成严重后果,但也充分暴露出化工企业存在的安全生产隐患。

随着我国化工企业数量不断增加,企业规模不断扩大,员工接触各种有毒化学物质的概率也随之提高。近年来,全国各地相继发生危险化学品事故,给人民群众的生命财产造成了严重损失,给社会稳定造成一定影响。同时这些事故的发生也暴露出化工企业员工对事故环境中的有毒化学物质的危害认识不到位、事故应急救援知识缺乏等问题。有针对性地指导化工企业制定化学事故应急救援预案是减少和应对化学危险品事故的有效手段。化工企业相关从业人员应当充分做好化学事故处置的学习和研究。

本章参考文献

[1] 杨猛.硫化氢中毒事故统计分析及对策[J].安全、健康和环境,2018,18(4):8-10.

[2] 丁全有.氯化工艺危险性分析及其安全防护策略[J].石化技术,2022,29(10):220-222.

[3] 张雄,李少芳,张国奇,等.氯气泄漏的处置方法与应急措施[J].中国氯碱,2019(2):32-34.

[4] 夏海翔,朱立新,马俊杰.高浓度丙烯腈废气治理工艺及应用[J].化工设计通讯,2023,49(7):186-189.

[5] 崔小明.我国甲酸甲酯合成技术研究进展[J].石油化工技术与经济,2022,38(2):53-58.

[6]《中国石油 2003—2005 年事故案例选编》编委会. 中国石油 2003—2005 年事故案例选编[M]. 北京:石油工业出版社,2006.

[7] 于磊. 化工安全设计在预防化工事故发生中的作用[J]. 中国石油和化工标准与质量,2022,42(19):127-129.

[8] 杨衍超,龚路青,吴剑波. 一起氟化氢泄漏事故的原因调查[J]. 工业安全与环保,2008,34(2):45-46.

[9] 张晓瑜,兰涛,武征. 无水氟化氢泄漏环境风险评价[J]. 有机氟工业,2013(3):22-25.

[10] 刘仁祐,张东凤. 一起氯化亚砜泄漏致急性二氧化硫中毒事故调查[J]. 职业卫生与应急救援,2008(5):274-275.